U0225102

高超声速出版工程

非平衡气体动力学与分子模拟

Nonequilibrium Gas Dynamics and Molecular Simulation

〔美〕I. D. 博尹德(I. D. Boyd)
〔美〕T. E. 施瓦岑特鲁伯(T. E. Schwartzentruber) 著
方　明　彭傲平　赵文文　译
李埌全　黄　霞　校

科学出版社
北京

图字：01－2020－6560 号

内 容 简 介

本书是非平衡气体动力学的基础书籍，集理论和应用指导于一体。全书由两个部分组成：第一部分为前四章，主要介绍非平衡过程所需的基础知识，包括动理学理论、量子力学基础、统计力学基础和有限速率过程；第二部分为后三章，主要描述分析非平衡气体现象的数值模拟方法，包括分子动力学与连续介质气体动力学之间的关系、直接模拟蒙特卡罗和非平衡热化学模型。

本书涉及知识面广，针对性强，可供稀薄气体动力学、高温气体动力学等专业的科研人员、工程人员及研究生和高年级本科生阅读。

图书在版编目（CIP）数据

非平衡气体动力学与分子模拟／（美）I.D.博尹德（I. D. Boyd），（美）T. E. 施瓦岑特鲁伯（T. E. Schwartzentruber）著；方明，彭傲平，赵文文译. —北京：科学出版社，2023.6

书名原文：Nonequilibrium Gas Dynamics and Molecular Simulation

高超声速出版工程

ISBN 978－7－03－072649－0

Ⅰ. ①非… Ⅱ. ①I… ②T… ③方… ④彭… ⑤赵… Ⅲ. ①流体动力学－研究②计算机模拟－应用－分子物理学 Ⅳ. ①O354②O561

中国版本图书馆 CIP 数据核字（2022）第 110325 号

责任编辑：徐杨峰／责任校对：谭宏宇
责任印制：黄晓鸣／封面设计：殷 靓

科学出版社 出版
北京东黄城根北街 16 号
邮政编码：100717
http：//www.sciencep.com

南京展望文化发展有限公司排版
广东虎彩云印刷有限公司印刷
科学出版社发行 各地新华书店经销

*

2023 年 6 月第 一 版 开本：B5（720×1000）
2024 年 11 月第四次印刷 印张：22
字数：380 000

定价：180.00 元

（如有印装质量问题，我社负责调换）

高超声速出版工程·高超声速译著系列

编写委员会

丛书序

飞得更快一直是人类飞行发展的主旋律。

1903 年 12 月 17 日，莱特兄弟发明的飞机腾空而起，虽然飞得摇摇晃晃，犹如蹒跚学步的婴儿，但拉开了人类翱翔天空的华丽大幕；1949 年 2 月 24 日，Bumper-WAC 从美国新墨西哥州白沙发射场发射升空，上面级飞行马赫数超过 5，实现人类历史上第一次高超声速飞行。从学会飞行，到跨入高超声速，人类用了不到五十年，蹒跚学步的婴儿似乎长成了大人，但实际上，迄今人类还没有实现真正意义的商业高超声速飞行，我们还不得不忍受洲际旅行需要十多个小时甚至更长飞行时间的煎熬。试想一下，如果我们将来可以在两小时内抵达全球任意城市，这个世界将会变成什么样？这并不是遥不可及的梦！

今天，人类进入高超声速领域已经快 70 年了，无数科研人员为之奋斗了终生。从空气动力学、控制、材料、防隔热到动力、测控、系统集成等，在众多与高超声速飞行相关的学术和工程领域内，一代又一代科研和工程技术人员传承创新，为人类的进步努力奋斗，共同致力于达成人类飞得更快这一目标。量变导致质变，仿佛是天亮前的那一瞬，又好像是蝶即将破茧而出，几代人的奋斗把高超声速推到了嬗变前的临界点上，相信高超声速飞行的商业应用已为期不远！

高超声速飞行的应用和普及必将颠覆人类现在的生活方式，极大地拓展人类文明，并有力地促进人类社会、经济、科技和文化的发展。这一伟大的事业，需要更多的同行者和参与者！

书是人类进步的阶梯。

实现可靠的长时间高超声速飞行堪称人类在求知探索的路上最为艰苦卓绝的一次前行，将披荆斩棘走过的路夯实、巩固成阶梯，以便于后来者跟进、攀登，意义深远。

以一套丛书，将高超声速基础研究和工程技术方面取得的阶段性成果和宝贵经验固化下来，建立基础研究与高超声速技术应用之间的桥梁，为广大研究人员和工程技术人员提供一套科学、系统、全面的高超声速技术参考书，可以起到为人类文明探索、前进构建阶梯的作用。

2016 年，科学出版社就精心策划并着手启动了“高超声速出版工程”这一非常符合时宜的事业。我们围绕“高超声速”这一主题，邀请国内优势高校和主要科研院所，组织国内各领域知名专家，结合基础研究的学术成果和工程研究实践，系统梳理和总结，共同编写了“高超声速出版工程”丛书，丛书突出高超声速特色，体现学科交叉融合，确保丛书具有系统性、前瞻性、原创性、专业性、学术性、实用性和创新性。

这套丛书记载和传承了我国半个多世纪尤其是近十几年高超声速技术发展的科技成果，凝结了航天航空领域众多专家学者的智慧，既可供相关专业人员学习和参考，又可作为案头工具书。期望本套丛书能够为高超声速领域的人才培养、工程研制和基础研究提供有益的指导和帮助，更期望本套丛书能够吸引更多的新生力量关注高超声速技术的发展，并投身于这一领域，为我国高超声速事业的蓬勃发展做出力所能及的贡献。

是为序！

2017 年 10 月

系列序

人类对高超声速的研究、探索和实践，始于20世纪50年代，历经数次高潮和低谷，70年来从未间断。承载着人类更快、更远、自由飞行的梦想，高超声速一直代表着航空航天领域的发展方向和前沿，但迄今尚未进入高超声速飞行的自由王国，原因在于基础科学和工程实现方面仍存在众多认知不足和技术挑战。

进入新世纪，高超声速作为将彻底改变人类生产生活方式的颠覆性技术，已成为世界主要大国的普遍共识，相关研究获得支持的力度前所未有。近十多年来，高超声速空气动力学、能源动力、材料结构、飞行控制、智能设计与制造等领域不断创新突破，取得长足进步，推动高超声速进入从概念到工程、从技术到装备的转化阶段，商业应用未来可期。

近年来，我国在高超声速领域的研究也如火如荼，正在迎头赶上世界先进水平，逐步实现了从跟跑到并跑的重大突破，在世界高超声速技术领域占据了重要地位。科学出版社因时制宜，精心策划推出了"高超声速出版工程"，组织国内各知名专家学者，系统梳理总结、记载传承了我国高超声速领域发展的最新科技成果。

与此同时，我们也看到，美俄等航空航天强国毕竟在高超声速领域起步早、积淀深，在相关基础理论、技术方法和实践经验方面有大量值得我们学习借鉴之处。半个多世纪以来，国外相关领域的学者专家撰写发表了大量专著，形成了人类高超声速技术的资源宝库，其中不乏对学科和技术发展颇具影响的名家经典。

他山之石，可以攻玉。充分汲取国外研究成果和经验，可以进一步丰富完善我们的高超声速知识体系。基于这一认识，在"高超声速出版工程"专家编委会主任包为民院士的关心支持下，我们策划了"高超声速译著系列"，邀请国内高超声速研究领域学术视野开阔、功底扎实、创新力强、经验丰富的一线中青年专家，在汗牛充栋的经典和最新著作中，聚焦高超声速空气动力学、飞行器总体、推进、材料与结构等重点学科领域，精心优选、精心编译，并经知名专家审查把关，试图使这些凝聚着国外同行学者智慧成果的宝贵知识，突破语言障碍，为我国相关领域科研人员提供更好的借鉴和启发，同时激励和帮助更多的高超声速新生力量开阔视野，更好更快的成长。

本译著系列得到了科学出版社的大力支持和帮助，谨此表示衷心的感谢！

杨彦广

2021 年 5 月

原著中文版序

本书有两个顶级目标：① 通过考虑诸如原子和分子等最基础组分，给出气体的一种描述；② 向读者介绍在这一基础层次上分析气体的现有计算机模拟技术。

我们必须问自己的第一个问题是，为什么要在分子层次上考虑气体？毕竟，利用诸如密度、流动速度、温度和压强等变量，在宏观层次上准确描述气体流动的方程和思想已根深蒂固，而且它们给出在总体意义上考虑分子的属性。诚然，分子方法可以给出对所有流动更深的理解。不仅如此，在某些状态下，聚合（有时候称为流体）方法无法给出气体的准确物理图像。当没有足够的时间和物理空间用于分子间的充分碰撞，气体无法保持平衡态时，这些状态就会出现，我们称这些状态为**非平衡**。为准确描述非平衡流动，需要研究气体的分子本质。

在航天工程中有大量重要应用领域会出现非平衡流动。我们发现，非平衡通常发生在气体流动处于低密度且/或涉及非常小的长度尺度。非平衡的一个重要应用领域是地球大气高空高速飞行器的飞行，典型案例包括诸如航天飞机等航天器的轨道返回，或者超声速巡航飞行器。这些飞行器的长度在数米量级，以极高速度运动，因而其绕流流场涉及极高温度。然而，正是它们在临近空间低密度环境中的运行，导致非平衡气体流动现象。在贯穿本书的多数案例和分析中，我们聚焦低密度、高温空气。

另一个涉及非平衡气体流动的重要技术领域是微纳机电系统（MEMS/NEMS），它涉及基于微细加工技术的极小机器制造和运行。当这些设备涉及气体流动时，速度通常很小（亚声速），压强和温度接近于大气。在这种情况下，1 μm 左右（10^{-6} m）的长度尺度，可能导致非平衡气体流动行为。

非平衡流动的第三个案例是用于操控在轨航天器的小火箭。这些航天器的喷管有很多不同类型,但是它们通常是超声速的,涉及相对低压的气体或等离子体,且其长度尺度为若干厘米。在这种情况下,低压与小长度尺度结合,导致非平衡现象。相同类型的物理情形发生在相关技术领域,例如水蒸气沉积和矿物处理工业中应用的蚀刻机器。

考虑气体分子属性的另一个动机来自大量现代光学诊断技术的理解需要,它们用于研究处于平衡或非平衡的气体流动。这种诊断的案例包括发射光谱和激光诱导荧光。这些技术基于原子和分子的量子力学能量结构,给出诸如密度、流动速度、温度等基本气体流动信息。

基于全局目标,本书划分为两个部分,其中第一部分聚焦基本概念,第二部分专注于描述计算机模拟方法。

第一部分包括三个领域:① 动理学理论;② 量子力学;③ 统计力学。这三个部分的重要结论归结在一起,可用于基于分子层次考虑的气体**非平衡过程**分析。

第1章包含动理学理论,其基本思想是发展将粒子(代表原子和分子)属性和行为与气体宏观层次流体力学特征相关联的技术。它要求我们给出什么是粒子的基本定义,以及这些粒子如何通过分子间碰撞机制相互作用。这导致我们要讨论宏观分子输运过程建模,例如黏性和热传导,它们是动理论最为关键的成功代表之一。我们发现,动理论依赖于统计分析技术的使用,比如概率密度分布函数,其原因是追踪真实气体流动中的每一个分子运动涉及大量信息。我们将以速度分布函数的形式,形成动理论控制方程,即玻尔兹曼方程。玻尔兹曼方程的一般解由于其数学属性而极难获得。然而,平衡条件的简单解可以轻松获取,而且可以进一步在自由分子流壁面属性分析中得到应用,此时不存在分子间碰撞。我们也综述了从非平衡流动分析玻尔兹曼方程推导的方法。

第2章包含原子和分子的内能结构。它涉及量子力学基本思想的考虑,此时再次用到统计建模方法。然而,在这一情况下,这种方法的需求由海森堡不确定性原理复杂化,后者与粒子具有的波象属性有关。通过一系列基本假设的引入,我们推导了量子力学的控制方程,即一系列不同情形的薛定谔方程。薛定谔方程的解得到量子化的能态,为特定的原子和分子所占据。特别地,我们发现不同粒子可能获得四种不同能量模态:平动、电子、转动和振动,后两个只在分子中发生。本章还将研究在高温空气中发生的原子和分子真实能量结构,在后续分析中将需要这些信息。

第 3 章介绍统计力学,其目标是将粒子行为与宏观热力学相关联。这一联系通过玻尔兹曼关系建立,其将粒子行为的随机本质与宏观熵联系起来。随机本质通过分析粒子如何在其可利用的量子化能态排列来量化。本章再一次用到统计方法,而且这一次归因于第 2 章中确定的大量量子化能态;给出了两种不同统计计算方法,而且通过分析推导出了配分函数,为关联到经典热力学提供了路径方法。我们还将结果拓展到化学反应系统的情况,这种现象将在后续分析中用到。

第 4 章对本书的第一部分进行总结,将动理论、量子力学和统计力学结合起来,分析有限速率、非平衡过程,包括气体振动能变化和反应过程。在每种情况下,这些现象通过分子间碰撞在分子层次上进行,而且通常需要有限时间来完成,其通常称为**平衡态**。首先考虑这一状态瞬间实现的极限情况,考虑振动能和化学组分都平衡的结果,然后在分子层次分析这些相同过程,利用第 1~3 章的结果形成可用于振动和化学弛豫有限速率、非平衡分析的方法。

本书第二部分基于第 1~4 章给出的基本思想,描述分析非平衡气体现象的数值模拟方法。

第 5 章发展近平衡流动极限下玻尔兹曼方程和连续流 Navier - Stokes 方程最常用形式之间的数学联系。在这一过程中,建立了非平衡流动条件下 Navier - Stokes 方程精确度和适用性的定量度量。这一理论展现了原子间作用力(分子动力学计算模型)如何与碰撞截面[直接模拟蒙特卡罗(DSMC)]相关联,以及这些截面如何确定黏性、热传导和扩散(连续流计算流体力学计算模型)等输运属性。第 5 章的主要目标是将碰撞截面作为一个物理意义丰富的参数建立,后者是 DSMC 方法的关键模型参数。

第 6 章详细描述 DSMC 方法。DSMC 方法是一种模拟玻尔兹曼方程的统计粒子模拟方法。首先给出了 DSMC 方法适用流动区域的轮廓;然后给出了计算碰撞率和碰撞输出广为接受的算法,描述了这些碰撞模型确定气体黏性、热传导和扩散的方式,给出了案例的模拟;最后描述了内能交换的 DSMC 模型和算法,并且分析了与连续流模型的一致性。对于没有化学反应的非平衡流动,第 6 章给出的详细计算模型和算法使得从连续流到自由分子流的玻尔兹曼方程准确模拟成为可能。

最后,第 7 章给出了非平衡反应流动的 DSMC 模型和算法。高温反应流动涉及显著的转动和振动能量激发,以及与化学反应的耦合。第 7 章中详细陈述的 DSMC 碰撞模型,以其物理精度和计算效率的形式广为接受。本章给出了高温反应空气流动的 DSMC 模拟算例，并且讨论了最新的研究，以及非平衡反应流动所需未来 DSMC 模型的景象。

本书孕育于作者教授过的两门不同研究生层次课程。第一部分基于非平衡分子气体动力学课程，它是密歇根大学空天工程领域的一门核心研究生课程。第一部分给出了理解第二部分的基础背景，后者基于明尼苏达大学空天工程领域气体动力学计算机模拟的一门更高级研究生课程。本书可作为研究生课程的教材，也可作为非平衡气体动力学的研究者理解基本物理现象、利用计算机模拟这种流动的参考书。

原著中文版致谢

很多人对于本书的发展作出了贡献，包括选择了我们课程的所有学生，他们发现了错误并提出了改进。在密歇根大学，我们要特别感谢 Eunji Jun 制作了第一套电子讲义，Horatiu Dragnea 进行了讲义编排，还有 Erin Farbar。在明尼苏达大学，我们要感谢 Ioannis Nompelis 写出了本书第二部分模拟用到的并行 DSMC 程序，Paolo Valentini 的研究贡献了非平衡气体模拟的分子动力学建模，Chongling Zhang 的研究贡献于明尼苏达 DSMC 程序的粒子选择模块、内能迁移建模和很多热化学模型实现。最后，我们要感谢 Kate Boyd 的图形设计。

本书还从作者获得的各种资助渠道极大受益，这些资助帮助我们多年从事非平衡气体动力学基础研究。感谢空间科学研究办公室（热力学项目、空间推进项目、分子动力学项目、青年研究者项目）、空间研究实验室（空间系统理事会、空间飞行器理事会）和国家大气与空间管理局（艾姆斯研究中心、格伦研究中心、约翰逊空间中心）。

高超声速出版工程

目 录

第一部分 理 论

第1章 动理学理论

第2章 量 子 力 学

第3章 统 计 力 学

第 4 章　有限速率过程

第二部分 数 值 模 拟

第5章 分子气体动力学与连续介质气体动力学之间的关系

第6章 直接模拟蒙特卡罗

第 7 章　非平衡热化学模型

第一部分
理　　论

第 1 章

动 理 学 理 论

1.1 引言

动理学理论的基本目标是将分子层次的行为与宏观气体动力学相关联。这通过考虑独立粒子行为并将它们的集体属性积分到宏观层次予以实现。考虑图 1.1 所示静止气体的简单情况。在宏观层次,这是一种不感兴趣的情形,诸如密度(ρ)、压强(p)和温度(T)都是常数。然而,在分子层次,以相对较高速度独立运动的粒子存在大量活动,这些粒子发生相互碰撞。在分子层次考虑粒子行为时,它们实际上只经历两个过程:速度导致在空间上的平动,以及气体中分子间相互碰撞。动理论必须考虑这两个物理现象,后续将看到这是一个复杂过程。例如,粒子运动将被划分成方向性的整体运动和随机性的热运动。粒子碰撞涉及非线性过程,包括只有粒子速度改变的弹性碰撞,以及涉及内部模态能量交换甚至化学反应的非弹性过程。

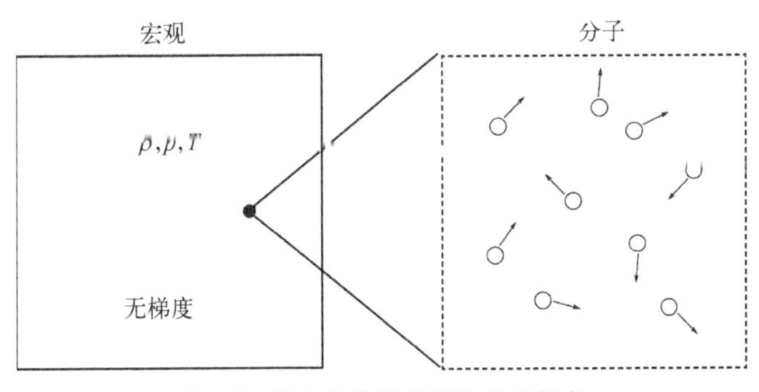

图 1.1　静止气体的宏观和分子视角

1.2 基础概念

本节将首先介绍一些基础概念和定义,它们是实现将分子行为与宏观气体动力学相关联所需要的。后续章节将利用这些概念和定义分析大量不同气体的流动情况。

1.2.1 粒子模型

粒子是动理学理论中的基本单元,这个名词通常是指原子和分子。每个粒子具有以下属性:

(1) 质量(通常为 $10^{-26}\sim10^{-25}$ kg);

(2) 大小(通常在若干 10^{-10} m);

(3) 位置、速度和内能。

粒子质量是其构成原子质量的简单求和。位置是组成原子的质量中心,速度是这些原子的质量中心速度。对于分子,原子相对于质量中心的运动(如转动和振动)贡献于粒子内能。特定化学组分粒子所拥有的内能来源,将在第 2 章中用量子力学详细处理。在动理学理论的初步处理中,暂时忽略内能。另外,为固定思路,聚焦**简单气体**,即所有粒子都是相同组分。

粒子质量是个清晰定义的量,而大小并不清晰。原子由原子核和绕核轨道电子构成,原子核由中子和质子构成,这样的原子有多大?这是一个重要问题,因为粒子大小决定分子间碰撞的属性。在真实碰撞中,粒子通过静电库仑力形成的场相互作用,后者由相互作用物体的质子和电子之间基本电荷产生。作为例子,图 1.2 给出了两个氩原子之间的势能,它是分离距离的函数。这一曲线展示了两个主要结论:① 在分离距离较大时,存在使粒子靠近的弱吸引力;② 在分离距离较小时,存在使粒子分离的强排斥力。

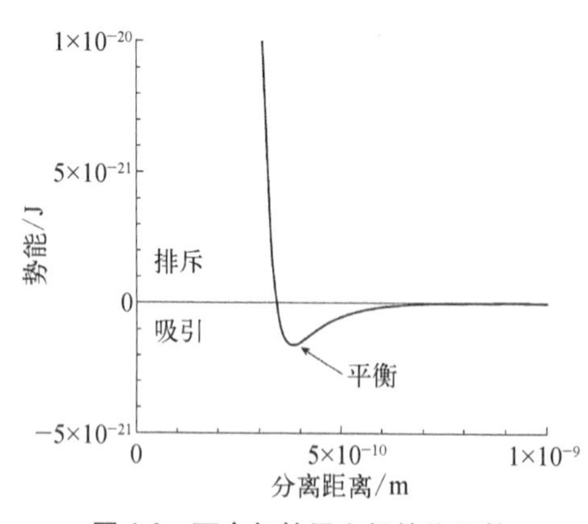

图 1.2 两个氩粒子之间的作用势

对于将关注的相对简单组分,导致**吸引**的弱力只对低温气体(如低于

100 K)重要,所以通常忽略这一效应。于是,将注意力集中到势场的排斥部分。为简化数学分析,仅考虑以下两种简单模型。

1. 硬球(刚体弹性球)

该模型假设每个粒子有一个硬的球壳,且碰撞只在一个粒子的表面与其他粒子接触时发生,所以其机制类似于两个台球的碰撞。在数学上可以说,除非分离距离等于一个粒子的直径,否则两个粒子之间的力场处处为零。球的直径近似位于图 1.3 中的分离距离,约为 3.3×10^{-10} m,此时势能迅速增大到无穷。

2. 逆幂律

很明显,在真实势能场中,随着能量增大,存在有限斜率,而不是像在硬球模型中那样迅速增大到无穷。一个很好的假设是逆幂律模型,它用逆幂律的形式给出真实势能排斥部分的较好表征,即

$$F = \frac{a}{r^{\eta}}$$

例如,对于氩 $\eta = 10$, 对应的势能如图 1.4 所示。参数 a 和 η 可以通过与黏性测量的比较确定。在这一模型中,不存在广为接受的粒子大小,模型给出相对于硬球较软的相互作用,因而能较好复现宏观层次上气体黏性温度依赖。这一点将在第 5 章中严格阐述。

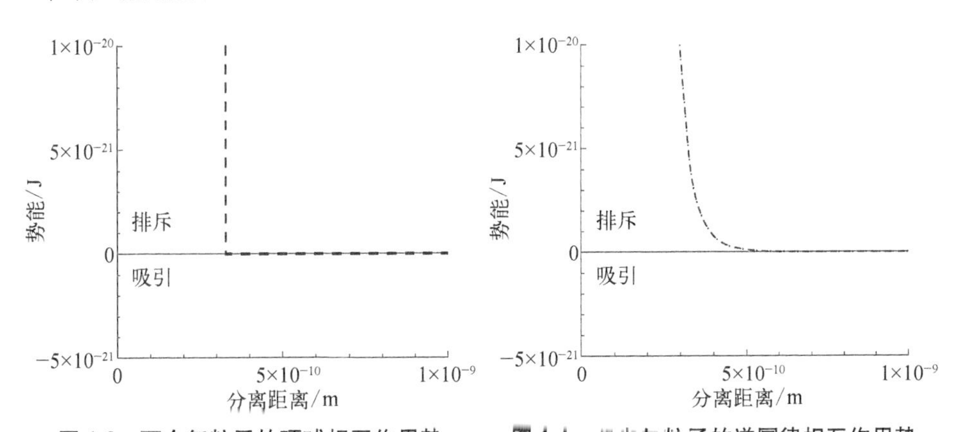

图 1.3 两个氩粒子的硬球相互作用势

图 1.4 两个氩粒子的逆幂律相互作用势

1.2.2 从分子行为到宏观量

为建立粒子行为与宏观气体流动量之间的关系,从基于大量粒子的简单结果开始讨论。如前所述,对于每个粒子 i 假设少量基本属性:质量(m_i)、硬球直

径(d_i)、位置 $\boldsymbol{r}_i=(r_1, r_2, r_3)_i$ 和速度 $\boldsymbol{C}_i=(C_1, C_2, C_3)_i$。以下建立密度、压强、温度和速度等最基本气体流动属性的简单关系。

1. 密度

考虑由 N 个粒子组成的微团。数密度为单位体积的粒子数目,由下式给出:

$$n=\frac{\sum_{i=1}^{N} 1}{\delta V} \tag{1.1}$$

对应的**质量密度**由下式给出:

$$\rho=\frac{\sum_{i=1}^{N} m_i}{\delta V} \tag{1.2}$$

需要注意的是,这些表达式得到的结果与微元内粒子的空间分布无关。

2. 压强

考虑处于静止状态的气体,即不存在净速度,位于立方体 $V=l^3$ 内。在立方体内,每个粒子 i 具有唯一速度 $\boldsymbol{C}_i$。为推导压强结果,作如下假设。

(1) 气体处于**热平衡**状态:这意味着体积内处处的数密度和速度分布函数(VDF)没有变化。后续将更深入地讨论 VDF,暂时可以认为它是在特定速度下发现一个粒子的概率分布函数。

(2) 忽略粒子间的碰撞:由于已经假设平衡,所以这是可以接受的。

(3) 粒子与壁面的相互作用是镜面的,即垂直于壁面的速度分量反向,整体速度大小不发生改变。图 1.5 展示了镜面的壁面碰撞机制。另外,隐式假设对

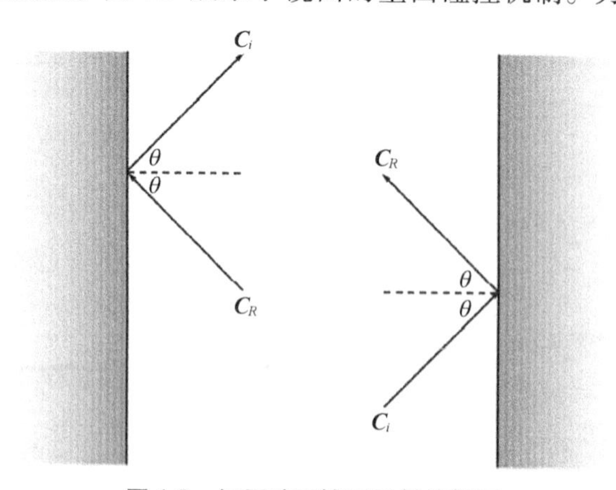

图 1.5　经历壁面镜面反射的粒子

于任意壁面碰撞 $\boldsymbol{C}_i \to \boldsymbol{C}_R$，系统在某处同时有对应壁面碰撞 $\boldsymbol{C}_R \to \boldsymbol{C}_i$。这一假设是 VDF 保持处处为常数所需要的。

因为不存在分子间碰撞，壁面碰撞只会导致速度分量的符号变化，这意味着每个粒子的三个速度分量大小保持不变，作为时间函数的所有变化只是这些分量的符号。于是，每个粒子的轨迹满足图 1.6 所示。

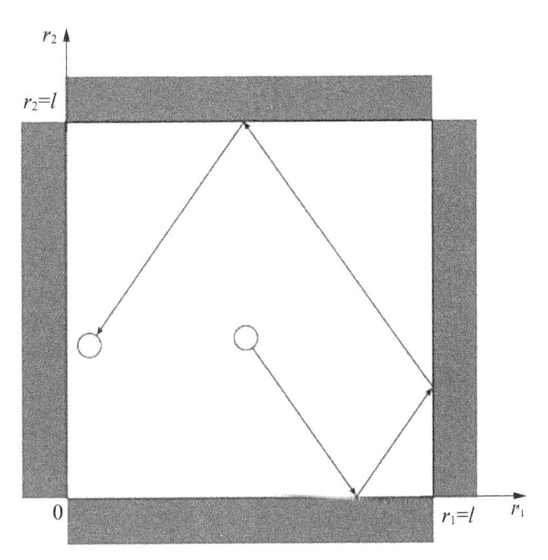

图 1.6　典型粒子轨迹

当粒子 i 经历在 $r_2 - r_3$ 平面内（平面处于 $r_1 = l$）的壁面碰撞时，每次碰撞的动量变化为 $2m|C_{1i}|$。由于粒子在碰撞之间穿越的距离为 $2l$，单位时间内壁面碰撞的次数为 $|C_{1i}|/2l$。

$$\begin{aligned}&\text{一个粒子施加到该壁面的总力}\\&= \text{粒子动量变化率}\\&= \text{每次碰撞的动量变化} \times \text{单位时间的碰撞率}\\&= 2m|C_{1i}| \times \frac{|C_{1i}|}{2l} = \frac{m}{l}C_{1i}^2\end{aligned}$$

因此，粒子施加到该壁面的压强为

$$\frac{\text{力}}{\text{面积}} = \frac{m}{ll^2}C_{1i}^2 = \frac{mC_{1i}^2}{V}$$

于是，所有粒子施加到该壁面的总压强为

$$p_1 = \frac{1}{V}\sum_{i=1}^{N} m_i C_{1i}^2 \tag{1.3}$$

这是气体在 r_1 方向施加压强的结果。对应方程对 r_2 和 r_3 方向面上的压强计算同样适用。平均压强通过对三个坐标方向的方程求和并除以 3 得到，即

$$p = \frac{1}{3V}\sum_{i=1}^{N} m_i(C_{1i}^2 + C_{2i}^2 + C_{3i}^2) = \frac{1}{3V}\sum_{i=1}^{N} m_i \boldsymbol{C}_i^2 \tag{1.4}$$

3. 平动能和温度

动理学运动导致每个粒子具有**平动能**：

$$(\epsilon_{\mathrm{tr}})_i = \frac{1}{2}m_i\boldsymbol{C}_i^2 = \frac{1}{2}m_i(C_{1i}^2 + C_{2i}^2 + C_{3i}^2) \tag{1.5}$$

气体的**总平动能**通过对所有粒子简单求和得到

$$E_{\mathrm{tr}} = \sum_{i=1}^{N}(\epsilon_{\mathrm{tr}})_i \tag{1.6}$$

利用方程(1.4)，可以写出

$$E_{\mathrm{tr}} = \frac{3}{2}pV \tag{1.7}$$

回想理想(完全)气体状态方程：$p = \rho RT = \frac{N'}{V}\boldsymbol{R}T$，其中 $\boldsymbol{R}$ 是普适气体常数(8 134 J/(kg·mol·K)，R 是普通气体常数，N' 是体积 V 中的物质的量，T 是平动温度。利用这些结果，可以写出气体的总平动能为

$$E_{\mathrm{tr}} = \frac{3}{2}N'\boldsymbol{R}T \tag{1.8}$$

一个相应的属性是**每个粒子的平均平动能**为

$$\langle\epsilon_{\mathrm{tr}}\rangle \equiv \frac{E_{\mathrm{tr}}}{N} = \frac{3}{2}\frac{N'}{N}\boldsymbol{R}T = \frac{3}{2}\frac{\boldsymbol{R}}{\boldsymbol{N}}T = \frac{3}{2}kT \tag{1.9}$$

这里引入了一个新的普适常数：

$$\boldsymbol{N} = \frac{N}{N'} \tag{1.10}$$

即阿伏伽德罗常量,取值为 6.022×10^{26} 每 kg · mol,得到另一个动理论中广泛使用的常数:

$$k \equiv \frac{\boldsymbol{R}}{\boldsymbol{N}} \tag{1.11}$$

即玻尔兹曼常量,取值为 1.38×10^{-23} J/K。另一个相关属性是比平动能:

$$\epsilon_{\mathrm{tr}} \equiv \frac{E_{\mathrm{tr}}}{\sum_{i=1}^{N} m_i} = \frac{3}{2}\frac{N'}{M}\boldsymbol{R}T = \frac{3}{2}RT \tag{1.12}$$

其中总质量为

$$M = \sum_{i=1}^{N} m_i \tag{1.13}$$

根据上述结果,可以推导出基于粒子集合的气体**平动温度**表达式:

$$T = \frac{2}{3R}\frac{E_{\mathrm{tr}}}{\sum_{i=1}^{N} m_i} = \frac{2}{3R}\frac{\sum_{i=1}^{N}\frac{1}{2}m_i C_i^2}{\sum_{i=1}^{N} m_i} = \frac{\langle C^2 \rangle}{3R} \tag{1.14}$$

注意,普通气体常数 $R = \dfrac{\boldsymbol{R}N'}{M} = \dfrac{\boldsymbol{R}}{M_\omega}$,其中 M_ω 为分子重量。

在前述关于粒子没有内部结构的假设下,平动能构成气体唯一的能量模态。在这种情况下,方程(1.12)也给出了比能,它是热力学中的重要变量,将在第 3 章中更细致考虑其深入特点。当前,可以利用标准定义对相关热力学属性进行赋值。

没有内部结构气体的**比定容热容**为

$$c_v \equiv \left(\frac{\partial e}{\partial T}\right)_V = \frac{\mathrm{d}e_{\mathrm{tr}}}{\mathrm{d}T} = \frac{3}{2}R \tag{1.15}$$

热完全气体的**比定压热容**为

$$c_p = c_v + R = \frac{5}{2}R \tag{1.16}$$

由于假设的气体模型具有定常比热容，是热量和热力理想气体。**比热容比**定义为

$$\gamma \equiv \frac{c_p}{c_v} = \frac{5}{3} = 1.67 \tag{1.17}$$

这一数值由氦、氩和氙等单原子气体室温下的实验测量数据所验证。

很多常见气体，如 N_2、O_2 和 NO，并不是单原子气体，后续将引入其他形式的内能以完整描述其相关热力学。然而，对于它们的平动，动理学理论并不要求考虑内能模态，而且除了热力学属性，本节给出的所有关系对原子和分子同样适用。

4. 速度和速率

平均气体速度可以通过简单地对所有粒子求平均得到

$$\langle \bar{C} \rangle = \frac{1}{N}\sum_{i=1}^{N} \overline{C_i} = \bar{u} \tag{1.18}$$

也称为**流动**或**整体速度**。类似地，均方速度定义为

$$\langle C^2 \rangle = \frac{\sum_{i=1}^{N} m_i C_i^2}{\sum_{i=1}^{N} m_i} = 3RT \tag{1.19}$$

其中用到了方程(1.2)和方程(1.4)，以及理想气体状态方程。

需要指出的是，这些关系仅仅是对小体积微元内的粒子属性简单平均，并没有假设粒子属性如何分布，后续章节将会进一步明晰，这意味着这些关系对平衡和非平衡气体状态都适用。

1.2.3 分子碰撞

截至目前的考虑，都忽略了分子碰撞的影响。碰撞给出了气体趋向平衡的物理机制。不充分的碰撞数目导致非平衡。两个重要的概念用于确定气体的非平衡程度：

(1) 平均自由程(λ)，每个粒子两次成功碰撞之间走过的平均距离；

(2) 碰撞频率(Θ)，每个粒子单位时间内经历的碰撞次数，与平均自由时间之间的关系是 $\tau = 1/\Theta$，后者为每个粒子成功碰撞的平均时间。

为发展这些重要碰撞量之间的原始结果，考虑直径为 d 的硬球粒子构成的简单气体。对于这种硬球粒子，碰撞定义为连接任何两个粒子中心线

的距离恰好等于其直径 d。换一种说法，当一个粒子的中心处于另一个粒子的影响球之内时，就发生碰撞，如图 1.7 所示。

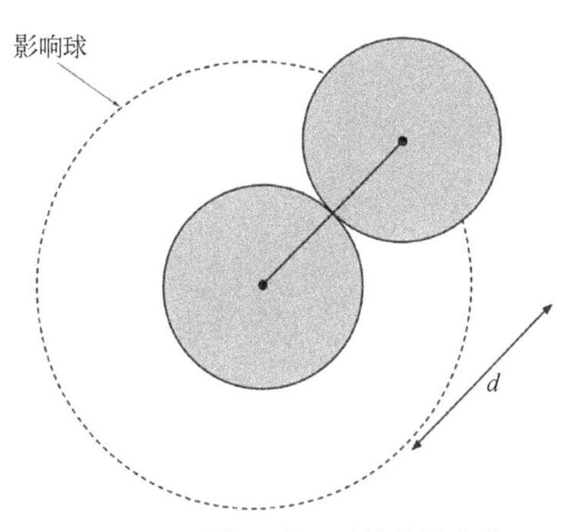

图 1.7　两个相似粒子碰撞的影响球

考虑单一测试粒子，它以平均速度在随机分布、数密度为 n、静止粒子形成的场中运动，如图 1.8 所示。每当碰撞发生时，测试粒子改变其运动方向，然后沿着该方向运动，直到发生下一次碰撞。

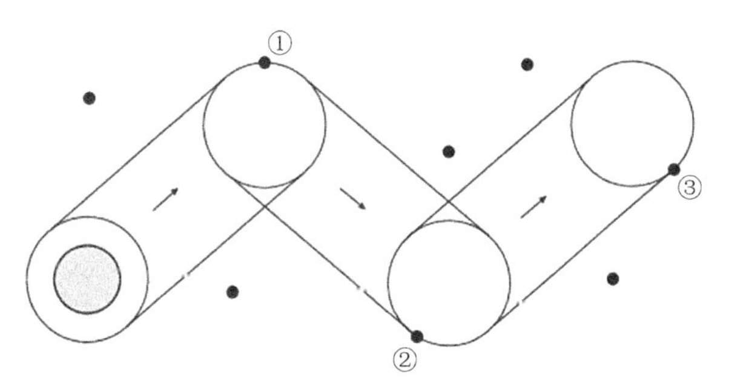

图 1.8　粒子实际路径

为得到第一个结果，将测试粒子的实际路径简化为柱（这样做忽略了动量守恒，后续将进行修正）。沿着这一线性路径，如图 1.9 所示，单位时间内由测试粒子影响球覆盖的体积为

$$\pi d^2 \langle C \rangle = \sigma_{\mathrm{T}} \langle C \rangle \tag{1.20}$$

其中，$\sigma_{\mathrm{T}} = \pi d^2$ 为**总碰撞截面**。测试粒子单位时间在柱内遭遇的粒子中心数目为

$$\Theta = n\sigma_{\mathrm{T}} \langle C \rangle \tag{1.21}$$

根据碰撞定义，这一数目亦为碰撞频率。测试粒子单位时间内走过的距离为 $\langle C \rangle$，于是其在两次碰撞之间走过的平均距离（即平均自由程）为

$$\lambda = \frac{\langle C \rangle}{\Theta} = \frac{1}{n\sigma_{\mathrm{T}}} = \frac{m}{\rho\sigma_{\mathrm{T}}} \tag{1.22}$$

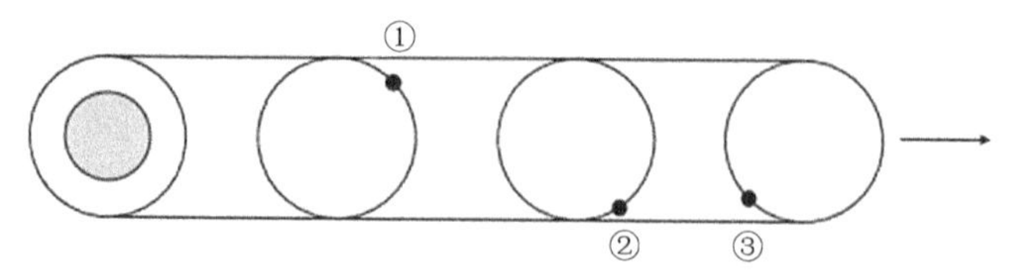

图 1.9 简化粒子路径

1.3 节将给出更完整的分析，包括上述分析中缺失的一系列重要方面，但是总体上来说只在分母中引入一个$\sqrt{2}$的因子，所以方程(1.22)实际上是一个相当准确的结果。在这一阶段，更为重要的是指出可以从方程(1.22)得出的一系列重要结论：

(1) λ 随着 n 的减小而增大，所以稀薄气体具有较大的平均自由程；

(2) 小粒子的 λ 增大，但这对于所考虑的气体并不是一个重要效应，因为对于不同化学组分 λ 并没有显著差异；

(3) λ 不依赖于温度，但这仅对硬球粒子正确。

描述气体流动非平衡程度的一个重要参数是克努森数(Kn)，它是一个定义为平均自由程程度与代表性物理长度尺度之比的无量纲量，表示为

$$Kn \equiv \frac{\lambda}{L} \tag{1.23}$$

非平衡存在较大克努森数，如 $Kn > 0.01$。在这种情况下，流动的每个特征长度内没有足够的粒子碰撞以建立平衡。因此，在低密度和/或小长度尺度的气体流动中，非平衡重要。

1.2.4 分子输运过程

到目前为止考虑过的现象都涉及**热力学平衡**气体，即所有宏观属性在空间和时间上都是均匀的。当气体因某些物理量(组分、流动速度、温度等)的空间不均匀分布而处于非平衡时，分子运动称为**输运过程**，会导致其他现象。

当一组粒子从具有属性$(\rho,\ \bar{u},\ T)_{\text{A}}$的区域运动到另一个具有属性$(\rho,\ \bar{u},\ T)_{\text{B}}$的区域时，它们输运初始条件下的一些记忆。这一过程由图 1.10 所示，两个不同位置 A 和 B 的速度分布因分子间碰撞表现出融合，产生如黑线所示的新分布。

不同分子属性的输运，导致宏观层次的不同输运过程。每个宏观输运过程的名称由表 1.1 给出。

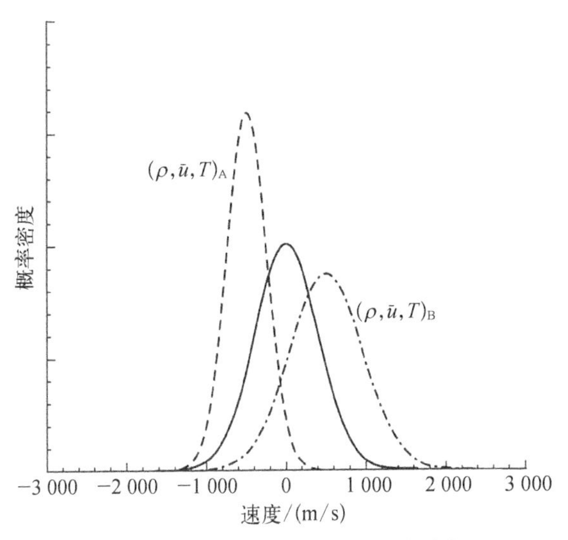

图 1.10　两个不同 VDF 的碰撞融合

表 1.1　分子输运属性

输运量	结果	宏观起因
质量	扩散	组分梯度
动量	黏性	整体速度梯度
能量	热传导	温度梯度

宏观关系

先综述给出输运现象宏观描述的一些物理定律，然后发展基于动理学理论、在分子层次描述它们的一种模型。考虑的情况如图 1.11 所示，输运的方向是垂

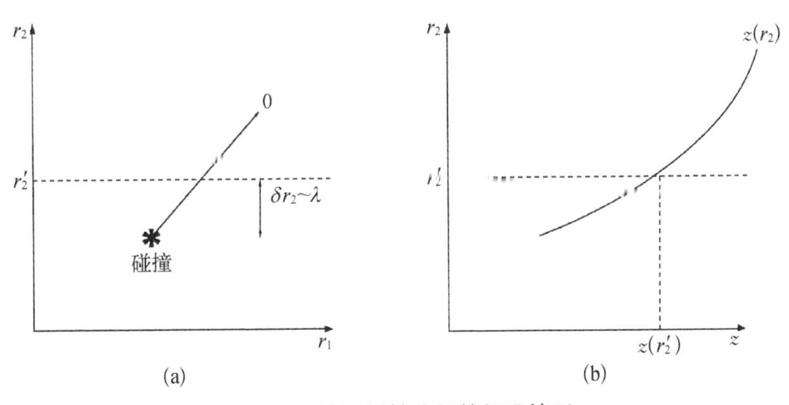

图 1.11　输运属性分析的假设情形

直方向(r_2)。

(1) 扩散。扩散关注化学组分 A 到组分 B 气体的输运。这一过程的速率由**非克定律**描述,即

$$\Gamma_{\mathrm{A}} = -D_{\mathrm{AB}} \frac{\mathrm{d}n_{\mathrm{A}}}{\mathrm{d}r_2} \tag{1.24}$$

其中,Γ_{A} 为组分 A 的数通量(单位时间单位面积的粒子);n_{A} 为组分 A 的数密度;D_{AB}为组分 A 到组分 B 的扩散系数。

(2) 黏性。黏性涉及流体在 r_1 方向穿过定常 r_2 表面的动量输运。**牛顿流体**服从以下关系:

$$\tau = \mu \frac{\mathrm{d}u_1}{\mathrm{d}r_2} \tag{1.25}$$

其中,τ 为剪切应力(单位时间单位面积的动量通量);u_1 是 r_1 方向的宏观流动速度;μ 是黏性系数。

(3) 导热性。导热性,或者说热传导,涉及能量输运,由**傅里叶定律**描述:

$$q = -\kappa \frac{\mathrm{d}T}{\mathrm{d}r_2} \tag{1.26}$$

其中,q 是热通量(单位时间单位面积的能量);T 是温度;κ 是热传导系数。

在每种情况下,这些关系由需要确定输运系数 D、μ 和 κ 的实验所证实。动理学理论早期的最大成功之一就是利用分子方法确定这些输运系数。现在概述这一分析。

考虑流动变量在 r_2 具有梯度的一般情况,$z(r_2)$代表测量每个粒子的某个平均分子量。如图 1.11 所示,δr_2 是平面 $r_2 = r_2'$ 和粒子在穿越该平面之间经历最后一次碰撞所在位置之间的距离,因而应该在一个平均自由程量级。

每个粒子输运的 z 值依赖于最后碰撞位置,且某种程度上依赖于前一次碰撞。可以写出

$$\delta r_2 = \alpha_z \lambda \tag{1.27}$$

对于不同的 z, α_z 的值不同,但是总是接近于 1。在考虑 z 穿越 $r_2 = r_2'$ 的净输运时,必须包含正方向和反方向的通量。因此,正方向上的 z 输运的平均值为

$z(r_2-\delta r_2)$，反方向的为 $z(r_2+\delta r_2)$。

单位面积和单位时间穿越 r_2'任一方向的数通量正比于 $n\langle C\rangle$，其中$\langle C\rangle$是随机分子运动的平均速度。于是，z 穿越 r_2'正方向的净通量为

$$\Lambda_z = \eta n\langle C\rangle [z(r_2 - \alpha_z\lambda) - z(r_2 + \alpha_z\lambda)]_{r_2=r_2'} \tag{1.28}$$

其中，η 为比例常数。利用一阶泰勒展开，可以写出

$$\Lambda_z = - \eta\beta_z n\langle C\rangle\lambda \frac{\mathrm{d}z}{\mathrm{d}r_2} \tag{1.29}$$

其中，$\beta_z = 2\eta\alpha_z$ 是另一个常数。一阶展开只在 λ 较小时是准确的（因而只适用于较小克努森数）。

这一关系代表基于粒子输运过程分子考虑的通用模型。现在将方程（1.29）与先前输运表达式（1.24）~（1.26）进行比较。

（1）扩散。一般来说，扩散关注的是混合气体。为简单起见，考虑具有相同属性的两种组分。为找出组分 A 穿越 $r_2 = r_2'$ 的通量，设置方程（1.29）中的 $z = \frac{n_\mathrm{A}}{n}$ 和 $\Lambda_z = \Gamma_\mathrm{A}$，得到

$$\Gamma_\mathrm{A} = - \beta_\mathrm{D} n\langle C\rangle\lambda \frac{\mathrm{d}\left(\frac{n_\mathrm{A}}{n}\right)}{\mathrm{d}r_2} = - \beta_\mathrm{D}\langle C\rangle\lambda \frac{\mathrm{d}n_\mathrm{A}}{\mathrm{d}r_2} \tag{1.30}$$

与方程（1.24）相比较，可以推导出

$$D_\mathrm{AA} = \beta_\mathrm{D}\langle C\rangle\lambda \tag{1.31}$$

其中，D_AA为自扩散系数。

（2）黏性。考虑平行于 r_2 且穿越 $r_2 = r_2'$ 的动量输运，$z = mu_1(r_2)$ 且 $-\lambda_z = \tau$。注意，在流体力学中正方向动量通量的符号变化，是从表面上方朝向该表面垂直地流动。于是

$$\tau = \beta_\mu mn\langle C\rangle\lambda \frac{\mathrm{d}u_1}{\mathrm{d}r_2} = \beta_\mu \rho\langle C\rangle\lambda \frac{\mathrm{d}u_1}{\mathrm{d}r_2} \tag{1.32}$$

与方程（1.25）相比较，得到

$$\mu = \beta_{\mu} \rho \langle C \rangle \lambda \tag{1.33}$$

利用平均自由程的方程(1.22),有

$$\mu = \beta_{\mu} \frac{m\langle C \rangle}{\pi d^2} \tag{1.34}$$

因此,动理学理论预测的黏性系数不依赖于密度,这一点已由实验验证。

(3) 导热性。考虑不存在速度梯度下总平动能的流动,$z = E = \frac{3}{2}kT = mc_v T$,$\Lambda_z = q$,

$$q = -\beta_k mn\langle C \rangle \lambda c_v \frac{\mathrm{d}T}{\mathrm{d}r_2} = -\beta_k \rho \langle C \rangle \lambda c_v \frac{\mathrm{d}T}{\mathrm{d}r_2} \tag{1.35}$$

与方程(1.26)对比发现:

$$\kappa = -\beta_k mn\langle C \rangle \lambda c_v = -\beta_k \frac{m\langle C \rangle}{\pi d^2} c_v \tag{1.36}$$

因此,动理学理论方法预测的热传导系数也不依赖于密度。

方程(1.30)~(1.36)给出了考虑分子输运行为的基于分子的模型。为使这些方程有用,仍需要对系数β_{D}、β_{μ}和β_k赋值。在先前相对简单分析中忽略的一些重要因素,将影响这些系数。

(a) 由于输运穿越r_2',粒子应当具有速度分布,而在上述模型中所有粒子速度恰好为$\langle C \rangle$。

(b) 前一个碰撞效应的引入会增大粒子来源的有效距离δr_2,进而增大β_z。

(c) 具有较大平动能的粒子以较高能量输运的概率较大,且将影响β_{k},如图 1.12 所示。确切地说,粒子以较高速度分量 C_2 运动时,将输运较高平动能。

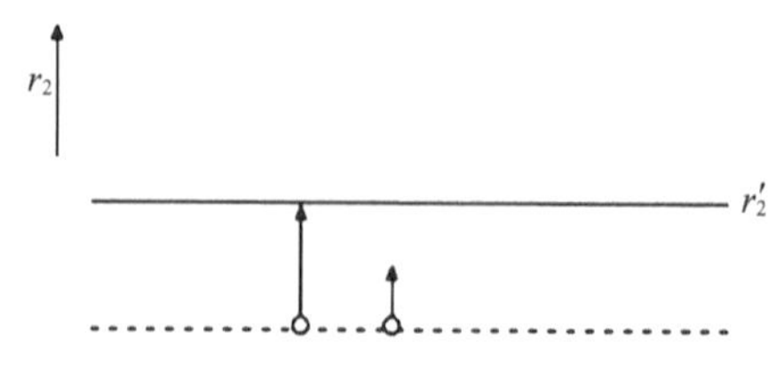

图 1.12 r_2 方向粒子速度分量如何影响平动能输运图示

包括所有这些效应的细致动理学理论分析，给出单原子、硬球气体的下列结果：

$$\beta_{\mathrm{D}} = \frac{3\pi}{16} \tag{1.37}$$

$$\beta_{\mu} = \frac{5\pi}{32} \tag{1.38}$$

为获得 β_k，消除式(1.33)和式(1.36)中的 $\rho\langle C\rangle\lambda c_v$，得到

$$\kappa = \frac{\beta_k}{\beta_\mu}\mu c_v \tag{1.39}$$

引入普朗克数：

$$Pr \equiv \frac{c_p\mu}{\kappa} = \gamma\frac{\mu c_v}{\kappa} \tag{1.40}$$

于是有

$$\frac{\beta_k}{\beta_\mu} = \frac{\lambda}{Pr} \tag{1.41}$$

对于单原子气体，实验给出 $\gamma = 5/3$，$Pr = 2/3$，因而，

$$\kappa = \frac{5}{3}\frac{3}{2}\mu c_v = \frac{5}{2}\mu c_v \tag{1.42}$$

多原子气体有其他形式的内能，这一点将在后续研究。当前的关键点是必须对非平动内能输运进行建模，不考虑应用于平动能的高能偏差，即

$$\kappa = \kappa_{\mathrm{tr}} + \kappa_{\mathrm{int}} = \frac{5}{2}\mu c_{v,\mathrm{tr}} + \mu c_{v,\mathrm{int}} \tag{1.43}$$

$$c_{v,\mathrm{tr}} = \frac{3}{2}R \tag{1.44}$$

$$c_{v,\mathrm{int}} = \frac{R}{\gamma - 1} - c_{v,\mathrm{tr}} \tag{1.45}$$

完整分析最终得到 Eucken 公式：

$$Pr = \frac{4\gamma}{9\gamma - 5} \tag{1.46}$$

用 $\gamma = 5/3$ 对方程(1.46)赋值得到与先前一样的 $Pr = 2/3$。对于 $\gamma = 7/5$, $Pr = 0.737$,非常接近于室温下空气的测量值 0.75。

1.3 动理学理论分析

1.2 节为本节开展动理学理论更细致分析打下了基础。这里将引入速度分布函数(VDF)的正式定义,并利用它发展动理学理论的基本控制方程:玻尔兹曼方程。将找出玻尔兹曼方程的平衡解,以及一些重要相关结果,比如平均自由程和碰撞频率。还将利用平衡解分析气体的表面属性,此时不考虑分子间碰撞,即自由分子流。最后,将综述开展非平衡气体流动动理学理论分析的一些现有技术。

1.3.1 速度分布函数

海平面 1 m^3 空气包含超过 10^{25} 个粒子,每个粒子在 1 s 内经历超过 10^{10} 次碰撞。像 1.2 节讨论的那样,每个这种粒子具有位置、速度和内能。这些属性通过碰撞机制随时间和空间连续变化。即使是使用现代超级计算机,使用确定性建模方法追踪每个粒子的行为,涉及过多的信息。因此,由于气体中粒子数目极大,需要考虑涉及速度和其他属性分布函数的统计方法。

正则化的速度分布函数是在微小速度范围内发现具有某个速度粒子的概率。考虑粒子速度 $\boldsymbol{C} = (C_1, C_2, C_3)$,定义速度空间中环绕该速度的体积微元 $\mathrm{d}\boldsymbol{C} = (\mathrm{d}C_1, \mathrm{d}C_2, \mathrm{d}C_3)$,如图 1.13 所示。

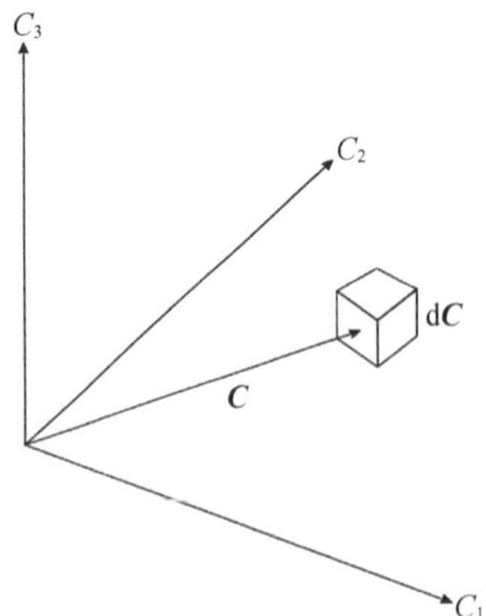

图 1.13 速度空间中的体积微元

速度在 $(C_1, C_2, C_3) \to (C_1 + \mathrm{d}C_1, C_2 + \mathrm{d}C_2, C_3 + \mathrm{d}C_3)$ 范围内的所有粒子都在这一微元里。定义速度在 $\mathrm{d}\boldsymbol{C}$ 内的粒子数目为

$$\mathrm{d}N \equiv F(\boldsymbol{C})\mathrm{d}\boldsymbol{C} \tag{1.47}$$

其中, $F(\boldsymbol{C})$ 为 VDF。对于包含 N 个粒子的气体,引入正则 VDF:

$$f(\boldsymbol{C}) \equiv \frac{F(\boldsymbol{C})}{N}$$

$$\mathrm{d}N = Nf(\boldsymbol{C})\mathrm{d}\boldsymbol{C} \tag{1.48}$$

由于所有粒子都位于速度空间的某处,得到正则化条件:

$$\int_{-\infty}^{\infty} Nf(\boldsymbol{C})\,\mathrm{d}\boldsymbol{C} = N \Rightarrow \int_{-\infty}^{\infty} f(\boldsymbol{C})\,\mathrm{d}\boldsymbol{C} = 1 \tag{1.49}$$

在使用统计方法时,通常感兴趣的是平均量的赋值。对于粒子属性, $Q = Q(\boldsymbol{C})$, **平均值理论**给出

$$\langle Q \rangle = \frac{1}{N}\int_N Q\,\mathrm{d}N = \frac{1}{N}\int_{-\infty}^{\infty} Q(\boldsymbol{C})Nf(\boldsymbol{C})\,\mathrm{d}\boldsymbol{C} = \int_{-\infty}^{\infty} Q(\boldsymbol{C})f(\boldsymbol{C})\,\mathrm{d}\boldsymbol{C} \tag{1.50}$$

当粒子属性为速度幂的积分时:

$$Q = (\boldsymbol{C})^n \tag{1.51}$$

方程(1.50)的应用称为取 VDF 的 n 阶矩。

零阶矩 ($n = 0$) 再次得到正则化条件:

$$\langle Q \rangle = \int_{-\infty}^{\infty} f(\boldsymbol{C})\,\mathrm{d}\boldsymbol{C} = 1 \tag{1.52}$$

一阶矩 ($n = 1$) 得到平均粒子速度向量:

$$\langle Q \rangle = \int_{-\infty}^{\infty} \boldsymbol{C}f(\boldsymbol{C})\,\mathrm{d}\boldsymbol{C} = \langle \boldsymbol{C} \rangle = \bar{u} \tag{1.53}$$

1.3.2　玻尔兹曼方程

为发展 N 个粒子集合的控制方程,引入相空间中的速度分布函数,涉及位于速度空间 ($\boldsymbol{C} \to \boldsymbol{C} + \mathrm{d}\boldsymbol{C}$) 和物理空间 ($\boldsymbol{r} \to \boldsymbol{r} + \mathrm{d}\boldsymbol{r}$) 中的粒子数目,即

$$\mathrm{d}N = nf(\boldsymbol{C})\,\mathrm{d}\boldsymbol{C}\mathrm{d}\boldsymbol{r} \tag{1.54}$$

其中,n 为数密度。考虑相空间中的体积微元 $\mathrm{d}\boldsymbol{C}\mathrm{d}\boldsymbol{r}$, 其形状或大小不随时间变化。$\mathrm{d}\boldsymbol{C}\mathrm{d}\boldsymbol{r}$ 内粒子数目的变化率为

$$\frac{\partial N}{\partial t} = \frac{\partial}{\partial t}(nf(\boldsymbol{C})\,\mathrm{d}\boldsymbol{C}\mathrm{d}\boldsymbol{r}) \tag{1.55}$$

需要注意的是,在相空间中,速度在 $\mathrm{d}\boldsymbol{r}$ 内是定常的,位置在 $\mathrm{d}\boldsymbol{C}$ 内也是定常的,现在分析影响相空间微元中粒子数目变化率的三个物理过程。

(1) 粒子以速度 $\boldsymbol{C}$ 运动导致的穿越 $\mathrm{d}\boldsymbol{r}$ 对流,即粒子进出位置微元 ($\boldsymbol{r} \to \boldsymbol{r} + \mathrm{d}\boldsymbol{r}$)。 这一过程的变化率描述为

$$\left(\frac{\partial N}{\partial t}\right)_1 = -\boldsymbol{C}\cdot\frac{\partial N}{\partial \boldsymbol{r}} = -\boldsymbol{C}\cdot\frac{\partial nf}{\partial \boldsymbol{r}}\mathrm{d}\boldsymbol{C}\mathrm{d}\boldsymbol{r} \tag{1.56}$$

(2) 粒子因外力(如重力或电场力)以加速度 $\boldsymbol{a}$ 穿越 d$\boldsymbol{C}$ 的对流,即粒子进出速度微元($\boldsymbol{C}\to\boldsymbol{C}+\mathrm{d}\boldsymbol{C}$)。这一过程的变化率描述为

$$\left(\frac{\partial N}{\partial t}\right)_2 = -\boldsymbol{a}\cdot\frac{\partial N}{\partial \boldsymbol{C}} = -\boldsymbol{a}\cdot\frac{\partial nf}{\partial \boldsymbol{C}}\mathrm{d}\boldsymbol{C}\mathrm{d}\boldsymbol{r} \tag{1.57}$$

(3) 改变粒子速度 $\boldsymbol{C}$ 及散射进出 d$\boldsymbol{C}$ 的分子间碰撞。为分析碰撞效应,作稀疏气体假设,即粒子间平均距离 δ 远大于粒子大小 d。对于海平面空气,δ/d 的比值大约为 10,这个值对于较低密度的气体流动要更大一些。提出稀疏气体假设的重要意义在于它允许只考虑两个物体,即二体碰撞。在非稀疏气体中,必须考虑三体碰撞,将显著增大数学分析的复杂性。

考虑速度为 $\boldsymbol{C}$、质量为 m_1 的测试粒子,与速度为 $\boldsymbol{Z}$、质量为 m_2 的另一个粒子之间的二体碰撞,碰后速度为 $\boldsymbol{C}'$ 和 $\boldsymbol{Z}'$。为完整分析碰撞机制,要注意到动量和能量都守恒:

$$m_1\boldsymbol{C} + m_2\boldsymbol{Z} = m_1\boldsymbol{C}' + m_2\boldsymbol{Z}' = (m_1+m_2)\boldsymbol{W} \tag{1.58}$$

$$m_1C^2 + m_2Z^2 = m_1C'^2 + m_2Z'^2 \tag{1.59}$$

其中,$\boldsymbol{W}$ 为质心速度。引入相对速度矢量:

$$\boldsymbol{g} \equiv \boldsymbol{C} - \boldsymbol{Z} \Rightarrow g = \sqrt{(C_1 - Z_1)^2 + (C_2 - Z_2)^2 + (C_3 - Z_3)^2} \tag{1.60}$$

需要注意的是,尽管变量 g 是一个标量,但通常称为相对速度。从这些表达式可以看出

$$\boldsymbol{C} = \boldsymbol{W} + \frac{m_2}{m_1 + m_2}\boldsymbol{g} \tag{1.61}$$

$$\boldsymbol{Z} = \boldsymbol{W} - \frac{m_1}{m_1 + m_2}\boldsymbol{g} \tag{1.62}$$

类似地,碰后速度为

$$\boldsymbol{C}' = \boldsymbol{W} + \frac{m_2}{m_1 + m_2}\boldsymbol{g}' \tag{1.63}$$

$$\boldsymbol{Z}' = \boldsymbol{W} - \frac{m_1}{m_1 + m_2}\boldsymbol{g}' \tag{1.64}$$

根据这些表达式,可以推导出下列能量关系:

$$m_1 C^2 + m_2 Z^2 = (m_1 + m_2) W^2 + m^* g^2 \tag{1.65}$$

$$m_1 C'^2 + m_2 Z'^2 = (m_1 + m_2) W^2 + m^* g'^2 \tag{1.66}$$

其中,m^* 为折合质量,表示为

$$m^* = \frac{m_1 m_2}{m_1 + m_2} \tag{1.67}$$

这些能量关系与能量守恒方程的对比表明,相对速度在碰撞中不发生改变,即

$$g = g' \tag{1.68}$$

碰撞机制可以按图 1.14 所示的三种方式理解:(a) 实验室系;(b) 质心系;(c) 相对速度系。通常在相对速度系中分析碰撞,它使人想起 1.2 节描述的简单平均自由路径分析,那里选择将测试粒子作为静止 **Z** 粒子场中以速度 **g** 运动的粒子,以进行碰撞建模。回想先前关于硬球碰撞的分析中,影响球具有非常明确的碰撞截面,$\sigma = \pi d^2$。 真实碰撞要考虑立体角,而唯一确定二体碰撞机制需

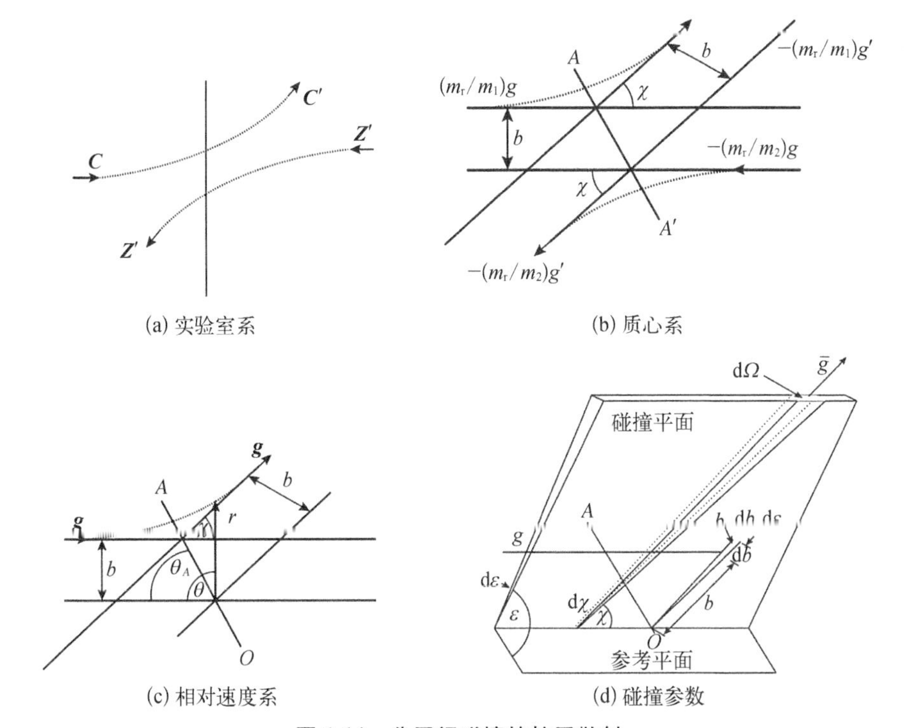

(a) 实验室系　(b) 质心系　(c) 相对速度系　(d) 碰撞参数

图 1.14　分子间碰撞的粒子散射

要两个参数,如图 1.14 所示。未扰动轨迹最接近距离 b,通常称为影响参数。ϵ 是碰撞平面与参考平面之间的夹角。考虑垂直于 $\boldsymbol{g}$ 且包含 O 的平面,定义微分截面为

$$\sigma \mathrm{d}\Omega \equiv b \cdot \mathrm{d}b \cdot \mathrm{d}\epsilon$$

其中, $\mathrm{d}\Omega$ 是围绕 $\boldsymbol{g}$ 的单位立体角,总碰撞截面定义为

$$\sigma_{\mathrm{T}} = \int_0^{4\pi} \sigma \mathrm{d}\Omega \tag{1.69}$$

利用这些想法,可以写出每次碰撞单位时间内体积扫过的空间为

$$g\sigma \mathrm{d}\Omega$$

速度为 $\boldsymbol{C}$ 的测试分子在单位时间内经历的 $(\boldsymbol{C}, \boldsymbol{Z}) \rightarrow (\boldsymbol{C}', \boldsymbol{Z}')$ 碰撞数目为

$$| nf(\boldsymbol{Z})\mathrm{d}\boldsymbol{Z} | \left[g\sigma \mathrm{d}\Omega \right] \tag{1.70}$$

相空间微元中 $\boldsymbol{C}$ 粒子的数目为

$$nf(\boldsymbol{C})\mathrm{d}\boldsymbol{C}\mathrm{d}\boldsymbol{r} \tag{1.71}$$

于是,单位时间内这种碰撞的总变化率为

$$n^2 f(\boldsymbol{C}) f(\boldsymbol{Z}) g\sigma \mathrm{d}\Omega \mathrm{d}\boldsymbol{Z}\mathrm{d}\boldsymbol{C}\mathrm{d}\boldsymbol{r} \tag{1.72}$$

现在,用 $f(\boldsymbol{C}')$、$f(\boldsymbol{Z}')$ 代表碰后 VDF,单位时间内逆碰撞 $(\boldsymbol{C}', \boldsymbol{Z}') \rightarrow (\boldsymbol{C}, \boldsymbol{Z})$ 的总变化率为

$$n^2 f(\boldsymbol{C}') f(\boldsymbol{Z}') g' (\sigma \mathrm{d}\Omega)' \mathrm{d}\boldsymbol{Z}' \mathrm{d}\boldsymbol{C}' \mathrm{d}\boldsymbol{r} \tag{1.73}$$

碰前和碰后状态之间变化的雅可比矩阵给出

$$| \sigma \mathrm{d}\Omega \mathrm{d}\boldsymbol{Z}\mathrm{d}\boldsymbol{C} | = | (\sigma \mathrm{d}\Omega)' \mathrm{d}\boldsymbol{Z}' \mathrm{d}\boldsymbol{C}' | \tag{1.74}$$

因此,碰撞导致速度为 $\boldsymbol{C}$ 的粒子增多的速率为

$$\begin{aligned} &(\boldsymbol{C}\text{ 粒子产生的速率}) - (\boldsymbol{C}\text{ 粒子消除的速率}) \\ &= n^2 \{ f(\boldsymbol{C}') f(\boldsymbol{Z}') - f(\boldsymbol{C}) f(\boldsymbol{Z}) \} g\sigma \mathrm{d}\Omega \mathrm{d}\boldsymbol{Z}\mathrm{d}\boldsymbol{C}\mathrm{d}\boldsymbol{r} \end{aligned} \tag{1.75}$$

对固体角空间和所有粒子速度 $\boldsymbol{Z}$ 积分,给出最终结果为

$$\left(\frac{\partial N}{\partial t} \right)_3 = \int_{-\infty}^{\infty} \int_0^{4\pi} n^2 \{ f(\boldsymbol{C}') f(\boldsymbol{Z}') - f(\boldsymbol{C}) f(\boldsymbol{Z}) \} g\sigma \mathrm{d}\Omega \mathrm{d}\boldsymbol{Z}\mathrm{d}\boldsymbol{C}\mathrm{d}\boldsymbol{r} \tag{1.76}$$

联合方程(1.55)～(1.57)及(1.76)，可以得到玻尔兹曼方程为

$$\frac{\partial(nf)}{\partial t}+\boldsymbol{C}\cdot\frac{\partial(nf)}{\partial \boldsymbol{r}}+\boldsymbol{a}\cdot\frac{\partial(nf)}{\partial \boldsymbol{C}} = \int_{-\infty}^{\infty}\int_{0}^{4\pi} n^2\{f(\boldsymbol{C}')f(\boldsymbol{Z}')-f(\boldsymbol{C})f(\boldsymbol{Z})\}g\sigma\,\mathrm{d}\Omega\mathrm{d}\boldsymbol{Z} \tag{1.77}$$

这是所有稀疏气体动力学的基本控制方程。右端称为碰撞项，玻尔兹曼方程的积分-微分属性使得其分析求解极为困难，即使是在计算上挑战也很大。

“**平衡玻尔兹曼方程条件**”，这是下一部分开始的标题。

尽管玻尔兹曼方程难于求解，但它可以很容易地用于寻找平衡条件。回想前文所述的**平衡**，VDF 在时间或空间没有变化，这意味着方程(1.77)的左端项必须为零。如果整个气体没有梯度，它并不需要处于平衡，但我们对此是不感兴趣的。可以引入**当地平衡**的概念，用于没有梯度的空间有限区域。在任何情况下，如果方程(1.77)中的时间和空间梯度为零，碰撞项也必须为零，满足下列关系式：

$$f(\boldsymbol{C}')f(\boldsymbol{Z}')=f(\boldsymbol{C})f(\boldsymbol{Z}) \tag{1.78}$$

这代表所有有限速率过程控制系统的一个重要的一般性原理，细致平衡原理，其对于平衡的描述是

前向变化速率 = 后向变化速率

因此，在平衡时，移除 $\boldsymbol{C}$ 粒子的碰撞速率：

$$(\boldsymbol{C},\ \boldsymbol{Z})\rightarrow(\boldsymbol{C}',\ \boldsymbol{Z}') \tag{1.79}$$

恰好由逆碰撞产生 $\boldsymbol{C}$ 粒子的速率平衡，

$$(\boldsymbol{C}',\ \boldsymbol{Z}')\rightarrow(\boldsymbol{C},\ \boldsymbol{Z}) \tag{1.80}$$

这意味着在平衡时，玻尔兹曼方程包含的三个过程都不会导致 VDF 的变化。

1.3.3　玻尔兹曼 H 定理

与热力学中熵的概念类似，H 定理指定碰撞过程发生的方向。考虑如下条件的玻尔兹曼方程：① 简单稀疏气体；② 没有外力，即 $\boldsymbol{a}$ 为零；③ 气体在空间上是均匀的，即 n 为常数且空间导数为零。在这些条件下，玻尔兹曼方程退化为

$$\frac{\partial f(\boldsymbol{C})}{\partial t}=n\int_{-\infty}^{\infty}\int_{0}^{4\pi}\{f(\boldsymbol{C}')f(\boldsymbol{Z}')-f(\boldsymbol{C})f(\boldsymbol{Z})\}g\sigma\,\mathrm{d}\Omega\mathrm{d}\boldsymbol{Z} \tag{1.81}$$

玻尔兹曼方程描述速度为 $\boldsymbol{C}$ 的粒子数目如何在相空间微元内变化。相反，如果要分析粒子属性 $Q = Q(\boldsymbol{C})$ 的变化，只需要在方程两边乘上 Q，得到

$$\frac{\partial(f(\boldsymbol{C})Q(\boldsymbol{C}))}{\partial t} = n\int_{-\infty}^{\infty}\int_{0}^{4\pi} Q(\boldsymbol{C})\{f(\boldsymbol{C}')f(\boldsymbol{Z}') - f(\boldsymbol{C})f(\boldsymbol{Z})\}g\sigma \mathrm{d}\Omega \mathrm{d}\boldsymbol{Z} \tag{1.82}$$

对 $\boldsymbol{C}$ 积分，得到

$$\frac{\partial}{\partial t}\left[\int_{-\infty}^{\infty} f(\boldsymbol{C})Q(\boldsymbol{C})\mathrm{d}\boldsymbol{C}\right] = n\int_{-\infty}^{\infty}\int_{-\infty}^{\infty}\int_{0}^{4\pi} Q(\boldsymbol{C})\{f(\boldsymbol{C}')f(\boldsymbol{Z}') - f(\boldsymbol{C})f(\boldsymbol{Z})\}g\sigma \mathrm{d}\Omega \mathrm{d}\boldsymbol{Z}\mathrm{d}\boldsymbol{C}$$

取 $Q = \ln|f(\boldsymbol{C})|$，引入玻尔兹曼 H 函数：

$$H \equiv \langle \ln(f)\rangle = \int_{-\infty}^{\infty} f(\boldsymbol{C})\ln|f(\boldsymbol{C})|\,\mathrm{d}\boldsymbol{C} \tag{1.83}$$

其中，$\langle\ \ \rangle$表示对 VDF 取平均，与方程(1.50)考虑的一样，得到

$$\frac{\partial H}{\partial t} = n\int_{-\infty}^{\infty}\int_{-\infty}^{\infty}\int_{0}^{4\pi} \ln|f(\boldsymbol{C})|\,\{f(\boldsymbol{C}')f(\boldsymbol{Z}') - f(\boldsymbol{C})f(\boldsymbol{Z})\}g\sigma \mathrm{d}\Omega \mathrm{d}\boldsymbol{Z}\mathrm{d}\boldsymbol{C} \tag{1.84}$$

这一表达式的右端成为碰撞积分 $\delta[Q]$，具有若干重要属性。首先，可以完整写出这一量为

$$\delta[Q] = n\int_{-\infty}^{\infty}\int_{-\infty}^{\infty}\int_{0}^{4\pi} \ln|f(\boldsymbol{C})|\,\{f(\boldsymbol{C}')f(\boldsymbol{Z}') - f(\boldsymbol{C})f(\boldsymbol{Z})\}g\sigma \mathrm{d}\Omega \mathrm{d}\boldsymbol{Z}\mathrm{d}\boldsymbol{C} \tag{1.85}$$

对称性 1：由于碰撞中任意选择粒子速度 $\boldsymbol{C}$ 和 $\boldsymbol{Z}$，可以交换 $\boldsymbol{C}\leftrightarrow\boldsymbol{Z}$ 而不影响物理意义，得到

$$\delta[Q] = n\int_{-\infty}^{\infty}\int_{-\infty}^{\infty}\int_{0}^{4\pi} \ln|f(\boldsymbol{Z})|\,\{f(\boldsymbol{C}')f(\boldsymbol{Z}') - f(\boldsymbol{C})f(\boldsymbol{Z})\}g\sigma \mathrm{d}\Omega \mathrm{d}\boldsymbol{Z}\mathrm{d}\boldsymbol{C} \tag{1.86}$$

对称性 2：类似地，可以交换方程(1.85)中的正向和逆向碰撞速度，$\boldsymbol{C}\leftrightarrow\boldsymbol{C}'$、$\boldsymbol{Z}\leftrightarrow\boldsymbol{Z}'$，得到

$$\delta[Q]=n\int_{-\infty}^{\infty}\int_{-\infty}^{\infty}\int_{0}^{4\pi}\ln|f(\boldsymbol{C}')|\{f(\boldsymbol{C})f(\boldsymbol{Z})-f(\boldsymbol{C}')f(\boldsymbol{Z}')\}g\sigma\mathrm{d}\Omega\mathrm{d}\boldsymbol{Z}\mathrm{d}\boldsymbol{C} \tag{1.87}$$

其中用到了碰前和碰后属性的先前结果。

对称性 3：在方程(1.87)中,可以交换 $\boldsymbol{C}'\leftrightarrow\boldsymbol{Z}'$，得到

$$\delta[Q]=n\int_{-\infty}^{\infty}\int_{-\infty}^{\infty}\int_{0}^{4\pi}\ln|f(\boldsymbol{Z}')|\{f(\boldsymbol{C})f(\boldsymbol{Z})-f(\boldsymbol{C}')f(\boldsymbol{Z}')\}g\sigma\mathrm{d}\Omega\mathrm{d}\boldsymbol{Z}\mathrm{d}\boldsymbol{C} \tag{1.88}$$

现在,联合方程(1.85)~方程(1.88),得到

$$\delta[Q]=\frac{n}{4}\int_{-\infty}^{\infty}\int_{-\infty}^{\infty}\int_{0}^{4\pi}\{\ln|f(\boldsymbol{C})|+\ln|f(\boldsymbol{Z})|-\ln|f(\boldsymbol{C}')|-\ln|f(\boldsymbol{Z}')|\}\{f(\boldsymbol{C})f(\boldsymbol{Z})-f(\boldsymbol{C}')f(\boldsymbol{Z}')\}g\sigma\mathrm{d}\Omega\mathrm{d}\boldsymbol{Z}\mathrm{d}\boldsymbol{C} \tag{1.89}$$

这一结果可以重新写成

$$\frac{\partial H}{\partial t}=\frac{n}{4}\int_{-\infty}^{\infty}\int_{-\infty}^{\infty}\int_{0}^{4\pi}\ln\left\{\frac{f(\boldsymbol{C})f(\boldsymbol{Z})}{f(\boldsymbol{C}')f(\boldsymbol{Z}')}\right\}\{f(\boldsymbol{C}')f(\boldsymbol{Z}')-f(\boldsymbol{C})f(\boldsymbol{Z})\}g\sigma\mathrm{d}\Omega\mathrm{d}\boldsymbol{Z}\mathrm{d}\boldsymbol{C} \tag{1.90}$$

考察方程(1.90)的右端项(*RHS*),发现

$$f(\boldsymbol{C})f(\boldsymbol{Z})\geqslant f(\boldsymbol{C}')f(\boldsymbol{Z}')\Rightarrow RHS\leqslant 0$$
$$f(\boldsymbol{C})f(\boldsymbol{Z})\leqslant f(\boldsymbol{C}')f(\boldsymbol{Z}')\Rightarrow RHS\leqslant 0$$

因此,*RHS* 永远为负或等于零,即 H 永不增大：

$$\frac{\partial H}{\partial t}\leqslant 0 \tag{1.91}$$

此为**玻尔兹曼 *H* 定理**。图 1.15 展示了零时刻初始扰动系统 H 函数随时间的变化情况。

在这一过程中,气体发生导致 H 持续减小的碰撞,直到达到稳定状态。此时有

$$\frac{\partial H}{\partial t}=0\Rightarrow\ln\left[\frac{f(\boldsymbol{C})f(\boldsymbol{Z})}{f(\boldsymbol{C}')f(\boldsymbol{Z}')}\right]=0 \tag{1.92}$$

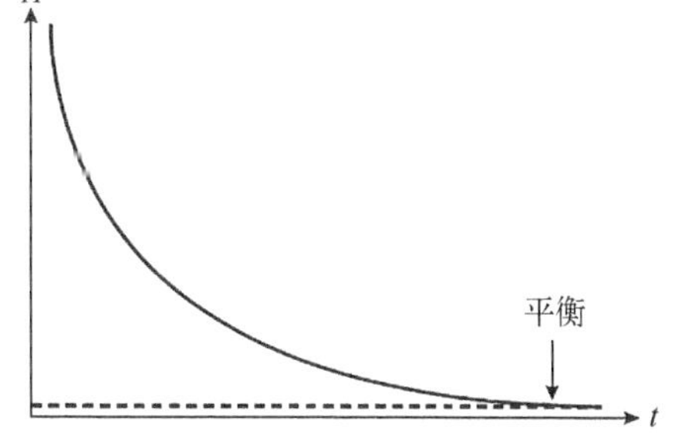

图 1.15　玻尔兹曼 *H* 函数随时间变化情况

这与方程(1.78)相同,即平衡条件。

以物理的形式考虑 H 定理也是有用的。VDF 在较小时间段内的比例变化为

$$\frac{\partial f/f}{\partial t}=\frac{\partial[\ln(f)]}{\partial t} \tag{1.93}$$

于是,VDF 的平均比例变化有

$$\frac{\partial\langle\ln(f)\rangle}{\partial t}=\frac{\partial H}{\partial t}\leqslant 0 \tag{1.94}$$

因此,玻尔兹曼 H 定理表明碰撞导致的 VDF 平均比例变化只会下降,碰撞的效果总是使系统更靠近平衡。

1.3.4 麦克斯韦 VDF

如前所述,方程(1.92)等价于细致平衡原理,可以重新写成

$$\ln|f(\boldsymbol{C})|+\ln|f(\boldsymbol{Z})|=\ln|f(\boldsymbol{C}')|+\ln|f(\boldsymbol{Z}')| \tag{1.95}$$

于是,存在某个函数 $\ln|f(\boldsymbol{C})|$,其对两个碰撞粒子的求和不因碰撞而改变。从基础力学可知,质量、动量和动能不随碰撞而改变,它们有时称为碰撞不变量。基于这些粒子属性的线性组合,选择如下一般形式作为方程(1.95)的解:

$$\ln|f(\boldsymbol{C})|=a_0m+m(a_1C_1+a_2C_2+a_3C_3)+a_4\frac{m}{2}(C_1^2+C_2^2+C_3^2) \tag{1.96}$$

其中,a_i 为任意常数。这一表达式可以重新写成

$$\ln|f(\boldsymbol{C})|=a_4\frac{m}{2}[(C_1-\alpha_1)^2+(C_2-\alpha_2)^2+(C_3-\alpha_3)^2]+\alpha_4 \tag{1.97}$$

最终得到

$$f(\boldsymbol{C})=A\exp\left\{-\beta\frac{m}{2}[(C_1-\alpha_1)^2+(C_2-\alpha_2)^2+(C_3-\alpha_3)^2]\right\} \tag{1.98}$$

其中,A、β 和 α_1、α_2、α_3 都是常数,β 前面引入的负号是为了后续方便。

下一个目标是对方程(1.98)中的常数赋值。首先,常数 α_j 只出现在平方项

中。$f(\boldsymbol{C})$ 只依赖于$(C_j-\alpha_j)$的大小,意味它是$(C_j-\alpha_j)$的对称函数。反过来说,因为 α_j 是常数,这意味着$\langle (C_j-\alpha_j)\rangle = 0 = \langle C_j\rangle - \langle \alpha_j\rangle$。于是,$\alpha_j = \langle \alpha_j\rangle = \langle C_j\rangle$,其等于三个坐标方向之一上的平均速度 u_j,即

$$f(\boldsymbol{C}) = A\exp\left\{-\beta \frac{m}{2}\left[(C_1-u_1)^2+(C_2-u_2)^2+(C_3-u_3)^2\right]\right\} \tag{1.99}$$

以静止气体的简单情况($u_j=0$)继续上述分析,有

$$f(\boldsymbol{C}) = A\exp\left[-\beta \frac{m}{2}(C_1^2+C_2^2+C_3^2)\right] \tag{1.100}$$

利用正则化条件,可以对主常数进行赋值:

$$\begin{aligned}1 &= \int_{-\infty}^{\infty} f(\boldsymbol{C})\,\mathrm{d}\boldsymbol{C}\\ &= A\int_{-\infty}^{\infty}\exp\left(-\frac{m\beta}{2}C_1^2\right)\mathrm{d}C_1\int_{-\infty}^{\infty}\exp\left(-\frac{m\beta}{2}C_2^2\right)\mathrm{d}C_2\\ &\quad\times\int_{-\infty}^{\infty}\exp\left(-\frac{m\beta}{2}C_3^2\right)\mathrm{d}C_3\end{aligned} \tag{1.101}$$

利用如下标准积分:

$$\int_{-\infty}^{\infty}\exp\left(-\frac{m\beta}{2}z^2\right)\mathrm{d}z = \sqrt{\frac{2\pi}{m\beta}} \tag{1.102}$$

得到

$$A = \left(\frac{m\beta}{2\pi}\right)^{3/2} \tag{1.103}$$

于是

$$f(\boldsymbol{C}) = \left(\frac{m\beta}{2\pi}\right)^{3/2}\exp\left[-\beta\frac{m}{2}(C_1^2+C_2^2+C_3^2)\right] \tag{1.104}$$

1.2 节中有

$$\langle C^2\rangle = \frac{3kT}{m} \tag{1.105}$$

利用这一结果并对 VDF 求二阶矩,以寻求余下的常数 β。因此,

$$\frac{3kT}{m} = \iiint (C_1^2+C_2^2+C_3^2)\left(\frac{m\beta}{2\pi}\right)^{\frac{3}{2}}\exp\left[-\frac{m\beta}{2}(C_1^2+C_2^2+C_3^2)\right]\mathrm{d}C_1\mathrm{d}C_2\mathrm{d}C_3$$

$$
\begin{aligned}
&= \left(\frac{m\beta}{2\pi}\right)^{\frac{3}{2}} \int_{-\infty}^{\infty} C_1^2 \exp\left(-\frac{m\beta}{2}C_1^2\right) \mathrm{d}C_1 \int_{-\infty}^{\infty} \exp\left(-\frac{m\beta}{2}C_2^2\right) \mathrm{d}C_2 \\
&\quad \times \int_{-\infty}^{\infty} \exp\left(-\frac{m\beta}{2}C_3^2\right) \mathrm{d}C_3 \\
&\quad + \left(\frac{m\beta}{2\pi}\right)^{\frac{3}{2}} \int_{-\infty}^{\infty} \exp\left(-\frac{m\beta}{2}C_1^2\right) \mathrm{d}C_1 \int_{-\infty}^{\infty} C_2^2 \exp\left(-\frac{m\beta}{2}C_2^2\right) \mathrm{d}C_2 \\
&\quad \times \int_{-\infty}^{\infty} \exp\left(-\frac{m\beta}{2}C_3^2\right) \mathrm{d}C_3 \\
&\quad + \left(\frac{m\beta}{2\pi}\right)^{\frac{3}{2}} \int_{-\infty}^{\infty} \exp\left(-\frac{m\beta}{2}C_1^2\right) \mathrm{d}C_1 \int_{-\infty}^{\infty} \exp\left(-\frac{m\beta}{2}C_2^2\right) \mathrm{d}C_2 \\
&\quad \times \int_{-\infty}^{\infty} C_3^2 \exp\left(-\frac{m\beta}{2}C_3^2\right) \mathrm{d}C_3
\end{aligned} \tag{1.106}
$$

利用标准积分的下列结果：

$$
\int_{-\infty}^{\infty} z^2 \exp\left(-\frac{m\beta}{2}z^2\right) \mathrm{d}z = \frac{\pi^{1/2}}{2\left(\frac{m\beta}{2}\right)^{\frac{3}{2}}} \tag{1.107}
$$

得到

$$
\frac{3kT}{m} = \frac{3\pi^{1/2}}{2\left(\frac{m\beta}{2}\right)^{\frac{3}{2}}} \sqrt{\frac{2\pi}{m\beta}} \sqrt{\frac{2\pi}{m\beta}} \left(\frac{m\beta}{2\pi}\right)^{\frac{3}{2}} = \frac{3}{m\beta} \tag{1.108}
$$

于是有

$$
\beta = \frac{1}{kT}, \quad A = \left(\frac{m}{2\pi kT}\right)^{\frac{3}{2}} \tag{1.109}
$$

得到 $f(\boldsymbol{C})$ 的表达式：

$$
f(\boldsymbol{C}) = \left(\frac{m}{2\pi kT}\right)^{\frac{3}{2}} \exp\left[-\frac{m}{2kT}(C_1^2 + C_2^2 + C_3^2)\right] \tag{1.110}
$$

考察上述结果的右端项，其单位为速度三次方的倒数。这与该表达式包含速度微元大小的需求是一致的，毕竟感兴趣的是在速度区间 $\boldsymbol{C} \to \boldsymbol{C} + \mathrm{d}\boldsymbol{C}$ 中发现粒子

的概率,为

$$f(\boldsymbol{C})\,\mathrm{d}\boldsymbol{C}=\left(\frac{m}{2\pi kT}\right)^{\frac{3}{2}}\exp\left[-\frac{m}{2kT}(C_1^2+C_2^2+C_3^2)\right]\mathrm{d}\boldsymbol{C} \tag{1.111}$$

现在回到气体具有净来流速度的一般情况,$\boldsymbol{u}=(u_1,\ u_2,\ u_3)$。参数 A 和 β 的赋值与这些速度无关,可以得到麦克斯韦 VDF 的最终结果为

$$f(\boldsymbol{C})\,\mathrm{d}\boldsymbol{C}=\left(\frac{m}{2\pi kT}\right)^{\frac{3}{2}}\exp\left\{-\frac{m}{2kT}\left[(C_1-u_1)^2+(C_2-u_2)^2+(C_3-u_3)^2\right]\right\}\mathrm{d}\boldsymbol{C} \tag{1.112}$$

考察方程(1.112),可以得到单一速度分量的 VDF 为

$$\phi(C_1)\,\mathrm{d}C_1=\left(\frac{m}{2\pi kT}\right)^{\frac{1}{2}}\exp\left\{-\frac{m}{2kT}\left[(C_1-u_1)^2\right]\right\}\mathrm{d}C_1 \tag{1.113}$$

这一函数在图1.16中画出,它关于(C_1-u_1)对称,峰值为$\sqrt{1/\pi}$。另外,对于给定化学组分(质量是常数):

(1) 较高的温度给出较宽、较扁的 VDF;

(2) 较低的温度给出较窄、较尖的 VDF。

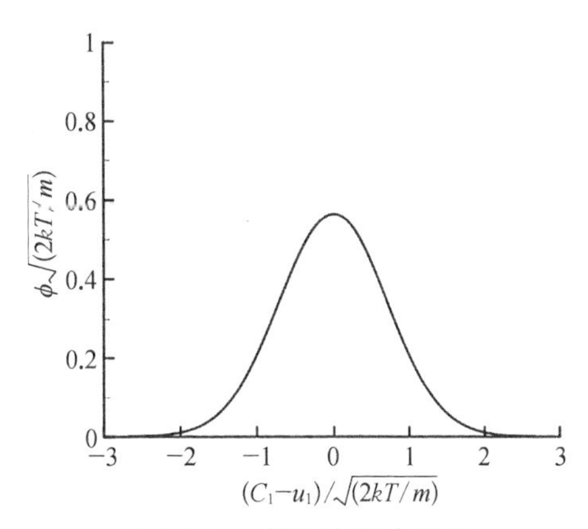

图1.16 一维麦克斯韦 VDF

接着考虑速率 $C=|\boldsymbol{C}|$ 的分布。从静止气体的麦克斯韦 VDF 开始,写成分量的形式:

$$\begin{aligned}&f(C_1,\ C_2,\ C_3)\,\mathrm{d}C_1\mathrm{d}C_2\mathrm{d}C_3\\&=\left(\frac{m}{2\pi kT}\right)^{\frac{3}{2}}\exp\left[-\frac{m}{2kT}(C_1^2+C_2^2+C_3^2)\right]\mathrm{d}C_1\mathrm{d}C_2\mathrm{d}C_3\end{aligned} \tag{1.114}$$

从笛卡儿坐标系到球面极坐标系作标准变换:

$$\begin{aligned}&f(C,\ \phi,\ \theta)\,\mathrm{d}C\mathrm{d}\phi\mathrm{d}\theta\\&=\left(\frac{m}{2\pi kT}\right)^{\frac{3}{2}}C^2\sin\phi\exp\left(-\frac{mC^2}{2kT}\right)\mathrm{d}C\mathrm{d}\phi\mathrm{d}\theta\end{aligned} \tag{1.115}$$

对 ϕ 和 θ 积分,得到麦克斯韦速率分布函数:

$$\chi(C)\mathrm{d}C = 4\pi\left(\frac{m}{2\pi kT}\right)^{\frac{3}{2}} C^2\exp\left(-\frac{mC^2}{2kT}\right)\mathrm{d}C \tag{1.116}$$

现在考察这个分布的若干重要属性。

(1) $\chi(0) = 0$, 即没有粒子恰好静止。

(2) 为寻求最概然速率 C_{mp},通过微分找到χ 的最大值。

$$\chi'(C) = 0 \Rightarrow 4\pi\left(\frac{m}{2\pi kT}\right)^{\frac{3}{2}}\left\{2C\exp\left(-\frac{mC^2}{2kT}\right) + C^2\left(-\frac{2mC}{2kT}\right)\exp\left(-\frac{mC^2}{2kT}\right)\right\} = 0 \tag{1.117}$$

因此,

$$C_{\mathrm{mp}} = \sqrt{\frac{2kT}{m}} \tag{1.118}$$

(3) 通过对速率分布函数求一阶矩(注意,现在考虑的是速率,积分下限为0),得到平均速率:

$$\langle C\rangle = \int_0^{\infty} C\chi(C)\mathrm{d}C = \sqrt{\frac{8kT}{\pi m}} = \frac{2}{\sqrt{\pi}}C_{\mathrm{mp}} \tag{1.119}$$

这里用到了另一个标准积分:

$$\int_0^{\infty} z^3\exp(-az^2)\mathrm{d}z = \frac{1}{2a^2} \tag{1.120}$$

(4) 最后,对速率均方根$\sqrt{\langle C^2\rangle}$赋值:

$$\langle C^2\rangle = \int_0^{\infty} C\chi(C)\mathrm{d}C = \frac{3kT}{m}$$

$$\Rightarrow \sqrt{\langle C^2\rangle} = \sqrt{\frac{3kT}{m}} = \sqrt{\frac{3}{2}}C_{\mathrm{mp}} \approx 1.22C_{\mathrm{mp}} \tag{1.121}$$

这里用到了:

$$\int_0^{\infty} z^4\exp(-az^2)\mathrm{d}z = \frac{3}{8}\sqrt{\frac{\pi}{a^5}} \tag{1.122}$$

图 1.17 给出了麦克斯韦速率分布的正则形式和上述属性的位置。需要注意的是，函数不对称，高于最概然速率运动的粒子要比低于最概然速率的粒子多。

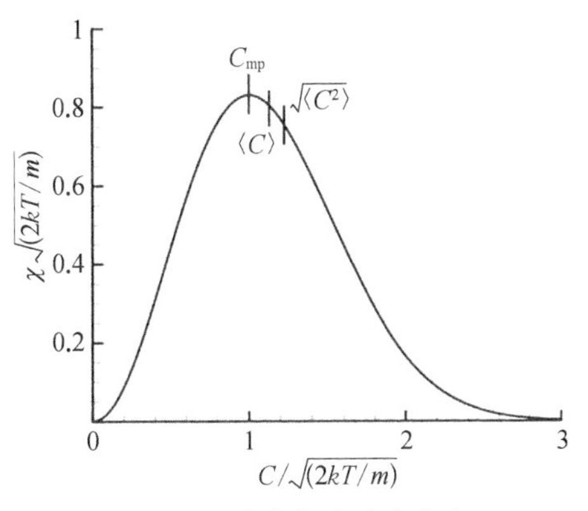

图 1.17　麦克斯韦速率分布

1.3.5　平衡碰撞属性

现在，利用麦克斯韦速度和速率分布，建立热力学平衡气体碰撞率和平均自由程的表达式。考虑单位体积内速度为 $\boldsymbol{C}$ 的组分 A 气体与速度为 $\boldsymbol{Z}$ 的组分 B 气体之间的碰撞率，它们的相对速度为 $\boldsymbol{g} \equiv \boldsymbol{C} - \boldsymbol{Z}$，

$$dZ_{AB} = n_A n_B f_A(\boldsymbol{C}) f_B(\boldsymbol{Z}) g\sigma d\Omega d\boldsymbol{C} d\boldsymbol{Z} \tag{1.123}$$

插入麦克斯韦 VDF：

$$dZ_{AB} = n_A n_B \exp\left[-\frac{1}{2kT}(m_A C^2 + m_B Z^2)\right] g\sigma d\Omega dC_1 dC_2 dC_3 dZ_1 dZ_2 dZ_3 \tag{1.124}$$

为得到总的碰撞率，必须对方程(1.124)进行积分，这通过速度变换(代表 1.3.2 节考虑过的一般法则)来实现。特别地，引入

$$\text{相对速度：} \boldsymbol{g} \equiv \boldsymbol{C} - \boldsymbol{Z} \tag{1.125}$$

$$\text{速度质心：} \boldsymbol{W} \equiv \frac{m_A \boldsymbol{C} + m_B \boldsymbol{Z}}{m_A + m_B} \tag{1.126}$$

由这些定义得到

$$\boldsymbol{C} = \boldsymbol{W} + \frac{m_B}{m_A + m_B}\boldsymbol{g} \tag{1.127}$$

$$\boldsymbol{Z} = \boldsymbol{W} - \frac{m_A}{m_A + m_B}\boldsymbol{g} \tag{1.128}$$

利用折合质量：

$$m_{AB}^{*}=\frac{m_A m_B}{m_A+m_B} \tag{1.129}$$

得到

$$\frac{1}{2}m_A C^2+\frac{1}{2}m_B Z^2=\frac{1}{2}(m_A+m_B)W^2+\frac{1}{2}m_{AB}^{*}g^2 \tag{1.130}$$

回到方程(1.124)，也必须对微元作变换，即

$$\mathrm{d}C_1\mathrm{d}Z_1=\left|\frac{\partial(C_1,\ Z_1)}{\partial(W_1,\ g_1)}\right|\mathrm{d}W_1\mathrm{d}g_1 \tag{1.131}$$

其中雅可比的赋值用到方程(1.127)和方程(1.128)，为

$$\left|\frac{\partial(C_1,\ Z_1)}{\partial(W_1,\ g_1)}\right|=\begin{vmatrix}\dfrac{\partial C_1}{\partial W_1} & \dfrac{\partial C_1}{\partial g_1}\\ \dfrac{\partial Z_1}{\partial W_1} & \dfrac{\partial Z_1}{\partial g_1}\end{vmatrix}=\begin{vmatrix}1 & \dfrac{m_B}{m_A+m_B}\\ 1 & \dfrac{-m_A}{m_A+m_B}\end{vmatrix}=1 \tag{1.132}$$

方向 2 和 3 得到相似的结果。利用这些结果并代入硬球碰撞截面 σ_{AB}，方程(1.124)变成

$$\mathrm{d}Z_{AB}=n_A n_B\frac{(m_A m_B)^{3/2}}{(2\pi kT)^3}g\sigma_{AB}\exp\left\{-\frac{1}{2kT}\left[(m_A+m_B)W^2+m_{AB}^{*}g^2\right]\right\}\mathrm{d}W_1\mathrm{d}W_2\mathrm{d}W_3\mathrm{d}g_1\mathrm{d}g_2\mathrm{d}g_3 \tag{1.133}$$

将速度都转换到球面极坐标系：

$$\mathrm{d}W_1\mathrm{d}W_2\mathrm{d}W_3=W^2\sin\phi_W\mathrm{d}\phi_W\mathrm{d}\theta_W\mathrm{d}W \tag{1.134}$$

$$\mathrm{d}g_1\mathrm{d}g_2\mathrm{d}g_3=g^2\sin\phi_g\mathrm{d}\phi_g\mathrm{d}\theta_g\mathrm{d}g \tag{1.135}$$

代入方程(1.133)并对 W 和两个角积分，得到双分子碰撞率的最终结果为

$$Z_{AB}=n_A n_B\sigma_{AB}\sqrt{\frac{8kT}{\pi m_{AB}^{*}}} \tag{1.136}$$

这里用到了标准积分

$$\int_0^{\infty}z^3\exp(-az^2)\,\mathrm{d}z=\frac{1}{2a^2} \tag{1.137}$$

对于两个不同组分 A 和 B 之间的硬球碰撞,碰撞截面的赋值为 $\sigma_{AB}=\frac{\pi}{4}(d_A+d_B)^2$。更一般地,其他碰撞模型依赖相对速度,对方程(1.133)积分时,在方程(1.136)中引入不同温度依赖。

必须对方程(1.136)作细微修正。到目前的分析中,总是说速度为 $\boldsymbol{C}$ 的组分 A 粒子和速度为 $\boldsymbol{Z}$ 的组分 B 粒子碰撞。然而,并未将速度为 $\boldsymbol{Z}$ 的组分 A 气体和速度为 $\boldsymbol{C}$ 的组分 B 气体碰撞加以区分。对于简单气体,这意味着每个碰撞计算了两次,因此引入下列修正:

$$Z_{AB}=\frac{1}{1+\delta_{AB}}n_A n_B \sigma_{AB}\sqrt{\frac{8kT}{\pi m_{AB}^*}} \tag{1.138}$$

其中,

$$\delta_{AB}=\begin{cases}1,若\ A=B\\0,若\ A\neq B\end{cases} \tag{1.139}$$

接着考虑热力学平衡条件下混合气体中组分 A 的平均自由程。涉及组分 A 粒子的每个碰撞确定组分 A 碰撞的自由程。当两个组分 A 粒子碰撞时,同时确定两个自由程。需要找出组分 A 的所有自由程的平均值。方程(1.138)的分子碰撞率是单位体积最终自由程的速率。对于 A-B 碰撞,每次碰撞以 $(1+\delta_{AB})$ 个自由程终止。因此,单位时间内处于平衡态的组分 A 硬球气体终止自由程数目为

$$n_A n_B \sigma_{AB}\sqrt{\frac{8kT}{\pi m_{AB}^*}} \tag{1.140}$$

每个组分 A 粒子通过与组分 B 碰撞的终止自由程速率为

$$\Theta_A=\sum_{i=1}^{N_S}\Theta_{A_i}=\sqrt{\frac{8kT}{\pi}}\sum_{i=1}^{N_S}n_i\sigma_{A_i}\sqrt{\frac{1}{m_A}+\frac{1}{m_i}} \tag{1.141}$$

单位时间内组分 A 走过的平均距离即为平均速率:

$$\langle C_A\rangle=\sqrt{\frac{8kT}{\pi m_A}} \tag{1.142}$$

因此,处于平衡态的混合气体中,组分 A 的平均自由程为

$$\lambda_{\mathrm{A}}=\frac{\langle C_{\mathrm{A}}\rangle}{\Theta_{\mathrm{A}}}=\frac{1}{\sum_{i=1}^{N_{\mathrm{S}}}n_i\sigma_{\mathrm{A}_i}\sqrt{1+\frac{m_{\mathrm{A}}}{m_i}}} \tag{1.143}$$

对于简单气体，$N_{\mathrm{S}}=1$，有

$$\lambda=\frac{1}{\sqrt{2}n\sigma} \tag{1.144}$$

这是比 1.2 节更精确的结果。

1.3.6 朝向壁面的自由分子流

平衡动理学理论得到结果的最重要应用之一是自由分子、无碰撞流动中壁面属性的分析。这一方式的典型应用是飞行器气动力和加热研究。

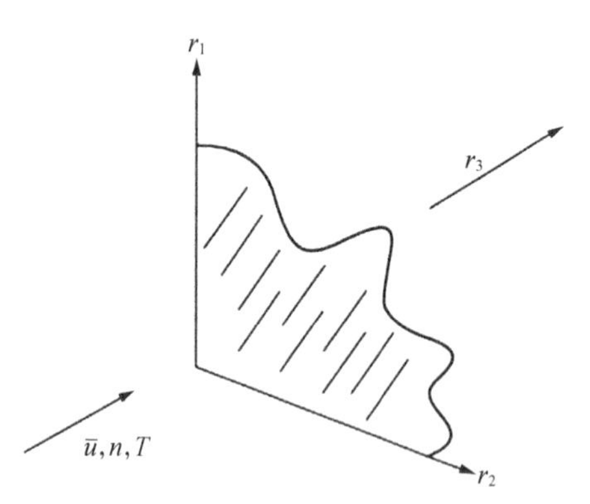

图 1.18 粒子通量的坐标系统

1. 入射通量

如图 1.18 所示，考虑(r_1, r_2)平面内面积为 δA 的壁面微元。自由分子气流入射到微元，其由平衡 VDF(麦克斯韦)表征，宏观参数为 n_{i}、$\overline{u_{\mathrm{i}}}=(u_1, u_2, u_3)$ 和 T_{i}。

入射流的 VDF 为

$$f_{\mathrm{i}}(\boldsymbol{C})\mathrm{d}\boldsymbol{C}=\left(\frac{m}{2\pi kT_{\mathrm{i}}}\right)^{\frac{3}{2}}\exp\left\{-\frac{m}{2kT_{\mathrm{i}}}[(\boldsymbol{C}-\boldsymbol{u}_{\mathrm{i}})^2]\right\}\mathrm{d}\boldsymbol{C} \tag{1.145}$$

每个粒子的速度矢量可以写成 $\boldsymbol{C}=\boldsymbol{u}_{\mathrm{i}}+\boldsymbol{C}'$，其中 $\boldsymbol{C}'$ 为热速度或随机速度。

粒子朝向壁面的属性 $Q=Q(\boldsymbol{C})$ 的入射通量为

$$\Gamma_{\mathrm{i}}^{Q}=\int_{C_1=-\infty}^{\infty}\int_{C_2=-\infty}^{\infty}\int_{C_3=0}^{\infty}n_{\mathrm{i}}C_3Q(\boldsymbol{C})f_{\mathrm{i}}(\boldsymbol{C})\mathrm{d}\boldsymbol{C} \tag{1.146}$$

需要指出的是，由于后向运动粒子不会到达壁面，C_3 方向的积分下限为 0。对于 $Q=Q(C_3)$ 的特定情况，可以对 C_1 和 C_2 积分，并将积分表述为热速度的形式，得到

$$\Gamma_{\mathrm{i}}^{Q}=n_{\mathrm{i}}\left(\frac{m}{2\pi kT_{\mathrm{i}}}\right)^{\frac{1}{2}}\int_{C_3'=-u_3}^{\infty}(u_3+C_3')Q(u_3+C_3')\exp\left(-\frac{mC_3'^2}{2kT_{\mathrm{i}}}\right)\mathrm{d}C_3' \tag{1.147}$$

因此,速度低于 u_3 的粒子不会到达壁面。现在,利用方程(1.147)给质量、法向动量以及拓展形式能量的入射通量赋值。

1）入射质量通量

取 $Q=m$,将相应的通量命名为入射质量通量 Φ_i:

$$\Phi_i = mn_i\left(\frac{m}{2\pi kT_i}\right)^{\frac{1}{2}}\int_{-u_3}^{\infty}(u_3 + C_3')\exp\left(-\frac{mC_3'^2}{2kT_i}\right)\mathrm{d}C_3' \tag{1.148}$$

考虑上述积分的两个分量,从

$$\begin{aligned} I_1 &= \int_{-u_3}^{\infty} u_3\exp\left(-\frac{mC_3'^2}{2kT_i}\right)\mathrm{d}C_3' \\ &= \int_0^{\infty} u_3\exp\left(-\frac{mC_3'^2}{2kT_i}\right)\mathrm{d}C_3' + \int_0^{-u_3} u_3\exp\left(-\frac{mC_3'^2}{2kT_i}\right)\mathrm{d}C_3' \end{aligned} \tag{1.149}$$

开始。右端的第一项可以用标准积分赋值。

对于第二项,代入 $\frac{mC_3'^2}{2kT_i}=t^2$, 得到

$$I_1 = u_3\frac{1}{2}\left(\frac{2\pi kT_i}{m}\right) + u_3\int_0^{u_3\left(\frac{m}{2kT_i}\right)^{\frac{1}{2}}}\exp(-t^2)\left(\frac{2kT_i}{m}\right)^{1/2}\mathrm{d}t \tag{1.150}$$

引入速率比 $s_3 \equiv \frac{u_3}{\sqrt{2kT_i/m}}$,利用标准残差函数 erf,得到最终结果:

$$I_1 = S_3\frac{\sqrt{\pi}}{2}\frac{2kT_i}{m}[1+\mathrm{erf}(s_3)] \tag{1.151}$$

现在考虑入射质量通量积分中的第二项:

$$\begin{aligned} I_2 &= \int_{-u_3}^{\infty} C_3'\exp\left(-\frac{mC_3'^2}{2kT_i}\right)\mathrm{d}C_3' \\ &= \int_0^{\infty} C_3'\exp\left(-\frac{mC_3'^2}{2kT_i}\right)\mathrm{d}C_3' + \int_{-u_3}^{0} C_3'\exp\left(-\frac{mC_3'^2}{2kT_i}\right)\mathrm{d}C_3' \end{aligned} \tag{1.152}$$

对第一项用另一个标准积分,并将 $t=\frac{mC_3'^2}{2kT_i}$ 代入第二项,得到

$$I_2 = \frac{kT_i}{m} + \frac{kT_i}{m}\int_{\frac{mu_3^2}{2kT_i}}^{0} \exp(-t)\,dt = \frac{kT_i}{m}\exp(-s_3^2) \tag{1.153}$$

因此,入射质量通量的最终结果为

$$\Phi_i = \frac{1}{4}mn_i\sqrt{\frac{8kT_i}{\pi m}}\{\exp(-s_3^2) + \sqrt{\pi}s_3[1+\text{erf}(s_3)]\} \tag{1.154}$$

考虑两个重要极限:

(1) $s_3 \to 0$: 在 r_3 方向没有流动速度,注意到 $\text{erf}(0)=0$,

$$\Phi_i = \frac{1}{4}mn_i\sqrt{\frac{8kT}{\pi m}} = \frac{1}{4}mn_i\langle C_i\rangle \tag{1.155}$$

因此,即使不存在朝向壁面的净流动速度,r_3 方向的随机速度分量也会导致有限质量通量。

(2) $s_3 \to \infty$: r_3 方向的超声速流动,注意到 $\text{erf}(\infty)=1$,

$$\Phi_i = \frac{1}{4}mn_i\sqrt{\frac{8kT_i}{\pi m}}\sqrt{\pi}\,\frac{u_3}{\sqrt{\frac{2kT_i}{m}}}2 = mn_iu_3 = \rho_iu_3 \tag{1.156}$$

在这种情况下,随机运动导致的速度通量完全由极高入射速度导致的通量掩盖。

2) 入射法向动量通量

取 $Q = mC_3$,将相应的通量命名为入射压强 p_i:

$$\begin{aligned} p_i &= mn_i\left(\frac{m}{2\pi kT_i}\right)^{1/2}\int_{-u_3}^{\infty}(u_3+C_3')^2\exp\left(-\frac{mC_3'^2}{2kT_i}\right)dC_3' \\ &= n_ikT_i\left\{\frac{s_3}{\sqrt{\pi}}\exp(-s_3^2) + \left(\frac{1}{2}+s_3^2\right)[1+\text{erf}(s_3)]\right\} \end{aligned} \tag{1.157}$$

同上考虑两个极限。

(1) $s_3 \to 0$: $p_i = \frac{1}{2}n_ikT_i$, 这一结果与理想气体方程明显相似,除去一个1/2的因子。这一因子的出现基于如下事实: 到目前为止,忽略了粒子从壁面反射回来时发生的动量交换。

(2) $s_3 \to \infty$: $p_i = 2n_i kT_i \left(\dfrac{u_3^2}{\dfrac{2kT_i}{m}}\right) = mn_i u_3^2 = \rho_i u_3^2$，这一结果与超声速飞行器分析(Bertin，1994)中常用的牛顿压强模型一致。

3) 入射能量通量

取 $Q = \frac{1}{2}mC^2 = \frac{1}{2}m(C_1^2 + C_2^2 + C_3^2)$，并将相应的通量命名为入射热通量 $\dot{q}_i$。Q 的这一表达式不仅仅是 C_3 的函数,因此必须回到入射通量方程(1.146)的完整、原始形式,得到

$$
\begin{aligned}
\dot{q}_i = \frac{1}{2}mn_i\left(\frac{m}{2\pi kT_i}\right)^{\frac{3}{2}} \Bigg[& \int_{-\infty}^{\infty} C_1^2 \exp\left(-\frac{mC_1'^2}{2kT_i}\right) dC_1' \int_{-\infty}^{\infty} \exp\left(-\frac{mC_2'^2}{2kT_i}\right) dC_2' \\
& \times \int_{-\infty}^{\infty} \exp\left(-\frac{mC_3'^2}{2kT_i}\right) dC_3' \\
& + \int_{-\infty}^{\infty} \exp\left(-\frac{mC_1'^2}{2kT_i}\right) dC_1' \int_{-\infty}^{\infty} C_2^2 \exp\left(-\frac{mC_2'^2}{2kT_i}\right) dC_2' \\
& \times \int_{-\infty}^{\infty} \exp\left(-\frac{mC_3'^2}{2kT_i}\right) dC_3' \\
& + \int_{-\infty}^{\infty} \exp\left(-\frac{mC_1'^2}{2kT_i}\right) dC_1' \int_{-\infty}^{\infty} \exp\left(-\frac{mC_2'^2}{2kT_i}\right) dC_2' \\
& \times \int_{-\infty}^{\infty} C_3^2 \exp\left(-\frac{mC_3'^2}{2kT_i}\right) dC_3' \Bigg]
\end{aligned}
\tag{1.158}
$$

所有这些积分都可以分析赋值,得到最终结果为

$$
\dot{q}_i = \frac{\Phi_i}{m}\left(\frac{1}{2}mu^2 + \frac{5}{2}kT_i\right) - \frac{1}{8}n_i\langle C_i\rangle kT_i \exp(-s_3^2) \tag{1.159}
$$

再一次考虑两种极限下的结果。

(1) $s_3 \to 0$: $\dot{q}_i = \frac{1}{4}n_i\langle C_i\rangle\left(\frac{1}{2}mu^2 + 2kT_i\right)$。需要指出的是,即使 $u_3 = 0$,也允许流动具有有限动能。如果气体完全静止 ($u_1 = u_2 = 0$),随机速度分量依然导致有限热输运。

(2) $s_3 \to \infty$: $\dot{q}_i = \frac{mn_i u_3}{m}\left(\frac{1}{2}mu^2\right) = \frac{1}{2}\rho_i u_3 u^2$

2. 净通量

为确定质量、动量和能量的净通量，首先必须对反射通量赋值。反射通量通过如下假设得到：气体来自位于真实表面假想的库中，在那里它们处于平衡态。虚拟的气体服从无漂移麦克斯韦 VDF，由宏观参数 n_r、$\bar{u}_r = 0$ 和 T_r 表征，其中 r 代表反射气体。

可以利用与入射通量中用到的相同方式，写出 Q 的反射通量的对应一般通量方程为

$$\Gamma_r^Q = \int_{C_1=-\infty}^{\infty}\int_{C_2=-\infty}^{\infty}\int_{C_3=0}^{\infty} n_r C_3 Q(\boldsymbol{C}) f_r(\boldsymbol{C})\,\mathrm{d}\boldsymbol{C} \tag{1.160}$$

由于已经对速度为 0 的极限情况赋值，可以立即写出对应的反射通量属性，即

1) 反射质量通量

利用方程(1.154)且 $(s_3)_r = 0$，得到

$$\Phi_r = \frac{1}{4}mn_r\sqrt{\frac{8kT_r}{\pi m}} \tag{1.161}$$

在壁面不存在化学反应的情况下，朝向表面的净质量通量为 0，即

$$\Phi_r = \Phi_i \tag{1.162}$$

通过方程(1.154)等于方程(1.161)，得到虚拟气体库的数密度表达式：

$$n_r = n_i\left(\frac{T_i}{T_r}\right)^{1/2}\left\{\exp(-s_3^2) + \sqrt{\pi}s_3[1+\mathrm{erf}(s_3)]\right\} \tag{1.163}$$

2) 法向动量通量

利用方程(1.157)且 $(s_3)_r = 0$，得到反射压强为

$$p_r = \frac{1}{2}n_r kT_r = \frac{1}{2}n_i k(T_i T_r)^{1/2}\left\{\exp(-s_3^2) + \sqrt{\pi}s_3[1+\mathrm{erf}(s_3)]\right\} \tag{1.164}$$

净法向动量通量给出全局表面压强为

$$p = p_i - (-p_r) = 方程(1.157) + 方程(1.164) \tag{1.165}$$

考虑一对特殊的极限情况：

(1) $s_3 \to 0$ 且 $T_i = T_r$: $p = n_i k T_i$,因此在考虑入射和反射动量通量时,得到与理想气体状态方程一致的结果;

(2) $s_3 \to \infty$: $p = p_i u_3^2$。

3) 能量通量

最后,利用方程(1.159)且 $(s_3)_r = 0$, 得到

$$\dot{q}_r = 2kT_r \frac{\Phi_r}{m} = 2kT_r \frac{\Phi_i}{m} \tag{1.166}$$

净能量通量为

$$\dot{q} = \dot{q}_i - \dot{q}_r = 方程(1.159) - 方程(1.166) \tag{1.167}$$

在表征粒子与壁面相互作用的实验中发现,反射粒子并未完全热化到壁面温度,即 $T_r \neq T_w$。这一现象称为非完全调节,通常由调节系数 α 表征,其代表漫反射的比例。在漫反射中,粒子以壁面温度下麦克斯韦 VDF 确定的速度分量散射。因此,$(1-\alpha)$代表镜面反射的比例。在镜面反射中,粒子速度唯一的变化是垂直于壁面的速度分量反向,这导致剪切应力和热输运为 0。对于工程上的壁面,典型的调节系数为 $0.8 \leqslant \alpha \leqslant 1.0$。

将调节系数引入分析,得到如下结果:

$$p = \alpha(p_i + p_r) + (1 - \alpha)(2p_i) = (2 - \alpha)p_i + \alpha p_r \tag{1.168}$$

$$p = \alpha(\dot{q}_i - \dot{q}_r) + (1 - \alpha)0 = \alpha(\dot{q}_i - \dot{q}_r) \tag{1.169}$$

例 1.1　利用上述表达式,计算“伴侣号”(Sputnik)航天器(直径为 58.5 cm 的球)前向壁面压强和热输运的大小,其轨道高度为 220 km。

入射流条件: $p_i = 5.01 \times 10^{-5}$ Pa, $T_i = 899$ K, $\rho_i = 1.37 \times 10^{-10}$ kg/m^3, $U_i =$ 7 780 m/s。

壁面条件: $T_r = 500$ K, $\alpha = 0.8$ 和 1.0。

无量纲条件:

(1) 为对平均自由程赋值,假定硬球直径为 $d = 4 \times 10^{-10}$ m, 取“伴侣号”的直径为特征长度尺度,得到克努森数 $Kn = 600$,即流动为自由分子流;

(2) 速率比 $s_3 = 9$, 即处于超声速极限。

图 1.19 给出了压强系数和热通量作为绕球角度的函数,驻点处为 0。这些结果表明:

(1) 较低调节系数下的压强系数增大;

(2) 较低调节系数下的热通量减小。

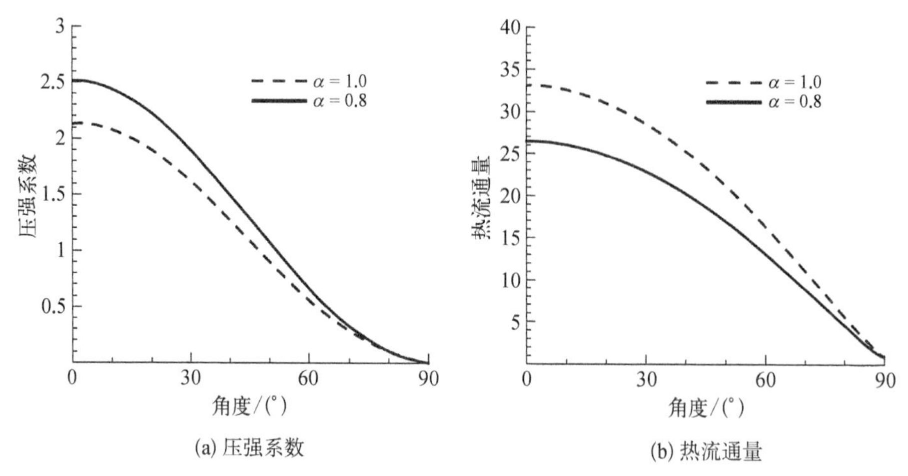

(a) 压强系数　　(b) 热流通量

图 1.19　"伴侣号"航天器面元属性的自由分子流分析

3. 气动力

对于切向动量的入射和反射通量,用相似的方式得到剪切的净结果为

$$\tau = \alpha p_{\mathrm{i}} S_{\mathrm{t}} \left\{ \frac{\exp(-s_3^2)}{\sqrt{\pi}} + s_3 [1 + \mathrm{erf}(s_3)] \right\} \tag{1.170}$$

其中,$s_3 = \dfrac{(u_1^2 + u_2^2)^{1/2}}{(2kT_{\mathrm{i}}/m)^{1/2}}$。根据图 1.20 所示的定义,可以用 p 和 τ 的结果对面积为 δA 的平直面元上的升力和阻力进行赋值:

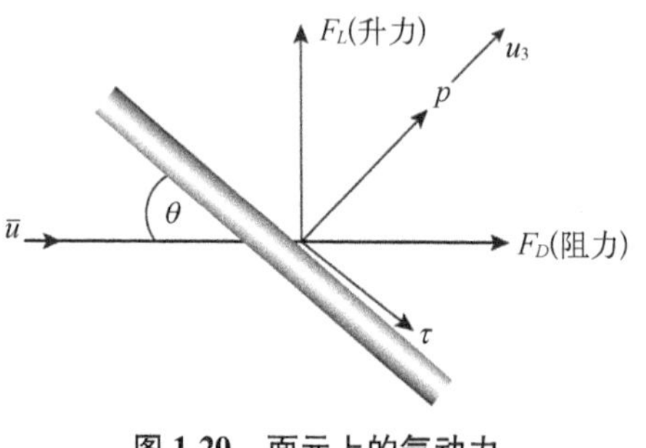

图 1.20　面元上的气动力

$$\delta F_L = [p\cos(\theta) - \tau\sin(\theta)]\delta A \tag{1.171}$$

$$\delta F_D = [p\sin(\theta) + \tau\cos(\theta)]\delta A \tag{1.172}$$

复杂外形的总气动力可以通过对这些力在所有面元上的积分得到,即

$$F_L = \int_S \delta F_L, \quad F_D = \int_S \delta F_D \tag{1.173}$$

气动力系数以常见的方式定义:

$$C_L = \frac{2F_L}{\rho_i u_i^2 A}, \quad C_D = \frac{2F_D}{\rho_i u_i^2 A} \tag{1.174}$$

对于面积为 A 的平板，假设完全漫反射 ($\alpha = 1$)，得到升力和阻力系数的下列结果：

$$C_L = \cos(\theta)\left[\frac{\mathrm{erf}(s_3)}{s^2} + \sqrt{\pi}\,\frac{\sin(\theta)}{s_w}\right] \tag{1.175}$$

$$C_D = \frac{2}{\sqrt{\pi}}\left[\frac{\exp(-s_3^2)}{s} + \sqrt{\pi}\sin(\theta)\left(1 + \frac{1}{2s^2}\right)\mathrm{erf}(s_3) + \pi\,\frac{\sin^2(\theta)}{s_w}\right] \tag{1.176}$$

其中，$s_w = \sqrt{\dfrac{mu^2}{2kT_w}}$。

在超声速极限的情况下（s、s_w 和 s_3 都远大于 1），有

$$C_L \to \frac{\sin(\theta)}{\cos(\theta)} s\sqrt{\pi\,\frac{T_w}{T_i}} \Rightarrow F_L \propto s \tag{1.177}$$

$$C_D \to 2\sin(\theta) \Rightarrow F_D \propto s^2 \tag{1.178}$$

1.3.7　基于动理学的非平衡流动分析

到目前为止，分析了平衡气体和自由分子流动。前者由极高的碰撞率和极小的克努森数表征，后者由无碰撞和非常大的克努森数表征。在这两种极限情形之间的流域存在碰撞，但不足以保持麦克斯韦 VDF。这一流域的分析要求玻尔兹曼方程某种形式的解。本节将简要给出一系列偏微分方程（PDE）的推导，它们可以用于平衡和近平衡条件下的气体流动建模。本书第二部分将主要描述强平衡气体流动分析的直接模拟蒙特卡罗（DSMC）方法。

通过对玻尔兹曼方程求矩，麦克斯韦推导了变化方程，给出

$$\frac{\partial}{\partial t}(n\langle Q\rangle) + \frac{\partial}{\partial \boldsymbol{r}}(n\langle \boldsymbol{C}Q\rangle) = [\dot{Q}] \tag{1.179}$$

其中，Q 为粒子属性；$[\dot{Q}]$ 是属性 Q 由分子碰撞导致的变化率。将不同形式的 Q 代入方程（1.179），可以得到多种形式的 PDE 系列。考虑如下最常使用的方程组。

1. 欧拉方程

从气体流动任意位置皆处于局部热平衡的假设开始讨论。局部 VDF 是麦克斯韦分布,由速度和温度等当地条件给定。另外,为保持 VDF 是平衡态,当地碰撞率须为无穷大,因此当地平均自由程 λ 和当地克努森数为 0。这意味着分子输运系数也为 0,因为它们正比于 λ。

现在,将多种形式的 Q 代入方程(1.179),建立一系列 PDE。对于欧拉方程,利用每次碰撞中保持常数的 Q 形式,即每种情形 $[\dot{Q}]=0$。特别地,利用粒子质量、动量和能量,即碰撞不变量。

首先,利用粒子质量 $Q=m$,得到

$$\frac{\partial\rho}{\partial t}+\frac{\partial}{\partial \boldsymbol{r}}(\rho\langle \boldsymbol{C}\rangle)=0 \tag{1.180}$$

利用随机分量,将粒子速度写成 $\boldsymbol{C}=\boldsymbol{u}+\boldsymbol{C}'$。对于麦克斯韦 VDF,其对称性导致 $\langle \boldsymbol{C}'\rangle=0$,因此,

$$\frac{\partial\rho}{\partial t}+\frac{\partial}{\partial \boldsymbol{r}}(\rho\boldsymbol{u})=0 \tag{1.181}$$

接着,利用粒子动量 $m\boldsymbol{C}=m(\boldsymbol{u}+\boldsymbol{C}')$,得到

$$\frac{\partial}{\partial t}(\rho\langle \boldsymbol{u}+\boldsymbol{C}'\rangle)+\frac{\partial}{\partial \boldsymbol{r}}(\rho\langle(\boldsymbol{u}+\boldsymbol{C}')(\boldsymbol{u}+\boldsymbol{C}')\rangle)=0 \tag{1.182}$$

现在,$\langle(\boldsymbol{u}+\boldsymbol{C}')(\boldsymbol{u}+\boldsymbol{C}')\rangle=(\boldsymbol{u}\boldsymbol{u}+2u\langle \boldsymbol{C}'\rangle+\langle \boldsymbol{C}'\boldsymbol{C}'\rangle)$,得到

$$\frac{\partial}{\partial t}(\rho\boldsymbol{u})+\frac{\partial}{\partial \boldsymbol{r}}(\rho\boldsymbol{u}\boldsymbol{u}+\rho\langle \boldsymbol{C}'\boldsymbol{C}'\rangle)=0 \tag{1.183}$$

对于麦克斯韦 VDF,$\rho\langle \boldsymbol{C}'\boldsymbol{C}'\rangle=p$,最终得到

$$\frac{\partial}{\partial t}(\rho\boldsymbol{u})+\rho\boldsymbol{u}\frac{\partial\boldsymbol{u}}{\partial\boldsymbol{r}}+\frac{\partial p}{\partial\boldsymbol{r}}=0 \tag{1.184}$$

最后,考虑粒子能量 $Q=\frac{1}{2}mC^2$,有

$$\frac{\partial\left(\frac{1}{2}\rho\langle C^2\rangle\right)}{\partial t}+\frac{\partial\left(\frac{1}{2}\rho\langle \boldsymbol{C}C^2\rangle\right)}{\partial\boldsymbol{r}}=0 \tag{1.185}$$

对于麦克斯韦 VDF，$\langle C^2 \rangle = 3p/\rho$，$\langle \boldsymbol{C}'C^2 \rangle = 0$，最终得到

$$\frac{3}{2}\frac{\partial p}{\partial t} + \frac{3}{2}\frac{\partial (p\boldsymbol{u})}{\partial \boldsymbol{r}} + p\frac{\partial \boldsymbol{u}}{\partial \boldsymbol{r}} = 0 \tag{1.186}$$

至此，得到由五个 PDE 组成的方程组，它们在宏观气体动力学中常称为欧拉方程。

现在，在分子层次考虑由欧拉方程描述的气体与固体壁面的作用。特别是，需要考虑质量、动量和能量的边界条件。

（1）质量：利用与 1.3.6 节自由分子流分析中考虑的相同方式，即不考虑表面化学，入射和反射质量通量相等，$\Phi_{\mathrm{i}} = \Phi_{\mathrm{r}}$。

（2）动量：每个粒子发生镜面反射导致零剪切，这与该气体中没有输运过程一致。同时，壁面压强为有限值。

（3）能量：镜面反射也认为该粒子与壁面之间的每次碰撞都是弹性的，即不存在热输运，因此壁面相互作用用热力学上的绝热表征。

2. Navier－Stokes 方程组

为从变化的麦克斯韦方程推导更高保真度的气体动力学方程，有必要考虑非麦克斯韦形式的 VDF，而且粒子属性 Q 不是碰撞不变量。注意到式(1.179)中 Q 的时间导数依赖于下一个高阶矩的散度，$\langle \boldsymbol{C}Q \rangle$。当 $[\dot{Q}] \neq 0$ 时，这代表着两种不同方式提出的封闭问题，它们给出本质上相同的最终结果，由 Gombosi (1994)进行了更细致的描述。

（1）Chapman－Enskog 方法：假定 VDF 的特殊形式，表征从平衡麦克斯韦分布的较小偏离：

$$f_{\mathrm{CE}}(\boldsymbol{C})\mathrm{d}\boldsymbol{C} = \Gamma(\boldsymbol{C}) f_{\mathrm{Maxwellian}}(\boldsymbol{C})\mathrm{d}\boldsymbol{C} \tag{1.187}$$

其中，$\Gamma(\boldsymbol{C}) = \Gamma(\boldsymbol{C}, \tau, q)$ 且为 $O(1)$。

（2）Grad 方法：假定二阶和四阶矩之间存在特定关系，形成封闭。

像欧拉－5 方程推导中用到 $Q = m$、$m\boldsymbol{C}$、$\frac{1}{2}mC^2$ 那样，进一步取 $Q = mC_iC_j$ 和 $Q = mC_iC_jC_k$，i、j、$k = 1$、2、3，得到涉及剪切应力和热通量张量的、由 20 个 PDE 组成的方程组。用矢量代替热通量张量，将方程组减少到 13 个 PDE。最后，通过假定剪切应力和热通量变化很小(即它们的导数可以忽略)，得到 5 个 PDE 构成的方程组，称为 Navier－Stokes 方程组。

该方程组在 $Kn<10^{-2}$时适用，允许 VDF 中偏离平衡的小扰动，且包含分子输

运过程。再次考虑气体与固体壁面相互作用的边界条件。

（1）质量：与欧拉方程相同。

（2）动量：像 Kennard(1938)描述的那样，壁面切向的麦克斯韦滑移速度为

$$u_{\mathrm{t}} = \frac{2-\alpha_{\mathrm{M}}}{\alpha_{\mathrm{M}}}\frac{2\lambda_{\mathrm{w}}}{3}\frac{\partial u}{\partial r_{\mathrm{n}}} \tag{1.188}$$

其中，λ_{w} 是壁面处的平均自由程；α_{M} 是切向**动量调节系数**，是粒子漫反射的比例。当当地克努森数 $\lambda_{\mathrm{w}}/\Delta r_{\mathrm{n}}$ 很小时，$u_{\mathrm{t}}\to 0$，得到熟知的无滑移速度边界条件。或者，在有限克努森数时，$u_{\mathrm{t}} > 0$，因此存在速度滑移。

（3）能量：Kennard(1938)还发展了 Smoluchowsky 温度跳跃条件：

$$T_{\mathrm{w}} - T_{\mathrm{s}} = \frac{2-\alpha_{\mathrm{T}}}{\alpha_{\mathrm{T}}}\frac{2\lambda_{\mathrm{w}}}{3}\frac{\partial T}{\partial r_{\mathrm{n}}} \tag{1.189}$$

其中，T_{w} 为壁面处的气体温度；T_{s} 为壁面温度；α_{T} 为**热调节系数**，它是粒子能量完全调节到壁面温度的比例。当当地克努森数 $\lambda_{\mathrm{w}}/\Delta r_{\mathrm{n}}$ 很小时，$T_{\mathrm{w}}\to T_{\mathrm{s}}$，得到熟知的绝热壁面条件。或者，在有限克努森数时，$T_{\mathrm{w}} > T_{\mathrm{s}}$，因此存在温度跳跃。

对于平衡和近平衡气体流动的分析，欧拉和 Navier-Stokes 方程组可以利用计算流体力学(CFD)技术数值求解。这一体系下的下一个高阶 PDE 方程组是 Burnett 方程组，要用到 $Q = mC_iC_jC_kC_l$。该方程组极难进行数值求解，需要更高阶的边界条件。

1.3.8 自由分子流分析

最后来描述求解一类特殊自由分子流问题的数学方法。考虑不受外力且将碰撞积分取为零的玻尔兹曼方程，即自由分子或无碰撞流动：

$$\frac{\partial(nf)}{\partial t} + \boldsymbol{C}\cdot\frac{\partial(nf)}{\partial \boldsymbol{r}} \tag{1.190}$$

对于非定常流动，它是一个初值问题。考虑

$$n(\boldsymbol{r}, t=0)f(\boldsymbol{C}, \boldsymbol{r}, t=0) = n_{\mathrm{i}}(\boldsymbol{r})f_{\mathrm{i}}(\boldsymbol{C}, \boldsymbol{r}) \tag{1.191}$$

的情形。方程(1.190)具有 Liouville 方程的形式，它的一个重要属性是(nf)沿着方程为

$$n(\boldsymbol{r}, t)f(\boldsymbol{C}, \boldsymbol{r}, t) = n_{\mathrm{i}}(\boldsymbol{r})f_{\mathrm{i}}(\boldsymbol{C}, \boldsymbol{r}-\boldsymbol{C}t) \tag{1.192}$$

的特征线保持常数。为获得粒子属性 $Q(\boldsymbol{C})$ 的平均值，利用

$$n(\boldsymbol{r},t)\langle Q(\boldsymbol{r},t)\rangle=\int_{-\infty}^{\infty}Q(\boldsymbol{C})n_{\mathrm{i}}(\boldsymbol{r})f_{\mathrm{i}}(\boldsymbol{C},\boldsymbol{r}-\boldsymbol{C}t)\,\mathrm{d}\boldsymbol{C}\tag{1.193}$$

利用变换

$$\boldsymbol{r}'=\boldsymbol{r}-\boldsymbol{C}t\Rightarrow r_1'=r_1-C_1t\Rightarrow\mathrm{d}r_1'=-t\mathrm{d}C_1\Rightarrow\mathrm{d}\boldsymbol{C}=\left|-\frac{1}{t^3}\right|\mathrm{d}\boldsymbol{r}'$$

有

$$n(\boldsymbol{r},t)\langle Q(\boldsymbol{r},t)\rangle=\frac{1}{t^3}\int Q(\boldsymbol{C})n_{\mathrm{i}}(\boldsymbol{r})f_{\mathrm{i}}\left(\frac{\boldsymbol{r}-\boldsymbol{r}'}{t},\boldsymbol{r}'\right)\mathrm{d}\boldsymbol{r}'\tag{1.194}$$

积分区间为气体在零时刻的物理区域。

为演示求解方法，考虑 $r_1=0$ 处用薄壁隔开的均质平衡气体和真空。在 $t=0$ 时，移除壁面，气体向真空自由膨胀。假定 $r_1\ll\lambda$，即为无碰撞流动，方程(1.194)适用。考虑一维膨胀：

$$n(r_1,t)\langle Q(r_1,t)\rangle=\frac{1}{t^3}\int Q(\boldsymbol{C})n_{\mathrm{i}}(r_1)f_{\mathrm{i}}\left(\frac{r_1-r_1'}{t},r_1'\right)\mathrm{d}r_1'\tag{1.195}$$

其中 $r_1'=r_1-C_1t$ 。对于零初始速度，调用方程(1.40)的一维麦克斯韦 VDF：

$$\phi(C_1)\mathrm{d}C_1=\frac{\beta}{\sqrt{\pi}}\exp(-\beta^2C_1^2)\mathrm{d}C_1\tag{1.196}$$

此处为便利引入了 $\beta=\sqrt{\dfrac{m}{2kT}}$ 。对于低于给定的初始密度和温度：

$$n(r_1,t)\langle Q(r_1,t)\rangle=\frac{1}{t}\int_{-\infty}^{0}\exp\left[-\frac{\beta_{\mathrm{i}}^2(r_1-r_1')^2}{t^2}\right]\mathrm{d}\left(\frac{\beta_{\mathrm{i}}r_1'}{t}\right)\tag{1.197}$$

利用这一表达式，可以对分布的两个矩建立解。

(1) 密度：取 $Q=1$(VDF 的零阶矩)：

$$\frac{n(r_1,t)}{n_{\mathrm{i}}(r_1)}=\frac{1}{\sqrt{\pi}}\int_{-\infty}^{0}\exp\left[-\frac{\beta_{\mathrm{i}}^2(r_1-r_1')^2}{t^2}\right]\mathrm{d}\left(\frac{\beta_{\mathrm{i}}r_1'}{t}\right)\tag{1.198}$$

方程两端都乘以 2，且令

$$\frac{\beta_{\mathrm{i}}(r_1 - r_1')}{t} = Z \Rightarrow \mathrm{d}\left(-\frac{\beta_{\mathrm{i}} r_1'}{t}\right) = \mathrm{d}Z \tag{1.199}$$

得到

$$\frac{2n(r_1, t)}{n_{\mathrm{i}}(r_1)} = \frac{2}{\sqrt{\pi}}\int_{\frac{\beta_{\mathrm{i}} r_1}{t}}^{\infty} \exp(-Z^2)\,\mathrm{d}Z = 1 - \frac{2}{\sqrt{\pi}}\int_0^{\frac{\beta_{\mathrm{i}} r_1}{t}} \exp(-Z^2)\,\mathrm{d}Z \tag{1.200}$$

引入残差函数:

$$\mathrm{erf}(\alpha) \equiv \frac{2}{\sqrt{\pi}}\int_0^{\alpha} \exp(-x^2)\,\mathrm{d}x \tag{1.201}$$

和补充残差函数 $\mathrm{erfc}(\alpha) = 1 - \mathrm{erf}(\alpha)$, 得到解为

$$\frac{n(r_1, t)}{n_{\mathrm{i}}(r_1)} = \frac{1}{2}\mathrm{erfc}\left(\frac{\beta_{\mathrm{i}} r_1}{t}\right) \tag{1.202}$$

(2) 速度: 取 $Q = C_1$, 利用标准积分:

$$n(r_1, t)\langle C_1(r_1, t)\rangle = \frac{n_1(r_1)}{2\sqrt{\pi}\beta_{\mathrm{i}}}\exp\left[-\left(\frac{\beta_{\mathrm{i}} r_1}{t}\right)^2\right] \tag{1.203}$$

于是,

$$\langle C_1(r_1, t)\rangle = \frac{1}{\sqrt{\pi}\beta_i}\frac{\exp\left[-\left(\frac{\beta_{\mathrm{i}} r_1}{t}\right)^2\right]}{\mathrm{erfc}\left(\frac{\beta_{\mathrm{i}} r_1}{t}\right)} \tag{1.204}$$

作为演示案例,图 1.21 给出的是 $-\lambda_{\mathrm{i}} \leqslant r_1 \leqslant \lambda_{\mathrm{i}}$ 在 $t = (0.1, 0.2, 0.3)\tau_{\mathrm{i}} = \lambda_{\mathrm{i}}/\langle C\rangle$ 时的解。

注意: 由于 $\mathrm{erf}(0) = 0$ 且 $\mathrm{erfc}(0) = 1$,任何时刻 $r_1 = 0$ 处:

$$\frac{n}{n_{\mathrm{i}}} = \frac{1}{2}, \ \langle C_1\beta_{\mathrm{i}}\rangle = \frac{1}{\sqrt{\pi}} \tag{1.205}$$

从图中可以看出,对于膨胀气体系统,粒子输运导致容器内的密度下降,射流中的密度增大。同时,具有负向 C_1 的消耗,导致容器中的速度增大;具有较小、正向 C_1 的增长,导致射流中的速度减小。

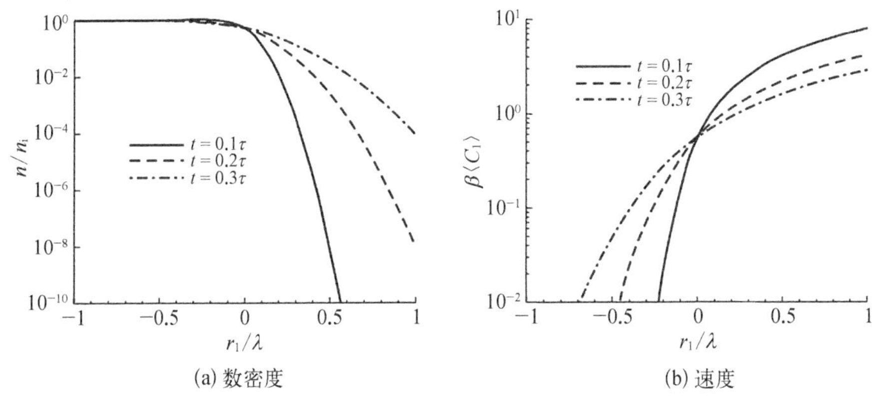

(a) 数密度　　(b) 速度

图 1.21　无碰撞射流膨胀

1.4　小结

本章从单个粒子的基本属性出发,介绍了动理学理论的基本思想,建立了描述时间和空间速度分布函数演化的玻尔兹曼方程。玻尔兹曼方程的平衡解可用于研究气体最为重要的碰撞属性。这些结果用于建立自由分子条件下朝向壁面的基本通量属性,可用于飞行器气动力和热输运分析,建立了动理学理论和常用流体力学宏观方程之间的关联,分析了自由分子条件下的非定常、膨胀射流。动理学理论的一些最为重要的思想,将在第4章中用于研究有限速率过程,并将在本书第二部分中作为分子模拟方法的基础广泛可见。

1.5　习题

1.1　克努森数(Kn)定义为平均自由程与流动特征长度之比。通常接受的是自由分子流(即无碰撞流动)发生在 $Kn > 1$, 连续流发生在 $Kn < 0.01$, 中间是过渡流区。利用大气密度随海拔变化的下列简单模型,确定 NASA 载人探测飞行器(crew exploration vehicle, CEV)返回舱可以看成位于过渡流区的海拔范围:

$$\frac{\rho}{\rho_0} = \exp(-\alpha h)$$

其中，$\rho_0 = 1.225\ \mathrm{kg/m^3}$；$\alpha = 1.4 \times 10^{-4}\ \mathrm{m^{-1}}$；$h$ 是以 m 为单位的海拔。注意：平均大气粒子的质量为 4.8×10^{-26} kg，直径为 4×10^{-10} m。CEV 的直径为 5 m，可以当作其飞行的特征长度。

1.2 考虑由直径为 d_A 的组分 A 和直径为 d_B 的组分 B 组成的平衡混合气体。找出一个 A 粒子与所有其他粒子碰撞频率的简单表达式，以及 A 粒子的平均自由程。

1.3 利用克努森数（$Kn = \lambda/L$）、雷诺数（$Re = \rho u L/\mu$）、马赫数（$Ma = u/$声速）和硬球气体黏性系数（μ）的标准定义，建立 Kn 作为 Re、Ma 和 γ 的函数。这一关系式对于平衡条件意味着什么？（注意：$\langle C\rangle = \sqrt{8RT/\pi}$，声速 $= \sqrt{\gamma RT}$）

1.4 考虑具有温度和速度梯度 $\mathrm{d}T/\mathrm{d}r_2$、$\mathrm{d}u_1/\mathrm{d}r_2$ 的单原子气体，利用本章给出的方法，证明 r_2 方向的分子能量通量为

$$\Lambda = -\kappa \frac{\mathrm{d}T}{\mathrm{d}r_2} - \frac{5}{2}u_1\mu \frac{\mathrm{d}u_1}{\mathrm{d}r_2} = q - \frac{5}{2}u_1\tau$$

其中，κ 是热传导系数；μ 是黏性系数；q 是热通量；τ 是剪切应力。

1.5 考虑海拔为 5 km 的大气，$T = 256$ K，$p = 54\ 000\ \mathrm{N/m^2}$，$\rho = 0.736\ \mathrm{kg/m^3}$，$\mu = 1.33 \times 10^{-5}\ \mathrm{kg/(m\cdot s)}$。根据这些值，以标准国际单位，给出下列量的估值：

（a）分子速率；

（b）分子质量；

（c）分子直径；

（d）数密度；

（e）平均自由程；

（f）碰撞频率。

1.6 粒子质量为 m、数密度为 n、温度为 T 的平衡气体置于容器中。气体通过容器上面积为 A 的环形小孔逃向真空。如果容器壁面厚度无穷小，且孔径小于平均自由程：

（a）证明单位时间单位面积从小孔逃离的分子数为 $n\langle C\rangle/4$；

（b）确定逃离小孔粒子的正则速度分布；

（c）证明逃离粒子的平均动能比容器中的粒子大 4/3，并解释这一差异。

1.7 考虑粒子质量为 m 的简单气体，处于温度为 T 的热力学平衡态：

（a）得到粒子动能为 $\epsilon = \frac{1}{2}mC^2$ 且在 $\epsilon \sim \epsilon+\mathrm{d}\epsilon$ 的概率表达式；

(b) 证明 ϵ 的最概然值为 $kT/2$；

(c) 证明 $\langle\epsilon\rangle = \frac{3}{2}kT$ [提示：可能需要用到伽马函数，$\Gamma(x) = \int_0^\infty t^{x-1}\exp(-t)\mathrm{d}t$，且 $\Gamma(1/2) = \sqrt{\pi}$、$\Gamma(x+1) = x\Gamma(x)$]。

(d) 利用残差函数：

$$\mathrm{erf}(x) = \frac{2}{\sqrt{\pi}}\int_0^x \exp(-z^2)\,\mathrm{d}z$$

证明粒子动能大于指定值 ϵ 的比例为

$$1 + \frac{2}{\sqrt{\pi}}\sqrt{\frac{\epsilon}{kT}}\exp\left(-\frac{\epsilon}{kT}\right) - \mathrm{erf}\left(\sqrt{\frac{\epsilon}{kT}}\right)$$

1.8　对平衡条件下的下列分布函数作图，并讨论其差异：

(a) 平均速度为 0 的分布函数

i. $T = 300$ K 的氙；

ii. $T = 300$ K 的氩。

(b) 一个方向的分布函数

i. $T = 300$ K，平均速度为 0 的氩；

ii. $T = 3\,000$ K，平均速度为 0 的氩；

iii. $T = 300$ K，平均速度为 1 000 m/s 的氩。

分子摩尔质量：氙 = 131.3 kg/kmol，氩 = 40 kg/kmol。

1.9　直径为 1 nm(= 10^{-9} m)的球用于标准大气(1 个标准大气压、温度为 288 K)的流场显示，水平流速为 10 m/s。假设每个球都静止，温度为 288 K，空气分子在球面漫反射，且空气是直径为 4×10^{-10} m 的硬球。

(a) 确定绕单个球的大气流动所在的流域；

(b) 利用本章的结果，得到球面微元上的壁面压强和热输运速率表达式；

(c) 对于球的上半表面，画出压强和热输运速率随角度的变化情况。对结果进行评论。

第 2 章

量 子 力 学

2.1 引言

动理学理论分析了粒子运动和碰撞,但没有考虑其内部结构的细节。本章将陈述内能结果,但不分析碰撞。我们关注的是量子力学。基于假定,发展薛定谔方程。对于特定的化学组分,求解这一方程,确定允许的量子化能级。最后,简要综述用于确定能级的命名习惯。

2.2 量子力学

量子力学最基本的概念是波粒二象性。辐射的二重属性由德布罗意(de Broglie)提出,结合了两种不同思想:

(1) 爱因斯坦提出以频率 v(或角频率 ω)辐射的能量场可以以声子(粒子)集进行建模,每个声子的能量为

$$\epsilon = hv = \hbar\omega \tag{2.1}$$

其中,h 为普朗克常量,取值为 6.626×10^{-34} J · s; $\hbar \equiv h/2\pi$。

(2) 康普顿(Compton)提出以波长 $\lambda = c/v$ (或波数 $\bar{k}$,其中 c 为光速)辐射的能量场,可以以动量为

$$p = \frac{h}{\lambda} = \hbar\bar{k} \tag{2.2}$$

的声子集进行建模。

德布罗意将这些思想结合起来，提出能量为 ϵ、动量为 p 的粒子，可以用满足下列属性的波进行建模。

（1）频率（v）：

$$v = \frac{\epsilon}{h} \text{ 或 } \omega = \frac{\epsilon}{\hbar} \tag{2.3}$$

（2）波长（λ）：

$$\lambda = \frac{h}{p} \text{ 或 } \bar{k} = \frac{p}{\hbar} \tag{2.4}$$

这些简单方程涉及复杂物理问题：气体的粒子如何表现出波的行为？

在回答这一问题之前，先建立一般的数学框架。与粒子相关的波称为导波。如图 2.1 所示，粒子的波象属性在其物理位置附近，位于靠近粒子的有限区域 Δx 内。每个导波可以模拟成一个谐振子，其一般表达式为

$$\exp[\mathrm{i}(\bar{k}x - \omega t)] \tag{2.5}$$

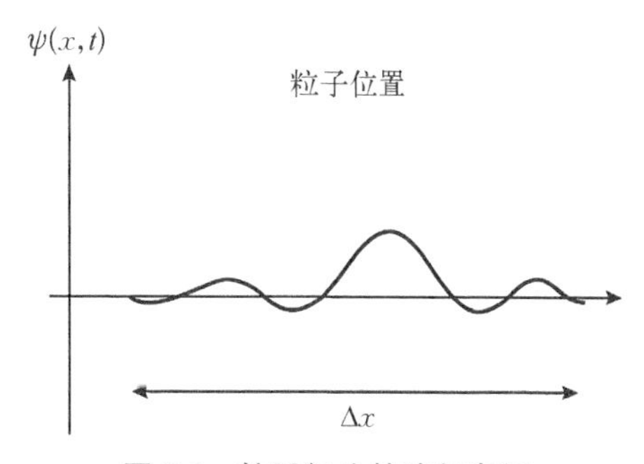

图 2.1　粒子行为的波包表征

为描述与粒子有关的真实波，大量导波通过傅里叶变换叠加，形成波包：

$$\psi(x,\ t) = \int_{\bar{k}}^{\bar{k}+\Delta k} a(\bar{k})\exp[\mathrm{i}(\bar{k}x - \omega t)]\mathrm{d}\bar{k} \tag{2.6}$$

作为时间和空间的函数，上式表征波包的波幅。

函数 $a(\bar{k})$ 是波数为 $\bar{k}$ 的导波贡献于波包的权重因子。波包以与粒子速度一致的群速度运动，为

$$V_{\mathrm{g}} = \frac{\mathrm{d}\omega}{\mathrm{d}\bar{k}} = \frac{\mathrm{d}\epsilon}{\mathrm{d}p} \tag{2.7}$$

2.2.1　海森堡不确定性原理

在宏观层次上，假定可以准确确定密度和温度等气体属性。这些属性的测量用到极大样本的粒子，例如海平面空气每立方厘米有 10^{20} 个粒子，分子层次的任何不确定性都会被平均掉。然而，单一粒子属性的测量并非如此。确定这些

属性时的不确定性归因于粒子的波象行为，由海森堡不确定性原理定量描述。

作为一个假想实验，考虑 x 方向运动的单个粒子，打算同时测量其位置和动量。如图 2.2 所示，用显微镜观察这一粒子，其视角为 2θ。为"看到"这一粒子，必须用动量为

$$p = \frac{h}{\lambda} \tag{2.8}$$

的光子照亮。

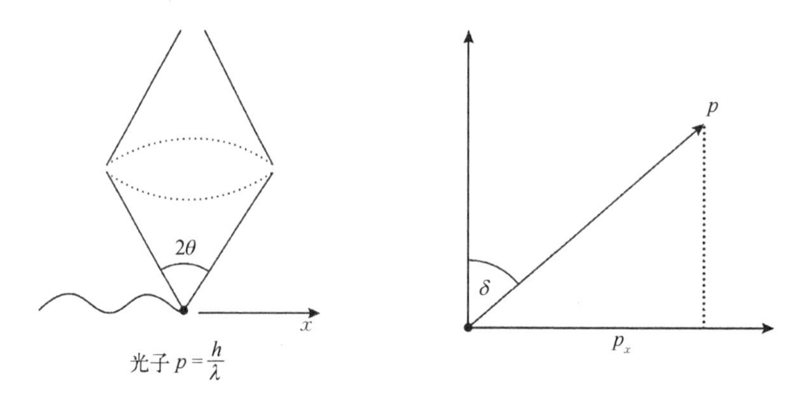

图 2.2　粒子属性测量的假想实验

为被显微镜收集，光子必须与粒子碰撞并散射到角度 2θ 内。在这一过程中，粒子和光子的动量都会发生改变。因此，为检测这一粒子，其属性必须发生改变。

散射之后，光子动量的 x 分量为

$$p_x = p\sin\delta = \frac{h}{\lambda}\sin\delta \tag{2.9}$$

为被显微镜观察到

$$|\delta| \leqslant \theta \Rightarrow -\frac{h}{\lambda}\sin\theta \leqslant p_x \leqslant \frac{h}{\lambda}\sin\theta \tag{2.10}$$

于是 p_x 的不确定性为

$$|\Delta p_x| \approx \frac{h}{\lambda}\sin\theta \tag{2.11}$$

从光学角度，显微镜对波长 λ 构成的光的分辨能力为

$$\Delta x \approx \frac{\lambda}{\sin\theta} \tag{2.12}$$

这就是检测到粒子位置的精度。因此,同时确定粒子动量和位置的总不确定度为

$$\Delta x \cdot \Delta p_x \approx h = 6.626 \times 10^{-34}\ \mathrm{J \cdot s} \tag{2.13}$$

即**海森堡不确定性原理**的数学形式。不确定性的大小在宏观层次上可以忽略。这一结果的重要性在于,在分析粒子二象性时需要**统计方法**。

对应原理由玻尔(Bohr)提出,它表明**在经典物理适用的领域,任何量子力学理论必须满足经典物理规律**。玻尔定义经典物理适用的领域,是系统具有大量量子数,更一般的考虑是量子效应不那么重要的领域。对应原理的重要性在于,它允许利用经典物理思想构造量子力学概念。

2.2.2　薛定谔方程

薛定谔方程是量子力学的基本控制方程,其推导依赖于一系列基本假设。特定系统的薛定谔方程求解得到波函数 $\psi(\boldsymbol{r}, t)$。进一步的假设给出数学算子,它们应用于 $\psi(\boldsymbol{r}, t)$ 时得到粒子属性。需要指出的是,这些属性只在海森堡不确定性原理给定极限内确知。

1. 假设

第一个假设关注波与粒子的关联。波并不与真实物理过程相关,但是与确定粒子属性有关的不确定性相关。

假设 1　存在能描述每个物理系统属性的波函数 $\psi(x, t)$。

假设 2(波恩假设)　t 时刻粒子位于 $\boldsymbol{r}$ 处体积微元 $\mathrm{d}\boldsymbol{r}$ 内的概率为

$$P(\boldsymbol{r}, t)\mathrm{d}\boldsymbol{r} = \psi^*(\boldsymbol{r}, t)\psi(\boldsymbol{r}, t)\mathrm{d}\boldsymbol{r} \tag{2.14}$$

其中,ψ^* 是 ψ 的复共轭。于是,

$$P(\boldsymbol{r},t) = \psi^*\psi = |\psi^2| \tag{2.15}$$

为概率密度,且 $\psi(\boldsymbol{r}, t)$ 为概率大小。由于粒子必须位于物理空间的某个位置,可以引入正则化条件:

$$\int_{-\infty}^{\infty} \psi^*\psi \mathrm{d}\boldsymbol{r} = 1 \tag{2.16}$$

真实系统的波函数通过下式满足这一条件：

$$\psi_n = \frac{\psi}{C^{1/2}}, \quad \psi_n^* = \frac{\psi^*}{C^{1/2}} \tag{2.17}$$

其中，C 为不依赖时间的常数。

假设 3 粒子的位置、动量和能量等动力学变量，由可以作用于波函数的下列线性算子给出：

$$\boldsymbol{r}_{op} = \boldsymbol{r} \tag{2.18}$$

$$\boldsymbol{p}_{op} = -\mathrm{i}\hbar\nabla \tag{2.19}$$

$$\epsilon_{op} = \mathrm{i}\hbar\frac{\partial}{\partial t} \tag{2.20}$$

通常，对于每个粒子参量 $B(\boldsymbol{r}, \boldsymbol{p})$，存在一个算子 $B_{op}(\boldsymbol{r}, -\mathrm{i}\hbar\nabla)$。通过这一方式，可以直接将经典力学与量子力学关联起来。

2. 期望(平均)值

海森堡不确定性原理表明粒子属性无法准确确定。然而，可以对给定波函数 ψ 的期望或平均值赋值。如果粒子在 $r \sim r+\mathrm{d}r$ 的概率为 $P(r, t)\mathrm{d}r$，期望(平均)粒子位置为

$$\langle r \rangle = \int_{-\infty}^{\infty} rP(r, t)\mathrm{d}r \tag{2.21}$$

利用第二个(波恩)假设，有

$$\langle r \rangle = \int_{-\infty}^{\infty} \psi^*(r, t) r\psi(r, t)\mathrm{d}r \tag{2.22}$$

此处用到正则波函数。这一思想可以按以下方式一般化。

假设 4 任何与算子 $B_{op}(\boldsymbol{r}, -\mathrm{i}\hbar\nabla)$ 相关的动力学变量 $B(\boldsymbol{r}, \boldsymbol{p})$ 的期望值为

$$\langle B \rangle = \int_{-\infty}^{\infty} \psi^*(r, t) B_{op}\psi(\boldsymbol{r}, t)\mathrm{d}\boldsymbol{r} \tag{2.23}$$

例如，考虑 x 方向的动量：

$$\begin{aligned}\langle p_x(x, t) \rangle &= \int_{-\infty}^{\infty} \psi^*(x, t)\left(-\mathrm{i}\hbar\frac{\partial}{\partial x}\right)\psi(x, t)\mathrm{d}x \\ &= -\mathrm{i}\hbar\int_{-\infty}^{\infty} \psi^*(x, t)\frac{\partial\psi(x, t)}{\partial x}\mathrm{d}x\end{aligned} \tag{2.24}$$

本章结尾给出的一些问题，要求读者证明这些假设算子和定义确实给出物理属性波和粒子描述之间的准确对应。

3. 薛定谔方程

从经典物理可知，粒子的总能量由其动能和势能之和给定（哈密顿系统）：

$$\epsilon = \frac{p^2}{2m} + V(\boldsymbol{r}, t) \tag{2.25}$$

其中，$V(\boldsymbol{r}, t)$ 为粒子运动所在的势场。此处，势场由真实原子和分子的质子与电子之间的静电力建立。利用对应关系，薛定谔用假设 3 定义的算子对应的量子力学值代替方程（2.25）中的经典变量，有

$$-\frac{\hbar^2}{2m}\nabla^2 + V(\boldsymbol{r}, t) = \mathrm{i}\hbar\frac{\partial}{\partial t} \tag{2.26}$$

将这一算子等式应用于波函数 $\psi(\boldsymbol{r}, t)$ 有

$$-\frac{\hbar^2}{2m}\nabla^2\psi(\boldsymbol{r}, t) + V(\boldsymbol{r}, t)\psi(\boldsymbol{r}, t) = \mathrm{i}\hbar\frac{\partial\psi(\boldsymbol{r}, t)}{\partial t} \tag{2.27}$$

即为薛定谔方程。很明显，这是一个二阶偏微分方程，一般具有复解。如果利用变量在空间和时间区域上的分离，即 $\psi(\boldsymbol{r}, t) \equiv \psi(\boldsymbol{r})T(t)$，并聚焦空间分量，得到不依赖时间的薛定谔方程：

$$-\frac{\hbar^2}{2m}\nabla^2\psi(\boldsymbol{r}) + V(\boldsymbol{r}, t)\psi(\boldsymbol{r}) = \epsilon\psi(\boldsymbol{r}) \tag{2.28}$$

方程（2.28）的求解是一个特征根问题。只在某些离散（量子化）的能量 ϵ 值才有物理解，并且由指定的辅助条件确定。假设 2 就是这样一种条件，其他条件如下。

假设 5　幅函数 $\psi(\boldsymbol{r})$ 通过求解不依赖时间的薛定谔方程得到，其一阶导数 $\nabla\psi(\boldsymbol{r})$ 为有限、连续和单值。这要求与粒子相关的波函数具有合理的物理行为。

总之，对于真实粒子的势函数 $V(\boldsymbol{r})$，不依赖时间薛定谔方程的可接受解只存在于离散、量子化的特征值：

$$\epsilon_0, \epsilon_1, \epsilon_2, \cdots, \epsilon_n, \cdots$$

其中，下标 n 为量子数。对应的特征函数即相关波函数：

$$\psi_0, \psi_1, \psi_2, \cdots, \psi_n, \cdots$$

4. 简并度

能级是以焦耳为单位测量的能量数。在实际问题中,通常可能有若干线性无关的特征函数对应相同的能级,这发生在描述系统的量子数超过 1 之时。每一套这种多重量子数定义为一个能态。因此,对于相同能级,可能存在若干简并能态。

例如,双原子分子具有分别由量子数 J 和 v 描述的量子化转动和振动能。出现的情况是,不同的 J 和 v 组合,给出相同的总能级。

2.2.3 薛定谔方程的解

现在考虑不同形式粒子能量不依赖时间薛定谔方程的求解。

平动能

考虑粒子在长度为 L 的立方体内的运动,不存在任何场力[方程(2.28)中 $V(\boldsymbol{r})=0$],因此,

$$-\frac{\hbar^2}{2m}\left(\frac{\partial^2\psi}{\partial x^2}+\frac{\partial^2\psi}{\partial y^2}+\frac{\partial^2\psi}{\partial z^2}\right)=\epsilon\psi \tag{2.29}$$

至于边界条件,粒子不可能存在于立方体壁面上或壁面以外,即

$$\psi(0, y, z)=\psi(x, 0, z)=\psi(x, y, 0)=0 \tag{2.30}$$

$$\psi(L, y, z)=\psi(x, L, z)=\psi(x, y, L)=0 \tag{2.31}$$

方程(2.29)可以用变量分离方法求解:

$$\psi(x, y, z)=\psi_1(x)\psi_2(y)\psi_3(z) \tag{2.32}$$

得到由三个偏微分方程组成的方程组:

$$\begin{aligned}
&\frac{\partial^2\psi_1}{\partial x^2}+\frac{2m}{\hbar^2}\epsilon_1\psi_1=0\\
&\frac{\partial^2\psi_2}{\partial y^2}+\frac{2m}{\hbar^2}\epsilon_2\psi_2=0\\
&\frac{\partial^2\psi_3}{\partial z^2}+\frac{2m}{\hbar^2}\epsilon_3\psi_3=0
\end{aligned} \tag{2.33}$$

其中,ϵ_1、ϵ_2 和 ϵ_3 是粒子在 x、y 和 z 三个方向的平动能,因此总的平动能为

$$\epsilon=\epsilon_1+\epsilon_2+\epsilon_3 \tag{2.34}$$

利用方程(2.31)的边界条件,可以得到 x 方向的特征值为

$$\epsilon_1 = \frac{h^2}{8m}\frac{n_1^2}{L^2}, \quad n_1 = 1, 2, 3, \cdots \tag{2.35}$$

其中,n_1 为在 x 方向的平动量子数。进一步,利用正则化条件(假设2),得到对应的特征函数为

$$\psi_1 = \left(\frac{2}{L}\right)^{1/2}\sin\left[\left(\frac{2m\epsilon_1}{\hbar^2}\right)^{1/2}x\right] \tag{2.36}$$

与 y 和 z 方向类似结果结合,给出最终结果为

$$\epsilon_1 = \frac{h^2}{8mL^2}(n_1^2 + n_2^2 + n_3^2) \tag{2.37}$$

$$\psi = \left(\frac{8}{L^3}\right)^{1/2}\sin\left(\frac{n_1\pi x}{L}\right)\sin\left(\frac{n_2\pi y}{L}\right)\sin\left(\frac{n_3\pi z}{L}\right) \tag{2.38}$$

其中,整数 n_1、n_2、n_3 分别为 x、y 和 z 方向的平动量子数,均大于0。因此,得到令人惊奇的结果是,粒子的平动能是量子化的,只能在某些确定值取值。相当不直观的是,平动量子能级依赖于特征尺度 L。这与有限空间可容纳的离散波的数量有关。如果考虑任一方向平动能基态,即平动量子数为1,波函数恰好为正弦函数的前一半,在0和 L 处为0。因此,这一基本波直接由 L 尺度化,且这一属性适用于所有量子化能级。由于平动能模态量子间距极小,这一问题只在极小尺度时才重要,但是需要指出的是,这一基本量子属性可在纳米技术中约束物理过程中得到较好利用。

表2.1给出了不同平动量子数得到的最低平动能级,最后一行给出的是简并度 g。

表2.1　最初几个量子化平动能级

ϵ	n_1	n_2	n_3	g
$\frac{3h^2}{8mL^2}$	1	1	1	1
$\frac{6h^2}{8mL^2}$	2	1	1	3
	1	2	1	

（续表）

ϵ	n_1	n_2	n_3	g
	1	1	2	
	2	2	1	
$\frac{9h^2}{8mL^2}$	2	1	2	3
	1	2	2	

简并在平动能的很多能级发生，且在较高能级增大。尽管平动能是量子化的，相邻能级之间的分离非常小。考虑 1 cm^3 立方体中一个氮气分子（N_2）的特殊情况：

$$\Delta\epsilon_t = \frac{\hbar^2}{8mL^2} = 10^{-38}\ \mathrm{J} \tag{2.39}$$

作为对比，利用经典动理学理论的结果，室温下的平均平动能为

$$\langle \epsilon_{tr} \rangle = \frac{3}{2}kT = 6 \times 10^{-21}\ \mathrm{J} \tag{2.40}$$

因此，在平均平动能以下会有无数（大约 10^{17}）量子化能级。所以，在分析平动能的谱时，能级之间的间距如此之小，能量分布可近似认为是连续（非量子化）函数。这就是在动理学理论中用到的方法。

2.2.4 二粒子系统

为推导转动、振动和电子模态的量子能态，考虑一个一般性的二粒子系统。一个粒子的位置为（x_1, y_1, z_1）、动量为 p_1，另一个粒子的位置为（x_2, y_2, z_2）、动量为 p_2。联合系统的哈密顿量为

$$\frac{p_1^2}{2m_1} + \frac{p_2^2}{2m_2} + V = \epsilon \tag{2.41}$$

遵循前面用到的类似方式，建立相应的不依赖时间薛定谔方程如下：

$$\frac{\hbar^2}{2m_1}\nabla_1^2\psi + \frac{\hbar^2}{2m_2}\nabla_2^2\psi + (\epsilon - V)\psi = 0 \tag{2.42}$$

其中，$\psi = \psi(x_1, y_1, z_1, x_2, y_2, z_2)$；$V = V(x_1, y_1, z_1, x_2, y_2, z_2)$。

引入如图 2.3 所示的两个空间变换。

（1）质心坐标：

$$X = \frac{m_1 x_1 + m_2 x_2}{m_1 + m_2}$$

$$Y = \frac{m_1 y_1 + m_2 y_2}{m_1 + m_2}$$

$$Z = \frac{m_1 z_1 + m_2 z_2}{m_1 + m_2}$$

（2）相对坐标：

$$x = x_2 - x_1 = r\sin\theta\cos\phi$$

$$y = y_2 - y_1 = r\sin\theta\sin\phi$$

$$z = z_2 - z_1 = r\cos\theta$$

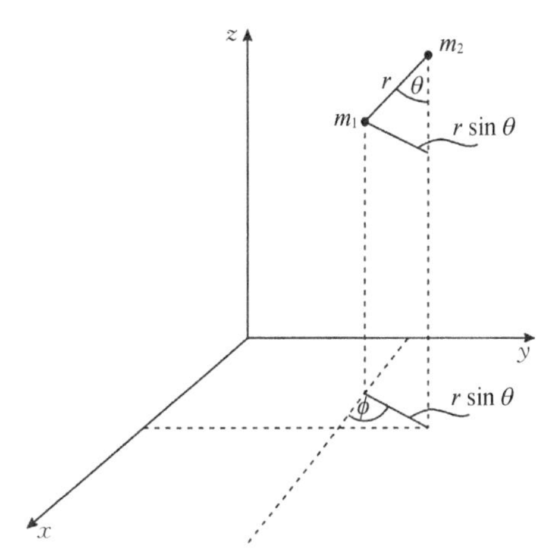

图 2.3　二粒子坐标系统

假设势能可以按如下方式分解：

$$V(X, Y, Z, x, y, z) = V_e(X, Y, Z) + V_i(x, y, z) \tag{2.43}$$

其中，V_e 是作用在联合系统质心上的外场力；V_i 是控制粒子间相互作用的内场。

利用波函数的变量分离：

$$\psi(X, Y, Z, x, y, z) = \psi_e(X, Y, Z)\psi_i(x, y, z) \tag{2.44}$$

得到

$$\frac{\hbar^2}{2m_t}\left(\frac{\partial^2\psi_e}{\partial X^2} + \frac{\partial^2\psi_e}{\partial Y^2} + \frac{\partial^2\psi_e}{\partial Z^2}\right) + (\epsilon_e - V_e)\psi_e = 0 \tag{2.45}$$

$$\frac{\hbar^2}{2\mu}\left(\frac{\partial^2\psi_i}{\partial x^2} + \frac{\partial^2\psi_i}{\partial y^2} + \frac{\partial^2\psi_i}{\partial z^2}\right) + (\epsilon_i - V_i)\psi_i = 0 \tag{2.46}$$

其中，总质量 $m_t = m_1 + m_2$；折合质量 $\mu = \dfrac{m_1 m_2}{m_1 + m_2}$。

系统总能量为 $\epsilon = \epsilon_i + \epsilon_e$，其中 ϵ_i 是内部运动导致的能量，ϵ_e 是质心运动导致的能量。

现在将内部波函数转换到球柱坐标系，并分离变量：

$$\psi_i(x, y, z) = R(r)\Phi(\phi)\Theta(\theta),\ r \in [0, \infty],\ \phi \in [0, 2\pi],\ \theta \in [0, \pi] \tag{2.47}$$

对于分量 Φ,得到下列常微分方程:

$$\frac{d^2\Phi}{d\phi^2} + \beta\Phi = 0 \tag{2.48}$$

其复数解为

$$\Phi(\phi) = \exp(i\beta^{1/2}\phi) = \cos(\beta^{1/2}\phi) + i\sin(\beta^{1/2}\phi) \tag{2.49}$$

假设 5 表明 Φ 是单值函数,即

$$\Phi(\phi) = \Phi(\phi + 2\pi) \tag{2.50}$$

这一条件要求 $\beta^{1/2} = m_1 = 0,\ \pm 1,\ \pm 2,\ \cdots$。

对于分量 Θ,得到下列常微分方程:

$$\frac{1}{\sin\theta}\frac{d}{d\theta}\left(\sin\theta\frac{d\Theta}{d\theta}\right) + \left(\alpha - \frac{m_1^2}{\sin\theta}\right)\Theta = 0 \tag{2.51}$$

其只在

$$\alpha = l(l + 1) \tag{2.52}$$

时有物理解,其中,

$$l = i + |m_1|,\quad i = 0, 1, 2, \cdots \tag{2.53}$$

l 称为轨道角动量量子数。

将量子力学角动量算子应用于这些波函数,给出

$$L^2 = l(l + 1)\hbar^2 \tag{2.54}$$

其中,L 为轨道角动量。此关系式表明其平方是量子化的。进一步的分析还表明

$$L_z = m_1\hbar \tag{2.55}$$

其中,L_z 是轨道角动量分子间轴向分量,也是量子化的,m_1 称为磁量子数。

2.2.5 转动和振动能

现在开始考虑诸如 N_2、O_2 和 NO 等双原子分子的内部运动。在这种分子

中，ψ_i 控制两个原子的转动和振动，它们在内部相互作用；ψ_e 控制它们联合质心的外部平动。考虑内能与平动相互独立。在这些能量模态的最初考虑中，假设转动和振动也相互独立。

1. 转动能

对于两个原子由固定距离 r_e 分开、并具有如图 2.4 所示哑铃构型的双原子转动，引入刚性转子模型。由经典力学知，转动能为

$$\epsilon_{rot} = \frac{1}{2} I\omega^2 \tag{2.56}$$

其中，$I = \mu r^2$ 为构型的转动惯量；μ 为折合质量；ω 为角速度。类似地，角动量的经典力学表达式为 $L = I\omega$，即

$$\epsilon_{rot} = \frac{L^2}{2I} = \frac{l(l+1)\hbar^2}{2\mu r_e^2} \tag{2.57}$$

对于刚性转子，用 J 代替 l，写出转动能为

$$\epsilon_{rot} = \frac{\hbar^2}{2\mu r_e^2} J(J+1) \tag{2.58}$$

其中，$J = 0, 1, 2, \cdots$ 为转动量子数。

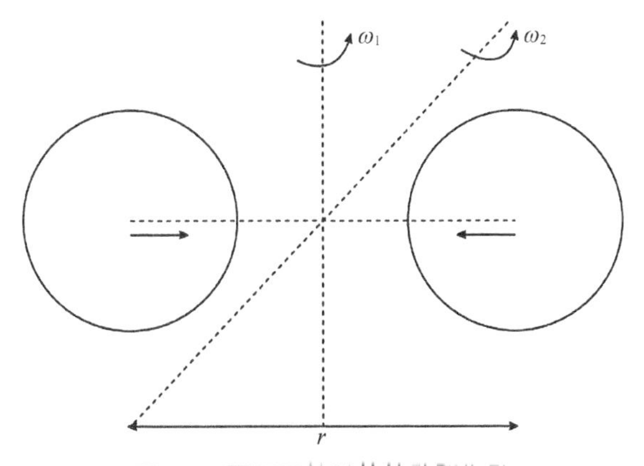

图 2.4　双原子粒子的转动和振动

方程(2.58)表明，转动能是量子化的，它的出现基于角动量的平方是量子化的这一事实。另外，需要注意的是，当 $J = 0$ 时，最小转动能为 0，与最小平动能极小但不为 0 的情况不同。回到二粒子薛定谔方程的求解，可以看出刚性转子的简并度为 $g_J = 2J + 1$，这一结果可以由方程(2.53)证明。最后，可以明确的是，

相邻两个转动能级之间的间距 $\Delta\epsilon_{rot}$ 随 J 的增大而增大。

2. 振动能

对于双原子分子中两个原子沿着其化学键的振动,假定控制其相互作用的势能表征为谐振子,即

$$V(r) = \frac{k(r - r_e)^2}{2} \tag{2.59}$$

其中,刚度常数 $k = 4\pi^2\mu v^2$, v 为振动频率。

只分析二粒子振幅函数 $R(r)$ 的径向依赖,以方程(2.59)为势能,通过一系列运算,得到

$$\frac{d^2H}{dy^2} - 2y\frac{dH}{dy} + (\lambda - 1)H = 0 \tag{2.60}$$

其中,

$$H(y) = yR(y)\exp\left(\frac{y^2}{2}\right), \; y = \left(\frac{2\pi v\mu}{\hbar}\right)^{1/2}(r - r_e), \; \lambda = \frac{2\epsilon_v}{hv} \tag{2.61}$$

式中,ϵ_v 为振动能。方程(2.60)是厄米特方程,其唯一解为

$$(\lambda - 1) = 2\upsilon, \quad \upsilon = 0, 1, 2, \cdots \tag{2.62}$$

于是得到振动能的表达式:

$$\epsilon_{vib} = \lambda\frac{hv}{2} = \left(\upsilon + \frac{1}{2}\right)hv \tag{2.63}$$

其中,$\upsilon = 0, 1, 2, \cdots$ 为振动量子数。

方程(2.63)表明,振动能级是量子化的,其最小振动能在 $\upsilon = 0$ 时不为0,所有能级的简并度 $g_v = 1$, 相邻振动能级之间的间距 $\Delta\epsilon_{vib}$ 为常数。这些属性沿着谐振子势能的情况如图2.5所示。

利用刚性转子和谐振子模型,考虑 N_2 分子转动和振动模态的能量间距:

$$\Delta\epsilon_{rot} = \frac{\hbar^2}{2\mu r_e^2} = 4.04 \times 10^{-23}\ J \equiv k\theta_{rot} \tag{2.64}$$

$$r_e = 1.09 \times 10^{-10}\ m \tag{2.65}$$

$$\Delta\epsilon_{vib} = hv = 4.68 \times 10^{-20}\ J = k\theta_{vib} \tag{2.66}$$

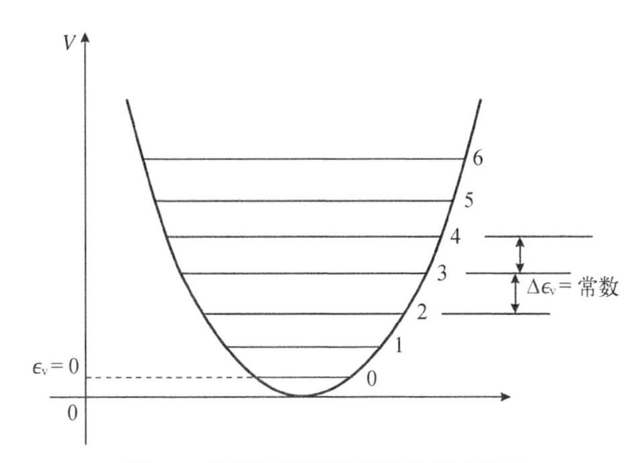

图 2.5 谐振子模型的量子化振动能级

$$v = 7.06 \times 10^{13}\ \mathrm{Hz} \tag{2.67}$$

其中引入的 θ_{rot} 和 θ_{vib} 分别为转动和振动特征温度,给出描述不同分子不同能量模态量子间距的一种便捷方式。对于这一特例,可以发现 $\Delta\epsilon_{\mathrm{rot}}$ 比 $\Delta\epsilon_{\mathrm{vib}}$ 低三个数量级。对于多数双原子分子,$\Delta\epsilon_{\mathrm{rot}}$ 非常小,以致其量子效应可以忽略,唯一的重要特例是 H_2。对于多数双原子分子,常见的情形是振动能级间距 $\Delta\epsilon_{\mathrm{vib}}$ 比较大,其量子效应不能忽略。

2.2.6 电子能级

当绕原子核运动的电子占据不同轨道时,粒子具有不同的电子能。一般情况下,电子基态表示电子构型最为稳定。电子朝向更高能级轨道的任何输运,表征一个激发电子态。为简单起见,这里考虑类氢粒子的特殊理论情况,它由 Z 正电荷的原子核和库仑场中沿轨道运动的单个电子构成,静电作用势为

$$V(r) = -\frac{Ze^2}{4\pi\epsilon_0 r} \tag{2.68}$$

其中,ϵ_0 为自由空间介电常数。在只考虑径向形式的二体薛定谔方程中用这势能,得到相关的电子能:

$$\epsilon_{\mathrm{el}} = -\frac{Ze^2\mu}{32\pi^2\epsilon_0^2\hbar^2}\frac{1}{n^2}, \quad n = 1, 2, 3, \cdots \tag{2.69}$$

其中,n 为**主量子数**。需要注意的是,当电子完全从原子移除时,其电子能 ϵ_{el} 为 0。

这一过程要求能量输入,因此所有的电子能级都是负的。电子能具有势能的形式,因而它在重要的电子能中发生变化。完全确定电子态还需要其他三个量子数:

(a) 轨道角动量量子数, $l = 0, 1, 2, \cdots, n-1$;

(b) 磁量子数, $m_l = 0, \pm 1, \pm 2, \cdots, \pm l$;

(c) 自旋量子数, $m_s = \pm \frac{1}{2}$。

这些量子数的前两个直接从二粒子薛定谔方程的考虑中推导,第三个基于轨道电子可以在两个不同方向旋转的事实。尽管电子能级由 n 唯一确定,其他三个量子数的组合导致简并态。对于每个 l,有 $2l+1$ 个 m_l 值,以及两个不同的 m_s 值。因此,总的简并度为

$$g_n = \sum_{l=0}^{n-1} 2(2l+1) = 2n^2 \tag{2.70}$$

最后,需要注意的是,粒子的总内能包括能量的所有可能形式,为 $\epsilon_i = \epsilon_{rot} + \epsilon_{vib} + \epsilon_{el}$。

2.3 原子结构

现在来细致考虑真实原子的内能结构。类氢粒子只有绕原子核运动的一个电子。真实原子有很多轨道电子,且每个电子有自己的动能。多个电子和原子核中的正电荷相互作用,形成导致一定范围角动量耦合的一个复杂静电势。以一般形式求解包含所有这些效应的薛定谔方程是不可能的。这一问题可以简化如下:假设每个电子在所有其他带电粒子形成的球对称静电场中运动。保留相同的量子数以描述每个电子(n, l, m_l, m_s)。

2.3.1 电子分类

首先,需要对绕原子核轨道运动的电子系统取名。所有具有相同主量子数 n 的电子占据相同的轨道壳,用下列符号标记:

n	1	2	3	4	5	…
符号	K	L	M	N	O	…

对于每个 n, l 的可能值为 0, 1, 2, …, $n-1$。所有具有相同 n 和 l 的电子在相同的轨道亚壳上，用下列符号标记：

l	0	1	2	3	4	…
符号	s	p	d	f	g	…

这些符号的选择基于与每种能态有关的光学谱线特征，如 s 表示"尖"(sharp)，p 表示"主"(principle)，d 表示"漫"(diffuse)，f 表示"基本"(fundamental)。

在电子分类时，习惯做法是用 n 的数字和 l 的符号。比如，3p 电子（或亚壳）表示 $n=3$ 和 $l=1$。在没有磁场时，m_l 和 m_s 的值代表简并。

泡利不相容原理表明，同一原子中，没有两个电子具有相同的量子数(n, l, m_l, m_s)。以此可以构造如表 2.2 所示的电子分类表，该表与(元素)周期表有关。

表 2.2　电子分类表

	K	L		M		
n	1	2		3		
l	0 s	0 s	1 p	0 s	1 p	2 d
m_l	0	0	−1, 0, 1	0	−1, 0, 1	−2, −1, 0, 1, 2
m_s	$\pm\frac{1}{2}$	$\pm\frac{1}{2}$	$\pm\frac{1}{2}, \pm\frac{1}{2}, \pm\frac{1}{2}$	$\pm\frac{1}{2}$	$\pm\frac{1}{2}, \pm\frac{1}{2}, \pm\frac{1}{2}$	$\pm\frac{1}{2}, \pm\frac{1}{2}, \pm\frac{1}{2}, \pm\frac{1}{2}, \pm\frac{1}{2}$
$2n^2$	2	8		18		

2.3.2　角动量

电子态由其电子构型和角动量属性表征。在多电子原子中，每个电子 i 具有轨道角动量 $\boldsymbol{l}_i$ 和自转角动量 $\boldsymbol{s}_i$。与 $\boldsymbol{l}_i$ 和 $\boldsymbol{s}_i$ 有关的磁场给出角动量耦合的不同形式：

(a) 相对较弱的 $j-j$ 耦合($\boldsymbol{l}_j-\boldsymbol{l}_j$ 耦合和 $\boldsymbol{s}_j-\boldsymbol{s}_j$ 耦合)；

(b) 通常占主导作用的 $L-S$ 耦合($\boldsymbol{l}_i-\boldsymbol{s}_i$)。

为考虑这一耦合，假设导致轨道角动量 $\boldsymbol{L}=\sum_i \boldsymbol{l}_i$ 且 $|l_i|=\sqrt{l_i(l_i+1)}\,\hbar$ 的

矢量模型。类似地,自转角动量矢量由 $\boldsymbol{S} = \sum_i \boldsymbol{s}_i$ 且 $|s_i| = \sqrt{s_i(s_i+1)}\,\hbar$ 给定。最终,总的角动量矢量为 $\boldsymbol{J} = \boldsymbol{L} + \boldsymbol{S}$。根据这些假设,$\boldsymbol{L}$、$\boldsymbol{S}$ 和 $\boldsymbol{J}$ 的量子化如下:

$$|\boldsymbol{L}| = \sqrt{L(L+1)}\,\hbar \tag{2.71}$$

$$|\boldsymbol{S}| = \sqrt{S(S+1)}\,\hbar \tag{2.72}$$

$$|\boldsymbol{J}| = \sqrt{J(J+1)}\,\hbar \tag{2.73}$$

其中,L 为轨道角动量量子数;S 为自转角动量量子数;J 为总的角动量量子数。

更细致的量子力学分析给出这些量子数的允许值如下:

L: 整数(0, 1, 2, …);

S: 半整数(0, 1/2, 1, 3/2, 2, …);

J: 由 L 和 S 按如下方式确定

$$J = (L+S),\ (L+S-1),\ (L+S-2),\ \cdots,\ |L-S| \tag{2.74}$$

方程(2.74)可以由两个量子数 P_1、P_2 的可能输出 P 来一般化:

$$P = (P_1+P_2),\ (P_1+P_2-1),\ (P_1+P_2-2),\ \cdots,\ |P_1-P_2|$$

$$P = \sqrt{P(P+1)}\,\hbar$$

例如,考虑两个电子的原子 He,其 $l_1 = 3$、$l_2 = 2$、$s_1 = 1/2$、$s_2 = 1/2$。对于 $L = 4$、$S = 1$ 的特殊情况,找出所有的 J 值。

对 $l_1 = 3$, $l_2 = 2$, 由方程(2.74)$\Rightarrow L = 5, 4, 3, 2, 1$。类似地,对 $s_1 = 1/2$, $s_2 = 1/2 \Rightarrow S = 1, 0$; 最后,对 $L = 4$, $S = 1$, $J = 5$, 4 和 3,即有 3 个不同的值。

2.3.3 光学项分类

有一个特殊命名规则用于表明原子的角动量状态。基于 $L-S$ 耦合,常用形式为

$${}^{2S+1}L_J$$

其中,S 和 J 的数值在 L 代表如下符号时使用:

L	0	1	2	3	4	…
符号	S	P	D	F	G	…

例如，$^2L_{1/2}$意味着 $L = 0, S = 1/2$，此时 J 只能等于 1/2。空气原子的其他情况在表 2.3 中给出。

表 2.3　空气原子的最低电子台

原子	构　型	项	重数	能量/eV	简并度
N	$2s^22p^3$	$^4S_{3/2}$	1	0	4
N	$2s^22p^3$	$^2D_{5/2,\ 3/2}$	2	2.39	10
N	$2s^22p^3$	$^2P_{3/2,\ 1/2}$	2	3.58	6
N	$2s^22p^33s$	$^4P_{5/2,\ 3/2,\ 1/2}$	3	10.33	12
N	$2s^22p^33s$	$^2P_{3/2,\ 1/2}$	2	10.68	6
N	$2s^22p^4$	$^4P_{5/2,\ 3/2,\ 1/2}$	3	10.93	12
N	$2s^22p^23p$	$^2S_{1/2}$	1	11.60	2
N	$2s^22p^23p$	$^4D_{7/2,\ 5/2,\ 3/2,\ 1/2}$	4	11.75	20
N	$2s^22p^23p$	$^4P_{5/2,\ 3/2,\ 1/2}$	3	11.84	12
N	$2s^22p^23p$	$^4S_{3/2}$	1	12.00	4
N	$2s^22p^23p$	$^2D_{5/2,\ 3/2}$	2	12.00	10
N	$2s^22p^23p$	$^2P_{3/2,\ 1/2}$	2	12.12	6
N	$2s^22p^23s$	$^2D_{5/2,\ 3/2}$	2	12.36	10
O	$2s^22p^4$	$^3P_2$	1	0	5
O	$2s^22p^4$	$^3P_1$	1	0.019 6	3
O	$2s^22p^4$	$^3P_0$	1	0.028 1	1
O	$2s^22p^4$	$^1D_2$	1	1.97	5
O	$2s^22p^4$	$^1S_0$	1	4.20	1
O	$2s^22p^33s$	$^5S_2$	1	9.16	5
O	$2s^22p^33s$	$^3S_1$	1	9.54	3

另一个重要的光谱学特性是重数，为给定 L 和 S 时 J 的容许值的总数($2L+1$ 或 $2S+1$)。重数的物理体现是能态光谱观察到的精细结构，氮原子的情况如图 2.6 所示。波长 λ 的辐射对应的能量为

$$\epsilon = \frac{hc}{\lambda} \tag{2.75}$$

观察到的这些能量的细小差异，归因于前面讨论的角动量耦合。光学项分类和重数之间关系的一些特例如下：

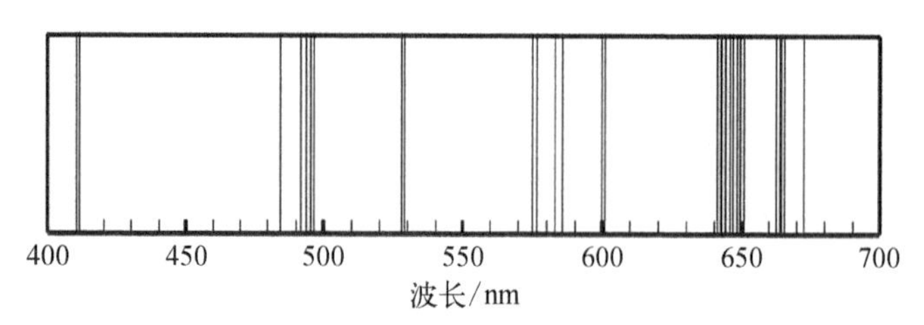

图 2.6 氮原子能谱精细结构分区

所有的 S 项 ($L = 0$) 都是单谱线。

所有的 P 项 ($L = 1$) 都是单谱线、双谱线或三谱线。

所有的 D 项 ($L = 1$) 都是单谱线、双谱线、三谱线、四谱线或五谱线。

总结起来,原子的电子态可以用项分类和亚壳构型完全描述。

需要注意的是,多重谱线每个分量的简并度为 $g_J = 2J + 1$, 总的简并度为简单求和 $g = \sum_J g_J$。

2.3.4 激发态

到目前为止,考察了原子所有电子占据最低可能亚壳的情况,这称为电子基态。当原子的一个电子运动到更高能量亚壳时,其变成电子激发,这通过与其他粒子的分子间碰撞或辐射的吸收产生。

每个原子都有大量的激发态构型。表 2.3 给出了空气中两种主要原子的一些最低电子态。需要注意的是,能级是光谱得到的观测数据,并不容易从第一性原理计算得出。

考虑氮原子(N)。在其基态,1s 和 2s 轨道壳填充,2p 壳半填充。电子激发首先在 2p 亚壳的一个电子占据相同轨道内的更高能态。这些激发态在图 2.7 的氮原子能级图中给出。能量尺度使用单位电子伏特,用 eV($1\ \text{eV} = 1.6 \times 10^{-19}$ J) 表示。

对于氮,基态和最初的两个激发态都在 2p 亚壳内:

$$^4\text{S}、^2\text{D}_{5/2,\ 3/2} \text{ 和} ^2\text{P}_{3/2,\ 1/2}$$

当电子运动到 3s 亚壳时,第三个激发态产生,为三谱线:

$$^4\text{P}_{5/2,\ 3/2,\ 1/2}$$

当能量达到 14.48 eV 时,电子完全移除,氮原子电离(标记为 NII 或 N^+),离子具

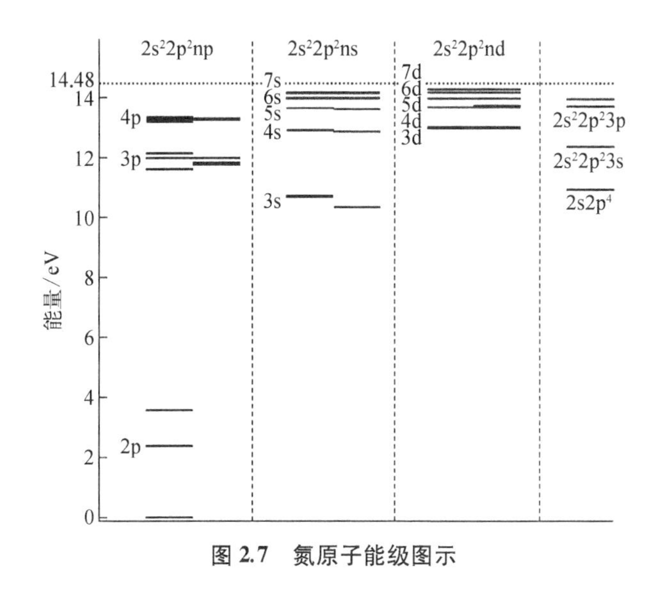

图 2.7　氮原子能级图示

有其自身内能结构,考虑为不同化学组分。

2.4　双原子分子结构

双原子分子(AB)形成于两个原子稳定融合之时,每个原子的电子构型完全改变。除平动和电子能外,分子还具有转动和振动能。本节考虑真实双原子分子容许的能态。

2.4.1　玻恩-奥本海默近似

考虑包含 N 个电子的双原子分子 AB。该系统的时间依赖薛定谔方程为

$$\frac{1}{m_{\mathrm{A}}}\nabla_{\mathrm{A}}^{2}\psi+\frac{1}{m_{\mathrm{B}}}\nabla_{\mathrm{B}}^{2}\psi+\frac{1}{m_{\mathrm{e}}}\sum_{i=1}^{N}\nabla_{i}^{2}\psi+\frac{8\pi^{2}}{h^{2}}(\epsilon-V)\psi=0 \tag{2.76}$$

其中,∇_j^2 表示对粒子 j 的坐标求导数;ψ 是全局幅函数;ϵ 是除质心外部平动以外的总内能。

势能 V 由三部分构成:

(1) 原子核 A 和 B 之间的相互作用;

(2) N 个电子之间的相互作用;

(3) AB 和电子之间的相互作用。

假定全局势场是这三部分的简单求和：

$$V = V_{\text{A-B}} + V_{\text{e-e}} + V_{\text{AB-ee}} \tag{2.77}$$

玻恩-奥本海默近似通过假定原子核和电子独立运动来简化方程(2.76)的求解。这意味着全局波函数可以由电子和原子核波函数的乘积给出：

$$\psi = \psi_{\text{e}}\psi_{n} \tag{2.78}$$

其中，$\psi_{\text{e}} = \psi_{\text{e}}(x, y, z, \cdots, x_N, y_N, z_N)$ 和 $\psi_{n} = \psi_{n}(x_{\text{A}}, y_{\text{A}}, z_{\text{A}}, x_{\text{B}}, y_{\text{B}}, z_{\text{B}})$。代入方程(2.76)，得到下列两个薛定谔方程：

$$\frac{1}{m_{\text{e}}}\sum_{i=1}^{N} \nabla_i^2 \psi_{\text{e}} + \frac{8\pi^2}{h^2}(\epsilon^{\text{el}} - V)\psi_{\text{e}} = 0 \tag{2.79}$$

其中，ϵ^{el}是电子能；V 是全局势能，且

$$\frac{1}{m_{\text{A}}}\nabla_{\text{A}}^2\psi_{n} + \frac{1}{m_{\text{B}}}\nabla_{\text{B}}^2\psi_{n} + \frac{8\pi^2}{h^2}(\epsilon_m - \epsilon_n^{\text{el}})\psi_{n} = 0 \tag{2.80}$$

其中，ϵ_n^{el} 是方程(2.79)主量子数 n 得到的电子能解；ϵ_m 是粒子的总能量。

如图 2.5 所示，方程(2.79)中的全局势能 V 依赖于原子间距离 r_{AB}。由于分子振动，r_{AB}连续变化。于是，对于每个 r_{AB}，必须对相应势能 $V(r_{\text{AB}})$ 求解方程(2.79)，得到对应能量 $\epsilon_n^{\text{el}}(r_{\text{AB}})$。

r_{AB}的连续变化，导致分子的电子态由若干连续变化的函数构成，每一个代表一个不同的主量子数 n。图 2.8 给出了原子与分子电子态这一差异的理论比较。

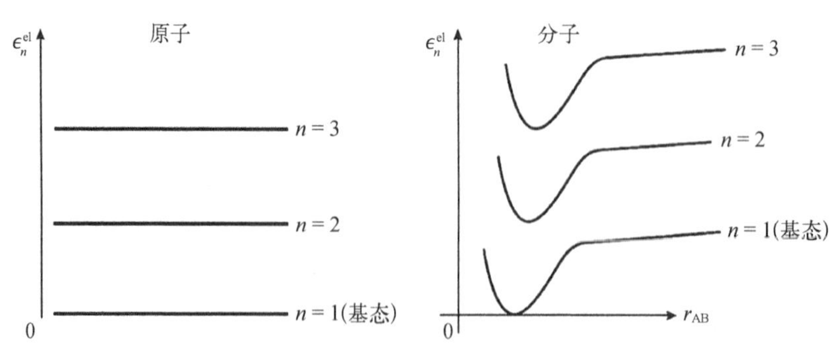

图 2.8 原子和分子电子态的比较

在求解 r_{AB} 给定值的方程(2.79)之后,分子总能量 ϵ_m 由方程(2.80)得到,其中电子能 ϵ_n^{el} 扮演势能的角色。对于 r_{AB} 的每个值,都存在对应每个电子主量子数 n 的离散解 ϵ_m,这些解可写为 $\epsilon_{n,m}$。

考虑势能函数 $\epsilon_n^{el}(r_{AB})$,对 n 的每个值都不同。基态的情况 ($n=1$) 如图 2.9 所示。为阐述势能,考虑相应力场:

$$F_{AB} = -\frac{d\epsilon_1^{el}(r_{AB})}{dr_{AB}} \tag{2.81}$$

可以推论出一些关键信息。首先,对较大的 r_{AB}, ϵ_1^{el} 等于常数, $F_{AB}=0$。因此,在分离距离较大时,原子核 A 和 B 之间没有作用力,它们表现为分离的原子,可以说分子 AB 已经解离。其次,当 $r_{AB} > r_e$ 时,原子核之间的作用力为吸引力(为负);当 $r_{AB} < r_e$ 时,作用力为排斥力(为正)。于是,原子在平衡点 r_e 附近振动。

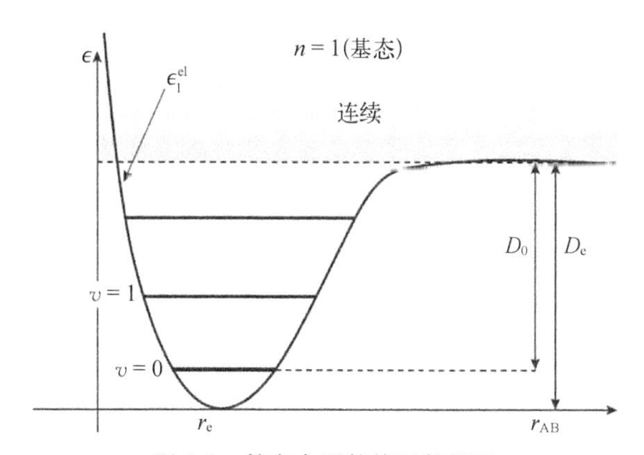

图 2.9　基态电子势能函数图示

还需要指出的是,在标注为连续原子态的渐近极限之上,不存在稳定构型。这一极限用两种不同方式定义:

(1) D_e,电子结合能(由势能极小值测得);

(2) D_0,离解能(由最低振动能级测得)。

基态和最初几个分子电子激发态如图 2.10 所示。

在每个振动能级中,存在一系列转动能态。因此,总的内能由 $\epsilon_m = \epsilon_{el} + \epsilon_{vib} + \epsilon_{rot}$ 给定。最后,需要注意的是空气分子各种模态的能量间距,即

$$\Delta\epsilon_{rot}(\approx 10^{-3}\ \text{eV}) \ll \Delta\epsilon_{vib}(\approx 0.1\ \text{eV}) \ll \Delta\epsilon_{el}(\approx 1\ \text{eV}) \tag{2.82}$$

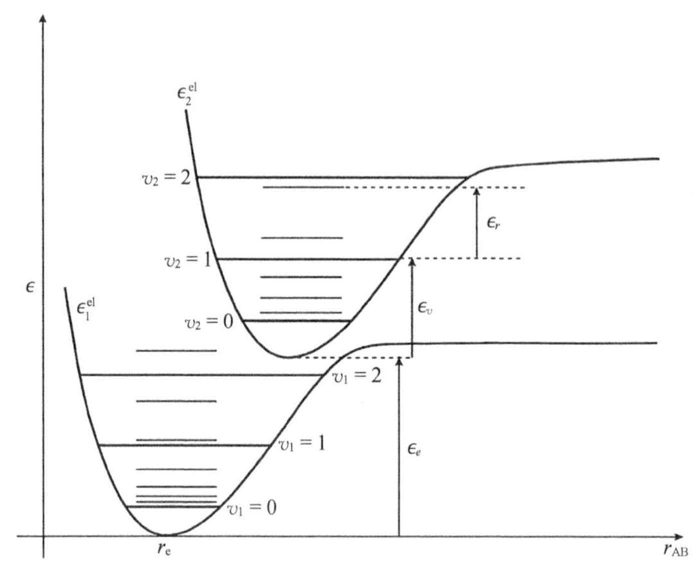

图 2.10　基态和最初分子电子激发态示意图

2.4.2　转动和振动能

考虑给定电子态下 ϵ_{rot} 和 ϵ_{rib} 的确定。对于刚性转子和谐振子模型：

$$\epsilon_{rot} = k\theta_{rot}J(J+1),\quad J = 0, 1, 2, \cdots$$

$$\epsilon_{vib} = k\theta_{vib}\left(v + \frac{1}{2}\right),\quad v = 0, 1, 2, \cdots$$

在光学上，这些能级用以 cm^{-1} 为单位的波数表示，即除以 hc 和 100：

$$F(J) \equiv \frac{\epsilon_{rot}}{100hc} = B_e J(J+1) \tag{2.83}$$

$$G(v) \equiv \frac{\epsilon_{vib}}{100hc} = \omega_e\left(v + \frac{1}{2}\right) \tag{2.84}$$

这些变量称为**转动和振动项值**，对应的 B_e 是转动常数，ω_e 是振动波数。这些参数对每个分子的每个电子态都有不同的值。

上述模型有两个重要不足。

(1) 在光学测量上，发现振动能级并不像谐振子势能预测的那样均匀间距。更好的模型由 Morse 给出：

$$V(r_{AB}) = D_e\{1 - \exp[-\beta(r_{AB} - r_e)]^2\} \tag{2.85}$$

其中，β 是常数，对于每种势能，取值不同。这一模型给出的振动能间距在基态和离解极限之间单调递减。

（2）在上述模型中，转动和振动能之间不存在耦合，但在粒子中，ϵ_{rot} 和 ϵ_{vib} 的确相互影响。由于在一个完整振动周期中，分子通常转动 1 000 次左右，只有振动对转动的影响较为重要。具体来说，r_{AB} 处通过振动改变角速度，进而改变 ϵ_{rot}。

为考虑这一效应，引入**非刚性转子/非谐振子（NPR/AHO）**模型如下：

$$G(v) + F_v(J) = \omega_e\left(v + \frac{1}{2}\right) - \omega_e x_e\left(v + \frac{1}{2}\right)^2 + \omega_e y_e\left(v + \frac{1}{2}\right)^3 + \cdots + B_v J(J+1) - D_v J^2(J+1)^2 + \cdots \tag{2.86}$$

$$\begin{cases} B_v = B_e - \alpha_e\left(v + \frac{1}{2}\right) + \cdots \\ D_v = D_e + \beta_e\left(v + \frac{1}{2}\right) + \cdots \end{cases} \tag{2.87}$$

其中，x_e、y_e、B_e、D_e、α_e 和 β_e 是分子常数，随组分和电子态改变（注意：此处的 D_e 并非早先讨论过的电子结合能）。

根据方程（2.86），**振动项**为

$$G(v) = \omega_e\left(v + \frac{1}{2}\right) - \omega_e x_e\left(v + \frac{1}{2}\right)^2 + \omega_e y_e\left(v + \frac{1}{2}\right)^3 + \cdots \tag{2.88}$$

相对于谐振子，这一表达式给出了振动能级更高阶的近似。现在，振动能根据**转动项**直接与转动能耦合：

$$F_v(J) = B_v J(J+1) - D_v J^2(J+1)^2 + \cdots \tag{2.89}$$

由于 $\omega_e \gg \omega_e x_e$，$B_e \gg \alpha_e$，表达式 $G(v)+F_v(J)$ 在较小量子数时以一阶近似退化到刚性转子与谐振子之和。表 2.4 给出了空气三种主要组分电子基态 NPR/AHO 模型的关键参数值。由于

$$D_e = \frac{4B_e^3}{\omega_e^2} \tag{2.90}$$

D_e 并没有在表中给出。另外，注意到**转动和振动特征温度**的如下重要表达式：

$$\theta_{rot} = \frac{B_e 100hc}{k} \tag{2.91}$$

$$\theta_{vib} = \frac{\omega_e 100hc}{k} \tag{2.92}$$

NPR/AHO 模型可用于构造能级图谱。在每个振动能级，都有唯一系列的容许转动振动能级。如图 2.11 所示，多个重叠能级使得分子光谱难以解释。

表 2.4　NPR/AHO 模型的基态分子常数

组分	B_e/ cm^{-1}	α_e/ cm^{-1}	ω_e/ cm^{-1}	$\omega_e x_e$/ cm^{-1}	$\omega_e y_e$/ cm^{-1}	θ_{rot}/ K	θ_{vib}/ K	r_e/ (10^{-10} m)	D_e/ eV
N_2	1.998	0.017 9	2 357.6	14.06	0.007 51	2.87	3 390	1.088	9.76
O_2	1.445	0.015 8	1 580.2	12.07	0.054 60	2.08	2 280	1.207	5.12
NO	1.707	0.017 8	1 903.6	13.97	−0.001 2	2.45	2 740	1.151	6.48

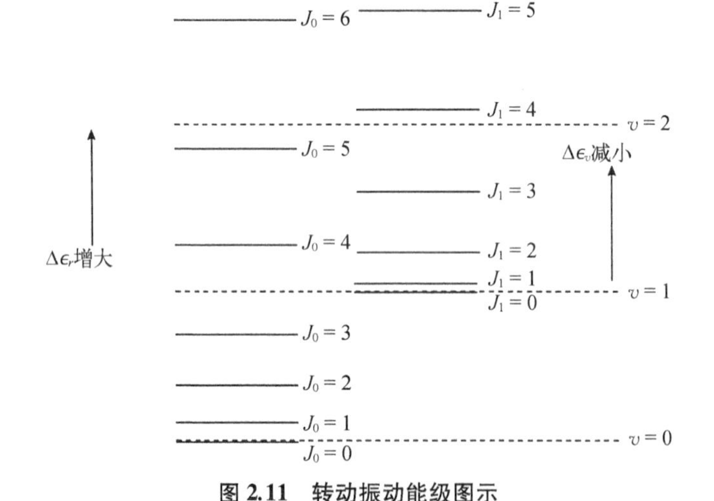

图 2.11　转动振动能级图示

2.4.3　激发态

类似原子，必须描述轨道和自旋角动量对绕分子电子的影响。已经发现，双原子分子的角动量矢量 $\boldsymbol{L}$ 仅沿其原子间轴量子化，其原因是势场的轴对称性。其分量可以写成

$$L_{AB} = \pm \Lambda \hbar \tag{2.93}$$

其中,$\Lambda=0, 1, 2, \cdots$ 为**电子轨道量子数**;±表示分量可能将其自身作用在沿AB的任一方向。量子数按如下符号标记:

Λ	0	1	2	3	4	…
符号	Σ	Π	Δ	Φ	Γ	…

自旋角动量也是沿AB量子化:

$$S_{AB}=\Sigma\hbar \tag{2.94}$$

其中**自旋量子数**可以假设为整数或半整数值

$$\Sigma=0,\ \pm1,\ \pm2,\cdots,\ \pm S\quad 或\quad \Sigma=\pm\frac{1}{2},\ \pm\frac{3}{2},\cdots,\ \pm S \tag{2.95}$$

且 S 为全局自旋量子数。分子电子态写成

$$^{2S+1}(\Lambda\text{ 的符号}) \tag{2.96}$$

例如,$^1\Sigma\Rightarrow S=0,\ \Lambda=0$。

$(2S+1)$是表征由轨道-自旋耦合导致的、沿AB可能分量总数的**重数**。

分子电子态分类的另一个特征关注由薛定谔方程得到的电子幅函数 ψ_e 的对称性。具体来说,

若 ψ_e 在电子坐标沿分子中心倒转后不变,使用右下标g(gerade,德语的等于),如$^1\Sigma_g$;或者,如果 ψ_e 的符号改变,用u(ungerade)。这一考虑仅适用于同核双原子分子。

对于 $\Lambda=0$ 的状态,即 Σ 态,如果 ψ_e 的符号在平面内穿过核心轴AB反射后的符号不变,使用右上标"+";如果发生改变,用右上标"-"。

至于简并度,根据方程(2.93),当 $\Lambda>0$ 时,±导致简并度2。另外,由方程(2.95),另一种简并度为 $2S+1$。因此,

$$g_{el}=\begin{cases}2(2S+1), & \Lambda>0\\ 2S+1, & \Lambda=0\end{cases} \tag{2.97}$$

注意,对于振动和转动能,仍然有 $g_{vib}=1$, $g_J=(2J+1)$。

利用Morse势,方程(2.76),N_2 最低三个电子态(X、A 和 B)的势能如图2.12所示。可以由其光学名称收集的信息如下。

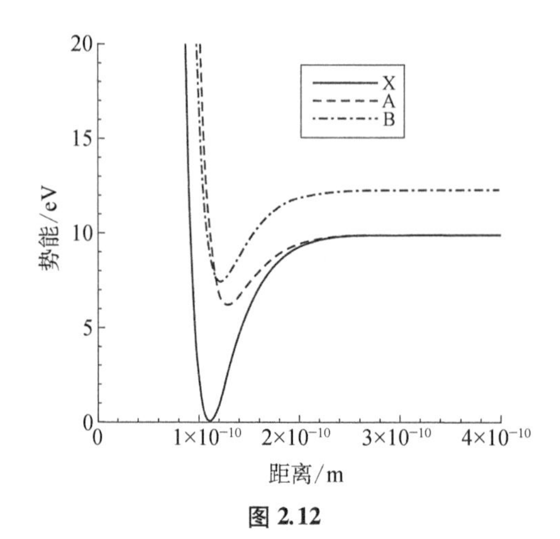

图 2.12

基态：$X^1\boldsymbol{\Sigma}_g^+$

$$
\begin{aligned}
&E = 0\ \text{cm}^{-1} \\
&X \Rightarrow \text{基态(总是)} \\
&1 \Rightarrow S = 0 \\
&\Sigma \Rightarrow \Lambda = 0 \\
&g \Rightarrow \text{等于} \\
&+ \Rightarrow \text{不变} \\
&g_{el} = 1\ \text{重数} = 1
\end{aligned}
\tag{2.98}
$$

第一激发态：$A^3\boldsymbol{\Sigma}_u^+$

$$
\begin{aligned}
&E = 5.0 \times 10^4\ \text{cm}^{-1} = 6.2\ \text{eV} \\
&3 \Rightarrow S = 1 \\
&\Sigma \Rightarrow \Lambda = 0 \\
&u \Rightarrow \text{不等于} \\
&+ \Rightarrow \text{不变} \\
&g_{el} = 3\ \text{重数} = 3
\end{aligned}
\tag{2.99}
$$

第二激发态：$B^3\boldsymbol{\Pi}_g$

$$
\begin{aligned}
&E = 5.9 \times 10^4\ \text{cm}^{-1} = 7.3\ \text{eV} \\
&3 \Rightarrow S = 1 \\
&\Pi \Rightarrow \Lambda = 1 \\
&g \Rightarrow \text{等于} \\
&g_{\text{el}} = 6\ \text{重数} = 6
\end{aligned}
\tag{2.100}
$$

2.5 小结

本章引入了用于描述薛定谔方程的量子力学基本概念。薛定谔方程的求解得到与气体有关的四个能量模态的量子化能态,即平动、转动、振动和电子模态。描述了用于唯一标记原子和分子能态的系统,给出了空气中感兴趣粒子的信息。本章给出的信息将在第3章中用于描述气体的热力学状态,并将在弛豫和化学过程的分子动力学模拟中再次见到。

2.6 习题

2.1 证明假设3中的动量和能量线性算子,在用于单色波

$$\psi(x,\ t) = \exp[\mathrm{i}(kx - \omega t)]$$

(可假设该波存在于有限空间区域)时,给出波粒二象性中提出的结果。

2.2 粒子属性 J 的量子化分布由

$$f(J)\mathrm{d}J \propto (2J + 1)\exp[-0.007 \times J \times (J + 1)]$$

给定,其中 J 只取0到40之间的整数值(类似于室温下空气分子的转动能)。正则化这一分布,画出柱状图,并确定:

(1) J 的最概然值;

(2) J 的期望值。

2.3 考虑边长为 L 的立方体内、无外场作用力下粒子平动的不依赖时间薛定谔方程的求解。利用壁面处波函数为0的边界条件和正则化条件,证明幅函

数为

$$\psi(x, y, z) = \left(\frac{8}{L^3}\right)^{1/2} \sin\left(\frac{n_1 \pi x}{L}\right) \sin\left(\frac{n_2 \pi y}{L}\right) \sin\left(\frac{n_3 \pi z}{L}\right)$$

其特征值为

$$\epsilon_i = \frac{h^2}{8mL^2} n_i^2, \quad n_i = 1, 2, 3, \cdots$$

找出 x 位置的期望值。

2.4 对于下列每一个能级,给出简并度并指出所有能态(通过写出量子数):

(1) 平动能 $7h^2/(4mL^2)$;

(2) 转动能 $12h^2/(2\mu r_e^2)$(假定刚性转子);

(3) 振动能 $7h\nu/2$(假定谐振子)。

2.5 (a) 对于如下非正则波幅函数

$$\psi(x) = x\sin(\omega t) + \mathrm{i}x\cos(\omega t)$$

在 $x \in [-1, 1]$ 范围内,确定其正则形式、平均位置和平均能量。

(b) 写出下列电子态的所有信息:

(1) Mg: ^3G;

(2) NO: $F^2\Delta$。

2.6 (a) 考虑如下 x 在[0, 1]的一维波函数:

$$\psi = x^2 \exp(i\omega t)$$

确定正则化波函数、平均位置和平均能量。

(b) 对于 N_2 分子,在基态和第一振动能级之间存在多少转动能级?(假定刚体转子 $\theta_{rot} = 2.9$ K 和谐振子 $\theta_{vib} = 3\ 390$ K)。

(c) 写出下列电子态的所有信息:

(1) N: ^3F;

(2) N_2^-: $X^2\Pi_g$。

第3章

统 计 力 学

3.1 引言

与**动理论**相似,**统计力学**的主要目的是将分子层次的信息与宏观气体流动的属性相关联。动理论主要考虑粒子运动与碰撞,并用以关联分子的行为与宏观流动机制;统计力学则考虑粒子如何占据其允许的量化能态,并用来将分子行为与宏观热力学相关联。

将分子统计力学与宏观热力学相关联的第一步就是假定以下关系:

$$S = k\ln \Omega \tag{3.1}$$

其中,S 是熵;k 是玻尔兹曼常量;Ω 则是系统分子混乱度的一个量度。为了得到这个关系,需要熟练掌握分子统计计数方法、粒子在不同能级的分布及其内能配分函数等。除此以外,还将拓展思想以考虑化学反应系统。

3.2 分子统计方法

假定由 N 个相同粒子组成的气体系统,每个粒子 i 具有量子化能量 ϵ_i,且系统总能量为 E。统计力学并不分析粒子与粒子之间的相互作用,例如分子间碰撞,但这类事件一定会发生且使得分子在其允许的量化能态中分布。为得到方程(3.1)中 Ω 的表达式,需要计算在保持 N、E 不变的前提下,此系统可能出现的状态数目。通常,将分子混乱度定义为 N 个粒子在不改变总能量 E 的前提下分布于其允许的量化能态可能出现的状态总数。每种符合这个要求的粒子分布状态组合称为系统的一个**微观状态**,而 Ω 就是这个粒子数目为 N、总能量为 E 的气体系统总微观状态的数目。要找到想要的答案,最简单的方法就是反复试验。因此,可采用穷举的方式,列出这 N 个粒子在其允许能态下的所有分布状态。

例 3.1 考虑 $N = 4$, $E = 12$ 的系统,每个粒子具有类似刚性转子的能量状态:

$$\epsilon_J = J(J+1), \quad J = 0, 1, 2, 3 \tag{3.2}$$

表 3.1 展示了部分可能的能量分布,并指出了与系统总能量匹配的几个状态,即微观状态。

表 3.1 不同能态下的粒子分布

$\epsilon_0 = 0$	$\epsilon_0 = 2$	$\epsilon_0 = 6$	$\epsilon_0 = 12$	E	是否与系统匹配
1	1	1	1	20	否
0	3	1	0	12	是
2	0	2	0	12	是
1	1	2	0	14	否
3	0	0	1	12	是
…	…	…	…	…	…

对于例 3.1,只有三种微观状态。用数学语言可将计算过程表示为:$\Omega = \sum 1$(对于所有匹配的分布状态求和),且

$$\sum_i N_i = N \text{ 且 } \sum_i N_i \epsilon_i = E \tag{3.3}$$

该示例中,首先假设各个粒子完全一样、无法区分,对于表 3.1 第 5 行中的组合,就不必通过重新排列 $J = 0$ 的三个粒子来获得其他微观状态。还假设了多个粒子可以占据相同的能态,从量子力学可知,这一条件仅适用于由偶数个基本单元(中子、质子、电子)组成的粒子。这类粒子称为**玻色子**,并遵循玻色–爱因斯坦统计,如氢原子、He^4、N_2 和光子等都是玻色子。由奇数个基本单元组成的粒子则称为**费米子**,遵循费米–狄拉克统计,如电子、质子、He^3 等。与泡利不相容原理类似,两个费米子也不能占据相同的能态。因此,如果例 3.1 中的粒子是费米子的话,则微观状态数目为 0。

对于真实的气体系统,由于其包含的粒子数量及相应能态数量过于巨大,采用反复试验穷举的方法效率太低,因此在仅考虑平动能的特殊情况下,可以采用另外一种相邻能级间距极小方法。回顾第 2 章中关于量子化平动能的结论:

$$\epsilon_{tr} = \frac{h^2}{8mL^2}(n_1^2 + n_2^2 + n_3^2) = \frac{h^2 n^2}{8mL^2} \tag{3.4}$$

由此可知,N_2 的能量间距为 $\epsilon_{tr} \approx 10^{-38}$ J。

若仅考虑总能量低于某一值 ϵ^* 的所有可能平动模态,并以(n_1, n_2, n_3)为坐标,将其绘制在同一直角坐标系中。如图 3.1 所示,其所有的点都分布于半径为$\frac{2L}{h}(2m\epsilon^*)^{1/2}$的第一象限 1/8 球内。虽然这些以$(n_1, n_2, n_3)$为坐标的点是离散的,但由于其相邻能级间距极小,符合需要条件的能态数量可以近似表示为这个 1/8 球的体积:

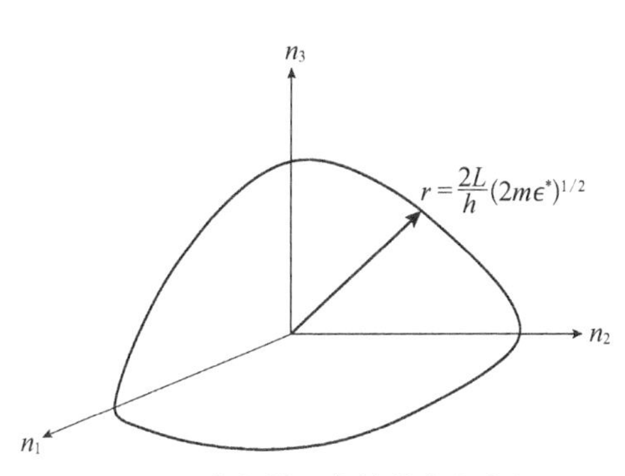

图 3.1　直角量子数的笛卡儿空间

$$\Gamma = \frac{1}{8}\frac{4\pi}{3}\left[\frac{2L}{h}(2m\epsilon^*)^{\frac{1}{2}}\right]^3 = \frac{4\pi}{3}\frac{V}{h^3}(2m\epsilon^*)^{\frac{3}{2}} \tag{3.5}$$

例 3.2　现有一边长 1 cm 的立方体内含有 293 K 的 N_2,尝试在该条件下计算低于平均平动能所有能态的数量。由动理学理论得 $\epsilon^* = \frac{3}{2}kT$, 进而可知 $\Gamma = 2 \times 10^{26}$。而 1 cm^2 处于标准压力与温度的 N_2 包含 3×10^{19} 个粒子。可以看出,在这些条件下,平均每 10^7 个可能的平动能态中只有一个被粒子占据。

能量分组

上述计算平动能态的方法并不适用于其他内能模态,需要发展一种适用范围更广的方法。鉴于有数量极大、间隔极细的能态,如图 3.2 一样将能谱划分成组将有很大帮助。

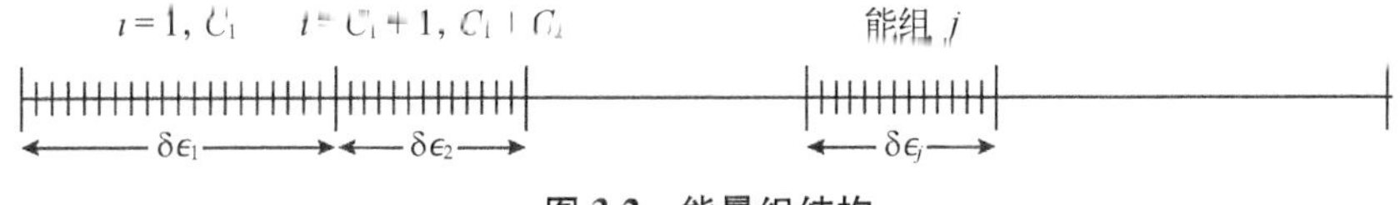

图 3.2　能量组结构

若采用这种方法,每个能组所覆盖的能谱范围 $\delta\epsilon_j$ 必须小于系统总能量 E,且每个能组 j 有以下几个性质:

ϵ_j：该组的特征能量(定值)；

C_j：该组涵盖的离散量子能态的数量(定值)；

N_j：该组的粒子数量(变量)。

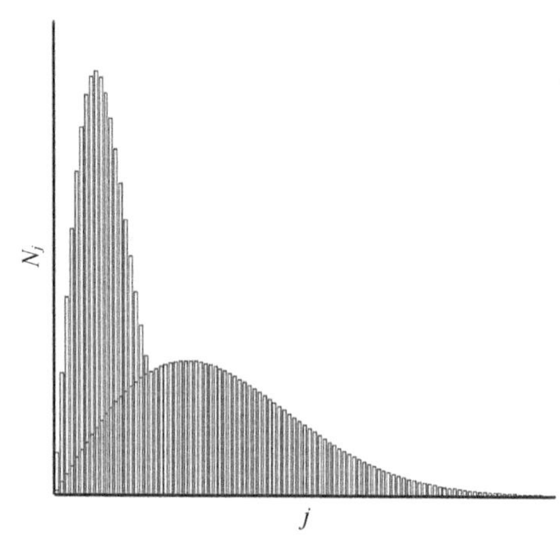

图 3.3　不同微观状态的图示

如图 3.3 所示，系统的某一**微观状态** N_j 就是这 N 个粒子在能组之间的一个特定分布。

对能组 j 内粒子占据能态的重新分配会改变微观状态 N_i，但不改变能组态 N_j。因此，一个给定的能组态会包含很多可能的微观状态。这给出了一个估算微观状态总量的高效方法，同时也是确定 Ω 的好办法：

(1) 将能谱划分为若干个组；

(2) 对每一宏观状态 N_j，确定其对应的微观状态量；

(3) 对所有满足系统总粒子数 N 和总能量 E 的宏观状态 ($N=\sum_j N_j$ 与 $E=\sum_j N_j\epsilon_j$) 的分组进行求和。

例 3.3　考虑由如下参数确定的宏观状态：

$j=1$	$j=2$	$j=3$
ϵ_1	ϵ_2	ϵ_3
$C_1=5$	$C_2=6$	$C_3=3$
$N_1=2$	$N_2=5$	$N_3=1$

系统参数的赋值为 $E=2\epsilon_1+5\epsilon_2+\epsilon_3$，$N=8$。

可以构造满足系统的很多微观状态，例如：

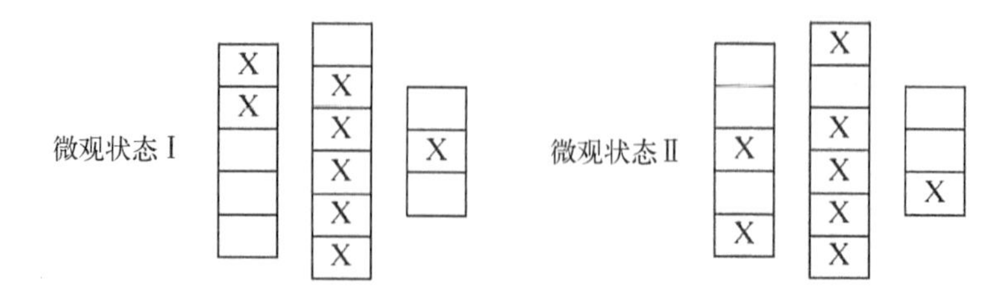

在提出的计数方法中，首先考虑包含 N_j 个不可区分的粒子的能组 C_j 中的步骤(2)。

(a) **玻色-爱因斯坦统计。** 对于玻色子来说，每个能态的粒子并没有数量限制。若现有一参数为 ϵ_j、C_j、N_j 的能组，找出将这些粒子分配进这些能态的方式总数目。

如图 3.4 所示，考虑到粒子的位置，以及每个能级的分隔点，使得 $\sum_{i=1}^{C_j} N_i = N_j$。按如下步骤进行：第一步，共有 N_j 个粒子与 C_j-1 个分隔点可供排列；第二步，从粒子、能级分隔点中任意选取一个，并将其排在第一的位置，之后可供排列的对象就少了一个，以此类推，直到全部对象排列完毕。

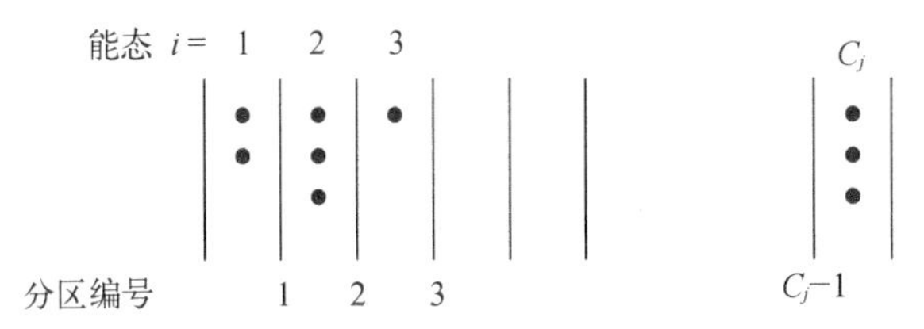

图 3.4 玻色-爱因斯坦统计的微观状态计数

因此，总的排列数就为(N_j+C_j-1)！。然而，并不关心能级分隔点的确切位置——这并不会对微观状态的数量造成任何影响，所以要将这个结果除以(C_j-1)！。类似地，各个粒子不可区分，还要将结果除以(N_j)！。于是，在不限制各个能态粒子数量条件下，粒子可能分布方式的总数为

$$(W_{\mathrm{BE}})_j = \frac{(N_j + C_j - 1)!}{(N_j)!\ (C_j - 1)!} \tag{3.6}$$

(b) **费米-狄拉克统计。** 对于费米子来说，处于相同能态的粒子最多只有一个，因此 $N_j \leqslant C_j$。

计数过程如图 3.5 所示，先将所有能级列出，之后再将粒子依次放入尚未被占据的能态上。那么，第一个粒子就共有 C_j 个能态可供选择，之后每个粒子可选择的能态都会比上一个粒子少 1，最后一个粒子则只有 $C_j-(N_j-1)$ 个可选能态。总的排列数为

$$\frac{(C_j)!}{(C_j - N_j)!} \tag{3.7}$$

又因为粒子不可区分，最后结果需要再除以(N_j)！，得到

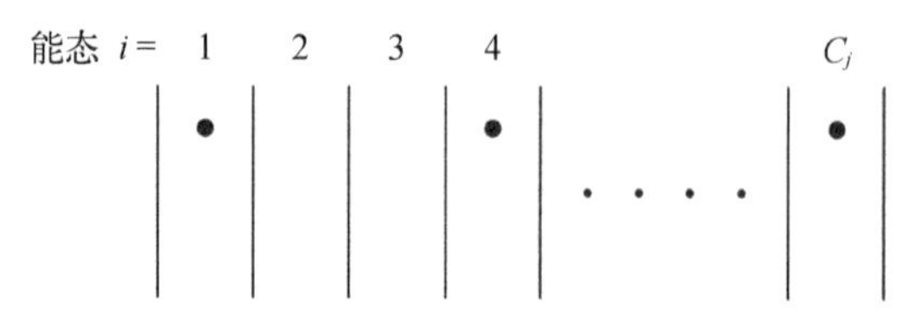

图 3.5 费米-狄拉克统计的微观状态计数

$$(W_{\mathrm{FD}})_j = \frac{(C_j)!}{(N_j)!\ (C_j - N_j)!} \tag{3.8}$$

例 3.4 考虑 $C_j = 20$, $N_j = 10$ 的一组粒子。由方程(3.6)与(3.8)有 $W_{\mathrm{BE}} = 2 \times 10^7$, $W_{\mathrm{FD}} = 2 \times 10^5$。可以看出,至少对于这一特例,由玻色子与费米子统计计算出的随机度存在明显差异。

方程(3.6)与(3.8)给出了某一组粒子的组合数目。对于各个能组中粒子的给定分布 N_j,系统的微状态总数就是所有组 j 微观状态的乘积:

$$\mathrm{BE}:\ W(N_j) = \Pi_j \frac{(N_j + C_j - 1)!}{(N_j)!\ (C_j - 1)!} \tag{3.9}$$

$$\mathrm{FD}:\ W(N_j) = \Pi_j \frac{(C_j)!}{(N_j)!\ (C_j - N_j)!} \tag{3.10}$$

其中,$W(N_j)$表示某一特定宏观状态 N_j 的所有微观状态总数。就系统而言的微观状态总数为

$$\Omega = \sum W(N_j) \tag{3.11}$$

且 $N = \sum_j N_j$ 与 $E = \sum_j N_j \epsilon_j$。

接下来考虑整个计数过程的第一部分。

3.3 能态分布

在求和中只有最大值的项比较重要时,方程(3.11)的赋值可以简化。稍后会对这一假设进行更详细的讨论,先将其写成

$$\Omega = W_{\max} \tag{3.12}$$

其中，W_{max}是对应某一宏观状态的最大项。在数学上，通过 $\ln(W)$ 的方式寻找 W_{max}最大值相当简便：

$$\text{BE: } \ln(W) = \sum_j [\ln(N_j + C_j - 1)! - \ln(N_j)! - \ln(C_j - 1)!] \tag{3.13}$$

$$\text{FD: } \ln(W) = \sum_j [\ln(C_j)! - \ln(C_j - N_j)! - \ln(N_j)!] \tag{3.14}$$

利用斯特林公式，对足够大的 z 有

$$\ln(z)! \approx z\ln z - z \tag{3.15}$$

得到

$$\ln(W) = \sum_j \left[\pm C_j \ln\left(1 \pm \frac{N_j}{C_j}\right) + N_j \ln\left(\frac{C_j}{N_j} \pm 1\right) \right] \tag{3.16}$$

其中“+”适用于玻色–爱因斯坦统计即玻色子，因此还要假设 $C_j \gg 1$；“–”适用于费米–狄拉克统计即费米子。

当满足以下条件时，可以得到上式的最大值：

$$\frac{\partial}{\partial N_j} \ln(W) \partial N_j = 0$$

$$\Rightarrow \sum_j \left\{ \frac{\pm C_j \left(\pm \frac{1}{C_j}\right)}{1 \pm \frac{N_j}{C_j}} + \ln\left[\frac{C_j}{N_j} + (\pm 1)\right] + N_j \frac{\left[-\frac{C_j}{(N_j)^2}\right]}{\frac{C_j}{N_j} \pm 1} \right\} \partial N_j = 0$$

$$\Rightarrow \sum_j \left[\ln\left(\frac{c_j}{N_j} \pm 1\right) \right] \partial N_j = 0 \tag{3.17}$$

需要注意的是，为了满足粒子和能量守恒，小变量∂N_j 还要满足：

$$\sum_j \partial N_j = 0 \text{ 且 } \sum_j \epsilon_j \partial N_j = 0 \tag{3.18}$$

在满足(3.18)的条件下，求解方程(3.17)的一种较为合适的方法是拉格朗日不确定乘数法，其给出

$$\sum_j f(x_j) \partial x_j = 0 \tag{3.19}$$

且满足 $\sum_j y_j \partial x_j = 0$ 与 $\sum_j z_j \partial x_j = 0$ 的通解为 $f(x_j) = \alpha y_j + \beta z_j$，其中 α 和 β 为待定常量。将这一通解用于上述情形，得到 $x_j = N_j$，$y_j = 1$，$z_j = \epsilon_j$，即有

$$\ln\left(\frac{C_j}{N_j} \pm 1\right) = \alpha + \beta\epsilon_j \tag{3.20}$$

因此，给出 $W_{\max}$ 的特定宏观状态 N_j^* 为

$$\frac{N_j^*}{C_j} = \frac{1}{\exp(\alpha + \beta\epsilon_j) \mp 1} \tag{3.21}$$

注意，上式中负号适用于玻色子。α 和 β 的赋值可利用

$$N = \sum_j N_j^* = \sum_j \frac{C_j}{\exp(\alpha + \beta\epsilon_j) \mp 1} \tag{3.22}$$

$$E = \sum_j \epsilon_j N_j^* = \sum_j \frac{C_j \epsilon_j}{\exp(\alpha + \beta\epsilon_j) \mp 1} \tag{3.23}$$

这些方程只有在简化条件下才可能求解，但幸运的是简化条件仍具有十分重要的物理意义。

3.3.1 玻尔兹曼极限

首先假设 $C_j \gg N_j$，并从之前的分析可知这么做是有效的。这一条件称为**玻尔兹曼极限**。由方程(3.21)有

$$\frac{N_j^*}{C_j} = \exp(-\alpha - \beta\epsilon_j) \tag{3.24}$$

且方程(3.16)变为

$$\ln(W) = \sum_j \left[\pm C_j \ln\left(1 \pm \frac{N_j}{C_j}\right) + N_j \ln\left(\frac{C_j}{N_j}\right) \right] \tag{3.25}$$

利用 $x \ll 1$ 时 $\ln(1 + x) \approx \pm x$ 这一近似，得到

$$\ln(W) = \sum_j N_j \left[1 + \ln\left(\frac{C_j}{N_j}\right)\right] \tag{3.26}$$

方程(3.24)与(3.26)对应**玻尔兹曼极限**，$C_j \gg N_j$，即量子间距非常小。需要注意的是，这一结论与粒子类型无关，即对费米子与玻色子都适用。从物理上讲，

这是有道理的,因为在玻尔兹曼极限中,两个玻色子占据相同量子能态的概率非常小,因此它们本质上表现得像费米子。

也可以在玻尔兹曼极限下简化方程(3.22),得到

$$\exp(-\alpha)=\frac{N}{\sum_j C_j\exp(-\beta\epsilon_j)} \tag{3.27}$$

将方程(3.27)代入方程(3.24),给出

$$N_j^* = N\frac{C_j\exp(-\beta\epsilon_j)}{\sum_j C_j\exp(-\beta\epsilon_j)} \tag{3.28}$$

即为在玻尔兹曼极限下得到 $W_{\max}$ 的宏观状态。最后,在玻尔兹曼极限下用方程(3.27)简化方程(3.23),得到

$$E = N\frac{\sum_j \epsilon_j C_j\exp(-\beta\epsilon_j)}{\sum_j C_j\exp(-\beta\epsilon_j)} \tag{3.29}$$

由方程(3.26)有

$$\ln\Omega=\ln(W_{\max})=\sum_j\left[N_j^*\left(1+\ln\frac{C_j}{N_j^*}\right)\right] \tag{3.30}$$

利用方程(3.28),得到

$$\ln\Omega=\ln(W_{\max})=N\left[1+\ln\left(\frac{\sum_j C_j\exp(-\beta\epsilon_j)}{N}\right)\right]+\beta E \tag{3.31}$$

即为给定 N、E 的系统的微观状态总数。

现在反过来讨论 $\Omega=W_{\max}$ 这一假设。在玻尔兹曼极限下,考虑 N_j 非常接近 N_j^* 时 W 的组合数。引入一个微小摄动量 $N_i=N_i^*+\Delta N_i$,使得 $\frac{\Delta N_j}{N_j^*}\ll 1$,将其代入方程(3.26),得到

$$\ln(W)=\sum_j(N_j^*+\Delta N_j)[\ln(C_j)-\ln(N_j^*+\Delta N_j)]+\sum_j N_j \tag{3.32}$$

由于 $\Delta N_j \ll N_j^*$,可写出

$$\ln(N_j^* + \Delta N_j) = \ln(N_j^*) + \ln\left(1 + \frac{\Delta N_j}{N_j^*}\right)$$

$$= \ln(N_j^*) + \frac{\Delta N_j}{N_j^*} - \frac{1}{2}\left(\frac{\Delta N_j}{N_j^*}\right)^2 + \cdots \tag{3.33}$$

将方程(3.33)代入方程(3.32),有

$$\ln(W) = \sum_j N_j^* \ln\left(\frac{C_j}{N_j^*} + 1\right) - \sum_j \left[\Delta N_j + \frac{N_j^*}{2}\left(\frac{\Delta N_j}{N_j^*}\right)^2 + \Delta N_j \ln\left(\frac{C_j}{N_j}\right) \cdots\right]$$

$$= \ln(W_{\max}) - \frac{1}{2}\sum_j \left(\frac{\Delta N_j}{N_j^*}\right)^2 N_j^* \tag{3.34}$$

其中,最后的表达式由方程(3.17)和方程(3.18)得到。可以看出,不管 ΔN_j 的符号如何,等式右边永远是减函数,因此 $W_{\max}$ 确实为最大转折点。

例 3.5 估算处于标准温度及压力条件下 1 $cm^3 N_2$ 的 $\frac{W}{W_{\max}}$ 值。

$$N = \sum_j N_j = 2 \times 10^{19} \tag{3.35}$$

鉴于平均摄动量为 $\frac{\Delta N_j}{N_j^*} = 10^{-3}$,

$$\ln\left(\frac{W}{W_{\max}}\right) = -\frac{1}{2} \times 10^{-6} \times 2 \times 10^{19} = -10^{13} \tag{3.36}$$

因此,

$$W = W_{\max}\exp(-10^{13}) \tag{3.37}$$

这是个极小的值。因此可以看出,一个远离 N_j^* 微小摄动量只会造成一个几乎可以忽略的额外微观状态增量。这表明 W 是一个非常尖的峰值函数,即 $\Omega = W_{\max}$ 是一个好的假设。换句话说,满足 $\Omega = W_{\max}$ 的宏观状态将严格遵循 $N_j^* \approx N_j$ 这一规律。

3.3.2 玻尔兹曼能量分布

考虑方程(3.28):

$$N_j^* = N\frac{C_j\exp(-\beta\epsilon_j)}{\sum_j C_j\exp(-\beta\epsilon_j)} \tag{3.38}$$

前述分析表明,气体中的粒子会分布在特定宏观状态 N_j^* 中。假定 $\beta = \frac{1}{kT}$(稍后对这一假设进行证明),可得到**玻尔兹曼能量分布**:

$$\frac{N_j^*}{N} = \frac{C_j\exp\left(-\frac{\epsilon_j}{kT}\right)}{\sum_j C_j\exp\left(-\frac{\epsilon_j}{kT}\right)} \tag{3.39}$$

分母部分称为配分函数:

$$Q = \sum_j C_j\exp\left(-\frac{\epsilon_j}{kT}\right) = C_1\exp\left(-\frac{\epsilon_1}{kT}\right) + C_2\exp\left(-\frac{\epsilon_2}{kT}\right) + \cdots \tag{3.40}$$

由方程(3.39)有

$$C_j\exp\left(-\frac{\epsilon_j}{kT}\right) = \frac{N_j^*}{N}Q \tag{3.41}$$

因此,配分函数的每一项都与相应能组中的粒子数量 N_1^* 成正比,如

$$C_1\exp\left(-\frac{\epsilon_1}{kT}\right) = \frac{N_1^*}{N}Q \tag{3.42}$$

若将这一结果用单独的量子能级表示,并用下标 i 替换 j,那么组内的状态数就是简并度,即 $C_j = g_i$, 且有

$$Q = \sum_i g_i\exp\left(-\frac{\epsilon_i}{kT}\right) \tag{3.43}$$

$$\frac{N_i^*}{N} = \frac{g_i\exp\left(-\frac{\epsilon_i}{kT}\right)}{\sum_i g_i\exp\left(-\frac{\epsilon_i}{kT}\right)} = \frac{g_i\exp\left(-\frac{\epsilon_i}{kT}\right)}{Q} \tag{3.44}$$

方程(3.43)与方程(3.44)是计算微观状态最重要的结果:配分函数与玻尔兹曼能量分布。

3.4 与热力学的关系

本节中,将考虑以下关系的合理性:

$$S = S(\Omega) \tag{3.45}$$

就如何将粒子排列在其允许的量子能态上而言,这一式子将宏观热力学和分子随机行为相关联。用两个简单的例子阐述这一思想。

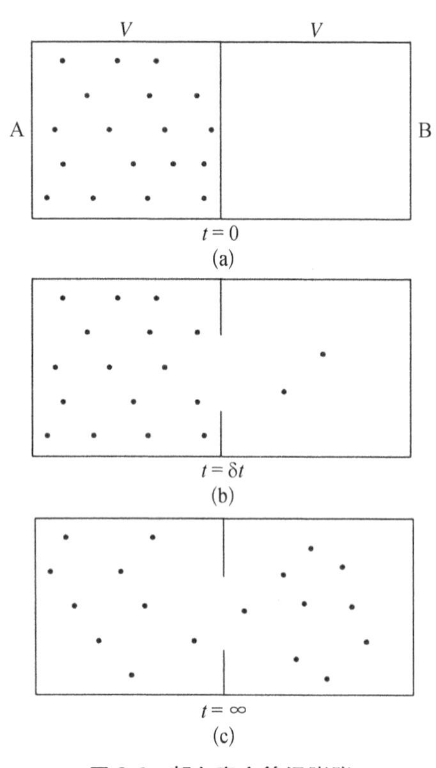

图 3.6 朝向真空等温膨胀

1. 朝向真空的等温膨胀

考虑如图 3.6 所示的情形,腔室 A 中存在气体,腔室 B 中为等体积绝对真空,两腔室由隔板分隔开来;在隔板上瞬间开一个洞,在宏观上气体就会从 A 腔流向 B 腔,直到两腔室到达压力平衡。

在**宏观层面**上,经典热力学给出熵的变化为

$$\mathrm{d}S = \frac{\delta Q}{T} = \frac{\mathrm{d}E}{T} + \frac{p}{T}\mathrm{d}V - \frac{\tilde{\mu}}{T}\mathrm{d}N \tag{3.46}$$

其中,δQ 为传热量;E 为内能;p 为压强;V 为体积;$\tilde{\mu}$ 为化学势能。对于理想气体:

$$p = \rho RT = \frac{m_{\mathrm{T}}}{V}RT \text{ 且有 } E = m_{\mathrm{T}}c_v T \tag{3.47}$$

其中,m_{T} 为气体总质量;c_v 为比定容热容;R 为普通气体常量。由于粒子总数量保持不变,所以在初(i)末(f)状态的熵变由下式给出:

$$\Delta S = m_{\mathrm{T}}c_v \ln\left(\frac{T_{\mathrm{f}}}{T_{\mathrm{i}}}\right) + m_{\mathrm{T}}R\ln\left(\frac{V_{\mathrm{f}}}{V_{\mathrm{i}}}\right) \tag{3.48}$$

上述过程是绝热的,故 $T_f = T_i$,且有 $V_f = 2V_i$,因此熵增。

在**分子层次**上,由于每个粒子可以将自身置于更大的空间中,随机度同样也会增加。这不仅直接增加了粒子可占据的空间范围,而且增加了其可达到的量化平动能层级数目。因此,Ω 与 S 的增加同时发生。

2. 可逆加热

考虑粒子数量固定、体积固定的气体的可逆加热。在**宏观层次**上,由方程(3.46)得到熵增如为

$$\delta S = \frac{\delta Q}{T} \tag{3.49}$$

系统获取的热能会以温度升高的形式表现出来。在**分子层次**上,温度上升导致每个粒子可以到达更多的能级,随机度也会上升。

因此,通过这两个例子可以定性地看出,**宏观熵与分子层面的随机度**存在某种关系,即

$$S = S(\Omega) \tag{3.50}$$

3.4.1 玻尔兹曼关系

先前的例子展示了宏观熵与分子层次的随机行为之间存在某种关联,现假定这一关联形式为

$$S = \phi(\Omega) \tag{3.51}$$

其中,Ω 为微观状态数目;ϕ 为某个通用函数。为找出这一函数 $\phi(\Omega)$ 的适当形式,考虑将两个参数分别为(N_1, S_1, Ω_1)与(N_2, S_2, Ω_2)的系统组合,使得

$$N_{12} = N_1 + N_2 \tag{3.52}$$

$$S_{12} = S_1 + S_2 \text{(注意熵是一个可以相加的属性)} \tag{3.53}$$

$$\Omega_{12} = \Omega_1 \Omega_2 \tag{3.54}$$

由于微观状态 Ω_1 与 Ω_2 可以共存,又因为 $S_{12} = \phi(\Omega_{12})$,故

$$S_1 + S_2 = \phi(\Omega_1) + \phi(\Omega_2) = \phi(\Omega_{12}) \tag{3.55}$$

现在,按如下方式先对 Ω_1 求偏导,再对 Ω_2 求偏导:

$$\phi(\Omega_1 \Omega_2) = \phi(\Omega_1) + \phi(\Omega_2) \tag{3.56}$$

$$\frac{\partial}{\partial \Omega_1}:\ \Omega_2 \frac{\partial \phi}{\partial \Omega_1}(\Omega_1 \Omega_2) = \frac{\partial \phi}{\partial \Omega_1}(\Omega_1) \tag{3.57}$$

$$\frac{\partial}{\partial \Omega_2}:\ \frac{\partial \phi(\Omega_1 \Omega_2)}{\partial \Omega_1} + \Omega_1 \Omega_2 \frac{\partial^2 \phi(\Omega_1 \Omega_2)}{\partial \Omega_1 \partial \Omega_2} = 0 \tag{3.58}$$

或者,返回方程(3.55),先对 Ω_2 求偏导,再对 Ω_1 求偏导,得到

$$\phi(\Omega_1 \Omega_2) = \phi(\Omega_1) + \phi(\Omega_2)$$

$$\frac{\partial}{\partial \Omega_2}:\ \Omega_2 \frac{\partial \phi}{\partial \Omega_2}(\Omega_1 \Omega_2) = \frac{\partial \phi}{\partial \Omega_2}(\Omega_2) = 0$$

$$\frac{\partial}{\partial \Omega_1}:\ \frac{\partial \phi(\Omega_1 \Omega_2)}{\partial \Omega_1} + \Omega_1 \Omega_2 \frac{\partial^2 \phi(\Omega_1 \Omega_2)}{\partial \Omega_1 \partial \Omega_2} = 0$$

这些结果可概括为

$$\Omega \phi''(\Omega) + \phi'(\Omega) = 0 \tag{3.59}$$

这一方程只有满足下列形式时才有解:

$$[S =]\phi(\Omega) = A(N)\ln(\Omega) + B(N) \tag{3.60}$$

其中,常数 A、B 在不同的系统中会有不同的取值。在方程(3.55)中利用方程(3.60):

$$\begin{aligned} & A(N_1 + N_2)[\ln(\Omega_1) + \ln(\Omega_2)] + B(N_1 + N_2) \\ = & A(N_1)[\ln(\Omega_1)] + B(N_1) + A(N_2)[\ln(\Omega_2)] + B(N_2) \end{aligned} \tag{3.61}$$

这一方程只有当 A 等于绝对常数 k, $B(N) = b \cdot N$ 且 b 是某一常数的时候才有解。因此,

$$B(N) = b \cdot N = S_0$$

$$S = k\ln \Omega + S_0 \tag{3.62}$$

按照惯例,将完全有序即 $\Omega = 1$ 的系统的 S 设为0,那么就有 $S_0 = 0$。因此,得到**玻尔兹曼关系**:

$$S = k\ln \Omega \tag{3.63}$$

3.4.2 宏观热力学量

1. 熵

利用玻尔兹曼关系,可以推导宏观热力学属性。回顾方程(3.31):

$$S = k\left\{N\left[\ln\left(\frac{\sum C_j \exp(-\beta\epsilon_j)}{N}\right) + 1\right] + \beta E\right\} \tag{3.64}$$

可用这个表达式对 β 进行赋值。回顾方程(3.46)：

$$\mathrm{d}S = \frac{\mathrm{d}E}{T} + \frac{p}{T}\mathrm{d}V - \frac{\tilde{\mu}}{T}\mathrm{d}N \tag{3.65}$$

因此，

$$\left(\frac{\partial S}{\partial E}\right)_{V,N} = \frac{1}{T} \tag{3.66}$$

可从方程(3.29)知 $\beta = \beta(E)$，进而有

$$\left(\frac{\partial S}{\partial E}\right)_{V,N} = k\left[\beta + \frac{\partial}{\partial\beta}\left(N\left\{\ln\left[\frac{\sum C_j \exp(-\beta\epsilon_j)}{N}\right] + 1\right\} + \beta E\right)\frac{\partial\beta}{\partial E}\right] \tag{3.67}$$

$$= k\beta + k\left\{N\left[\frac{-\sum \epsilon_j C_j \exp(-\beta\epsilon_j)}{\sum C_j \exp(-\beta\epsilon_j)}\right] + E\right\}\frac{\partial\beta}{\partial E} \tag{3.68}$$

$$= k\beta + k\left[N\left(-\frac{E}{N}\right) + E\right]\frac{\partial\beta}{\partial E} - k\beta - \frac{1}{T} \tag{3.69}$$

所以，

$$\beta = \frac{1}{kT} \tag{3.70}$$

与之前假设一致，因此，

$$S = Nk\left(\ln\frac{Q}{N} + 1\right) + \frac{E}{T} \tag{3.71}$$

其中，Q 为配分函数。

2. 亥姆霍兹自由能

这一经典热力学量属性定义如下：

$$F = E - TS \tag{3.72}$$

$$\mathrm{d}F = \mathrm{d}E - T\mathrm{d}S - S\mathrm{d}T \tag{3.73}$$

利用方程(3.65)，方程(3.73)可写成

$$\mathrm{d}F = -S\mathrm{d}T - p\mathrm{d}V + \tilde{\mu}\mathrm{d}N \tag{3.74}$$

因此，

$$S = -\left(\frac{\partial F}{\partial T}\right)_{V,N}, \quad p = -\left(\frac{\partial F}{\partial V}\right)_{T,N}, \quad \tilde{\mu} = \left(\frac{\partial F}{\partial N}\right)_{T,V} \tag{3.75}$$

利用方程(3.72)：

$$E = F + TS = F - T\left(\frac{\partial F}{\partial T}\right)_{V,N} = -T^2\left[\frac{\partial(F/T)}{\partial T}\right]_{V,N} \tag{3.76}$$

由方程(3.71)与方程(3.72)得到 F 的表达式：

$$F = E - TS = E - NkT\left(1 + \ln\frac{Q}{N}\right) - E = -NkT\left(1 + \ln\frac{Q}{N}\right) \tag{3.77}$$

现在假设 $Q = Q(T, V)$（稍后证明）：

$$S = Nk\left[1 + \ln\left(\frac{Q}{N}\right) + T\frac{\partial}{\partial T}(\ln Q)\right] \tag{3.78}$$

$$E = NkT^2\frac{\partial}{\partial T}(\ln Q) \tag{3.79}$$

$$p = NkT\frac{\partial}{\partial V}(\ln Q) \tag{3.80}$$

$$\tilde{\mu} = kT\ln\frac{Q}{N} \tag{3.81}$$

因此,配分函数 Q 确定所有经典热力学属性。

3.5　配分函数

已经看到,所有宏观热力学变量都可以通过分子配分函数确定。本节将对所有能量模态的配分函数进行赋值。

3.5.1　平动能

考虑在体积 V 内运动的 N 粒子气体。假设这些粒子只有平动能,并通过碰撞相互作用。

若它们位于边长为 a_1、a_2、a_3 的长方体内，则允许的平动量子能态为

$$(\epsilon_{\mathrm{tr}})_i = \epsilon_{n_1,n_2,n_3} = \frac{h^2}{8m}\left(\frac{n_1^2}{a_1^2} + \frac{n_2^2}{a_2^2} + \frac{n_3^2}{a_3^2}\right) \tag{3.82}$$

因此，平动模态的配分函数为

$$\begin{aligned} Q_{\mathrm{tr}} &= \sum_i \exp\left[-\frac{(\epsilon_{\mathrm{tr}})_i}{kT}\right] = \sum_{n_1}\sum_{n_2}\sum_{n_3}\exp\left[-\frac{h^2}{8mkT}\left(\frac{n_1^2}{a_1^2} + \frac{n_2^2}{a_2^2} + \frac{a_3^2}{a_3^2}\right)\right] \\ &= \sum_{n_1}\exp\left(-\frac{n_1^2}{a_1^2}\frac{h^2}{8mkT}\right)\sum_{n_2}\exp\left(-\frac{n_2^2}{a_2^2}\frac{h^2}{8mkT}\right)\sum_{n_3}\exp\left(-\frac{n_3^2}{a_3^2}\frac{h^2}{8mkT}\right) \end{aligned} \tag{3.83}$$

考虑其中一个求和项：

$$\sum_{n_1}\exp\left(-\frac{n_1^2}{a_1^2}\frac{h^2}{8mkT}\right) = \sum_{n_1=1}^{\infty}\exp(-\tau^2 n_1^2) \tag{3.84}$$

其中，$\tau^2 - \frac{h^2}{8ma_1^2kT}$。现在，对于在 293 K，$a = 1\ \mathrm{cm}$，$\tau^2 = 3\times10^{-18}$ 条件下的 N_2，其能量分布如图 3.7 所示。在 $n_1 = 1/\tau$ 时，概率密度降至 $1/e$，再次表明粒子中存在大量的平动能量状态，这是一种涉及量子数目非常多的能量形式，因此它在经典物理范畴之内。

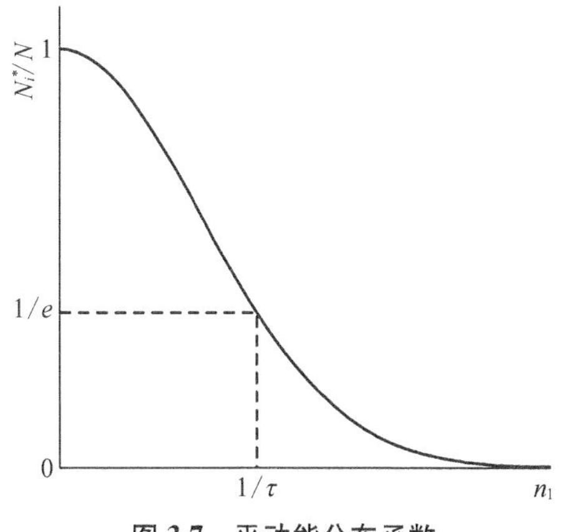

图 3.7　平动能分布函数

由于平动能量状态的数目很多，所以可以用一个积分来代替配分函数中的每一个求和：

$$\sum_{n_1=1}^{\infty}\exp(-\tau^2 n_1^2) = \int_{n_1=1}^{\infty}\exp(-\tau^2 n_1^2)\,\mathrm{d}n_1 = \frac{a_1}{h}\sqrt{2\pi mkT} \tag{3.85}$$

利用 n_2 和 n_3 的类似结果，得到总的平动配分函数：

$$Q_{\mathrm{tr}} = V\left(\frac{2\pi mkT}{h^2}\right)^{3/2} \tag{3.86}$$

下面用方程(3.77)~方程(3.81)计算相关的热力学属性。

自由能

$$\begin{aligned}F_{tr} &= -NkT\left[\ln\left(\frac{Q_{tr}}{N}\right)+1\right]\\&= -NkT\left\{\ln\left[\frac{V}{N}T^{3/2}\left(\frac{2\pi mk}{h^2}\right)^{3/2}\right]+1\right\}\\&= -NkT\left[\ln\left(\frac{V}{N}\right)+\frac{3}{2}\ln(T)+\ln\left(\frac{2\pi mk}{h^2}\right)^{3/2}+1\right]\end{aligned}\tag{3.87}$$

压强

$$p_{tr} = NkT\frac{\partial}{\partial V}\left[\ln(V)+\ln\left(\frac{2\pi mkT}{h^2}\right)^{3/2}\right] = NkT/V \tag{3.88}$$

$$p_{tr}V = NkT$$

因此,与理想气体定律相比,玻尔兹曼关系中的常数 k 就是动理学理论中的玻尔兹曼常量, $k = 1.38\times10^{-23}$ J/K。

熵

$$\begin{aligned}S_{tr} &= -\left(\frac{\partial F_{tr}}{\partial T}\right)_{V,N}\\&= Nk\left[\ln\left(\frac{V}{N}\right)+\frac{3}{2}\ln(T)+\ln\left(\frac{2\pi mk}{h^2}\right)^{3/2}+1\right]+\frac{3}{2}Nk\end{aligned}\tag{3.89}$$

将方程(3.89)中的 $\ln\left(\frac{V}{N}\right)$ 替换为 $\ln(T)-\ln(p)+(k)$,有

$$S_{tr} = Nk\left\{\frac{5}{2}\ln(T)-\ln(p)+\ln\left[\left(\frac{2\pi m}{h^2}\right)^{3/2}k^{5/2}\right]+\frac{5}{2}\right\}\tag{3.90}$$

内能

$$E_{tr} = F_{tr}+T\cdot S_{tr} = \frac{3}{2}NkT \tag{3.91}$$

与平动有关的比内能为

$$e_{tr} = \frac{3}{2}RT \tag{3.92}$$

化学势

$$\tilde{\mu}_{\text{tr}} = \left(\frac{\partial F_{\text{tr}}}{\partial N}\right)_{V,\ T} = kT\left[\ln\left(\frac{V}{N}\right) + \frac{3}{2}\ln(T) + \ln\left(\frac{2\pi mk}{h^2}\right)^{3/2}\right] \tag{3.93}$$

能量分布

下面考虑平动能量的分布。对于能量组j，其能级在$\epsilon \to \epsilon + \mathrm{d}\epsilon$之间，假定连续分布函数$f(\epsilon)$，则组内粒子的数量为

$$N_j^* = Nf(\epsilon)\,\mathrm{d}\epsilon \tag{3.94}$$

玻尔兹曼能量分布为

$$\frac{N_j^*}{N} = \frac{C_j \exp\left(-\dfrac{\epsilon_j}{kT}\right)}{Q} = f(\epsilon)\,\mathrm{d}\epsilon \tag{3.95}$$

组内的平动能量状态的数目为

$$C_j = \frac{\mathrm{d}\Gamma}{\mathrm{d}\epsilon}\mathrm{d}\epsilon = 2\pi\,\frac{V}{h^3}(2m)^{3/2}\epsilon^{1/2}\mathrm{d}\epsilon \tag{3.96}$$

回想方程(3.5)给出的平动能量状态总数

$$\Gamma = \frac{4\pi}{3}\,\frac{V}{h^3}(2m\epsilon)^{3/2} \tag{3.97}$$

将方程(3.96)和Q_{tr}代入方程(3.95)，得到

$$f(\epsilon)\,\mathrm{d}\epsilon = \frac{2\pi\epsilon^{1/2}\exp\left(-\dfrac{\epsilon}{kT}\right)\mathrm{d}\epsilon}{(\pi kT)^{3/2}} = \frac{2}{\pi^{1/2}}\exp\left(-\frac{\epsilon}{kT}\right)\mathrm{d}\left(\frac{\epsilon}{kT}\right) \tag{3.98}$$

这是三自由度平衡状态下的连续能量分布。经检验，ζ自由度的对应结果为

$$f_s(\epsilon)\,\mathrm{d}\epsilon = \frac{1}{\Gamma\left(\dfrac{\zeta}{2}\right)}\left(\frac{\epsilon}{kT}\right)^{\frac{\zeta}{2}-1}\exp\left(-\frac{\epsilon}{kT}\right)\mathrm{d}\left(\frac{\epsilon}{kT}\right) \tag{3.99}$$

回到方程(3.98)，代入$\epsilon = \dfrac{1}{2}mC^2$得到

$$\chi(C)\,\mathrm{d}C = 4\pi\left(\frac{m}{2\pi kT}\right)^{3/2}C^2\exp\left(-\frac{mC^2}{2kT}\right)\mathrm{d}C \tag{3.100}$$

即为麦克斯韦速度分布。因此，在经典极限中，由动理学理论和统计力学/量子力学得到的结果一致，并遵循**对应原理**。

3.5.2 内部结构

除了平动能，所有粒子都有电子能，分子还有转动能和振动能。所有这些能量模态都会影响配分函数和热力学属性。

令粒子的总能量为

$$\epsilon = \epsilon' + \epsilon'' + \epsilon''' + \cdots$$

其中，ϵ'，ϵ''，ϵ'''，…为不同模态的各自贡献。量子化的能量状态可写成

$$\epsilon_{m,n,p,\cdots} = \epsilon'_m + \epsilon''_n + \epsilon'''_p + \cdots$$

其中，m，n，p，…为量子数。于是，配分函数为

$$\begin{aligned} Q &= \sum_{m,n,p,\cdots} \exp\left(-\frac{\epsilon_{m,n,p,\cdots}}{kT}\right) \\ &= \sum_m \exp\left(-\frac{\epsilon'_m}{kT}\right) \sum_n \exp\left(-\frac{\epsilon''_n}{kT}\right) \sum_p \exp\left(-\frac{\epsilon'''_p}{kT}\right) \cdots \\ &= Q' \times Q'' \times Q''' \times \cdots \end{aligned} \tag{3.101}$$

总的配分函数是每一个贡献能量源的配分函数的乘积。现在，将这种思想应用到真实分子，其总能量为

$$\epsilon = \epsilon_{\mathrm{tr}} + (\epsilon_{\mathrm{rot}} + \epsilon_{\mathrm{vib}} + \epsilon_{\mathrm{el}})_{\mathrm{int}} \tag{3.102}$$

总的配分函数为

$$Q = Q_{\mathrm{tr}} Q_{\mathrm{rot}} Q_{\mathrm{vib}} Q_{\mathrm{el}} = Q_{\mathrm{tr}} \times Q_{\mathrm{int}} \tag{3.103}$$

考虑亥姆霍兹自由能

$$\begin{aligned} F = F_{\mathrm{tr}} + F_{\mathrm{int}} &= -NkT\left[\ln\left(\frac{Q}{N}\right) + 1\right] \\ &= -NkT\left[\ln\left(\frac{Q_{\mathrm{tr}} Q_{\mathrm{rot}} Q_{\mathrm{vib}} Q_{\mathrm{el}}}{N} + 1\right) + 1\right] \end{aligned} \tag{3.104}$$

然而，根据方程(3.87)，

$$F_{tr} = -NkT\left[\ln\left(\frac{Q_{tr}}{N}\right) + 1\right]$$

$$\Rightarrow F_{int} = -NkT\ln(Q_{int}) \tag{3.105}$$

因此,通过对亥姆霍兹自由能的分析,熵可以表示为

$$S = S_{tr} + \sum_{int} S_{int} \tag{3.106}$$

对于比内能:

$$e = \frac{E}{mN} = RT^2\frac{\partial}{\partial T}[\ln(Q)] \tag{3.107}$$

$$e = \underset{\substack{\uparrow \\ e_{tr}}}{RT^2\frac{\partial}{\partial T}[\ln(Q_{tr})]} + \underset{\substack{\uparrow \\ \sum_{int} e_{int}}}{\sum_{int} RT^2\frac{\partial}{\partial T}[\ln(Q_{int})]} \tag{3.108}$$

利用比定容热容的标准定义:

$$c_v \equiv \left(\frac{\partial e}{\partial T}\right)_V = c_{v,\,tr} + \sum_{int} c_{v,\,int} \tag{3.109}$$

因此,F、S、e 和 c_v 都是可累加的热力学属性。对于压力,有

$$p = NkT\frac{\partial}{\partial V}\ln(Q_{tr}) + \sum_{int} NkT\frac{\partial}{\partial V}\ln(Q_{int}) \tag{3.110}$$

后续分析将表明 Q_{int} 独立于 V,因此先前的结论 $pV=NkT$,不会受内能模态影响。

3.5.3　单原子气体

将得到的结果应用于原子这种特殊情况,有

$$\epsilon = \epsilon_{tr} + \epsilon_{el} \tag{3.111}$$

$$Q = Q_{tr} \times Q_{el} \tag{3.112}$$

其中,电子能模态的配分函数可以写成

$$Q_{el} = \sum_i g_i \exp\left(-\frac{\epsilon_i}{kT}\right) = g_0\exp\left(-\frac{\epsilon_0}{kT}\right) + g_1\exp\left(-\frac{\epsilon_1}{kT}\right) + \cdots \tag{3.113}$$

按惯例，设置基态的电子能 $\epsilon_0 = 0$。现在引入电子激发的特征温度，

$$\theta_i \equiv \frac{\epsilon_i}{k} \tag{3.114}$$

$$\Rightarrow Q_{\mathrm{el}} = g_0 + g_1 \exp\left(-\frac{\theta_1}{T}\right) + g_2 \exp\left(-\frac{\theta_2}{T}\right) + \cdots \tag{3.115}$$

对于多数原子，θ_i 的值比气体温度 T 大，所以只需要考虑配分函数的前几项。下面将继续演示简单情况下热力学属性的计算过程：

$$Q_{\mathrm{el}} = g_0 + g_1 \exp\left(-\frac{\theta_1}{T}\right) \tag{3.116}$$

根据方程(3.106)，比电子能为

$$\begin{aligned} e_{\mathrm{el}} &= RT^2 \frac{\partial}{\partial T}\left\{ \ln\left[g_0 + g_1 \exp\left(-\frac{\theta_1}{T}\right) \right] \right\} \\ &= RT^2 \left\{ -\frac{g_1\theta_1\left[-\frac{1}{T^2}\exp\left(-\frac{\theta_1}{T}\right) \right]}{g_0 + g_1 \exp\left(-\frac{\theta_1}{T}\right)} \right\} \\ &= \frac{R\theta_1\left(\frac{g_1}{g_0}\right)\exp\left(-\frac{\theta_1}{T}\right)}{1 + \frac{g_1}{g_0}\exp\left(-\frac{\theta_1}{T}\right)} \end{aligned} \tag{3.117}$$

电子能模态的**比定容热容**为

$$(c_v)_{\mathrm{el}} = \left(\frac{\partial e_{\mathrm{el}}}{\partial T}\right)_{\mathrm{V}} = R\left(\frac{\theta_1}{T}\right)^2 \frac{\frac{g_1}{g_0}\exp\left(-\frac{\theta_1}{T}\right)}{\left[1 + \frac{g_1}{g_0}\exp\left(-\frac{\theta_1}{T}\right)\right]^2} \tag{3.118}$$

注意，$(c_v)_{\mathrm{el}}$是 T 的函数，因此根据经典热力学，气体不再是量热完全气体，同时比热容比为 $\gamma = \gamma(T)$。

图 3.8 给出了在两个不同的 g_1/g_0 下，$(c_v)_{\mathrm{el}}$与 T 的曲线，这些曲线仅在 $\theta_2 \gg T$ 下有效。对于更高温度，比如 $T \approx \theta_2$，有必要在配分函数的计算中包含额外的项。

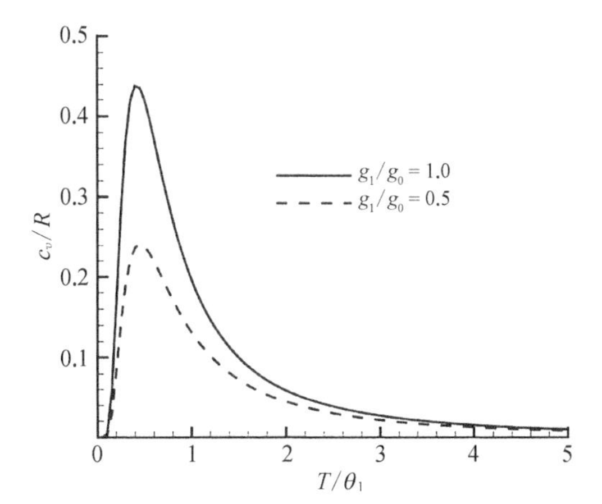

图 3.8　电子比热容随温度的函数

例 3.6　(a) 对于氧原子,由表 2.3 有

$$Q_{\mathrm{el}}^{\mathrm{O}} = \underset{\substack{\uparrow\\ {}^3\mathrm{P}_2}}{5} + \underset{\substack{\uparrow\\ {}^3\mathrm{P}_1}}{3}\exp\left(-\frac{228}{T}\right) + \underset{\substack{\uparrow\\ {}^3\mathrm{P}_0}}{\exp}\left(-\frac{326}{T}\right) + O\left[\exp\left(-\frac{23\,000}{T}\right)\right]$$

通常以不同的方式组合前三个状态,依赖所关注的温度范围:

$$Q_{\mathrm{el}}^{\mathrm{O}} \approx 5 + 4\exp\left(-\frac{270}{T}\right) \approx 9 \tag{3.119}$$

所以,

$$e_{\mathrm{el}}^{\mathrm{O}} = 0 = (c_v)_{\mathrm{el}}^{\mathrm{O}}$$

(b) 对于氮原子,同样由表 2.3 有

$$Q_{\mathrm{el}}^{\mathrm{N}} = \underset{\substack{\uparrow\\ {}^4\mathrm{S}}}{4} + O\left[\exp\left(-\frac{28\,000}{T}\right)\right]$$

所以,

$$e_{\mathrm{el}}^{\mathrm{N}} = 0 = (c_v)_{\mathrm{el}}^{\mathrm{N}}$$

因此,对于航空航天应用中最多几千 K 的典型温度,氧原子和氮原子的配分函数只是一个数字常数,电子模态对内能和比热容并没有贡献。然而,稍后会发现,原子电子配分函数的数值在确定化学组分时非常重要。

3.5.4 双原子气体

现在将得到的结果应用于由双原子分子(如 N_2 和 O_2)组成气体的情况。

(a) 转动能:对于中等温度,如低于 3 000 K 时,转动和振动的影响比电子能态更为重要。对于刚性转子:

$$\epsilon_J = k\theta_{\mathrm{rot}} J(J+1), \quad J = 0, 1, 2, \cdots \tag{3.120}$$

简并度 $g_J = 2J + 1$。因此,转动模态的配分函数为

$$Q_{\mathrm{rot}} = \sum_{J=0}^{\infty} (2J+1) \exp\left[-\frac{\theta_{\mathrm{r}}}{T} J(J+1)\right] \tag{3.121}$$

当 $\theta_{\mathrm{r}} \gg T$ 时,方程(3.121)表明 $Q_{\mathrm{rot}} = 1 \Rightarrow e_{\mathrm{rot}} = 0 = (c_v)_{\mathrm{rot}}$。

然而,空气分子并不达到这一极限,由表 2.3 有

$$\theta_{\mathrm{rot}}^{N_2} = 2.9\ \mathrm{K},\ \theta_{\mathrm{rot}}^{O_2} = 2.1\ \mathrm{K},\ \theta_{\mathrm{rot}}^{NO} = 2.5\ \mathrm{K}$$

这些值表明转动能的量子间距很小。因此,可以用一种连续的方法对配分函数进行赋值,即

$$Q_{\mathrm{rot}} = \int_0^{\infty} (2J+1) \exp\left[-\frac{\theta_{\mathrm{rot}}}{T} J(J+1)\right] \mathrm{d}J \tag{3.122}$$

利用变化 $z = J(J+1)$:

$$Q_{\mathrm{rot}} = \int_0^{\infty} \exp\left(-\frac{z\theta_{\mathrm{rot}}}{T}\right) \mathrm{d}z = \frac{T}{\theta_{\mathrm{rot}}} \tag{3.123}$$

$$e_{\mathrm{rot}} = RT^2 \frac{\partial}{\partial T}\left[\ln\left(\frac{T}{\theta_{\mathrm{rot}}}\right)\right] = RT \tag{3.124}$$

$$(c_v)_{\mathrm{rot}} = \left(\frac{\partial e_{\mathrm{rot}}}{\partial T}\right)_V = R \tag{3.125}$$

现在,可以常温下比热容比进行赋值:

$$\gamma = \frac{(c_v)_{\text{tr}} + (c_v)_{\text{rot}} + R}{(c_v)_{\text{tr}} + (c_v)_{\text{rot}}} = \frac{\frac{3}{2}R + R + R}{\frac{3}{2}R + R} = \frac{7}{5} = 1.40 \tag{3.126}$$

注意：方程(3.123)仅适用于异核分子，如 NO。对于同核分子(N_2、O_2)，简并度更小。例如，在 Σ 状态($\Lambda = 0$) 下，虽然简并度相同，但每个第二态消失。这种情况是由同核分子的波函数对称性引起的，它们始终是玻色子，并且在通过原点进行坐标的反射后，具有总特征函数符号不变的性质。考虑氧分子的基态 $X^3\Sigma_g^-$，假定总特征函数是单个能量模态的叠加，由于坐标反射(用 $-r$ 代替 r)，得到如下情形：

平动：符号不变；

转动：当 J 为奇数时，符号改变；当 J 为偶数时，符号不变；

振动：符号不变；

电子：g 和状态的"-"属性导致符号改变。

因此，对于氧的转动态，有以下情形：

$$O_2: X^3\Sigma_g^-: J = 1, 3, 5, 7, \cdots$$

氮分子的相同分析表明

$$N_2: X^1\Sigma_g^+: J = 0, 2, 4, 6, \cdots$$

如此，对于这样的双原子分子，配分函数平均减少 2 倍，通常写成

$$Q_{\text{rot}} = \frac{1}{\sigma}\frac{T}{\theta_{\text{rot}}}$$

$$\sigma = \begin{cases} 1\text{— 异核，如 NO} \\ 2\text{— 同核，如 } N_2 \end{cases}$$

显然，这一特性对上述内能和比热容的计算结果没有影响。

(b) 振动能：考虑谐振子模型的简化形式：

$$\epsilon_{\text{vib}} = vk\theta_{\text{vib}}, \quad v = 0, 1, 2, \cdots$$

所有能级的简并度为 1。配分函数为

$$Q_{\text{vib}} = \sum_{v=0}^{\infty} \exp\left(-v\frac{\theta_{\text{vib}}}{T}\right)$$

现在,求和:

$$\sum_{i=0}^{\infty} X^i = 1 + X + X^2 + \cdots = \frac{1}{1 - X}, \quad X < 1$$

$$\Rightarrow Q_{\text{vib}} = \frac{1}{1 - \exp\left(-\dfrac{\theta_{\text{vib}}}{T}\right)} \tag{3.127}$$

因此,

$$e_{\text{vib}} = RT^2 \frac{\partial}{\partial T}\left\{-\ln\left[1 - \exp\left(-\frac{\theta_{\text{vib}}}{T}\right)\right]\right\} = \frac{R\theta_{\text{vib}}}{\exp\left(\dfrac{\theta_{\text{vib}}}{T}\right) - 1} \tag{3.128}$$

$$(c_v)_{\text{vib}} = \frac{\partial e_{\text{vib}}}{\partial T} = R\left[\frac{\theta_{\text{vib}}/2T}{\sin h\left(\dfrac{\theta_{\text{vib}}}{2T}\right)}\right] \tag{3.129}$$

方程(3.128)可以写成

$$e_{\text{vib}} = \frac{R\theta_{\text{vib}}}{\dfrac{\theta_{\text{vib}}}{T} + \dfrac{1}{2!}\left(\dfrac{\theta_{\text{vib}}}{T}\right)^2 + \cdots} \tag{3.130}$$

由此可以对两个极限赋值:

$$\text{(i)}\ \theta_{\text{vib}} \gg T,\ e_{\text{vib}} \to 0$$

$$\text{(ii)}\ \theta_{\text{vib}} \ll T,\ e_{\text{vib}} \to RT$$

因此,在低温情况下,振动能模态不参与热力学过程;而在高温情况下,振动模态由两个自由度完全激发。在同样的极限内:

$$(c_v)_{\text{vib}} \to R,\ \gamma \to \frac{\dfrac{3}{2}R + R + R + R}{\dfrac{3}{2}R + R + R} = \frac{9}{7} = 1.28 \tag{3.131}$$

一般情况下,振动自由度的数目可以写成

$$\zeta_{\text{vib}} \equiv \frac{e_{\text{vib}}}{RT/2} = \frac{2(\theta_{\text{vib}}/T)}{\exp(\theta_{\text{vib}}/T) - 1} \tag{3.132}$$

图 3.9 给出了振动自由度的数目随温度的变化曲线，其表明只有在高温时，振动自由度的数目才接近 2。

注意：由表2.3 可知：$\theta_{vib} = 3\,390\ K(N_2)$，$2\,270\ K(O_2)$，$2\,740\ K(NO)$ 。

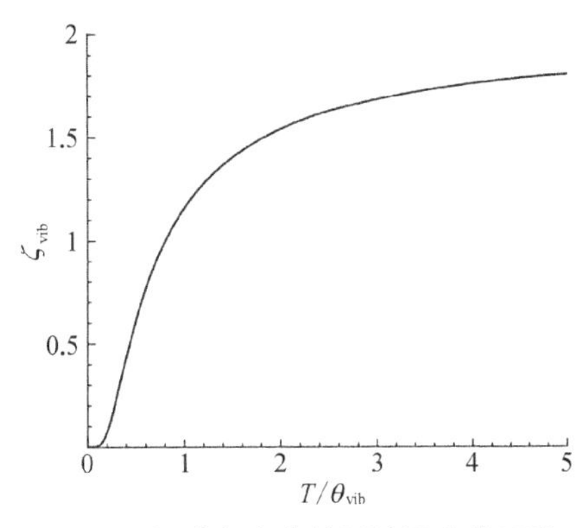

图 3.9　振动自由度数目随温度的函数

（c）电子能：分子的电子模态配分函数具有与原子相同的数学形式，光谱测量给出空气组分的以下数据：

$$Q_{el}^{N_2} = 1 + O\left[\exp\left(-\frac{71\,000}{T}\right)\right]$$

$$X^1\Sigma_g^+$$

$$Q_{el}^{O_2} = 3 + 2\exp\left(-\frac{11\,900}{T}\right) + O\left[\exp\left(-\frac{19\,000}{T}\right)\right]$$

$$X^3\Sigma_g^-$$

$$Q_{el}^{NO} = 2 + 2\exp\left(-\frac{174}{T}\right) + O\left[\exp\left(-\frac{65\,000}{T}\right)\right]$$

$$X^2\Pi$$

利用方程(3.92)和方程(3.93)，可以对相关热力学属性进行建模。

既然已经考虑了所有内能模态的配分函数，经检验它们都与体积 V 无关，因此，对于压强有

$$p = p_{tr} + NkT\sum_{int}\frac{\partial}{\partial V}\ln(Q_{int}) = p_{tr} = \frac{NkT}{V} = nkT \tag{3.133}$$

即为理想气体定律。

总结起来，对于绝大多数航空航天应用（非高超声速）所关注的温度范围，例如 $300\ K < T < 5\,000\ K$，空气分子（N_2、O_2、NO）的情况如下：

平动模态具有三个自由度（$\zeta_{tr} = 3$）；

转动模态具有两个自由度（$\zeta_{rot} = 2$）；

振动模态是量子化的，且 $0 \leqslant \zeta_{vib} \leqslant 2$；

几乎所有的粒子都处于电子基态。

3.6 离解-复合系统

本节的目标是利用统计力学，在分子层次上分析化学反应气体的热力学属性。继续关注高温空气，其中离解-复合是一类重要反应：

$$a_2 \overset{d}{\underset{r}{\Longleftrightarrow}} a + a$$

$$a = \mathrm{O}、\mathrm{N}$$

考虑包含固定数量 $\tilde{N}_a$ 个 a-粒子的系统，以原子或双原子(a 或 a_2)形式存在。

允许的原子能态为

$$\epsilon_1^{a},\ \epsilon_2^{a},\ \epsilon_3^{a},\cdots \text{ 组结构：} \epsilon_j^{a}、N_j^{a}、C_j^{a}$$

允许的双原子能态为

$$\epsilon_1^{aa},\ \epsilon_2^{aa},\ \epsilon_3^{aa},\cdots \text{ 组结构：} \epsilon_j^{aa}、N_j^{aa}、C_j^{aa}$$

于是，得到单原子和双原子的宏观状态 N_j^{a} 和 N_j^{aa}。因此，单原子微观状态的总数为

$$W^{a} = W^{a}(N_j^{a}) \tag{3.134}$$

双原子微观状态的总数为

$$W^{aa} = W^{aa}(N_j^{aa}) \tag{3.135}$$

因此，系统的微观状态总数可由下式给出：

$$\Omega = \sum W^{a}(N_j^{a})\, W^{aa}(N_j^{aa}) = \sum W \tag{3.136}$$

其中，在 N_j^{a}、N_j^{aa} 的集合中必须满足以下两个准则：

(1) 原子守恒。

$$\sum_j N_j^{a} + 2\sum_j N_j^{aa} = \tilde{N}_a \tag{3.137}$$

(2) 能量守恒。

当分子分解成原子时，断开化学键需消耗能量 D。在能级图上，原子能量比

分子能量高出 D，因此，化学键能 D 就像一个势能。当分子能量 $\epsilon_i^{aa} > D$ 时，它就可以分解成原子；当原子重组时，则消耗能量 D 来形成化学键，如图 3.10 所示。

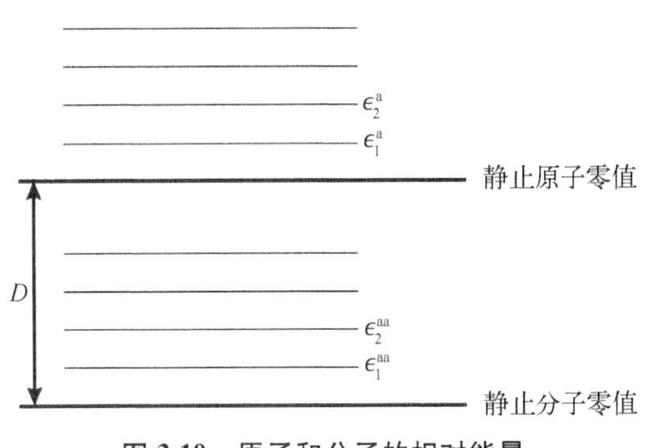

图 3.10　原子和分子的相对能量

按惯例，当只有静止状态的原子时，将总系统能量设定为零，有

$$\text{原子总能量} = \sum_j N_j^{a}\epsilon_j^{a}$$

$$\text{分子总能量} = \sum_j N_j^{aa}(\epsilon_j^{aa} - D)$$

因此，

$$\sum_j N_j^{a}\epsilon_j^{a} + \sum_j N_j^{aa}(\epsilon_\lambda^{aa} - D) = E \tag{3.138}$$

为计算该系统的热力学属性，采用与之前相同的方法：

用玻色-爱因斯坦和费米-狄拉克统计来计算 W^{a}、W^{aa}；

使用斯特林公式进行简化；

在玻尔兹曼极限下，找出方程(3.136)的最大值：

$$\partial[\ln(W)] = \sum_j \ln\left(\frac{C_j^{a}}{N_j^{a}}\right)\delta N_j^{a} + \sum_j \ln\left(\frac{C_j^{aa}}{N_j^{aa}}\right)\delta N_j^{aa} = 0 \tag{3.139}$$

其中，

$$\sum_j \partial N_j^{a} + 2\sum_j \partial N_j^{aa} = 0 \tag{3.140}$$

$$\sum_j \epsilon_j^{a}\partial N_j^{a} + \sum_j (\epsilon_j^{aa} - D)\partial N_j^{aa} = 0 \tag{3.141}$$

用待定乘数的拉格朗日方法，根据方程(3.140)和方程(3.141)两个约束条件求解方程(3.139)，得到原子和分子的玻尔兹曼能量分布：

$$\frac{N_j^{\mathrm{a}}}{N^{\mathrm{a}*}}=\frac{C_j^{\mathrm{a}}\exp(-\epsilon_j^{\mathrm{a}}/kT)}{Q^{\mathrm{a}}}$$

$$\frac{N_j^{\mathrm{aa}}}{N^{\mathrm{aa}*}}=\frac{C_j^{\mathrm{aa}}\exp(-\epsilon_j^{\mathrm{aa}}/kT)}{Q^{\mathrm{aa}}} \tag{3.142}$$

其中，$N^{\mathrm{a}*}$ 和 $N^{\mathrm{aa}*}$ 分别是平衡状态中的原子数和分子数(平衡组分)。利用拉格朗日分析的结果使方程组封闭。

$$\text{原子守恒：}N^{\mathrm{a}*}+2N^{\mathrm{aa}*}=\tilde{N}_{\mathrm{a}} \tag{3.143}$$

$$\text{质量作用定律：}\frac{N^{\mathrm{aa}*}}{(N^{\mathrm{a}*})^2}=\frac{Q^{\mathrm{aa}}}{(Q^{\mathrm{a}})^2}\exp\left(\frac{D}{kT}\right) \tag{3.144}$$

注意，平衡组分取决于 $\tilde{N}_{\mathrm{a}}$、T 和 V。第 4 章将利用这些结果来分析平衡化学组分。

对该系统使用玻尔兹曼关系，可得

$$S=kN^{\mathrm{a}*}\left[\ln\left(\frac{Q^{\mathrm{a}}}{N^{\mathrm{a}*}}\right)+1\right]+\frac{1}{T}\sum_j N_j^{\mathrm{a}*}\epsilon_j^{\mathrm{a}}$$
$$+kN^{\mathrm{aa}*}\left[\ln\left(\frac{Q^{\mathrm{aa}}}{N^{\mathrm{aa}*}}\right)+1\right]+\frac{1}{T}\sum_j N_j^{\mathrm{aa}*}\epsilon_j^{\mathrm{aa}} \tag{3.145}$$

将方程(3.138)代入，有

$$S=kN^{\mathrm{a}*}\left[\ln\left(\frac{Q^{\mathrm{a}}}{N^{\mathrm{a}*}}\right)+1\right]+kN^{\mathrm{aa}*}\left[\ln\left(\frac{Q^{\mathrm{aa}}}{N^{\mathrm{aa}*}}\right)+1\right]+\frac{1}{T}(E+N^{\mathrm{aa}*}D) \tag{3.146}$$

反应系统的经典热力学结果为

$$\mathrm{d}S=\frac{\delta Q}{T}=\frac{\mathrm{d}E}{T}+\frac{p}{T}\mathrm{d}V-\frac{\tilde{\mu}^{\mathrm{a}}}{T}\mathrm{d}N^{\mathrm{a}}-\frac{\tilde{\mu}^{\mathrm{aa}}}{T}\mathrm{d}N^{\mathrm{aa}} \tag{3.147}$$

由亥姆霍兹自由能，$F\equiv E-TS$，可得

$$F=-kT\left\{N^{\mathrm{a}*}\left[1+\ln\left(\frac{Q^{\mathrm{a}}}{N^{\mathrm{a}*}}\right)\right]+N^{\mathrm{aa}*}\left[1+\ln\left(\frac{Q^{\mathrm{aa}}}{N^{\mathrm{aa}*}}\right)\right]\right\}-N^{\mathrm{aa}*}D \tag{3.148}$$

而其他所有热力学属性都可由 F 推导出来。

例如,简单气体的压力可由下式给出:

$$p = -\left(\frac{\partial F}{\partial V}\right)_{T,\,N} \tag{3.149}$$

对于混合气体,必须更明确地保证每类粒子的数量不发生改变,即

$$p = -\left(\frac{\partial F}{\partial V}\right)_{T,\,N^{a},\,N^{aa}} \tag{3.150}$$

此外,对于每一类粒子,无论是原子还是分子,平动能的配分函数都与体积成正比,而与粒子数无关。因此,在对配分函数[方程(3.148)]求导时,

$$\left(\frac{\partial \ln Q}{\partial V}\right)_{T,\,N^{a},\,N^{aa}} = \frac{\mathrm{d}\ln V}{\mathrm{d}V} = \frac{1}{V} \tag{3.151}$$

因此,

$$p = kT\left(N^{a*}\frac{1}{V} + N^{aa*}\frac{1}{V}\right) = p^{a} + p^{aa} \tag{3.152}$$

即为道尔顿分压定律。

3.7　小结

本章建立了粒子占据其允许的量子化能态的行为与气体的宏观热力学属性之间的联系。这种联系通过对分子计数方法的研究得以发展,同时促成了玻尔兹曼能量分布函数的建立。根据粒子配分函数定义了常见的热力学属性,并给出了与气体有关的四种能量模态配分函数的表达式。同时,这些概念还被用来对发生化学反应的气体混合物进行解释。在第 4 章中,本章许多关键结论将用来研究有限速率弛豫过程,并将在与内能弛豫和化学有关的分子模拟部分再次出现。

3.8　习题

3.1　推导出平动能模态中粒子数与低于平均能量的状态数之比的表达式。

在压力为 1 atm、温度范围为 1 ~300 K、体积为 1 cm^3 条件下，绘制氢原子气体的该比值曲线（分子量 = 1 g/mol）。利用该曲线评估在这些条件下玻尔兹曼极限对氢的有效性。

3.2　考虑可变容积 V 中、包含 N 个相同粒子的系统。将体积分割成大小相同的 z 个小区间，使得 $z \gg N$，即使当 V 变化时，区间大小也保持恒定。则在固定温度下，可根据粒子的位置来计算微观状态的数量。

（a）写出微观状态的数量的表达式（假定为费米-狄拉克统计）。

（b）使用斯特林公式和 $\ln(1-x)=-x$（当 $x \ll 1$ 时），证明：

$$\ln(\Omega) = N\ln\left(\frac{z}{N}\right) + N$$

（c）假定两体积的比值 $r = V_2/V_1$，即 $z_2 = rz_1$，试根据 V_2/V_1 和 N，写出 $\ln(\Omega_1/\Omega_2)$ 的表达式。

（d）利用宏观热力学，写出熵差 S_2-S_1 的表达式（假定为固定温度下的理想气体）。

（e）通过比较（c）及（d）的结果，证明：

$$S_2 - S_1 = k\ln(\Omega_2) - k\ln(\Omega_1)$$

即 $S = k\ln(\Omega)$。

3.3　考虑 N_2 在最大离解能处的玻尔兹曼能量分布（$D_0 = 9.75$ eV，$\theta_{rot} = 2.9$ K，$\theta_{vib} = 3\,390$ K）。在 300 K 和 3 000 K 的温度下，分别绘制出如下条件下的分布：① 刚性转子；② 谐振子。注意在半对数图上显示结果，如

$$\left(\frac{N_j^*}{N}\frac{1}{g_i}\right) \text{随 } \epsilon_i \text{(单位为 eV) 变化}$$

其中，g_i 是 ϵ_i 能级的简化度。并分析结果。

3.4　（a）诊断仪器给出了简单双原子气体第二和第五转动能级的数量密度测量，当第五和第二转动能级的数密度的比率为 1.77 时，计算 NO 的温度（NO：$\theta_{rot} = 2.4$ K）。

（b）在低温下，谐振子的配分函数可通过仅保留前两项来近似：

$$Q_v = 1 + \exp(-\theta_{vib}/T)$$

使用该等式，确定比内能的表达式。与使用完整的振动配分函数获得的结果相

比较,评估NO在300 K条件下该方法的准确度(NO: θ_{vib} = 2 740 K)。

3.5 (a) 写出由刚性转子模型给出的量子化转动能级的玻尔兹曼分布。通过假定一个连续的能量分布来计算配分函数,确定在温度300 K时基态中N_2分子的百分比。随着温度降低,这个百分比又将如何变化(θ_{rot} = 2.9 K)?

(b) 对于具有相对较大的转动特征温度的分子,如H_2(θ_{rot} = 80 K),转动能分配函数的一种近似形式为

$$Q = \frac{T}{\theta_{rot}}\left(1 + \frac{1}{3}\frac{\theta_{rot}}{T} + \frac{1}{15}\frac{\theta_{rot}^2}{T^2}\right)$$

使用该等式确定比能的表达式,计算H_2在温度100 K时比能的大小,并将这一结果与转动模态完全激发的结果进行比较(通过RT将结果正则化)。

3.6 考虑理想的单原子气体,仅限于在x方向上运动,因此系统允许的能级为

$$\epsilon_{n_1} = \frac{h^2 n_1^2}{8ma_1^2}$$

(a) 根据a_1和T,求出配分函数、压力、熵和内能。

(b) 证明:

$$C_j = \frac{a_1}{h}(2m)^{1/2}\epsilon^{-1/2}\mathrm{d}\epsilon$$

(c) 求出分子速度的分布函数和平均速度。

3.7 (a) 证明:当转动完全激发时,比转动熵为

$$s_{rot} = R\left[\ln\left(\frac{T}{\sigma\theta_{rot}}\right) + 1\right]$$

(b) 证明比振动熵为

$$s_{vib} = R\left\{-\ln[1 - \exp(-\theta_{vib}/T)] + \frac{\theta_{vib}/T}{\exp(\theta_{vib}/T) - 1}\right\}$$

当$T \gg \theta_{vib}$时,极限形式是什么?

(c) 利用方程(3.116)中给出的两项近似,证明比电子熵为

$$s_{el} = R\left\{\ln(g_0) + \ln\left[1 + \frac{g_1}{g_0}\exp(-\theta_1/T)\right] + \frac{(g_1/g_0)(\theta_1/T)\exp(-\theta_1/T)}{1 + (g_1/g_0)\exp(-\theta_1/T)}\right\}$$

(d) 对于压力为 1 atm 下的 NO,分别在单个图上绘制出平动、转动、振动、电子形式以及总值的 s/R 随温度在 300~10 000 K 范围内变化的曲线,并分析结果 (NO: $\theta_{rot} = 2.5$ K, $\theta_{vib} = 2\ 740$ K, $\theta_1 = 174$ K, $g_0 = 2$, $g_1 = 2$)。

3.8 (a) 对于双原子分子的转动模态,证明其内能和比定容热容与分子是异核还是同核无关。

(b) 在与习题 3.7(d)相同的条件下,针对 NO,分别在单个图上绘制出平动、转动、振动、电子形式以及总值的自由度变化曲线,并分析得到的结果。

(c) 在问题(b)相同的条件下,针对 NO,分别在单个图上绘制出平动、转动、振动、电子形式以及总值的 c_v/R 变化曲线。使用这些结果绘制出相同温度范围内的比热容比变化曲线,并分析得到的结果 (NO: $\theta_{rot} = 2.5$ K, $\theta_{vib} = 2\ 740$ K, $\theta_1 = 174$ K, $g_0 = 2$, $g_1 = 2$)。

第 4 章

有限速率过程

4.1 引言

本章的目的是在分子层次上考虑不同的有限速率过程。具体来说,考虑内能模态的弛豫和化学反应。这些研究涉及动理论、量子力学和统计力学的结合。当粒子发生碰撞时,可能会产生各种过程。这些分子间的过程以有限的速率进行,且每一个过程可关联到一个特征(或弛豫)时间 τ。主要有限速率过程有两种:

(1) 不同分子能量形式间的能量交换:τ_{tr}、τ_{rot}、τ_{vib}、τ_{el}(平动、转动、振动、电子);

(2) 化学反应:τ_d、τ_i(离解、电离)。

特征时间通常表述为

$$\tau_x = \tau_{tr} \times Z_x \tag{4.1}$$

其中,Z_x 是过程 x 的碰撞次数,即过程 x 达到平衡所需的碰撞次数;$\tau_{tr} = 1/v$ 是碰撞频率的倒数。由动理论可知,对于硬球气体有

$$v = n\pi d^2 \sqrt{\frac{8kT}{\pi m^*}} \tag{4.2}$$

一般情况下,

$$Z_{tr} = 1 < Z_{rot} < Z_{vib} < Z_{el} < Z_d < Z_i \tag{4.3}$$

$$\Rightarrow \tau_{tr} < \tau_{rot} < \tau_{vib} < \tau_{el} < \tau_d < \tau_i \tag{4.4}$$

在高速气流中,气体属性随位置的变化而发生显著变化,形成宏观属性中的

流场梯度（p、T、ρ 等）。在流场的每一点，都可以定义流动特征时间：

$$\tau_{\mathrm{f}} \equiv \frac{\Delta}{u} \tag{4.5}$$

其中，Δ 是无量纲梯度长度尺度，如$\left(\frac{1}{\rho}\frac{\partial \rho}{\partial s}\right)^{-1}$，$s$ 是沿流线的距离。此时，可以为过程 x 引入一个**平衡条件**：

$$\tau_x \ll \tau_{\mathrm{f}} \tag{4.6}$$

即流动特性发生显著变化之前发生大量的过程 x 碰撞，从而使该过程达到平衡。在下文中，首先考虑平衡这种极限情况，然后利用动理论、量子力学和统计力学的结果，建立非平衡、有限速率过程的分析方法。

4.2 平衡过程

过程的平衡条件为：$\tau_x \ll \tau_{\mathrm{f}} \Rightarrow \tau_x \approx 0$，$v_x \to \infty$。在这一条件下，过程 x 的速率假设为无限大，即平衡瞬时就能达到。因此，在平衡条件下，当流场温度、压力等属性发生变化时，其他属性（如振动能和化学成分）将瞬间发生变化。

4.2.1 振动能

先前已讨论过平动模态和转动模态的能量间距很小，因此可以用连续的经典方法来计算配分函数。这也意味着，这些能量模态可以非常迅速地响应状态变量的变化，因此它们通常处于平衡状态。典型情况下，对于空气分子，转动碰撞数 $Z_{\mathrm{rot}} \approx 5$。相对而言，空气分子的振动模态具有较大的能级间距，对流场中的变化响应较慢，且可能处于非平衡状态。下面回顾一下简单谐振子振动能模态的重要平衡性质。

（1）比振动能：

$$e_{\mathrm{vib}} = \frac{R\theta_{\mathrm{vib}}}{\exp\left(\frac{\theta_v}{T}\right) - 1} \tag{4.7}$$

（2）玻尔兹曼能量分布：

$$\frac{N_{\mathrm{v}}^{*}}{N}=\frac{\exp\left(-v\dfrac{\theta_{\mathrm{vib}}}{T}\right)}{Q_{\mathrm{vib}}}=\exp\left(-v\frac{\theta_{\mathrm{vib}}}{T}\right)\left[1-\exp\left(-\frac{\theta_{\mathrm{vib}}}{T}\right)\right] \tag{4.8}$$

其中，v 是振动量子数；Q_{vib}是配分函数。图 4.1 给出了 N_2 的平动、转动和振动比能与温度的函数关系。在室温下，存在少量的振动能，并且该模态不显著参与热力学过程。相比而言，在高温条件下振动能已经接近转动能，因此也是气体热力学状态的重要贡献者。图 4.2 给出了 N_2 在两种不同温度下振动能的分布函数。该图展示了相当一部分分子在高温下是如何占据高振动量子数状态的。

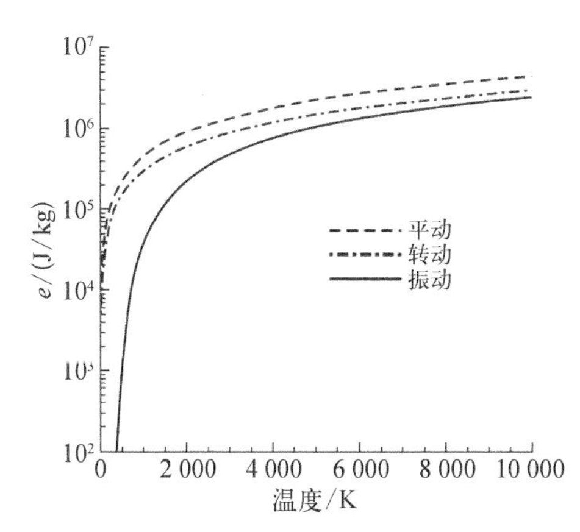

图 4.1　N_2 的比内能与温度的函数关系

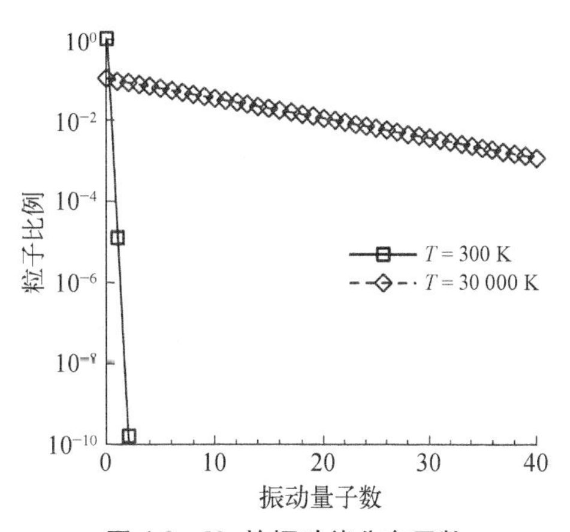

图 4.2　N_2 的振动能分布函数

4.2.2　化学平衡

下面继续讨论高温空气中，包含固定数量粒子 $\tilde{N}_{\mathrm{a}}$ 的离解-复合系统：

$$\mathrm{a}_2 \Longleftrightarrow \mathrm{a}+\mathrm{a}$$

这是一类重要的化学反应。引入离解度的概念（即原子质量分数）：

$$\alpha \equiv \frac{N^{\mathrm{a}}}{N^{\mathrm{a}}+2N^{\mathrm{aa}}}=\frac{N^{\mathrm{a}}}{\tilde{N}_{\mathrm{a}}}=\frac{m_{\mathrm{a}}N^{\mathrm{a}}}{m_{\mathrm{a}}N^{\mathrm{a}}+m_{\mathrm{aa}}N^{\mathrm{aa}}} \tag{4.9}$$

$$\begin{cases}\alpha=0 \Rightarrow N^{\mathrm{a}}=0\\ \alpha=1 \Rightarrow N^{\mathrm{aa}}=0\end{cases} \tag{4.10}$$

其中方程(4.9)可以写成

$$N^{a}=\alpha\tilde{N}_{a} \tag{4.11}$$

既然 $N^{a}+2N^{aa}=\tilde{N}_{a}=\alpha\tilde{N}_{a}+2N^{aa}$

$$\Rightarrow N^{aa}=\frac{1-\alpha}{2}\tilde{N}_{a} \tag{4.12}$$

这些都是一般性结论，与过程是否处于平衡或非平衡状态无关。现在，利用方程(3.123)(质量作用定律)引入平衡条件：

$$\frac{N^{aa*}}{(N^{a*})^{2}}=\frac{Q^{aa}}{(Q^{a})^{2}}\exp\left(\frac{D}{kT}\right) \tag{4.13}$$

根据方程(4.11)和方程(4.12)，定义离解的特征温度 $\theta_{d}\equiv\frac{D}{k}$，则

$$\frac{1-\alpha^{*}}{(\alpha^{*})^{2}}\frac{1}{2\tilde{N}_{a}}=\frac{Q^{aa}}{(Q^{a})^{2}}\exp\left(\frac{\theta_{d}}{T}\right) \tag{4.14}$$

其中，α^{*} 是离解的平衡程度。

原子 a 的总数可以写成

$$\tilde{N}_{a}=N^{a}+2N^{aa}=\frac{1}{m_{a}}(m_{a}N^{a}+m_{aa}N^{aa})=\frac{\rho V}{m_{a}} \tag{4.15}$$

其中，m_{a} 是原子质量。因此，可以写出

$$\frac{(\alpha^{*})^{2}}{1-\alpha^{*}}=\frac{m_{a}}{2\rho V}\frac{(Q^{a})^{2}}{Q^{aa}}\exp\left(-\frac{\theta_{d}}{T}\right) \tag{4.16}$$

由统计力学有

$$Q^{a}=Q_{tr}^{a}Q_{el}^{a} \tag{4.17}$$

$$Q^{aa}=Q_{tr}^{aa}Q_{rot}^{aa}Q_{vib}^{aa}Q_{el}^{aa} \tag{4.18}$$

需要记住的是，每个平动配分函数都与体积成正比，即 $Q_{tr}\propto V$，因此在方程(4.16)中，体积抵消了。而 $\alpha^{*}=\alpha^{*}(\rho,T)$，意味着 α^{*}(即化学组分)是热力学状态变量，因为它被描述为其他两个状态变量的函数。

例 4.1　计算 $N_2 \Longleftrightarrow N+N$ 这一离解-复合系统的 α^{*}。

$$m_{a}=14/(6.023\times10^{26}\ \text{kg})\approx2.32\times10^{-26}\ \text{kg} \tag{4.19}$$

$$Q_{tr}^{i} = V\left(\frac{2\pi m_i kT}{h^2}\right)^{3/2} \tag{4.20}$$

$$Q_{rot} = \frac{1}{2}\frac{T}{\theta_{rot}}, \quad 同核分子, \theta_{rot} = 2.9\ \text{K} \tag{4.21}$$

$$Q_{vib} = \left[1 - \exp\left(-\frac{\theta_{vib}}{T}\right)\right]^{-1}, \quad \theta_{vib} = 3\ 390\ \text{K} \tag{4.22}$$

回顾质量作用定律：

$$\frac{(\alpha^*)^2}{1-\alpha^*} = \frac{\exp(-\theta_d/T)}{\rho}\left\{m_a\left(\frac{\pi m_a k}{h^2}\right)^{3/2}\theta_{rot}\sqrt{T}\left[1 - \exp\left(-\frac{\theta_{vib}}{T}\right)\right]\frac{(Q_{el}^{a})^2}{Q_{el}^{aa}}\right\} \tag{4.23}$$

从统计力学中的讨论可知：

$$Q_{el}^{N} \approx 4 \tag{4.24}$$

$$Q_{el}^{N_2} \approx 1 \tag{4.25}$$

$$\Rightarrow \frac{(\alpha^*)^2}{1-\alpha^*} = \frac{\exp\left(-\frac{\theta_d}{T}\right)}{\rho}\left\{3\ 700\sqrt{T}\left[1 - \exp\left(-\frac{\theta_{vib}}{T}\right)\right]\right\} \tag{4.26}$$

式中，括号{}中的项有时被称为**离解的特征密度** ρ_d，N_2 的情况如图4.3所示。

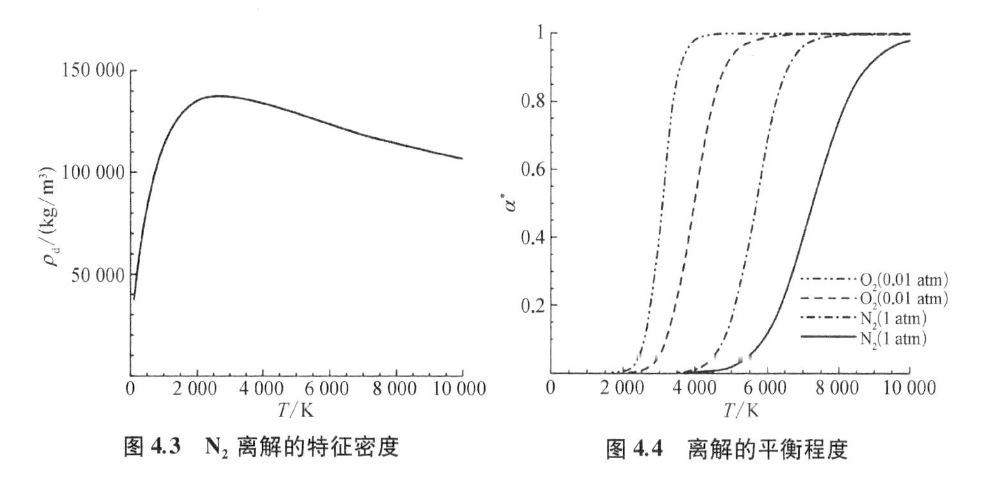

图4.3 N_2 离解的特征密度

图4.4 离解的平衡程度

根据理想气体定律和温度，计算离解程度随压力的变化。注意 N_2 的 θ_d = 113 000 K，O_2 的 θ_d = 59 500 K，结果在图4.4中给出。在所考虑的条件下，普遍认为：

（1）在固定压力下，更高的温度会产生更高的 α^*，这是因为有更多的能量可用于离解；

（2）在固定温度下，更高的压力会带来更低的 α^*，这是因为复合是一个三体过程，在更高的压力下发生的频率更快。这一结论可以从方程(4.26)右侧分母中密度的存在而直接猜测到。在给定的温度下，更高的密度将带来更高的压力和更低的 α^*。

图 4.4 还给出了在相同条件下 O_2 离解的平衡程度。由于 O_2 的化学键较弱，其离解具有较低的特征温度，也就是说，相比于 N_2，O_2 可以在较低的温度下离解。

4.2.3 平衡常数

质量作用定律可以写成

$$\frac{(\alpha^*)^2}{1-\alpha^*}=\frac{G(T)}{\rho} \tag{4.27}$$

将方程(4.9)代入等式的左侧，可得

$$\frac{(N^{a})^2}{N^{aa}}\frac{1}{2\tilde{N}_a}=\frac{(N^{a})^2}{N^{aa}}\frac{m_a}{2\rho V} \tag{4.28}$$

现在引入组分 i 的分压：

$$p_i V = N^i kT \tag{4.29}$$

则方程(4.28)变为

$$\frac{(p_a)^2}{p_{aa}}\frac{V}{kT}\frac{m_a}{2\rho V}=\frac{G(T)}{\rho} \tag{4.30}$$

因此，

$$\frac{(p_a)^2}{p_{aa}}=\frac{2kT}{m_a}G(T)=K_p(T) \tag{4.31}$$

其中，$K_p(T)$ 是平衡常数，它仅是温度的函数。

平衡常数可以用系统中发生的所有化学反应赋值。对于一般反应 A + B + C + ⋯⇔α + β + χ + ⋯

$$K_p(T) = \frac{p_\alpha p_\beta p_\chi \cdots}{p_A p_B p_C \cdots} = \frac{Q_\alpha Q_\beta Q_\chi \cdots}{Q_A Q_B Q_C \cdots} \exp\left(-\frac{\epsilon_{act}}{kT}\right) \tag{4.32}$$

其中,p_χ 是组分 χ 的分压;Q_χ 是组分 χ 的总配分函数;ϵ_{act}是反应的活化能。

4.2.4　平衡组分

对于简单同核分子的离解-复合系统,$\alpha^*(\rho, T)$代表着平衡构成。对于高温空气,构成可能包括五种组分(N_2、O_2、NO、N 和 O),可以用分压来表示。而对于这五个未知数,需要用五个方程来求解。

定义每种分子的离解-复合下平衡常数为

$$\frac{(p_N)^2}{p_{N_2}} = K_{N_2}(T) \tag{i}$$

$$\frac{(p_O)^2}{p_{O_2}} = K_{O_2}(T) \tag{ii}$$

$$\frac{p_N p_O}{p_{NO}} = K_{NO}(T) \tag{iii}$$

根据道尔顿分压定律:

$$p_{N_2} + p_{O_2} + p_N + p_O + p_{NO} = p \tag{iv}$$

及原子守恒定律:

$$\frac{2p_{N_2} + p_N + p_{NO}}{2p_{O_2} + p_O + p_{NO}} = \frac{\tilde{N}_N}{\tilde{N}_O} \tag{v}$$

方程(i)~(v)给出了一个取决于 T、p 和$\frac{\tilde{N}_N}{\tilde{N}_O}$的非线性系统。如图 4.5 所示,当压力为 1 atm 和 0.01 atm,空气的近似元素比率为 $\frac{\tilde{N}_N}{\tilde{N}_O} = 4$ 时,得到的结果是 个随温度变化而变化的函数。

平衡流动,即 $\tau_\chi \ll \tau_f$,代表流动属性变化导致内能和化学构成瞬间变化的极限情况。另一种极端情况,$\tau_\chi \gg \tau_f$,称为**冻结流**。在这种情况下,$\tau_\chi \to \infty$,$v_\chi \to 0$。因此,随着其他流动属性的变化,过程 χ 并不会发生改变。

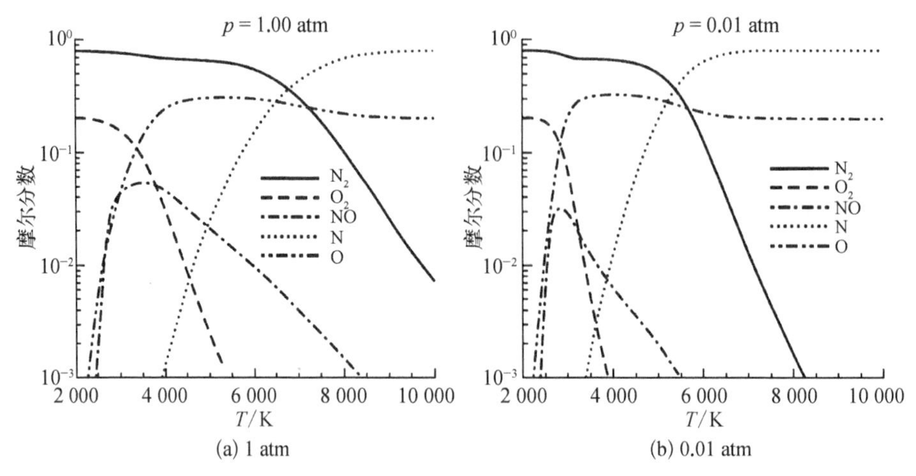

(a) 1 atm (b) 0.01 atm

图 4.5　不同压力下空气的平衡组分

本章剩余部分将考虑 $\tau_{\chi} \approx \tau_{\mathrm{f}}$ 的情况,其变化率有限,也称为**弛豫**,导致内能和化学构成的非平衡状态。

4.3　振动弛豫

振动能量在非平衡状态下变化的过程称为**振动弛豫**。在这种情况下,振动弛豫时间:

$$\tau_{\mathrm{vib}} \gg \tau_{\mathrm{tr}},\ \tau_{\mathrm{rot}} \text{ 且 } \tau_{\mathrm{vib}} \approx \tau_{\mathrm{f}} \tag{4.33}$$

在分子层次上,粒子的振动能在分子间的碰撞中通过能量的转移而改变,例如在平动模态和振动模态之间。在宏观层次上,该过程通过 Landau - Teller 振动弛豫方程来建模:

$$\frac{\mathrm{d}E_{\mathrm{vib}}}{\mathrm{d}t} = \frac{E_{\mathrm{vib}}^{*}(T) - E_{\mathrm{vib}}(t)}{\tau_{\mathrm{vib}}} \tag{4.34}$$

其中,$E_{\mathrm{vib}}^{*}(T)$ 是温度 T 时的总平衡振动能量,使用方程(4.7)进行计算,而 $E_{\mathrm{vib}}(t)$ 是 t 时刻的系统总振动能量。另外,转动弛豫方程称为吉恩斯方程:

$$\frac{\mathrm{d}E_{\mathrm{rot}}}{\mathrm{d}t} = \frac{E_{\mathrm{rot}}^{*}(T) - E_{\mathrm{rot}}(t)}{\tau_{\mathrm{rot}}} \tag{4.35}$$

通常可以用温度来表述，因为转动能通常被完全激发：

$$\frac{\mathrm{d}T_{\mathrm{rot}}}{\mathrm{d}t}=\frac{T_{\mathrm{rot}}^{*}(T)-T_{\mathrm{rot}}(t)}{\tau_{\mathrm{rot}}} \tag{4.36}$$

一般情况下，振动弛豫时间 $\tau_{\mathrm{vib}}=\tau_{\mathrm{vib}}(T,p)$，这将使方程(4.34)的积分复杂化。然而，热浴是一种特殊的情况，此时将感兴趣的化学组分(如 N_2)，以非常小的量(如摩尔比百分之一)引入到惰性气体(如氩气)中。在这种情况下，温度和压力基本上是常数，因此 E_{vib}^{*}、τ_{vib} 也是常数。对于这种情况，可以将振动弛豫方程进行解析积分，得到

$$\int_{E_{\mathrm{vib}}^{0}}^{E_{\mathrm{vib}}}\frac{\mathrm{d}E_{\mathrm{vib}}}{E_{\mathrm{vib}}^{*}-E_{\mathrm{vib}}}=\int_{0}^{t}\frac{\mathrm{d}t}{\tau_{\mathrm{vib}}} \tag{4.37}$$

其中，E_{vib}^{0} 是分子的初始振动能。对积分进行赋值，得到

$$\left[-\ln(E_{\mathrm{vib}}^{*}-E_{\mathrm{vib}})\right]_{E_{\mathrm{vib}}^{0}}^{E_{\mathrm{vib}}}=\frac{t}{\tau_{\mathrm{vib}}}$$

$$\frac{E_{\mathrm{vib}}^{*}-E_{\mathrm{vib}}(t)}{E_{\mathrm{vib}}^{*}-E_{\mathrm{vib}}^{0}}=\exp\left(-\frac{t}{\tau_{\mathrm{vib}}}\right) \tag{4.38}$$

如图 4.6 所示，上述解表明振动弛豫以指数衰减，其中在每个时间间隔 τ_{vib} 内，$|E_{\mathrm{vib}}^{*}-E_{\mathrm{vib}}|$ 变化的因子为 $1/e$。

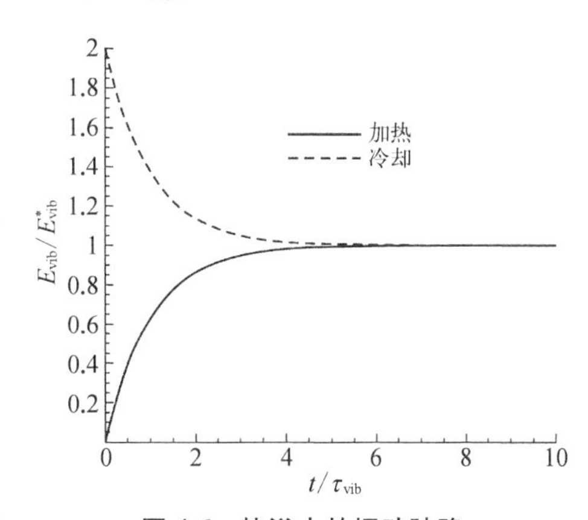

图 4.6　热浴中的振动弛豫

注意，当 $E_{\mathrm{vib}}^{0}>E_{\mathrm{vib}}^{*}$ 时，弛豫过程对应于类似喷管或射流中膨胀气体的冷却过程；当 $E_{\mathrm{vib}}^{0}<E_{\mathrm{vib}}^{*}$ 时，对应于类似经历诸如激波等压缩气体的加热过程。

振动弛豫时间

在分子层次上，微粒的振动能通过碰撞而改变，例如通过振动活化和失活：

$$N_2(v)+M\longleftrightarrow N_2(v+1)+M \tag{4.39}$$

活化需要将一定数量的碰撞能量转换为振动模态，以达到更高的振动能级，例如，

$$\epsilon_{\text{coll}} = \frac{1}{2}m^* g^2 > k\theta_{\text{vib}} \tag{4.40}$$

Landau 和 Teller(1936)提出,碰撞的振动活化概率由下式给出:

$$P_{\text{vib}} \propto \exp\left(-\frac{g^*}{g}\right) \tag{4.41}$$

其中,g^* 是**振动特征速度**。因此,振动弛豫时间将从积分中得到

$$\langle P_{\text{vib}} \rangle = \frac{1}{Z_{\text{vib}}} = \frac{\tau_{\text{tr}}}{\tau_{\text{vib}}} = \int_0^\infty P_{\text{vib}}(g) f(g)\, \mathrm{d}g \tag{4.42}$$

其中,$f(g)$ 是相对速度的麦克斯韦分布函数。最终结果为

$$\tau_{\text{vib}} = \frac{K_1 T^{5/6} \exp(K_2/T)^{1/3}}{p\left\{\left[1 - \exp\left(-\frac{\theta_{\text{vib}}}{T}\right)\right]\right\}} \tag{4.43}$$

其中,K_1、K_2 依赖于分子常数。

Millikan 和 White(1963)使用方程(4.43)作为模型,拟合多套实验测量值,并提出了如下修正表达式:

$$\rho\tau_{\text{vib}} = \exp[A(T^{-\frac{1}{3}} - 0.015\mu^{\frac{1}{4}}) - 18.42]\ [\text{atm s}] \tag{4.44}$$

其中,μ 是以原子单位表示的折合质量(比如,对于 N_2 来说 μ 是 14)且 $A = 1.16 \times 10^{-3}\mu^{1/2}\theta_{\text{vib}}^{4/3}$。尽管这个模型是基于经验的,但它相当准确并被广泛使用。

回顾振动碰撞数:

$$Z_{\text{vib}} = \frac{\tau_{\text{vib}}}{\tau_{\text{tr}}} \tag{4.45}$$

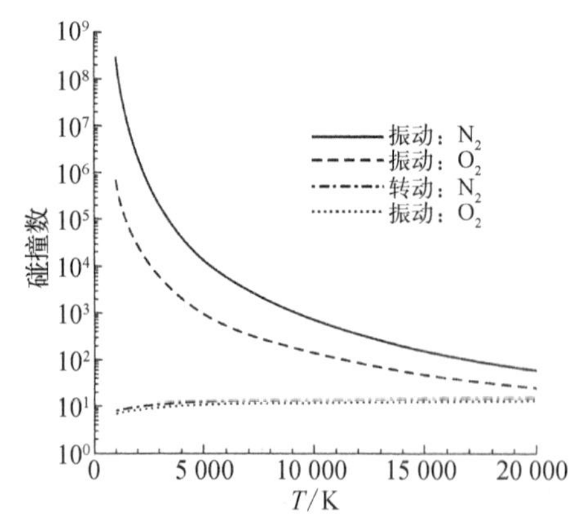

图 4.7 空气分子的振动和转动碰撞数

图 4.7 显示了 N_2 和 O_2 随温度变化的振动和转动碰撞数,表明其随温度显著变化。由于 O_2 的较低振动特征温度,其振动碰撞数始终小于 N_2 的振动碰撞数。为进行比较,图中还给出了使用帕克模型计算得到的 N_2 和 O_2 转动碰撞数(Park, 1990)。需要注意的是,转动碰撞数随温度增大。这种与振动模态相反

的趋势可以通过如下事实来解释：转动量子能的间隔随着量子数的增加而增大，因而激发更高的转动能态变得越来越困难。

例 4.2　在轨航天器推进通常采用电弧射流。氢电弧射流的喷管长度为 1 cm，并具有以下空间平均值：$p = 15\,000\ \mathrm{N/m^2}$，$T = 5\,000\ \mathrm{K}$，$u = 5\ \mathrm{km/s}$。

对于氢气分子(H_2)：$\mu = 1$，$\theta_{\mathrm{vib}} = 6\,345\ \mathrm{K}$。可以根据速度变化来计算特征流动时间：

$$\tau_{\mathrm{f}} = \left(\frac{1}{u}\frac{\mathrm{d}u}{\mathrm{d}s}\right)^{-1}\frac{1}{u} = 10^{-6}\ \mathrm{s} \tag{4.46}$$

计算振动弛豫时间：

$$A = 1.16 \times 10^{-3} \times 1 \times 6\,345^{4/3} \tag{4.47}$$

$$\tau_{\mathrm{vib}} = 5 \times 10^{-6}\ \mathrm{s} > \tau_{\mathrm{f}} \Rightarrow \text{非平衡过程} \tag{4.48}$$

可以发现，振动非平衡是电弧射流中一个重要的性能退化机制，即**冻结流动损失**。处于振动模态下的能量无法转化为定向运动，因此其产生的推力低于平衡流理论预测的推力。

4.4　有限速率化学反应

现在考虑 $\tau_{\mathrm{f}} \approx \tau_{\mathrm{chemistry}}$ 的情况，此时有限速率化学反应过程极为重要。考虑包含 s 个组分的反应系统。对于每个反应，反应物和生成物的浓度变化分别为

$$v'_1 X_1 + v'_2 X_2 + \cdots \rightarrow v''_1 X_1 + v''_2 X_2 + \cdots \tag{4.49}$$

其中，v_s'和 v_s''分别是反应物和生成物的化学计量系数。

例 4.3　考虑空气(N_2、N、O_2、O、NO)和通过与另一个氮分子的相互作用而发生的特定氮离解反应

$$N_2 + N_2 \longrightarrow 2N + N_2 \tag{4.50}$$

$$v'_{N_2} = 2,\ v'_{O_2} = v'_{NO} = v'_{N} = v'_{O} = 0 \tag{4.51}$$

$$v''_{N_2} = 2,\ v''_{N_2} = 1,\ v''_{O_2} = v''_{NO} = v''_{O} = 0 \tag{4.52}$$

注意，与平衡化学分析不同，现在必须考虑离解-复合反应中的催化剂颗粒 M：

$$\mathrm{N_2 + M \longleftrightarrow N + N + M} \tag{4.53}$$

因为在分子层次上,两个分子必须碰撞才能发生解离。

为描述化学构成,使用**组分浓度**:

$$[X_s]\,\mathrm{mol/m^3} \tag{4.54}$$

生成物的生成速率由下式给出:

$$\frac{\mathrm{d}[X_s]}{\mathrm{d}t} = v''_s k_f(T)\Pi_s[X_s]^{Z'_s} \tag{4.55}$$

其中,$k_f(T)$是正向速率系数,通常用修正的 Arrhenius 形式表示:

$$k_f(T) = C_f T^{\eta_f}\exp\left(-\frac{\theta_d}{T}\right) \tag{4.56}$$

类似地,反应物的消耗速率由下式给出:

$$\frac{\mathrm{d}[X_s]}{\mathrm{d}t} = -v'_s k_f(T)\Pi_s[X_s]^{z'_s} \tag{4.57}$$

注意反应的顺序,$z'_1 + z'_2 + \cdots = z'$ 意味着 k_f 的单位为 $\left(\frac{\mathrm{mol}}{\mathrm{m^3}}\right)^{1-z'}\frac{1}{\mathrm{s}}$。

作为具体案例,考虑氮的离解-复合反应过程。

1）离解

$$\mathrm{N_2 + M \xrightarrow{k_f} N + N + M}$$

其中,$z' = 2$,所以有一个二阶反应。原子和分子浓度的时间变化率可以写成

$$\frac{\mathrm{d}[\mathrm{N}]}{\mathrm{d}t} = 2k_f(T)[\mathrm{N_2}][\mathrm{M}] \tag{4.58}$$

$$\frac{\mathrm{d}[\mathrm{N_2}]}{\mathrm{d}t} = -k_f(T)[\mathrm{N_2}][\mathrm{M}] \tag{4.59}$$

2）复合

$$\mathrm{2N + M \xrightarrow{k_b} N_2 + M}$$

综合考虑离解和复合,原子氮摩尔浓度的总变化率为

$$\frac{\mathrm{d}[\mathrm{N}]}{\mathrm{d}t}=\left(\frac{\mathrm{d}[\mathrm{N}]}{\mathrm{d}t}\right)_{\mathrm{f}}+\left(\frac{\mathrm{d}[\mathrm{N}]}{\mathrm{d}t}\right)_{\mathrm{b}}=2k_{\mathrm{f}}(T)[\mathrm{N}_2][\mathrm{M}]+\left(\frac{\mathrm{d}[\mathrm{N}]}{\mathrm{d}t}\right)_{\mathrm{b}} \tag{4.60}$$

在化学平衡的条件下,包括组分浓度在内的所有变量的净变化率均为零:

$$\Rightarrow\left(\frac{\mathrm{d}[\mathrm{N}]}{\mathrm{d}t}\right)_{\mathrm{b}}^{*}=-2k_{\mathrm{f}}(T)[\mathrm{N}_2]^{*}[\mathrm{M}]^{*} \tag{4.61}$$

这里用 * 表示平衡。回想一下平衡常数,此处用浓度代替压力来表示:

$$K_{\mathrm{c}}(T)\equiv\frac{([\mathrm{N}]^{*})^{2}}{[\mathrm{N}_2]^{*}} \tag{4.62}$$

因此,

$$\left(\frac{\mathrm{d}[\mathrm{N}]}{\mathrm{d}t}\right)_{\mathrm{b}}^{*}=-2\frac{k_{\mathrm{f}}(T)}{k_{\mathrm{c}}(T)}[\mathrm{N}]^{*2}[\mathrm{M}]^{*} \tag{4.63}$$

假设化学反应过程在任何方向上的速度都仅由温度决定,而与是否存在平衡无关。在实验中测量浓度变化并使用其来推导浓度系数时,也采用了这种假设。因此,

$$\left(\frac{\mathrm{d}[\mathrm{N}]}{\mathrm{d}t}\right)_{\mathrm{b}}^{*}=-2\frac{k_{\mathrm{f}}(T)}{k_{\mathrm{c}}(T)}[\mathrm{N}]^{2}[\mathrm{M}]=-2k_{\mathrm{b}}(T)[\mathrm{N}]^{2}[\mathrm{M}] \tag{4.64}$$

其中逆向反应速率系数为

$$k_{\mathrm{b}}(T)=\frac{k_{\mathrm{f}}(T)}{k_{\mathrm{c}}(T)} \tag{4.65}$$

通常,将平衡常数写成

$$K_{\mathrm{c}}(T)=C_{\mathrm{c}}T^{\eta_{\mathrm{c}}}\exp\left(-\frac{\theta_{\mathrm{d}}}{T}\right) \tag{4.66}$$

因而,

$$k_{\mathrm{b}}(T)=\frac{c_{\mathrm{f}}}{c_{\mathrm{c}}}T^{\eta_{\mathrm{f}}-\eta_{\mathrm{c}}}=C_{\mathrm{b}}T^{\eta_{\mathrm{b}}} \tag{4.67}$$

注意复合的活化能为0,并且复合的阶数 $z'=3$, 所以 k_{b} 的单位为$\frac{\mathrm{m}^6}{\mathrm{mol}^2\cdot\mathrm{s}}$。

3）组合系统

对于氮气分子(N_2)和氮原子(N)组成的相对简单系统，考察引起浓度变化的所有化学反应产生的影响。

$$N_2 + M \underset{k_b}{\overset{k_f}{\longleftrightarrow}} 2N + M$$

$$\frac{d[N]}{dt} = 2k_f(T)[M]\left\{[N_2] - \frac{1}{k_c(T)}[N]^2\right\} \tag{4.68}$$

经检验：

如果$[N] > [N]^* \Rightarrow \frac{[N]^2}{K_c} > [N]_2 \Rightarrow \frac{d[N]}{dt} < 0$，因为$K_c(T) \equiv \frac{([N]^*)^2}{[N_2]^*}$；

如果$[N] < [N]^* \Rightarrow \frac{d[N]}{dt} > 0$。

因此，系统总是趋于平衡。

在总体分析中，必须考虑所有可能的催化剂：$M = N_2$、N，因此，

$$\frac{d[N]}{dt} = 2\{k_{f1}(T)[N_2] + k_{f2}(T)[N]\}\left\{[N_2] - \frac{[N]^2}{K_c(T)}\right\} \tag{4.69}$$

其中，

$$N_2 + N_2 \underset{k_{b1}}{\overset{k_{f1}}{\longleftrightarrow}} N_2 + 2N，且\ N_2 + N \underset{k_{b2}}{\overset{k_{f2}}{\longleftrightarrow}} 3N$$

平衡常数由下式计算：

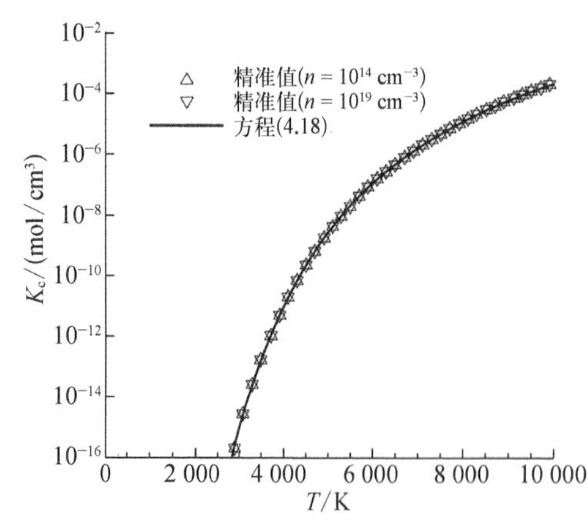

图 4.8 氮离解-复合平衡常数随温度变化曲线

$$K_c(T) = \frac{K_b(T)}{kT\hat{N}} \approx C_c T^{\eta_c} \exp\left(-\frac{\theta_d}{T}\right) \tag{4.70}$$

如图 4.8 所示，氮的近似表达式与基于配分函数(Park, 1990)的详细分析的更精确计算结果吻合得很好。

$$K_c(T) = 18\exp\left(-\frac{113\,000}{T}\right)\ \text{mol/cm}^3 \tag{4.71}$$

4.4.1　速率系数

下一个目标是基于分子,发展研究正向反应速率的表达式。必须确定:① 导致反应发生的碰撞条件;② 这些条件发生的频率。

考虑一般的离解反应:

$$AB + M \xrightarrow{k_f} A + B + M$$

从一个不正确的假设开始,即每次 AB－M 的离解–复合碰撞都会导致离解。反应频率就是动理学理论中的双分子碰撞率:

$$Z_{AB,M} = \frac{\eta_{AB}\eta_M}{1+\delta_{AB,M}}\sigma_{AB,M}\left(\frac{8kT}{\pi m^*_{AB,M}}\right)^{1/2} \tag{4.72}$$

以浓度的形式表示,得到速率系数:

$$k_f(T) = \frac{\hat{N}}{1+\delta_{AB,M}}\sigma_{AB,M}\left(\frac{8kT}{\pi m^*_{AB,M}}\right)^{1/2} \tag{4.73}$$

$n_a = \hat{N}[X_a]$ 且 $\hat{N}$ 是阿伏伽德罗常量。由方程(4.73)所表示的简单模型是使用直径为 4×10^{-10} m 的硬球进行计算的,并且与图 4.9 中的实验数据进行比较,从中可以看出实际上所有碰撞中只有一小部分会导致离解。另外,简单模型给出速率系数与温度之间不正确的依赖关系。

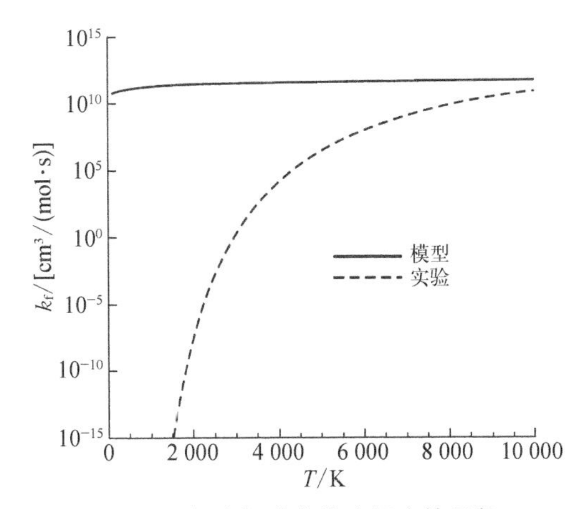

图 4.9　氮离解速率作为温度的函数

反应条件

深入考虑可能导致化学反应的碰撞的属性,包括:

（1）碰撞能：必须足够大到能破坏化学键。

（2）方向：如图 4.10 所示，对于相同的碰撞能，粒子的某些方向相较于其他方向更容易导致反应发生。

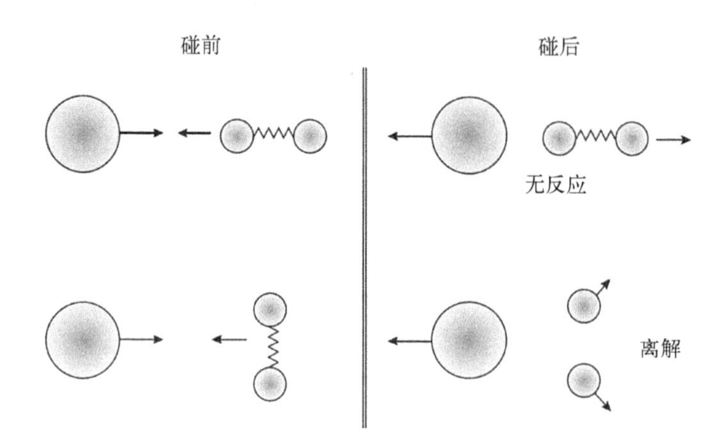

图 4.10　碰撞方向对反应可能性的影响

基于以上思路，可以写出

$$\text{反应速率} = \{\text{碰撞速率} \times F\} \times P \tag{4.74}$$

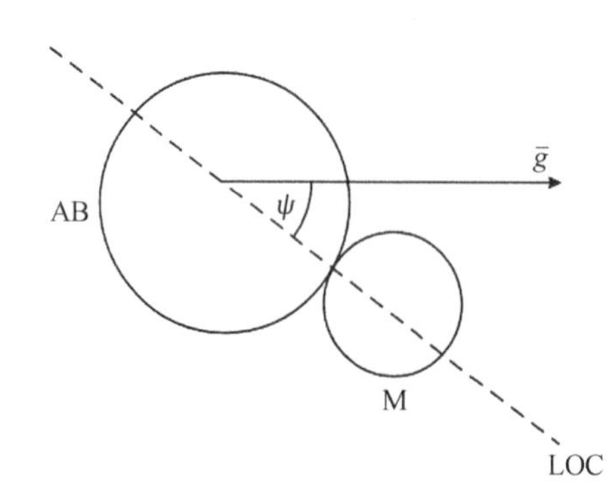

图 4.11　碰撞的 LOC 示意图

其中，F 是能量足以导致反应的碰撞比例；P 是实际导致反应的高能碰撞比例，其有时称为空间因子。将采用对 F 建模的方法，然后根据与测量数据的比较来推断 P。

为确定 F，需要考虑在碰撞中破坏化学键的能量，并且从只考虑平动能开始。此外，假设只考虑碰撞粒子沿中心线（LOC）的平动能分量，如图 4.11 所示。平动能的其他组成部分将在后面讨论。

目标是找到沿着 LOC 的平动能超过某个阈值能 ϵ_0 的碰撞比例。从动理学理论来看，相对速度在 $[g, g+\mathrm{d}g]$、$\bar{g}$ 与 LOC 的夹角在 $[\psi, \psi+\mathrm{d}\psi]$ 范围内的硬球碰撞速率可表示为

$$\mathrm{d}Z = 8\pi n_{\mathrm{AB}} n_{\mathrm{M}} \left(\frac{m_{\mathrm{AB,\,M}}^{*}}{2\pi kT}\right)^{3/2} \sigma_{\mathrm{AB,\,M}} g^{3} \exp\left(-\frac{m_{\mathrm{AB,\,M}}^{*} g^{2}}{2kT}\right) \sin\psi \cos\psi \,\mathrm{d}\psi \,\mathrm{d}g \tag{4.75}$$

除以总碰撞率,得到在[g, g+dg]和[ψ, ψ+dψ]范围内的碰撞比例:

$$\mathrm{d}F = 4\pi^2\left(\frac{m^*_{\mathrm{AB,\,M}}}{2\pi kT}\right)^2 g^3\exp\left(-\frac{m^*_{\mathrm{AB,\,M}}g^2}{2kT}\right)\sin\psi\cos\psi\,\mathrm{d}\psi\,\mathrm{d}g \tag{4.76}$$

通过如下对 $g\cos\psi \geqslant v_0$ 进行积分,可以得到沿 LOC 的速度分量大于阈值 v_0 部分的碰撞比例。

首先,对 ψ 从 0 到 $\arccos(v_0/g)$ 积分:

$$= \int_{\cos\psi=1}^{\cos\psi=v_0/g}\sin\psi\cos\psi\,\mathrm{d}\psi = \left(-\frac{1}{2}\cos^2\psi\right)_{\cos\psi=1}^{\cos\psi=v_0/g} = \frac{1}{2}\left(1-\frac{v_0^2}{g^2}\right) \tag{4.77}$$

然后 g 从 v_0 到∞ 积分:

$$F = 2\pi^2\left(\frac{m^*_{\mathrm{AB,\,M}}}{2\pi kT}\right)^2\int_{v_0}^{\infty}g^3\left(1-\frac{v_0^2}{g^2}\right)\exp\left(-\frac{m^*_{\mathrm{AB,\,M}}g^2}{2kT}\right)\mathrm{d}g \tag{4.78}$$

使用 $u^2 = g^2 - v_0^2$ 进行代替并进行标准积分,可以发现

$$F(g\cos\psi \geqslant v_0) = \exp\left(-\frac{m^*_{\mathrm{AB,\,M}}v_0^2}{2kT}\right) \tag{4.79}$$

注意,当 $v_0 = 0$ 时,要求 $F = 1$。现在使用 $\epsilon_0 = \frac{1}{2}m^*_{\mathrm{AB,\,M}}v_0^2$,沿 LOC 与平动能的相互作用大于阈值即 $\epsilon \geqslant \epsilon_0$ 的碰撞速率为

$$Z(\epsilon_0) = Z_{\mathrm{AB,\,M}}\exp\left(-\frac{\epsilon_0}{kT}\right) \tag{4.80}$$

其中,$Z_{\mathrm{AB,\,M}}$是双分子碰撞速率。

4.4.2　内能的影响

现在将分析拓展以包括内能模态的影响。根据统计力学,自由度 ζ 的玻尔兹曼能量分布由方程(3.99)给出

$$\frac{N_\zeta}{N} = f_\zeta(\epsilon)\,\mathrm{d}\epsilon = \frac{1}{\Gamma\left(\frac{\zeta}{2}\right)}\left(\frac{\epsilon}{kT}\right)^{\frac{\zeta}{2}-1}\exp\left(-\frac{\epsilon}{kT}\right)\mathrm{d}\left(\frac{\epsilon}{kT}\right) \tag{4.81}$$

其中,对于正整数 z,有伽马函数 $\Gamma(z+1) = z!$。

因此，

$$\text{对于}\ \zeta = 2,\ \frac{N_2}{N} = \exp\left(-\frac{\epsilon}{kT}\right) d\left(\frac{\epsilon}{kT}\right) \tag{4.82}$$

各种形式的粒子能量可以由一个“平方项”来表示，该“平方项”也对应于自由度。例如：

与一个坐标方向有关的平动能，$(\epsilon_{tr})_x = \frac{1}{2}mC_x^2$；

与绕一轴旋转有关的转动能，$(\epsilon_{rot})_x = \frac{1}{2}I\omega_x^2$；

与弹簧势能有关的振动能，$(\epsilon_{vib})_{rot} = \frac{1}{2}kx^2$。

因此，根据方程(4.80)，自由度为2、能量大于 ϵ_0 的粒子比例为

$$\int_{\frac{\epsilon_0}{kT}}^{\infty} \exp\left(-\frac{\epsilon}{kT}\right) d\left(\frac{\epsilon}{kT}\right) = \exp\left(-\frac{\epsilon_0}{kT}\right) = \frac{Z(\epsilon_0)}{Z_{AB,\,M}} \tag{4.83}$$

可以推断出，沿 LOC 的平动能分量对应于自由度 2。拓展这些理念，与 2ζ 自由度有关的能量分布为

$$\frac{N_{2\zeta}}{N} = \frac{1}{\Gamma(\zeta)}\left(\frac{\epsilon}{kT}\right)^{\zeta-1} \exp\left(-\frac{\epsilon}{kT}\right) d\left(\frac{\epsilon}{kT}\right)$$

$$\Rightarrow \frac{Z_{2\zeta}(\epsilon_0)}{Z_{AB,\,M}} = \frac{1}{\Gamma(\zeta)}\int_{z_0/kT}^{\infty}\left(\frac{\epsilon}{kT}\right)^{\zeta-1} \exp\left(-\frac{\epsilon}{kT}\right) d\left(\frac{\epsilon}{kT}\right)$$

该积分采用分部积分法进行重复积分：

$$\frac{Z_{2\zeta}(\epsilon_0)}{Z_{AB,\,M}} = \exp\left(-\frac{\epsilon_0}{kT}\right)\left[\frac{1}{\Gamma(\zeta)}\left(\frac{\epsilon_0}{kT}\right)^{\zeta-1} + \frac{1}{\Gamma(\zeta-1)}\left(\frac{\epsilon_0}{kT}\right)^{\zeta-1} + \cdots + 1\right] \tag{4.84}$$

在空气分子通常适用的 $\epsilon_0 \gg (\zeta - 1)kT$ 限制下，得到

$$F = \frac{Z_{2\zeta}(\epsilon_0)}{Z_{AB,\,M}} \approx \frac{1}{\Gamma(\zeta)}\left(\frac{\epsilon_0}{kT}\right)^{\zeta-1} \exp\left(-\frac{\epsilon_0}{kT}\right) \tag{4.85}$$

注意，对于奇数自由度数，比如 $2\zeta+1$，其数学分析会复杂得多，为简单起见继续使用方程(4.85)。

现在,应用方程(4.85)并得到氮离解-复合系统的空间因子:

$$N_2 + M \xrightarrow{k_f} N + N + M$$

分子和原子数密度的变化率由下式给出:

$$\left(\frac{dn_{N_2}}{dt}\right)_f = -P\frac{Z(\epsilon_0)}{Z_{N_2,M}}Z_{N_2,M} \tag{4.86}$$

$$\left(\frac{dn_N}{dt}\right)_f = 2P\frac{Z(\epsilon_0)}{Z_{N_2,M}}Z_{N_2,M} \tag{4.87}$$

其中,

$$Z_{N_2,M} = \frac{n_{N_2}n_M}{1+\delta_{N_2,M}}\sigma_{N_2,M}\left(\frac{8kT}{\pi m^*_{N_2,M}}\right)^{1/2} \tag{4.88}$$

对于浓度,可以将分子氮的变化率写为

$$\frac{d[N_2]}{dt} = -k_f[N_2][M] \tag{4.89}$$

其中,

$$k_f(T) = \frac{\hat{N}}{1+\delta_{N_2,M}}\sigma_{N_2,M}\left(\frac{8kT}{\pi m^*_{N_2,M}}\right)^{1/2}F \times P \tag{4.90}$$

将方程(4.85)代入方程(4.90)中得

$$k_f(T) = P\frac{\hat{N}\sigma_{N_2,M}}{1+\delta_{N_2,M}}\left(\frac{8k}{\pi m^*_{N_2,M}}\right)^{1/2}\frac{1}{\Gamma(\zeta)}\theta_d^{\zeta-1}T^{\frac{3}{2}-\zeta}\exp\left(-\frac{\delta_d}{T}\right) \tag{4.91}$$

其中,$\theta_d \equiv \dfrac{\epsilon_0}{k}$是离解的特征温度。再次用到修正的 Arrhenius 公式:

$$k_f(T) = C_f T^{\eta_f}\exp\left(-\frac{\theta_d}{T}\right)$$

$$\Rightarrow C_f = P\frac{\hat{N}\sigma_{N_2,M}}{1+\delta_{N_2,M}}\left(\frac{8k}{\pi m^*_{N_2,M}}\right)^{1/2}\frac{1}{\Gamma(\zeta)}\theta_d^{\zeta-1} \tag{4.92}$$

$$\eta_f = \frac{3}{2} - \zeta \tag{4.93}$$

注意 C_f 的值取决于分子性质、催化剂 M 和 ζ,而 η_f 仅取决于 ζ。

对于逆向复合反应过程:

$$2N + M \xrightarrow{k_b} N_2 + M$$

如前所述,逆向反应速率由将模型代入前向速率系数及平衡常数计算得到。

4.4.3 离解速率的计算

本节的目标是使用先前的模型来计算氮的解离速率。模型中的其他未知量是参与反应的自由度总数 ζ 和空间因子 P。针对特定反应,这两个未知量将通过与测定的反应速率系数进行比较得到。首先,如表 4.1 所示,考虑感兴趣的反应中的自由度来源。

就模型在描述化学反应涉及复杂物理过程的准确性而言,在确定自由度的数量上,模型存在相当大的不确定性。对于表 4.1,只能说:

(1) 对于$(\epsilon_{tr})_{\perp}$,它的值是不确定的,但是必定是 0 或者 2;

(2) 对于 ϵ_{rot},通过角动量守恒,只有来自催化粒子 M 的转动能起作用;

(3) 对于 ϵ_{vib},离解分子的 2 个自由度必定起作用,且催化剂粒子 M 的任何作用都是不确定的。

表 4.1 氮离解反应的能量来源

能 量 模 态	N_2-N_2	N_2-N
$(\epsilon_{tr})_{LOC}$	2	2
$(\epsilon_{tr})_{\perp}$	0 或 2	0 或 2
(ϵ_{rot})	2	0
(ϵ_{vib})	2 或 4	2
Total ($=2\zeta$)	6 或 8 或 10	4 或 6

现在使用通过实验测量的速率来确定 ζ,然后再确定 P。文献报道了许多关于氮解离的测量方法,尽管其中大多数方法是在 40 多年前使用的。基于 Hanson 和 Baganoff (1972)的研究,选择以下速率:

$$N_2 - N_2:\ (k_f)_1 = 7 \times 10^{21} T^{-1.5} \exp\left(-\frac{113\,000}{T}\right) \left[\frac{\text{cm}^3}{\text{mol} \cdot \text{s}}\right] \tag{4.94}$$

$$N_2-N:\ (k_f)_2 = 3\times 10^{22}T^{-1.5}\exp\left(-\frac{113\,000}{T}\right)\left[\frac{cm^3}{mol\cdot s}\right] \tag{4.95}$$

在这两种情况下，$\eta_f = -1.5 = \frac{3}{2}-\zeta \Rightarrow \zeta_1=\zeta_2=3 \Rightarrow 2\zeta_1 = 2\zeta_2 = 6$。

因此，对于每个反应，化学键的破坏都涉及六个能量自由度。从对这个结果的物理解释来看，可以说两个自由度来自$(\epsilon_{tr})_{LOC}$，两个来自离解分子的ϵ_{vib}，还有两个来自$(\epsilon_{tr})_{\perp}$。

这种解释并不是唯一的，最好不要使用相对简单的模型来对复杂的化学过程下结论。

有了这些结果，可以使用下式来估计空间因子：

$$P_{N_2,M} = \frac{1+\delta_{N_2,M}}{\hat{N}\sigma_{N_2,M}}\left(\frac{\pi m^*_{N_2,M}}{8k}\right)^{1/2}\frac{\Gamma(\zeta)}{\theta_d^{\zeta-1}}C_f \tag{4.96}$$

对 N_2-N_2：

$$\delta = 1,\ m^* = \frac{1}{2}m_{N_2},\ \sigma = \pi(4\times 10^{-10})^2 m^2 \tag{4.97}$$

$$P_1 = \frac{2}{6.023\times 10^{23}\pi(4\times 10^{-10})^2}\left(\frac{\pi\frac{1}{2}m_{N_2}}{8k}\right)^{\frac{1}{2}}\frac{\Gamma(3)\times 7\times 10^{21}}{(113\,000)^2}10^{-6} = 0.19 \tag{4.98}$$

对 N_2-N：

$$\delta = 0,\ m^* = \frac{1}{3}m_{N_2},\ \sigma = \pi(4\times 10^{-10})^2 m^2 \tag{4.99}$$

$$P_2 = 0.45 \tag{4.100}$$

因此，分子–原子离解具有较高的计量反应效率。

关于**速率系数预测**的叙述如下。

通过假设ζ和P的值，离解模型还可用于预测无法进行测量的反应的速率系数。

以 NO – NO 离解为例，有

$$\delta = 1,\ m^* = \frac{1}{2}m_{NO},\ \theta_d = 75\,500\ K \tag{4.101}$$

注意，离解温度可以从表 2.4 中 D_0 的值得到。假设 $P=\frac{1}{3}$ 为合理值，并依次假

定 $2\zeta=6$、8 和 10 时，比较由之产生的不同速率系数。

为展示模型性能，与 Koshi 等(1978)测得的速率进行比较：

$$k_f(T)=1.1\times10^{17}\exp\left(-\frac{75\,500}{T}\right)\left[\frac{cm^3}{mol\cdot s}\right] \tag{4.102}$$

图 4.12 表明，从模型预测值与测量速率的比较可以看出，在考虑的温度范围内，速率变化相差多个数量级，并且没有一个单独的 ζ 值与实验数据有最佳一致性。该观测结果表明，ζ 和 P 本身可能随温度而变化，当然实验测量数据中也始终会存在一些不确定性。

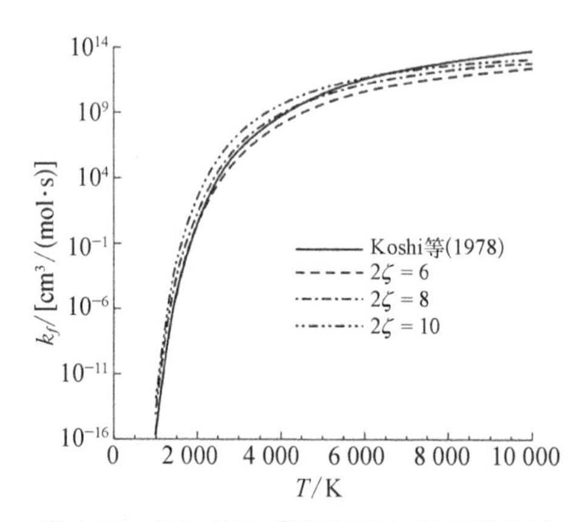

图 4.12　NO－NO 离解速率与温度的关系

4.4.4　有限速率弛豫

既然已经建立了速率系数模型，就可以对有限速率化学弛豫过程进行全面分析。考虑以下两种情况。

1. N_2-N 系统

首先，用离解度 α 表示分子和原子的浓度：

$$[N]=\frac{\rho\alpha}{M_N},\quad [N_2]=\frac{\rho(1-\alpha)}{2M_N} \tag{4.103}$$

其中原子量 $M_N=14$。现在，可以将方程(4.69)写成

$$\frac{d\alpha}{dt}=\frac{\rho}{M_N}\left(k_{f1}\frac{1-\alpha}{2}+k_{f2}\alpha\right)\left[(1-\alpha)-\frac{2\rho\alpha^2}{M_NK_c}\right] \tag{4.104}$$

求解这个常微分方程需要给定初始条件，例如：

$$p = 1 \text{ 标准大气压}, T = 7\ 500\ \text{K},\ \alpha = 0 \tag{4.105}$$

图 4.13 表明达到稳定状态确实需要一定时间,并且稳态可以由前面的平衡理论精确地预测到(图 4.4)。在这些条件下,如果特征流动时间小于 10^{-3} s,则会发生化学不平衡。

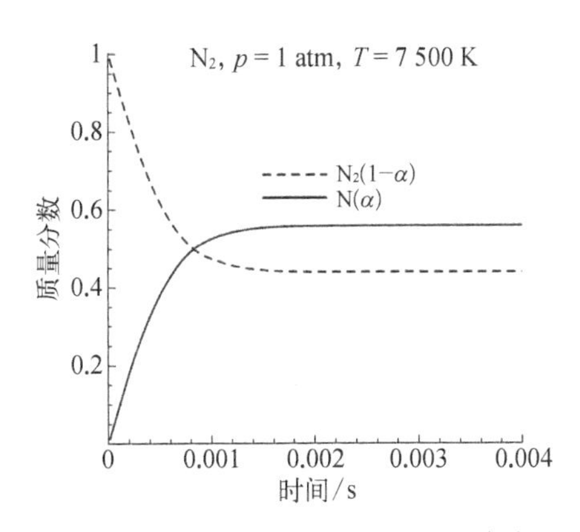

图 4.13 固定温度下(N_2 − N)系统的组分质量分数作为时间的函数

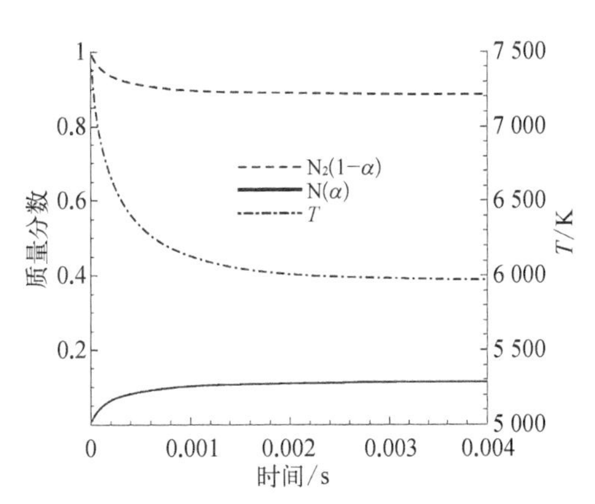

图 4.14 N_2 − N 系统的组分质量分数和温度作为时间的函数

到目前为止,忽略的一个重要问题是化学反应对气体能量和温度的影响。在得到图 4.13 的分析中,温度被假设为常数,而已知破坏化学键需要能量,因此气体温度会降低。可以把系统的总能量写成如下形式:

$$E = m_{N_2} N_{N_2} e_{N_2} + m_N N_N e_N + 0.5 m_N N_N k \theta_d \tag{4.106}$$

其中,最后一项解释了分子和原子的能级差异。利用分子和原子的内能作为温度函数的标准结果,可以解出气体的化学构成变化时的温度方程。图 4.14 给出了此分析的结果,表明温度确实降低了,并且与图 4.13 所示的固定温度分析相比,导致较低的离解水平。

2. 空气系统(N_2、O_2、NO、N、O)

最后,考虑一个更为复杂的、五种组分反应的空气系统。

$$\left.\begin{aligned} N_2 + M &\underset{k_{b1}}{\overset{k_{f1}}{\longleftrightarrow}} 2N + M \\ O_2 + M &\underset{k_{b2}}{\overset{k_{f2}}{\longleftrightarrow}} 2O + M \\ NO + M &\underset{k_{b3}}{\overset{k_{f3}}{\longleftrightarrow}} N + O + M \end{aligned}\right\} \begin{aligned} &\text{离解-复合反应} \\ &M = \{N_2、O_2、NO、N、O\} \end{aligned}$$

$$\left.\begin{aligned} NO + O \underset{k_{b4}}{\overset{k_{f4}}{\longleftrightarrow}} N + O_2 \\ N_2 + O \underset{k_{b5}}{\overset{k_{f5}}{\longleftrightarrow}} N + NO \end{aligned}\right\} \text{置换反应}$$

在描述每种组分的产生和消耗时,必须考虑所有可能的反应。以氮分子为例,

$$\frac{d[N_2]}{dt} = -\{k_{f_1}^{N_2}[N_2] + k_{f_1}^{O_2}[O_2] + k_{f_1}^{NO}[NO] + k_{f_1}^{N}[N] + k_{f_1}^{O}[O]\}\left\{[N_2] - \frac{[N]^2}{K_{c_1}}\right\} - k_{f_5}[N_2][O] + \frac{k_{f_5}}{K_{c_5}}[NO][N] \tag{4.107}$$

由此建立一组必须同时求解的五个常微分方程。图 4.15 给出了三种不同条件

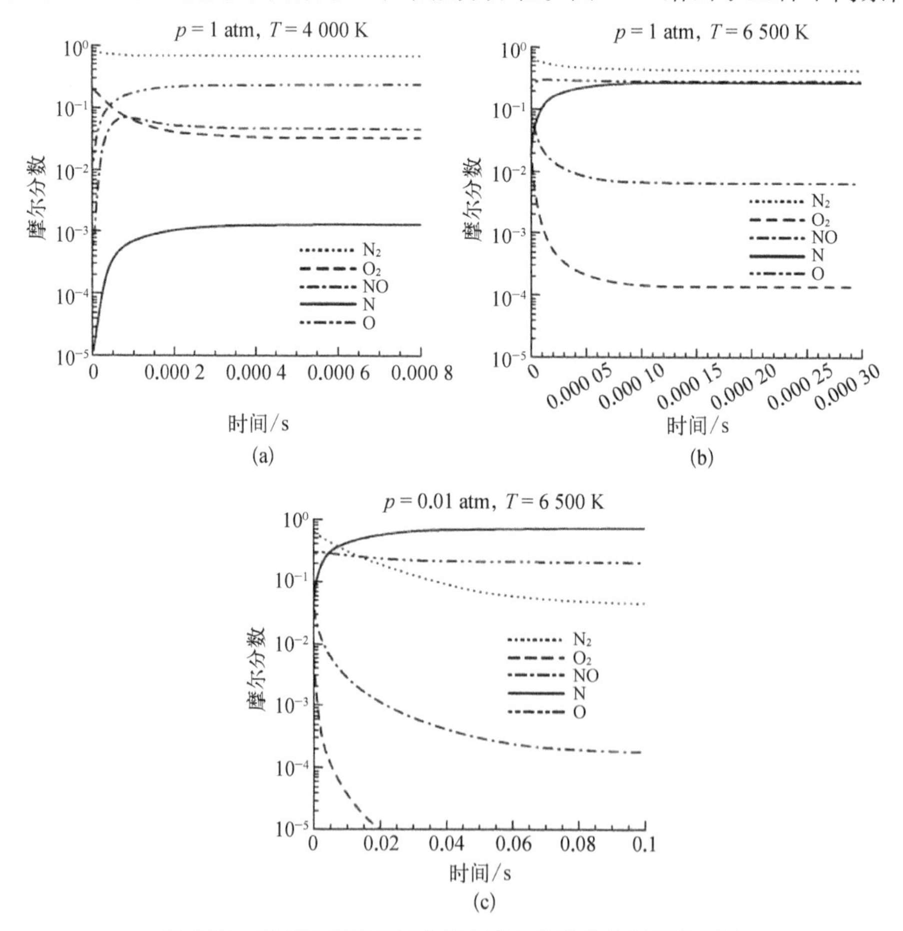

图 4.15　固定温度下空气中组分摩尔分数作为时间的函数

下的解,表明稳态结果与先前的平衡分析一致。此外,还观察到结果对温度的显著敏感性。两种不同压力在曲线和横坐标时间尺度上也有显著的差异。较低的压力条件更容易导致化学非平衡。与第一个例子类似,考虑化学反应对气体温度的影响会导致离解水平的降低。

4.5 小结

本章从气体的振动能和化学构成的角度概述了气体的平衡属性,相关推导很多来自第 3 章中关于统计力学的结论。基于动理学理论和量子力学的思想,分析了气体振动能的有限速率弛豫。类似地,研究了有限速率的化学反应过程。本章的主要结论可用于展示描述这些重要过程的分子仿真模型。

4.6 习题

4.1　在 1 个标准大气压下进行实验,将少量双原子分子在 300 K 的初始温度下引入惰性氩原子($W = 40$ g/mol) 的热浴。在时间 $t = 0$ 时刻,热浴瞬间被加热到 5 000 K。不考虑任何化学反应,用单线图绘制氮分子($\theta_{vib} = 3\ 390$ K, $W = 28$ g/mol)氢分子($\theta_{vib} = 6\ 345$ K、$W = 2$ g/mol) 的 E_{vib}/E_{vib}^* 的变化(时间至 4×10^{-5} s)。讨论并解释曲线中的差异。

4.2　(a) 对于碘的离解-复合反应,在 $T = 100 \sim 1\ 500$ K 的温度范围内进行绘图,给出离解特征密度 ρ_d 的建议值。假定原子、分子和电子的配分函数分别由下列两项简单的表达式表示:

$$Q_A^e = g_A^0 + g_A^1 \exp(-10\ 900/T)$$

$$Q_M^e = g_M^0 + g_M^1 \exp(-22\ 600/T)$$

简并度从最初两个电子激发态得到:

(1) 碘原子: $^2P_{3/2}$(基态)和$^2P_{1/2}$($\theta_A = 10\ 900$ K);

(2) 碘分子: $X^1\Sigma_g^+$(基态)和 $B^3\Pi_u$($\theta_M = 22\ 600$ K)。

(b) 基于(a)结果,绘制 $T = 100 \sim 1\ 500$ K 时碘的平衡离解度,其中 $\rho = 1.225$ kg/m^3。

（c）绘制碘系统在 $T = 100 \sim 1\,500$ K 时的平衡常数变化（附加信息：$\theta_{rot} = 0.053$ K，$\theta_{vib} = 310$ K，$\theta_d = 17\,900$ K。碳原子质量 = 127 g · mol^{-1}）

4.3 为分析氮等离子体，在以下反应中计算温度为 6 000 K 时的逆向速率系数：

$$N + e^- \Longleftrightarrow N^+ + e^- + e^-$$

可使用以下信息：

对于电子，质量为 9.11×10^{-31} kg，内部配分函数为 2（由于自旋）；

假设碰撞横截面积为 50×10^{-20} m^2；

假设所有平动碰撞能都参与了反应并且空间因子是 0.5；

原子和离子电子态的配分函数可描述为

$$Q^e = g^0 + O[\exp(-\theta_1/T)]$$

并且简并度从下面获得：

（1）氮原子：^4S（基态）且 $\theta_1 = 28\,000$ K；

（2）氮离子：^4P（基态）且 $\theta_1 = 22\,000$ K。

此反应的平衡常数（mol/m^3）由下式给出：

$$K_c = \frac{1}{\hat{N}V} \frac{Q^{N^+} Q^{e^-}}{Q^N} \exp\left(-\frac{\theta_i}{T}\right)$$

其中，$\hat{N}$ 是阿伏伽德罗常量；V 是体积；$\theta_i = 161\,000$ K。

4.4 （a）转动弛豫方程为

$$\frac{dE_{rot}}{dt} = \frac{E^*_{rot} - E_{rot}}{\tau}$$

其中，* 表示平衡值。H_2 在 300 K 时的转动弛豫时间 τ 为 10^{-8} s。在此平衡温度下，计算 H_2 的转动能量从两倍于平衡值的初始值松弛到平衡值的 1% 以内所需的时间。

（b）确定在 $T = 3\,000$ K 且 $\rho = 1.225$ kg/m^3 时 Cl_2 的平衡解离度。计算当密度加倍时的值并进行分析。假定原子和分子电子的配分函数写成以下形式：

$$Q^e_A = g^0_A + g^1_A[\exp(-\theta_A/T)]$$

$$Q^e_M = g^0_M + g^1_M[\exp(-\theta_M/T)]$$

简并度从以下的电子激发态得到：

（1）氯原子：$^2P_{3/2}$（基态）和 $^4P_{1/2}$（θ_A = 103 000 K）；

（2）氯分子：$X^1\Sigma_g^+$（基态）和 $A^3\Pi_u$（θ_M = 26 325 K）。

附加信息：θ_{rot} = 0.35 K，θ_{vib} = 808 K，θ_d = 28 700 K。

4.5　考虑 N_2 分子的离解过程。

（a）假设空间因子为 1，计算在 5 000 K 下 N_2-N_2 碰撞的离解率系数，假设能量来自沿着 LOC 上的平动能和反应分子的振动能。（θ_d = 113 000 K，$d = 4\times10^{-10}$ m）。

（b）实验测量了下面的 N_2 离解速率：

$$N_2-N_2：2.3\times10^{29}T^{-3.5}\exp(-113\,000/T)\,\mathrm{cm^3/(mol\cdot s)}$$

使用基于可用能量的模型，确定对反应起作用的自由度数目，并讨论该值的物理解释，确定空间因子。

第二部分
数 值 模 拟

第5章

分子气体动力学与连续介质气体动力学之间的关系

本书第一部分介绍了非平衡气体动力学的理论基础。第二部分将提出针对第一部分内容的计算方法,使实际非平衡流动问题的求解成为可能。由于连续介质 Navier - Stokes 方程被广泛用于获取近平衡极限下气体流动的精确解,因此本书第二部分将首先分析分子气体动力学与连续介质气体动力学之间的关系。

5.1 引言

本章的目的是在非平衡气体的分子和连续介质描述之间建立严格的数学纽带。具体而言,将提出玻尔兹曼方程和 Navier - Stokes 方程之间的关联性。开展该关联性的分析非常重要,原因有很多。在建立该数学纽带的过程中,将对 Navier - Stokes 方程有更基本的认知,且数学理论能够给出 Navier - Stokes 模型有效性的定量极限。

本章给出将原子间作用力与碰撞截面和气体输运属性联系起来的方程。事实上,正如将看到的,原子间势能面(PES)是分子动力学(MD)计算的模型输入,碰撞截面是直接模拟蒙特卡罗(DSMC)方法的模型输入,输运系数是计算流体力学(CFD)计算的模型输入。因此,如图 5.1 所示,本章提出的理论将严格地建立这些数值方法之间的一致性。

上述纽带的建立过程,是从第 1 章介绍的非平衡气体的分子描述开始的。通过对玻尔兹曼方程取矩得到了一组平均方程,称为守恒方程。在近平衡流极限下,守恒方程的简化形式与著名的 Navier - Stokes 方程相同。通过比较这两组方程,从气体分子属性角度得到宏观属性和输运属性的严格表达式。

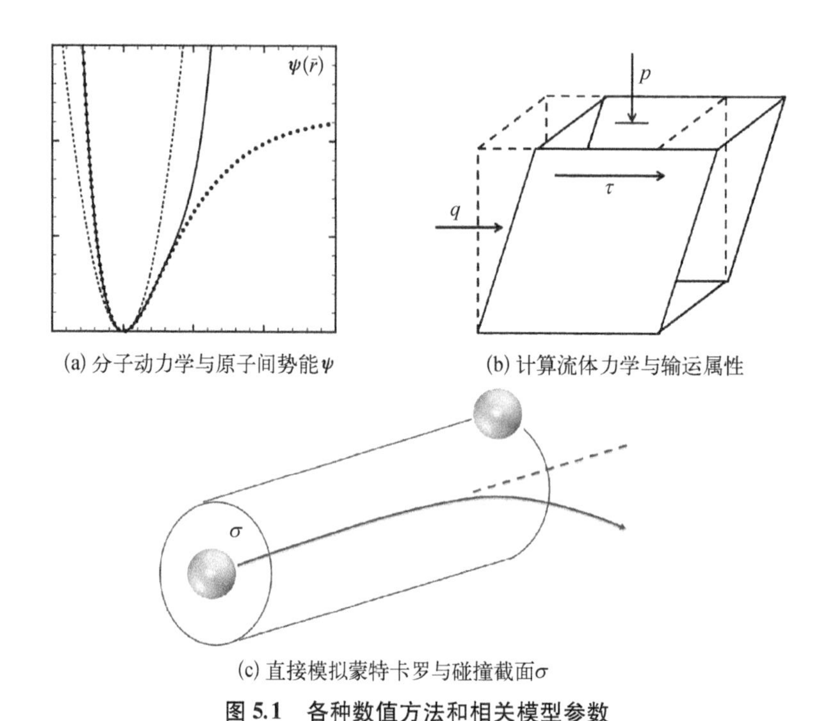

(a) 分子动力学与原子间势能ψ

(b) 计算流体力学与输运属性

(c) 直接模拟蒙特卡罗与碰撞截面σ

图 5.1 各种数值方法和相关模型参数

特别是碰撞截面，将成为一个使用便捷且具有物理意义的量，本章将给出确定相关碰撞截面的一般表达式。碰撞截面是非平衡稀疏气体分子模拟中最合适的模型，第 6 章和第 7 章的描述 DSMC 方法将参考本章中的方程。

最后，本章的主要目标是将玻尔兹曼方程（以及由此建立的 DSMC 方法）与 Navier－Stokes 方程进行数学上的联系，包括在 CFD 领域广泛使用的单原子和多原子混合气体的黏性、热传导和扩散的常用模型。

5.2 守恒方程组

如第 1 章所述，可以利用玻尔兹曼方程[式(1.77)]的矩获得麦克斯韦方程的变化形式[式(1.179)]，这里采用指标标记法将其重写为适于无外力作用的单原子简单气体的形式：

$$\frac{\partial}{\partial t}(n\langle Q\rangle) + \frac{\partial}{\partial x_j}(n\langle C_j Q\rangle) = \Delta[Q] \tag{5.1}$$

其中，$Q = Q(C_i)$ 是粒子速度矢量(C_i)的某一函数，因此其定义与 x_j 和 t 无关。此外，可以将粒子速度矢量分离出一个称为宏观气体速度的平均值$\langle C_i \rangle$，而剩余的热运动值 C_i'定义为

$$C_i' \equiv C_i - \langle C_i \rangle \tag{5.2}$$

需要重点注意的是，$\langle C_i \rangle$表示一个关于局部速度分布函数(VDF)的平均值[式(1.50)]。最后，通过设置 $Q = m$、mC_i 和 $1/2mC_iC_i$，可以得到质量、动量和能量守恒方程。从式(5.2)中注意到，由于质量、动量和能量在碰撞过程中是守恒的，所以有 $\langle C_i' \rangle = 0$ 且 $\Delta[Q] = 0$，守恒方程组变成

$$\frac{\partial \rho}{\partial t} + \frac{\partial}{\partial x_j}[\rho \langle C_j \rangle] = 0 \tag{5.3}$$

$$\frac{\partial}{\partial t}[\rho \langle C_i \rangle] + \frac{\partial}{\partial x_j}[\rho \langle C_i \rangle \langle C_j \rangle] = -\frac{\partial}{\partial x_j}[\rho \langle C_i' C_j' \rangle] \tag{5.4}$$

$$\frac{\partial}{\partial t}\left[\frac{1}{2}\rho \langle C \rangle^2 + \frac{1}{2}\rho \langle C'^2 \rangle\right] + \frac{\partial}{\partial x_j}\left\{\langle C_j \rangle \left[\frac{1}{2}\rho \langle C \rangle^2 + \frac{1}{2}\rho \langle C'^2 \rangle\right]\right\}$$
$$= -\frac{\partial}{\partial x_j}\left[\frac{1}{2}\rho \langle C_j' C'^2 \rangle + \rho \langle C_j' C_k' \rangle \langle C_k \rangle\right] \tag{5.5}$$

上述方程组使用了标准指标标记法，其中单个指标对应于多个方程（例如 $i = x$、y 和 z 坐标方向的动量方程），而重复指标对应于多个项。式(5.5)中最后一项包含的两组重复指标对应九个项。最后，与 Vincenti 和 Kruger(1967)书中使用的标记法类似，以平方形式出现且没有下标的速度矢量平均值遵循缩短的标记法，即

$$\langle C \rangle^2 \equiv \langle C_x \rangle^2 + \langle C_y \rangle^2 + \langle C_z \rangle^2 \tag{5.6}$$

$$\langle C'^2 \rangle \equiv \langle C_x'^2 \rangle + \langle C_y'^2 \rangle + \langle C_z'^2 \rangle \tag{5.7}$$

注意，由于守恒方程组[式(5.3)~式(5.5)]中的平均值是通过对任意速度分布函数进行完全积分[式(1.50)]得到的，因此这些方程对任何程度的非平衡（任何 Kn 数区域）都有效。在本节之后，将这些仅是对玻尔兹曼方程取矩得到的守恒方程组[式(5.3)~式(5.5)]和连续介质 Navier - Stokes 方程进行比较。这样，就可以确定分子参量和连续介质参量之间的关系，并确定在什么条件下玻尔兹曼方程可以简化为 Navier - Stokes 方程。

首先，在气体体积微团与宏观流体对流的参考系中重建这些守恒方程对开

展上述研究很有帮助。这里通过使用随体导数来实现重建,对动量方程可得到如下结果:

$$\rho \frac{\mathrm{D}}{\mathrm{D}t}\langle C_i \rangle = -\frac{\partial}{\partial x_j}P_{ij}^{\mathrm{T}} \tag{5.8}$$

其中,随体导数定义为

$$\frac{\mathrm{D}}{\mathrm{D}t} \equiv \frac{\partial}{\partial t} + \langle C_j \rangle \frac{\partial}{\partial x_j} \tag{5.9}$$

且其中的**压力张量**定义为

$$P_{ij}^{\mathrm{T}} \equiv \rho \langle C_i' C_j' \rangle \tag{5.10}$$

如式(5.8)和图5.2(a)所示,压力张量表示相对于宏观气体运动的动量通量。事实上,正是分子的热运动传递了相对于宏观流体的质量、动量和能量,导致了扩散、黏性和热传导。例如,图5.2(b)描绘了宏观流体在 x 坐标方向上平行于壁面的边界层流动。在这种情况下,压力张量的一个重要元素是 $P_{yx} = P_{xy} = \rho\langle C_x' C_y' \rangle$,对应于由于分子热运动而在 y 方向上携带的 x 方向动量通量。平均而言,面向壁面运动的分子($-y$)携带的 x 方向动量比背向壁面运动的分子($+y$)携带的 x 方向动量更多,从而形成了面向壁面运动的动量净输运。这种动量输运完全是分子相对于宏观流体运动的结果。

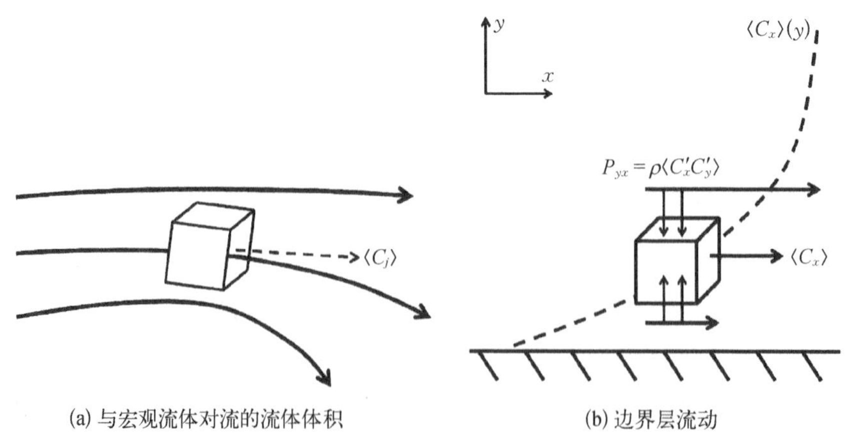

图5.2 相对于宏观流体速度的分子热运动引起的动量传递

确定动量方程[式(5.4)]整个右侧的完整压力张量,由下式给出:

$$P_{ij}^{\mathrm{T}} = \begin{pmatrix} P_{xx} = \rho\langle C_x'^2\rangle & P_{yx} = \rho\langle C_x'C_y'\rangle & P_{zx} = \rho\langle C_x'C_z'\rangle \\ P_{xy} = P_{yx} & P_{yy} = \rho\langle C_y'^2\rangle & P_{zy} = \rho\langle C_y'C_z'\rangle \\ P_{xz} = P_{zx} & P_{yz} = P_{zy} & P_{zz} = \rho\langle C_z'^2\rangle \end{pmatrix} \tag{5.11}$$

这个张量给出了所有动量输运的基本描述,这些动量输运源于相对于宏观流体运动的分子热运动,并且由于其中的平均值是由任意速度分布函数得到,所以该张量对于任何程度的非平衡气体都是通用的。

同样,可以定义**热流矢量**为

$$q_j \equiv \frac{1}{2}\rho\langle C_j'C'^2\rangle = \frac{1}{2}\rho\langle C_j'(C_x'^2 + C_y'^2 + C_z'^2)\rangle \tag{5.12}$$

注意,压力张量出现在动量方程[式(5.4)]中,而它和热流矢量都出现在能量方程[式(5.5)]中。

现在可以将这种分子描述(即通过对玻尔兹曼方程取矩得到的守恒方程)与经典的宏观 Navier - Stokes 方程进行比较。首先分离出压力张量的各向同性部分,并定义标量压力为

$$p \equiv \frac{1}{3}\rho\langle C'^2\rangle = \frac{1}{3}\rho(\langle C_x'^2\rangle + \langle C_y'^2\rangle + \langle C_z'^2\rangle) \tag{5.13}$$

它是压力张量三个对角项(各向同性项)的平均值。根据标量压力的定义,将压力张量的剩余部分(各向异性项)称为黏性应力张量:

$$\tau_{ij} \equiv -(\rho\langle C_i'C_j'\rangle - \delta_{ij}p) \tag{5.14}$$

其中,δ_{ij}是 Kronecker 符号。在本章的后部分,将在近平衡速度分布函数的极限下,把 q_j 和 τ_{ij}与温度和宏观速度的梯度相关联;然而式(5.12)和式(5.14)中的定义没有这样的假设。

由于与分子热运动相关联的单位质量平均平动能为 $e_{\mathrm{tr}} = \frac{1}{2}\langle C'^2\rangle$ [式(1.5)、式(1.6)和式(1.12)],因此式(5.13)中定义的标量压力与 e_{tr}直接相关,即

$$p = \frac{2}{3}\rho e_{\mathrm{tr}} \tag{5.15}$$

最后,可以将标量压力的分子定义与公认的经验理想气体定律($p = \rho RT$)进行比较,以确定经典参量 T 与分子参量之间的关系。对比得到的结果为

$$\frac{3}{2}RT = e_{\text{tr}} = \frac{1}{2}\langle C'^2 \rangle \tag{5.16}$$

这表明理想气体定律中的温度只是与分子热运动相关联的单位质量平均动能，称之为**平动**温度，即

$$T_{\text{tr}} = \frac{\langle C'^2 \rangle}{3R} = \frac{m}{3k}(\langle C_x^2 \rangle + \langle C_y^2 \rangle + \langle C_z^2 \rangle - \langle C_x \rangle^2 - \langle C_y \rangle^2 - \langle C_z \rangle^2) \tag{5.17}$$

它与速度分布函数的方差成比例。

对于理想气体定律，可以更具体地写为

$$p = \rho R T_{\text{tr}} \tag{5.18}$$

这个表达式清晰表明，标量压力的定义量与**平动**温度（即分子的质心运动）有关，而与分子内部储存的内能无关。这对于处于热力学非平衡状态的气体很重要，而这一状态的特征是每个内能模式（平动模式、转动模式和振动模式）的温度不同。与包含在控制体（第1章）中的平衡气体的理想气体定律的公式不同，式（5.18）对于任何程度的非平衡（任何局部 VDF）稀疏气体中的任何点都通用。对于高度非平衡流，如自由分子流或激波内部，参量 p 和 T_{tr} 可能失去其直观意义；然而，它们之间的一般关系[式（5.18）]仍然成立。

在前面与理想气体定律的比较中，比气体常数 R 被视为分子参量和经典参量定义之间的换算因子[式（5.16）]。事实上，两个基本的换算因子是玻尔兹曼常量，$k = 1.380\,65 \times 10^{-23}$ J/K，以及 1 kmol 气体中分子的阿伏伽德罗常量，$\hat{N} = 6.022\,14 \times 10^{26} \frac{\text{分子数}}{\text{kmol}}$。这些常数结合起来给出 $R = \hat{R}/M_{\text{w}}$，其中 $\hat{R} = k\hat{N}$ 是普适气体常数，$M_{\text{w}} = m\hat{N}$ 是与质量为 m 的分子相对应的分子量。这样，可以将 R、$\hat{R}$ 和 k 分别视为每单位质量气体、每 kmol 气体和每个粒子的相同换算因子。

最后，对于单原子简单气体，使用焓的定义（$h \equiv e_{\text{tr}} + p/\rho$），可将守恒方程[式（5.3）~式（5.5）]写成如下形式：

$$\frac{\partial \rho}{\partial t} + \frac{\partial}{\partial x_j}[\rho \langle C_j \rangle] = 0 \tag{5.19}$$

$$\frac{\partial}{\partial t}[\rho \langle C_i \rangle] + \frac{\partial}{\partial x_j}[\rho \langle C_i \rangle \langle C_j \rangle] = -\frac{\partial p}{\partial x_i} + \frac{\partial \tau_{ij}}{\partial x_j} \tag{5.20}$$

$$\frac{\partial}{\partial t}\left[\rho e_{\mathrm{tr}} + \frac{1}{2}\rho\langle C^2\rangle\right] + \frac{\partial}{\partial x_j}\left\{\rho\langle C_j\rangle\left[h + \frac{1}{2}\langle C\rangle^2\right]\right\}$$

$$= \frac{\partial}{\partial x_j}[\tau_{jk}\langle C_k\rangle - q_j] \tag{5.21}$$

同样,用随体导数来重写动量和能量守恒方程,有

$$\rho\frac{\mathrm{D}\langle C_i\rangle}{\mathrm{D}t} = -\frac{\partial p}{\partial x_i} + \frac{\partial \tau_{ij}}{\partial x_j} \tag{5.22}$$

$$\rho\frac{\mathrm{D}}{\mathrm{D}t}\left[h + \frac{1}{2}\langle C\rangle^2\right] = \frac{\partial p}{\partial t} + \frac{\partial}{\partial x_j}[\tau_{jk}\langle C_k\rangle - q_j] \tag{5.23}$$

根据分子参量与经典宏观气体性质之间的定义关系,除输运项外,上述守恒方程与 Navier - Stokes 方程完全一致。5.3 节将重点分析涉及 q_j 和 τ_{ij}的输运项。

5.3　Chapman - Enskog 分析和输运特性

Chapman 和 Enskog 独立地对非平衡气体动力学理论作出了重大贡献,他们的方法通常称为 Chapman - Enskog 分析,在 Chapman 和 Cowling(1952)的书中做了描述。数学分析确定了将玻尔兹曼方程简化为 Navier - Stokes 方程的精确速度分布函数。Grad(1963)提出了另外一种可以得到相同结果的方法。这种连接玻尔兹曼方程和 Navier - Stokes 方程的数学框架,提供了将原子间作用力与黏性系数、热传导系数和扩散系数联系起来的理论。Chapman - Enskog 分析严格验证了牛顿和傅里叶输运模型,这两种模型分别将剪切应力张量和热流矢量与速度和温度梯度的线性函数联系起来。最值得注意的是,Chapman - Enskog 分析对这些输运模型的精度建立了定量限制,进而对非平衡流的 Navier - Stokes 方程的精度建立了定量限制。本节中将描述 Chapman - Enskog 分析过程,并给出与混合气体可压缩 Navier - Stokes 方程相关的主要结果。

5.3.1　BGK 方程分析

首先,将 Chapman - Enskog 分析应用于 Bhatnagar、Gross 和 Krook (1954)提出的玻尔兹曼方程的简化形式。与完整玻尔兹曼方程相比,该方程的分析涉及较少,但过程相同、结果极其相似。

BGK 模型用分布函数的各向同性弛豫项来代替完整的碰撞积分[式(1.76)]:

$$\left[\frac{\partial}{\partial t}(nf)\right]_{\text{coll}} = n\nu(f_0 - f) \tag{5.24}$$

并将玻尔兹曼方程[式(1.77)]简化为

$$\frac{\partial}{\partial t}(nf) + C_j\frac{\partial}{\partial x_j}(nf) = n\nu(f_0 - f) \tag{5.25}$$

其中忽略了由电场或重力场等引起的作用于粒子的外力。这里遵循 Vincenti 和 Kruger(1967)中给出的相同标记法和推导步骤,其中也包括分析中的外力项。在本章的其余部分,将式(5.25)称为"BGK 方程"。在该方程中,ν 是指定的碰撞速率,n 是数密度,f 是速度分布函数(VDF),而变量 f_0 是需要进一步讨论才能正确定义的平衡 VDF。从本质上而言,BGK 碰撞算子是将 f 按指定的碰撞率 ν 向 f_0 弛豫。通常,ν 被表示为局部平均值的函数,例如 n 和可能的 T;因此,ν 仅为 x、y 和 z 的函数,即 $\nu=\nu(x, y, z)$。由于 ν 不是 C_j 的函数,因此 BGK 碰撞算子以相同的速率弛豫全部 VDF。

在 BGK 模型中,f_0 由麦克斯韦-玻尔兹曼速度分布[式(1.112)]定义,用局部平均值 $\langle C_j\rangle$ 和 $\langle C'^2\rangle$ 表示为

$$f_0 \equiv \left(\frac{3}{2\pi\langle C'^2\rangle}\right)^{3/2}\exp\left\{-\frac{3}{2\langle C'^2\rangle}\left[(C_x-\langle C_x\rangle)^2+(C_y-\langle C_y\rangle)^2+(C_z-\langle C_z\rangle)^2\right]\right\} \tag{5.26}$$

其中,

$$\langle C'^2\rangle = \int_{-\infty}^{+\infty} C'^2 f\mathrm{d}C \tag{5.26a}$$

$$\langle C_j\rangle = \int_{-\infty}^{+\infty} C_j f\mathrm{d}C \tag{5.26b}$$

该平衡分布(f_0)是定义在流场中任意给定点的局部平衡分布函数,该点的局部 VDF 用 f 表示。通过方程结构可知,在平衡极限下由 BGK 方程[式(5.25)]有 $f=f_0$。另外,通过对式(5.25)取矩发现,根据 f_0 的定义,$Q=m$、mC_j、$1/2mC^2$ 的 $\Delta[Q]=0$。具体而言,

$$\Delta[Q = m] = mnv\left[\int_{-\infty}^{+\infty} f_0 \mathrm{d}C - \int_{-\infty}^{+\infty} f \mathrm{d}C\right] = mnv[1 - 1] = 0 \tag{5.27}$$

$$\begin{aligned}\Delta[Q = mC_j] &= mnv\left[\int_{-\infty}^{+\infty} C_j f_0 \mathrm{d}C - \int_{-\infty}^{+\infty} C_j f \mathrm{d}C\right] \\ &= mnv[\langle C_j\rangle - \langle C_j\rangle] = 0\end{aligned} \tag{5.28}$$

$$\begin{aligned}\Delta\left[Q = \frac{1}{2}mC^2\right] &= \frac{1}{2}mnv\left[\int_{-\infty}^{+\infty} (C_j' + \langle C_j\rangle)^2 f_0 \mathrm{d}C - \int_{-\infty}^{+\infty} (C_j' + \langle C_j\rangle)^2 f \mathrm{d}C\right] \\ &= \frac{1}{2}mnv[\langle C'^2\rangle - \langle C'^2\rangle] = 0\end{aligned} \tag{5.29}$$

因此,通过计算 BGK 方程的矩,得到了与方程(5.3)~方程(5.5)相同的守恒方程。如果 f 等于流场中任何地方的 f_0,则守恒方程可简化为欧拉方程(参考 1.3.7 小节)。如果 f 不等于 f_0,则出现在热流矢量[式(5.12)]和剪切应力张量[式(5.14)]中的平均值不为零,需要对局部分布函数 f 进行完全积分。因此,守恒方程将包含输运项。现在使用 Chapman - Enskog 分析精确地确定能将守恒方程简化为满足牛顿和傅里叶输运模型的 Navier - Stokes 方程的 f 的表达式。这一分析将遵循 Vincenti 和 Kruger(1967)的推导过程和标记法。

首先,用参考值(下标 r)和参考长度(L)对式(5.25)中的变量进行无量纲化:

$$\hat{C}_j = \frac{C_j}{C_r},\ \hat{x}_j = \frac{x_j}{L},\ \hat{t} = \frac{t}{L/C_r},\ \hat{v} = \frac{v}{v_r},\ \hat{n} = \frac{n}{n_r},\ \hat{f} = \frac{f}{1/C_r^3} \tag{5.30}$$

例如,n_r、C_r 和 v_r 可以选择为自由流区域中的数密度、平均热运动速率和模拟碰撞速率。它们的精确值并不重要,选择它们只是为了使无量纲变量是 1 的量级。BGK 方程的无量纲形式变成

$$\xi\left[\frac{\partial}{\partial \hat{t}}(\hat{n}\hat{f}) + \hat{C}_j\frac{\partial}{\partial \hat{x}_j}(\hat{n}\hat{f})\right] = \hat{n}\hat{v}(\hat{f}_0 - \hat{f}) \tag{5.31}$$

其中,

$$\xi \equiv \frac{C_r}{Lv_r} \tag{5.32}$$

在式(5.31)中,除了 ξ,其他所有变量和所有项都是 1 的量级,而 ξ 也可以用更具物理意义的方式表示,即

$$\xi=\left(\frac{C_{\mathrm{r}}}{\langle C\rangle}\right)\left(\frac{1/v_{\mathrm{r}}}{L/\langle C\rangle}\right)\approx\frac{\text{平均碰撞时间}}{\text{流动特征时间}}\tag{5.33}$$

或者等价地，利用式(1.22)中碰撞频率和平均自由程之间的关系，可以写出

$$\xi=\frac{C_{\mathrm{r}}}{\sqrt{8kT/\pi m}}\frac{\lambda_{\mathrm{r}}}{L}\approx\frac{\text{平均自由程}}{\text{特征长度}}=Kn\tag{5.34}$$

通常，对于近平衡条件 $\xi\approx Kn\ll1$ 和平衡极限(即 $f\to f_0$)，从式(5.31)可以明显看出 $\xi\to0$。Chapman - Enskog 分析利用此结果来确定 f 的表达式，使式(5.3)~式(5.5)简化为近平衡极限下的 Navier - Stokes 方程。具体地说，对于小的 ξ 值，将 f 写成关于平衡 VDF(f_0)的展开式，即

$$\hat{f}=\hat{f}_0(1+\xi\phi_1+\xi^2\phi_2+\cdots)\tag{5.35}$$

将此展开式代入式(5.31)，并忽略所有高阶项[$O(\xi^2)$及更高阶项]，得出

$$\xi\left[\frac{\partial}{\partial\hat{t}}(\hat{n}\hat{f}_0)+\widehat{C}_j\frac{\partial}{\partial\hat{x}_j}(\hat{n}\hat{f}_0)\right]=-\hat{n}\hat{v}\hat{f}_0\xi\phi_1\tag{5.36}$$

使用式(5.30)中定义的量，f_0、T_{tr}和理想气体定律的无量纲形式为

$$\hat{f}_0=\frac{1}{(2\pi\widehat{T}_{\mathrm{tr}}C_{\mathrm{r}}^2)^{3/2}}\mathrm{e}^{-(\widehat{C}_i-\langle\widehat{C}_i\rangle)^2/2\widehat{T}_{\mathrm{tr}}}\tag{5.37}$$

及

$$\widehat{T}_{\mathrm{tr}}=\frac{T_{\mathrm{tr}}}{mC_{\mathrm{r}}^2/k},\quad\hat{p}=\frac{p}{n_{\mathrm{r}}mC_{\mathrm{r}}^2}=\hat{n}\widehat{T}_{\mathrm{tr}}\tag{5.38}$$

式中，p 和 T_{tr}分别由式(5.13)和(5.17)定义，其中的平均值是对局部速度分布函数完全积分得到的。根据前面对$\hat{f}_0$的定义，寻找满足式(5.36)的 ϕ_1 的表达式。注意，对于推导过程的后续部分，为了方便起见，将删除无量纲符号“^”。

要计算式(5.36)中的偏导数项，可以用以下方式重写 f_0 的函数依赖性：

$$f_0=f_0(x_j,t)=f_0(\langle C_i\rangle(x_j,t),T_{\mathrm{tr}}(x_j,t))=f_0(\langle C_i\rangle,T_{\mathrm{tr}})\tag{5.39}$$

则偏导数变成

$$\frac{\partial}{\partial t}(nf_0)=\left[\frac{\partial(nf_0)}{\partial n}\right]\frac{\partial n}{\partial t}+\left[\frac{\partial(nf_0)}{\partial\langle C_i\rangle}\right]\frac{\partial\langle C_i\rangle}{\partial t}+\left[\frac{\partial(nf_0)}{\partial T_{\mathrm{tr}}}\right]\frac{\partial T_{\mathrm{tr}}}{\partial t}\tag{5.40}$$

$$\frac{\partial}{\partial x_j}(nf_0)=\left[\frac{\partial(nf_0)}{\partial n}\right]\frac{\partial n}{\partial x_j}+\left[\frac{\partial(nf_0)}{\partial\langle C_i\rangle}\right]\frac{\partial\langle C_i\rangle}{\partial x_j}+\left[\frac{\partial(nf_0)}{\partial T_{\mathrm{tr}}}\right]\frac{\partial T_{\mathrm{tr}}}{\partial x_j} \tag{5.41}$$

使用式(5.37),可以直接计算各导数如下:

$$\left[\frac{\partial(nf_0)}{\partial n}\right]=f_0 \tag{5.42}$$

$$\left[\frac{\partial(nf_0)}{\partial\langle C_i\rangle}\right]=nf_0\left[\frac{1}{T_{\mathrm{tr}}}(C_i-\langle C_i\rangle)\right]=nf_0\frac{C'_i}{T_{\mathrm{tr}}} \tag{5.43}$$

$$\left[\frac{\partial(nf_0)}{\partial T_{\mathrm{tr}}}\right]=nf_0\left(\frac{C_i'^2}{2T_{\mathrm{tr}}^2}-\frac{3}{2T_{\mathrm{tr}}}\right) \tag{5.44}$$

然后通过假设高阶项在近平衡条件下可以忽略[$O(\xi^2)$和更高阶项],利用 Chapman－Enskog 分析求解扰动项 ϕ_1。具体地说,将式(5.40)和(5.41)代入式(5.36)得到

$$\begin{aligned}-nf_0v\xi\phi_1=&\left[\frac{\partial(nf_0)}{\partial n}\right]\xi\left(\frac{\partial n}{\partial t}+C_j\frac{\partial n}{\partial x_j}\right)\\&+\left[\frac{\partial(nf_0)}{\partial\langle C_i\rangle}\right]\xi\left(\frac{\partial\langle C_i\rangle}{\partial t}+C_j\frac{\partial\langle C_i\rangle}{\partial x_j}\right)\\&+\left[\frac{\partial(nf_0)}{\partial T_{\mathrm{tr}}}\right]\xi\left(\frac{\partial T_{\mathrm{tr}}}{\partial t}+C_j\frac{\partial T_{\mathrm{tr}}}{\partial x_j}\right)\end{aligned} \tag{5.45}$$

接下来,平均速度和热运动速度[式(5.2)]的定义可以与对任何程度的非平衡都有效的守恒方程[式(5.3)~式(5.5)或其等价形式式(5.19)~式(5.21)]结合起来,以简化上面花括号中包含的表达式。目前需要注意的是,热流矢量和剪切应力张量(q_i 和 τ_{ij})已经与 ξ 成正比,因此在式(5.45)中将与 ξ^2 成正比,而由于本分析中使用的是一阶展开,这些高阶项可以忽略不计。使用守恒方程消除式(5.45)中的时间导数,并进一步使用式(5.42)~式(5.44),得出以下表达式:

$$\begin{aligned}-nf_0v\phi_1=&f_0\left(-n\frac{\partial\langle C_j\rangle}{\partial x_j}+C'_j\frac{\partial n}{\partial x_j}\right)\\&+nf_0\frac{C'_i}{T_{\mathrm{tr}}}\left(-\frac{\partial T_{\mathrm{tr}}}{\partial x_i}-\frac{T_{\mathrm{tr}}}{n}\frac{\partial n}{\partial x_i}+C'_j\frac{\partial\langle C_i\rangle}{\partial x_j}\right)\end{aligned}$$

$$+ nf_0 \frac{C_i'C_i'}{2T_{\mathrm{tr}}^2}\left(-\frac{2T_{\mathrm{tr}}}{3}\frac{\partial\langle C_j\rangle}{\partial x_j} + C_j'\frac{\partial T_{\mathrm{tr}}}{\partial x_j}\right)$$

$$- nf_0 \frac{3}{2T_{\mathrm{tr}}}\left(-\frac{2T_{\mathrm{tr}}}{3}\frac{\partial\langle C_j\rangle}{\partial x_j} + C_j'\frac{\partial T_{\mathrm{tr}}}{\partial x_j}\right) \tag{5.46}$$

取消一些项后得到 ϕ_1 的显式表达式为

$$-\phi_1 = \frac{1}{vT_{\mathrm{tr}}}\left(C_i'C_j'\frac{\partial\langle C_i\rangle}{\partial x_j} - \frac{C_i'C_i'}{3}\frac{\partial\langle C_j\rangle}{\partial x_j}\right)$$

$$- \frac{1}{vT_{\mathrm{tr}}}\left(C_i'\frac{\partial T_{\mathrm{tr}}}{\partial x_i} - \frac{C_j'C_i'C_i'}{2T_{\mathrm{tr}}}\frac{\partial T_{\mathrm{tr}}}{\partial x_j} + C_j'\frac{3}{2}\frac{\partial T_{\mathrm{tr}}}{\partial x_j}\right) \tag{5.47}$$

最后,回顾前文可知上述方程是基于无量纲量的,为方便起见,省略了符号“^”。换算成有量纲量,可以用如下紧致表达式写出一阶扰动的 VDF:

$$f = f_0(1 + \xi\phi_1) \tag{5.48}$$

其中,

$$\phi_1 = -\frac{1}{\xi v}\left[C_j'\left(\frac{mC'^2}{2kT_{\mathrm{tr}}} - \frac{5}{2}\right)\frac{\partial}{\partial x_j}(\ln T_{\mathrm{tr}}) + \frac{m}{kT_{\mathrm{tr}}}\left(C_i'C_j' - \frac{C'^2}{3}\delta_{ij}\right)\frac{\partial\langle C_i\rangle}{\partial x_j}\right] \tag{5.49}$$

式(5.49)表示平衡速度分布函数(f_0)的一阶扰动,其中偏离平衡的项与温度和宏观速度的局部梯度成正比。

进一步来看,实际上可以根据局部**梯度长度 *Kn*** 数写出 f。结合第 1 章中的式(1.118)、式(1.119)和式(1.143),可以根据最概然热运动速率 C_{mp} 和碰撞速率写出平均自由程,即

$$\lambda = \frac{1}{v}\sqrt{\frac{8kT}{\pi m}} = \frac{2}{\sqrt{\pi}}\frac{C_{\mathrm{mp}}}{v} \tag{5.50}$$

此外,可以定义一个局部速度比,即

$$s_i \equiv \frac{\langle C_i\rangle}{C_{\mathrm{mp}}} = \sqrt{\frac{\gamma}{2}}\frac{\langle C_i\rangle}{a} = \sqrt{\frac{\gamma}{2}}M_i \tag{5.51}$$

式中,a 是比热容比为 γ 的气体中的局部声速,因此 M_i 是对应于 x_i 方向宏观速度分量的局部马赫数。将上述表达式与式(5.49)中 f 的解结合起来,得到

$$f = f_0\left\{1 - \frac{\sqrt{\pi}}{2}\frac{C'_j}{C_{\text{mp}}}\left(\frac{C'^2}{C_{\text{mp}}^2} - \frac{5}{2}\right)Kn_{\text{GL-}T_{\text{tr}}} - \sqrt{\pi}\left(\frac{C'_iC'_j}{C_{\text{mp}}^2} - \frac{1}{3}\frac{C'^2}{C_{\text{mp}}^2}\delta_{ij}\right)(sKn_{\text{GL-}\langle C\rangle})_i\right\} \tag{5.52}$$

其中，定义的局部梯度长度 Kn 数为

$$Kn_{\text{GL-}Q} \equiv \lambda\left(\frac{1}{Q}\frac{\partial Q}{\partial x_j}\right) \tag{5.53}$$

其中，Q 为宏观流动变量。

这一结果意义深刻，因为它表明扰动项与 $Kn_{\text{GL-}T_{\text{tr}}}$ 和 $M_iKn_{\text{GL-}\langle C\rangle}$ 成正比。对于 λ 较小且梯度相对较弱的流动区域，这些项将变小，所以忽略高阶项的假设是准确的。因此，式(5.52)给出了确定 Navier - Stokes 方程精度极限的定量方法。梯度长度 Kn 数可以看作是宏观流动变量在一个平均自由程尺度上发生的变化百分比。例如，对于 $|Kn_{\text{GL-}Q}| < 0.05$ 的流动区域，已证实 Navier - Stokes 方程提供了精确的模型，而在 $|Kn_{\text{GL-}Q}| > 0.05$ 的流动区域，Navier - Stokes 方程的解与使用 DSMC 的玻尔兹曼方程的解之间存在明显的差异(Boyd et al., 1995; Wang and Boyd, 2003; Schwartzentruber and Boyd, 2006; Schwartzentruber et al., 2007, 2008a, 2008b, 2008c)。接下来，采用分析法将这种偏离平衡的现象与 Navier - Stokes 方程中的输运项进行关联。

综上所述，f[式(5.48)和式(5.49)]和 f_0[式(5.26)]可代入式(5.25)中，并取所得方程的矩。如式(5.27)~式(5.29)所述，通过构造 BGK 碰撞算子(即 f_0 的定义)，碰撞算子的矩将消失。此外，取矩后的剩余项简化为守恒方程，如式(5.3)~式(5.5)所示。所得守恒方程中的所有项都可以用宏观速度[式(5.2)]、标量压力[式(5.13)]和平动温度[式(5.17)]来表示，但涉及式(5.12)和式(5.14)中定义的 q_j 和 τ_{ij} 的输运项除外。现在可以用 f 的结果来确定输运项并完成分析。

具体而言，通过对速度分布函数 f 进行完全积分，对式(5.12)和(5.14)中的平均值进行计算，得出

$$\begin{aligned}\tau_{ij} &= -\left[\int_{-\infty}^{+\infty} mnC'_iC'_j(1 + \xi\phi_1)f_0\mathrm{d}C - p\delta_{ij}\right] \\ &= -\xi mn\int_{-\infty}^{+\infty} C'_iC'_j\phi_1 f_0\mathrm{d}C\end{aligned} \tag{5.54}$$

$$q_i = \xi mn \int_{-\infty}^{+\infty} \frac{1}{2} C_i' C'^2 \phi_1 f_0 \mathrm{d}C \tag{5.55}$$

如前所述,这两个量与 ξ 成正比,通过替换扰动项 ϕ_1[式(5.49)],经过若干步骤,可以获得剪切应力张量和热流矢量的如下解析表达式:

$$\tau_{ij} = \frac{nkT_{\mathrm{tr}}}{v}\left(\frac{\partial\langle C_i\rangle}{\partial x_j} + \frac{\partial\langle C_j\rangle}{\partial x_i} - \frac{2}{3}\frac{\partial\langle C_k\rangle}{\partial x_k}\delta_{ij}\right) \tag{5.56}$$

$$q_i = -\frac{5}{2}\frac{k}{m}\frac{nkT_{\mathrm{tr}}}{v}\frac{\partial T_{\mathrm{tr}}}{\partial x_i} \tag{5.57}$$

这些表达式与牛顿和傅里叶输运模型下的 Navier - Stokes 方程中出现的剪切应力张量和热流矢量相同,因而,现在已经导出了黏性系数(μ)和热传导系数(κ)。通过与牛顿和傅里叶输运模型进行比较,BGK 方程的输运系数为

$$\mu^{\mathrm{BGK}} = \frac{nkT_{\mathrm{tr}}}{v} \tag{5.58}$$

$$\kappa^{\mathrm{BGK}} = \frac{5}{2}\left(\frac{k}{m}\right)\frac{nkT_{\mathrm{tr}}}{v} \tag{5.59}$$

这些结果类似第 1 章[式(1.34)和(1.36)]推导出的结果,但是,通过进行 Chapman - Enskog 分析,不再有未知系数。相反,输运项和输运系数完全根据牛顿和傅里叶方程中的碰撞算子(在本例中为 BGK 算子)来确定。BGK 模型预测的普朗特数($Pr \equiv c_{\mathrm{p}}\mu/\kappa$)是 1。这是 BGK 碰撞算子的一个众所周知的缺陷,因为对于大多数单原子气体,$Pr \approx 2/3$。值得注意的是,有一些“扩展”的 BGK 方程,使得 Pr 数更具普遍性,从而得到更为真实的 Pr 数[最初由 Gross 和 Jackson(1959)讨论,在当前文献中有许多变体]。读者可参考文献了解此类模型。

5.3.2 玻尔兹曼方程分析

Chapman - Enskog 分析应用于完整的牛顿和傅里叶碰撞积分[式(1.77)]的过程,与上述分析应用于 BGK 方程的过程几乎相同。事实上,结果只在 f 的表达式中出现的系数的值和输运属性的系数有所不同。而对于 BGK 碰撞算子,系数可以解析地确定,当包含完整牛顿和傅里叶碰撞积分时,系数成为积分表达式,没有封闭解。用于推导这些系数表达式的数学过程可在 Chapman 和 Cowling(1952)的书中找到,也在 Vincenti 和 Kruger(1967)的书中第 10 章给出。本节将

总结这一过程，并使用 Vincenti 和 Kruger(1967) 的标记法和推导过程给出主要结果。

牛顿和傅里叶方程[式(1.77)]可以使用式(5.30)中的量进行无量纲化，但是在这里是用参量 $ng\sigma$ 来无量纲化由参考碰撞速率 v_r 正则化的量。替换一阶扰动麦克斯韦-玻尔兹曼 VDF[式(5.35)]得到与式(5.36)相似的如下表达式：

$$\xi\left[\frac{\partial}{\partial \hat{t}}(\hat{n}\hat{f}_0)+\hat{C}_j\frac{\partial}{\partial \hat{x}_j}(\hat{n}\hat{f}_0)\right]$$

$$=\xi\int_{-\infty}^{+\infty}\int_0^{4\pi}\hat{n}^2[\phi_1(\hat{C}_i^*)-\phi_1(\hat{C}_i)+\phi_1(\hat{Z}_i^*)$$

$$-\phi_1(\hat{Z}_i)]f_0(C_i)f_0(Z_i)\hat{g}\hat{\sigma}\mathrm{d}\Omega\mathrm{d}\hat{Z} \tag{5.60}$$

使用与式(5.35)~式(5.49)相同的步骤，守恒方程可用于简化此表达式，且 ϕ_1 的结果类似于式(5.49)中的 BGK 结果。具体地说，对应于玻尔兹曼方程的结果变成

$$nf_0\left[C_j'\left(\frac{mC'^2}{2kT_{\mathrm{tr}}}-\frac{5}{2}\right)\frac{\partial}{\partial x_j}(\ln T_{\mathrm{tr}})+\frac{m}{kT_{\mathrm{tr}}}\left(C_i'C_j'-\frac{C'^2}{3}\delta_{ij}\right)\frac{\partial\langle C_i\rangle}{\partial x_j}\right]$$

$$=\xi\int_{-\infty}^{+\infty}\int_0^{4\pi}n^2[\phi_1(C_i^*)-\phi_1(C_i)+\phi_1(Z_i^*)$$

$$-\phi_1(Z_i)]f_0(C_i)f_0(Z_i)g\sigma\mathrm{d}\Omega\mathrm{d}Z \tag{5.61}$$

此前由 BGK 碰撞算子得到了 ϕ_1 的显式表达式[式(5.49)]，而式(5.61)中 ϕ_1 出现在碰撞积分项内。由于这个原因，从数学上求得函数 ϕ_1 的解更加困难。然而，可以推断(并通过替换)ϕ_1 的函数形式保持不变。具体地说，即

$$\phi_1=-\frac{1}{\xi n}\left[\sqrt{\frac{2kT_{\mathrm{tr}}}{m}}A_j\frac{\partial}{\partial x_j}(\ln T_{\mathrm{tr}})+B_{jk}\frac{\partial\langle C_j\rangle}{\partial x_k}+\Gamma\right] \tag{5.62}$$

其中，系数 A_j、B_{jk} 和 Γ 是 C_i 和 T_{tr} 的未知函数。这些系数具有复杂的积分约束，必须满足式(5.61)。Chapman 和 Enskog 利用函数 ϕ_1 的 Sonine 多项式展开发展了一种近似求解方法。这种特殊的展开式收敛迅速，即使只保留第一项，也能得到精确解。系数 A_j、B_{jk} 和 Γ 的表达式的推导可在 Chapman 和 Cowling(1952)的书中以及 Vincenti 和 Kruger(1967)书中的第 10 章找到。

在确定系数后,可得到 ϕ_1 的最终解。将所得到的 ϕ_1 的表达式用于计算剪切应力张量[式(5.54)]和热流矢量[式(5.55)]时,得到牛顿和傅里叶模型:

$$\tau_{ij}=\mu\left(\frac{\partial\langle C_i\rangle}{\partial x_j}+\frac{\partial\langle C_j\rangle}{\partial x_i}-\frac{2}{3}\frac{\partial\langle C_k\rangle}{\partial x_k}\delta_{ij}\right) \tag{5.63}$$

$$q_i=-\kappa\frac{\partial T_{\mathrm{tr}}}{\partial x_i} \tag{5.64}$$

所得到的输运表达式与 BGK 方程[式(5.56)和式(5.57)]的导出表达式相同,只是系数不同。具体地说,只在 Sonine 多项式解中保留第一项,与完整玻尔兹曼方程相对应的"第一近似"的黏性系数和热传导系数的最终表达式变为

$$\mu=\frac{5}{8}\sqrt{\pi mkT_{\mathrm{tr}}}\left[\left(\frac{m}{4kT_{\mathrm{tr}}}\right)^4\int_0^{\infty}\int_0^{4\pi}g^7\mathrm{e}^{-(mg^2/4kT_{\mathrm{tr}})}\sin^2\chi\sigma\,\mathrm{d}\Omega\mathrm{d}g\right] \tag{5.65}$$

$$\kappa=\frac{15}{4}\left(\frac{k}{m}\right)\mu \tag{5.66}$$

现在普朗特数是 $Pr=2/3$,这在物理上是准确的。

最后,上述 μ 和 κ 的方程包括系数 A_j 和 B_{jk} 中出现的积分表达式。这使得式(5.62)和最终的 Chapman – Enskog VDF 可以直接根据剪切应力张量和热流矢量写出。遵循 Garcia 和 Alder(1998)的标记法,Chapman – Enskog VDF 通常可以写成

$$f(\mathcal{C})=f_0(\mathcal{C})[1+\Phi(\mathcal{C})] \tag{5.67}$$

其中,

$$\begin{aligned}\Phi(\mathcal{C})&=\xi\phi_1(\mathcal{C})\\&=\frac{1}{p}\left[\sqrt{\frac{2m}{kT_{\mathrm{tr}}}}(q_x\mathcal{C}_x+q_y\mathcal{C}_y+q_z\mathcal{C}_z)\left(\frac{2}{5}\mathcal{C}^2-1\right)\right]\\&\quad-\frac{2}{p}\left[\tau_{xy}\mathcal{C}_x\mathcal{C}_y+\tau_{xz}\mathcal{C}_x\mathcal{C}_z+\tau_{yz}\mathcal{C}_y\mathcal{C}_z+\frac{1}{2}\tau_{xx}(\mathcal{C}_x^2-\mathcal{C}_z^2)\right.\\&\quad\left.+\frac{1}{2}\tau_{yy}(\mathcal{C}_y^2-\mathcal{C}_z^2)\right]\end{aligned} \tag{5.68}$$

这里,热运动速度已经由最概然速度进行了正则化:

$$\mathcal{C} \equiv \frac{C'}{\sqrt{2kT_{tr}/m}} = \frac{C'}{C_{mp}} \tag{5.69}$$

由此有

$$f_0(\mathcal{C}) = \frac{1}{\pi^{3/2}} e^{-\mathcal{C}^2} \tag{5.70}$$

这类似于 BGK 方程的结果[式(5.48)和式(5.49)],其中只有梯度项前面的系数不同。因此,对应于完整的玻尔兹曼方程的 Chapman - Enskog VDF 中的扰动项,也与 $Kn_{GL-T_{tr}}$ 和 $(sKn_{GL-\langle C\rangle})_i$ 成正比。如同前一节所讨论过的,这对 Navier - Stokes 方程的精度提供了定量限制。

总之,将式(5.67)~式(5.70)中的近平衡速度分布函数代入玻尔兹曼方程后,玻尔兹曼方程的矩精确地简化为 Navier - Stokes 方程。所得方程中的动量和能量输运项具有牛顿和傅里叶形式,并确定了黏性系数和热传导系数的表达式。由此得到的输运系数表达式[式(5.65)和式(5.66)]是根据分子参数推导出来的,因此,Chapman - Enskog 分析确定了玻尔兹曼方程(分子描述)和 Navier - Stokes 方程(连续介质描述)之间严格的数学联系。我们注意到,本节中的方程是针对简单的单原子气体提出的。接下来我们将这些关系推广到混合气体。

5.3.3　混合气体分析

本节旨在给出适于多原子混合气体的 Chapman - Enskog 分析结果,建立玻尔兹曼方程和混合气体可压缩 Navier - Stokes 方程最常用形式之间的联系。所得方程给出了原子间势能函数如何用于计算碰撞截面定量描述,进而可用于计算混合气体连续介质描述中使用的黏性系数、热传导系数和扩散系数。正如后续将看到的那样,对于这种混合气体,在通常使用的 Navier - Stokes 方程形式中,有许多假设是固有的。在确定玻尔兹曼方程的数值解(使用 DSMC)和 Navier - Stokes 方程的数值解(使用 CFD)在近平衡流极限下的一致性时,本节提供的理论和方程是有用的。

混合气体的 Chapman - Enskog 分析过程,与前面章节中介绍的该方法在单原子简单气体的 BGK 和玻尔兹曼方程中的应用过程类似。这里只介绍混合气体的主要结果。Vincenti 和 Kruger(1967)、Chapman 和 Cowling(1952)以及 Hirschfelder、Curtiss、Bird 和 Mayer(1954)给出了更详细的推导。

对于稀疏混合气体,必须为每个组元 s 分别定义一个单独的速度分布函数

(f_s)，并且用一个独立的玻尔兹曼方程描述每个 f_s 的演化。与上述推导类似，可以确定每个玻尔兹曼方程的矩，并且将得到的每个组元的守恒方程相加，得到混合气体的动量和能量守恒方程。

在最终得到的方程组中出现了许多混合气体特性。组元 s 的**组元速度**向量定义为

$$\langle C_i \rangle_s \equiv \int_{-\infty}^{+\infty} C_i f_s \mathrm{d}C \tag{5.71}$$

定义**混合气体质量速度**(C_{0i})也很有用，即

$$\rho C_{0i} = \sum_s \rho_s \langle C_i \rangle_s \tag{5.72}$$

因为这个量经常出现在混合气体守恒方程中，所以最方便的方法是定义与混合气体质量速度相关的“特定”速度，即

$$C_i' \equiv C_i - C_{0i} \tag{5.73}$$

有了这个定义后，需要注意的是，不同于单一组元气体，该特定速度的平均值不再是零，称之为组元 s 的**扩散速度**，即

$$\langle C_i' \rangle_s = \langle C_i \rangle_s - C_{0i} \tag{5.74}$$

它直接出现在混合气体的守恒方程中。最后，请注意，尽管单个扩散速度不为零，但根据式(5.72)，所有扩散速度之和为零，这是质量守恒所要求的，即

$$\sum_s \rho_s \langle C_i' \rangle_s = 0 \tag{5.75}$$

对每个 f_s 对应的玻尔兹曼方程取矩，将方程求和，然后使用前面定义的混合气体参量，得到如下一组守恒方程：

$$\frac{\partial \rho_s}{\partial t} + \frac{\partial}{\partial x_j}[\rho_s C_{0j} + \rho_s \langle C_j' \rangle_s] = 0 \tag{5.76}$$

$$\rho \frac{\mathrm{D}C_{0i}}{\mathrm{D}t} = -\frac{\partial p}{\partial x_i} + \frac{\partial \tau_{ij}}{\partial x_j} \tag{5.77}$$

$$\rho \frac{\mathrm{D}}{\mathrm{D}t}\left(h + \frac{C_0^2}{2}\right) = \frac{\partial p}{\partial t} + \frac{\partial}{\partial x_j}[\tau_{kj} C_{0k} - q_j] \tag{5.78}$$

因此，方程组由每个组元的一个质量守恒方程、混合气体的三个动量方程(每个

坐标方向一个）和混合气体的一个能量方程组成。混合气体参量的进一步定义包括

$$n \equiv \sum n_s,\ \rho \equiv \sum \rho_s,\ h \equiv \sum h_s \tag{5.79}$$

$$\frac{3}{2}kT \equiv \frac{1}{n}\sum_s \frac{1}{2}n_s m_s \langle C'^2 \rangle_s \tag{5.80}$$

$$p \equiv \sum_s p_s \equiv \frac{1}{3}\sum_s n_s m_s \langle C'^2 \rangle_s = nkT \tag{5.81}$$

通过假设f_s是麦克斯韦-玻尔兹曼速度分布函数的一阶扰动，应用 Chapman - Enskog 分析，求解扰动ϕ_{1s}，并计算输运项，得到剪切应力张量和热流矢量[见式(5.77)和(5.78)]的如下表达式：

$$\tau_{ij} = \mu_{\text{mix}}\left(\frac{\partial C_{0i}}{\partial x_j} + \frac{\partial C_{0j}}{\partial x_i}\right) - \frac{2}{3}\mu_{\text{mix}}\frac{\partial C_{0k}}{\partial x_k}\delta_{ij} \tag{5.82}$$

$$q_i = -\kappa_{\text{mix}}\frac{\partial T}{\partial x_i} + \sum_s n_s h_s \langle C_i' \rangle_s + \underbrace{\frac{kT}{n}\sum_s \sum_{t\neq s}\frac{n_t D_s^{\text{T}}}{m_s \mathfrak{D}_{st}}(\langle C_i' \rangle_s - \langle C_i' \rangle_t)}_{\text{通常忽略}} \tag{5.83}$$

剪切应力张量具有与单组元气体相同的牛顿形式[式(5.63)]，其中混合气体质量速度梯度出现在表达式中，黏性系数是混合气体平均值，用μ_{mix}表示。与单一组元[式(5.64)]相似，热流矢量具有相同的傅里叶热流项，现在含有混合气体平均热传导系数，用κ_{mix}表示。然而，热流矢量有两个额外的能量输运项，这两个能量输运项来自组元扩散速度$\langle C_i' \rangle_s$。这些扩散速度也直接出现在组元质量守恒方程[式(5.76)]中。

由于扩散速度是相对于混合气体质量速度来定义的[式(5.74)]，因此组元之间存在固有的耦合。Chapman - Enskog 分析的结果表明，必须通过求解以下方程组（通常称为 Stefan - Maxwell 方程组）来确定扩散速度集：

$$\sum_t \frac{n_s n_t}{n^2 \mathfrak{D}_{st}}(\langle C_i' \rangle_t - \langle C_i' \rangle_s) = G_s \tag{5.84}$$

其中，

$$G_s = \frac{\partial}{\partial x_i}\left(\frac{n_s}{n}\right) + \underbrace{\left(\frac{n_s}{n} - \frac{\rho_s}{\rho}\right)\frac{\partial}{\partial x_i}(\ln p)}_{\text{通常忽略}} + \underbrace{K_s^{\mathrm{T}}\frac{\partial}{\partial x_i}(\ln T)}_{\text{通常忽略}} \tag{5.85}$$

该方程组确定了扩散速度$\langle C_i' \rangle_s$在一个恒定范围内可通过质量守恒(式(5.75))进行计算。此外,为每个组元对(s, t)定义的二元扩散系数($\mathfrak{D}_{st}$)和为每个组元s定义的热扩散系数(D_s^{T})现在出现在式(5.83)~式(5.85)中。系数K_s^{T}与组元热扩散系数有关[参考Hirschfelder等(1954)的式(8.1-3)]。此处,在没有推导的情况下给出了混合气体的上述表达式。这些表达式的严格推导包括所有系数,可以在Chapman和Cowling(1952)及Hirschfelder等(1954)的书中找到。

前面的表达式代表分子守恒方程,其中的输运项通过Chapman-Enskog分析在近平衡极限时进行计算,因此可直接与Navier-Stokes方程进行比较。与用于多组元流动的可压缩Navier-Stokes方程的最典型形式相比,许多项通常被忽略。例如,在式(5.85)中,通常忽略由含有系数K_s^{T}且与热扩散相关的温度梯度引起的强迫扩散速度。此外,压力梯度引起的强迫扩散速度也通常被忽略。如式(5.84)和式(5.85)所示,扩散速度由组元摩尔分数(n_s/n)的梯度和相关的二元扩散系数$\mathfrak{D}_{st}$给出。另外,热流矢量[式(5.83)]中包含热扩散系数的最后一项通常不出现在Navier-Stokes模型中。

5.3.4 多原子混合气体的一般输运属性

本章的目的是分析玻尔兹曼方程和最常用的Navier-Stokes方程在近平衡极限时的一致性。具体地说,给定一个含有描述分子相互作用参数的分子模型,本章中给出的方程可用于确定Navier-Stokes方程中出现的一组连续介质参数。这样,玻尔兹曼方程和Navier-Stokes方程的解在近平衡流的极限下确定是一致的。为保持简洁,不再分析前面方程中通常被忽略的项。相反,将完成式(5.76)~式(5.78)和式(5.82)~式(5.85)中所有剩余项和系数的分析。

具体地说,扩散速度$\langle C_i' \rangle_s$来自一组包含相关二元扩散系数$\mathfrak{D}_{st}$的组元摩尔分数梯度。这些扩散速度直接出现在组元质量守恒方程中。剪切应力张量具有可用混合气体质量速度梯度和黏性系数的混合平均值(μ_{mix})表示的牛顿形式。最后,热流矢量具有与温度梯度和热传导系数混合平均值(κ_{mix})成正比的傅里叶形式,其第二项对应于组元扩散通量和相对应的焓。现在进一步讨论每一项并给出所需输运系数的基于分子的表达式。

与单组元气体的表达式[式(5.65)和式(5.66)]类似,应用于混合气体的 Chapman - Enskog 分析得到输运系数的积分表达式。首先计算每个特定组元对 (i, j) 的二元输运系数,并通过辨认度高的二元系数平均值获得混合气体系数。二元黏性系数和二元扩散系数由下列两式给出:

$$\mu_{ij} = \frac{5}{8}\frac{kT}{\Omega^{(2,\,2)}} \tag{5.86}$$

和

$$\mathfrak{D}_{ij} = \frac{3}{16}\frac{kT}{nm_{\mathrm{r}}\Omega^{(1,\,1)}} \tag{5.87}$$

其中,Ω 为碰撞积分。

Ω 仅是输运系数表达式中出现的一个积分,其结果来自仅保留 Sonine 多项展开式第一项的 Chapman - Enskog 分析(先前在第5.3.2节中讨论)。碰撞积分的一般形式是

$$\Omega^{(l,\,s)} = \sqrt{\frac{kT}{2\pi m_{\mathrm{r}}}}\int_0^{+\infty} \mathrm{e}^{-\gamma^2}\gamma^{2s+3}Q^{(l)}\mathrm{d}\gamma \tag{5.88}$$

式中,$\gamma^2 \equiv \frac{1}{2}m_{\mathrm{r}}g^2/kT$;$m_{\mathrm{r}}$ 为折合质量,$m_{\mathrm{r}} = (m_i m_j)/(m_i + m_j)$。在碰撞积分中,$Q$ 代表"碰撞截面",通常写为

$$Q^{(l)} = \int_0^{4\pi}(1 - \cos^l\chi)\delta\mathrm{d}\Omega \tag{5.89}$$

式中,χ 是碰撞散射角;$\delta\mathrm{d}\Omega$ 是玻尔兹曼碰撞积分中出现的微分截面[参考式(1.69)和第1章中的相关讨论]。碰撞截面的物理意义将在5.4节详细讨论。此时,需要注意的是,每个碰撞截面、碰撞积分和二元输运系数[式(5.86)和式(5.87)]都是涉及组元 i 和 j 的碰撞对的特定量,并且相对速率 g 也是碰撞对的相对速率。

二元扩散系数$\mathfrak{D}_{ij}$[式(5.87)]可直接用于式(5.84)和式(5.85),用以计算组元守恒方程[式(5.76)]中需要的扩散速度。

如 Hirschfelder 等(1954)所述,混合气体黏性系数通过 Chapman - Enskog 分析确定给出,即

$$\mu_{\text{mix}} = \frac{\begin{vmatrix} H_{11} & H_{12} & H_{13} & \cdots & H_{1v} & \chi_1 \\ H_{12} & H_{22} & H_{23} & \cdots & H_{2v} & \chi_2 \\ H_{13} & H_{23} & H_{33} & \cdots & H_{3v} & \chi_3 \\ \vdots & \vdots & \vdots & & \vdots & \vdots \\ H_{1v} & H_{2v} & H_{3v} & \cdots & H_{vv} & \chi_v \\ \chi_1 & \chi_2 & \chi_3 & \cdots & \chi_v & 0 \end{vmatrix}}{\begin{vmatrix} H_{11} & H_{12} & H_{13} & \cdots & H_{1v} \\ H_{12} & H_{22} & H_{23} & \cdots & H_{2v} \\ H_{13} & H_{23} & H_{33} & \cdots & H_{3v} \\ \vdots & \vdots & \vdots & & \vdots \\ H_{1v} & H_{2v} & H_{3v} & \cdots & H_{vv} \end{vmatrix}} \tag{5.90}$$

其中，$s = 1, \cdots, v$ (v 是总的组元数)；χ_s 是摩尔分数，且有

$$H_{ii} = \frac{\chi_i^2}{\mu_{ii}} + \sum_{k=1, k\neq i}^{v} \frac{2\chi_i \chi_k}{\mu_{ik}} \frac{m_i m_k}{(m_i + m_k)^2}\left(\frac{5}{3A_{ik}^*} + \frac{m_k}{m_i}\right) \tag{5.91}$$

$$H_{ij, i\neq j} = -\frac{2\chi_i \chi_j}{\mu_{ij}} \frac{m_i m_j}{(m_i + m_j)^2}\left(\frac{5}{3A_{ij}^*} - 1\right) \tag{5.92}$$

其中，

$$A_{ij}^* = \frac{1}{2}\left[\frac{\Omega_{ij}^{(2,2)}}{\Omega_{ij}^{(1,1)}}\right] \tag{5.93}$$

式中，二元黏性系数(μ_{ij})在式(5.86)中给出。

因此，在给定混合气体中每种组元对的原子间作用势或碰撞截面($Q^{(1)}$和$Q^{(2)}$)的情况下，可根据式(5.86)和式(5.87)计算二元系数μ_{ij}和$\mathfrak{D}_{ij}$，进而利用式(5.90)确定混合气体的黏性系数μ_{mix}，并通过解式(5.84)确定扩散速度$\langle C_i' \rangle_s$。

单原子混合气体的热传导系数可用与混合气体黏性系数类似的表达式来表示。这些表达式的推导可以在 Hirschfelder 等(1954)的书中第 8 章找到，但是，它们不能用于具有内能的多原子气体，因此，本书不详细讨论。在连续介质模型中，通常使用一个简化的 Eucken 修正模型来计算分子的内能和对能量输运的影响。具体来说，Eucken 提出热传导系数(κ)与黏性系数(μ)直接成正比，即

$$\kappa_{\text{mix}} = \mu_{\text{mix}}\left(\frac{5}{2}c_v^{\text{tr}} + c_v^{\text{rot}} + c_v^{\text{vib}}\right) \tag{5.94}$$

这里，$c_v^{\text{tr}} = \dfrac{3}{2}\dfrac{k}{2m_{\text{r}}}$，$c_v^{\text{rot}} = \dfrac{k}{2m_{\text{r}}}$ 和 $c_v^{\text{vib}} = \dfrac{\zeta_{\text{vib}}}{2}\dfrac{k}{2m_{\text{r}}}$，其中 ζ_{vib}是可用的振动自由度。这种近似关系的支持理论和推导可以在 Hirschfelder 等(1954)的书中第 7 章找到，其中的表达式被证明在近平衡流的极限下增加了准确度，这正是本节中分析的流动区域。

注意，使分子振动能激发的高温流动，往往涉及振动能模态与转动和平动能模态不平衡的热力学非平衡。在这种情况下，连续介质模型通常会在 Navier - Stokes 方程中添加一个单独的能量方程(仅适用于振动模态)。这个能量方程有一个振动热流项和一个单独的振动热传导系数($\kappa_{\text{mix-vib}}$)。这样的情形与玻尔兹曼方程的数学联系变得不那么严格，当然也更加复杂。在第 6 章和第 7 章中，在 DSMC 和 CFD 模型之间建立一致性的背景下，将对这些物理特性进行讨论。

将玻尔兹曼方程与 Navier - Stokes 方程在近平衡流极限条件下联系起来的最后一个考虑因素，涉及的困难是求解式(5.84)中的扩散速度$\langle C_i' \rangle_s$。在连续介质 CFD 模拟中，对组元扩散的严格处理需要在每个计算单元内以及每个模拟时间步长内求解一个方程组来计算扩散速度。这在计算上是昂贵的，而且会给需要控制方程线性化的隐式算法带来困难。尽管在 CFD 模拟中求解 Stefan - Maxwell 方程是为了某些特定应用而进行的(例如，参见 Magin and Degrez, 2004a, 2004b)，但这种完全处理扩散的方法并不多见。

另一种方法是自洽有效二元扩散(SCEBD)模型(Ramshaw and Chang, 1996)，它是一种精确且计算效率高的扩散处理方法。在这个模型中，每个组元 s 的扩散速度是通过将气体视为有效的二元混合气体来确定的，其中组元 s 相对于代表所有其他组元的单个“复合”组元扩散。复合组元的扩散速度被构造为其所代表组元的平均值，其中权重因子具有特定形式(Ramshaw and Chang, 1996)。SCEBD 模型假设将 Stefan - Maxwell 方程组[式(5.84)和式(5.85)]简化为每个组元扩散通量的显式表达式：

$$J_s \equiv \rho_s \langle C_i' \rangle_s = - cM_{ws}D_sG_s + y_s c\sum_k M_{wk}D_kG_k \tag{5.95}$$

式中，$c = \sum_s \rho_s / M_{ws}$ 为总摩尔浓度；$y_s = \rho_s/\rho$ 为组元质量分数；D_s 为组元 s 的有效二元扩散系数。D_s 为组分 s 与其他组分 t 配对的二元扩散系数[式(5.87)中

的$\mathfrak{D}_{st}$]的加权和，即

$$D_s = \left(1 - \frac{w_s}{w}\right)\left(\sum_{t \neq s} \frac{\chi_t}{\mathfrak{D}_{st}}\right)^{-1} \tag{5.96}$$

其中，χ_t 为组元 t 的摩尔分数；w_s 和 w 为组元加权因子，由以下两式给出：

$$w_s = \frac{\rho_s}{\sqrt{M_{ws}}} \tag{5.97}$$

和

$$w = \sum_s w_s \tag{5.98}$$

式(5.95)~式(5.98)代表了一种计算效率高但准确的方法，可以直接从组元对的二元扩散系数$\mathfrak{D}_{st}$计算扩散通量，而无须求解 Stefan－Maxwell 方程组。尽管如前所述，SCEBD 模型可以很容易地与全强迫函数 G_s[式(5.85)]一起使用，但最常见的 Navier－Stokes 方程形式只保留了组元摩尔分数梯度引起的强迫，而忽略了压力和温度梯度引起的项。这个假设的结果导出了标准 Fick 扩散定律：

$$J_s \equiv \rho_s \langle C_i' \rangle_s = -\rho D_s \frac{\partial y_s}{\partial x_i} + y_s \sum_k \rho D_k \frac{\partial y_k}{\partial x_i} \tag{5.99}$$

最后，对所有组元使用恒定扩散系数 D 也是常见的。当使用这种简化模型时，通常根据气体的热传导系数来确定 D，即

$$D_s = D_{\text{mix}} = Le \frac{\kappa_{\text{mix}}}{\rho c_p} \tag{5.100}$$

其中，Le 是 Lewis 数，通常将其设置为一个接近 1.4 的常数。这种简单的扩散处理假设所有组元以相同的效率扩散到所有其他组元，并假设 D_{mix}和 κ_{mix}之间具有恒定关系。

至此，完成了对多原子混合气体可压缩 Navier－Stokes 方程最常用公式所需输运属性的分析。本节中提供的方程能够根据分子相互作用特性确定连续介质输运属性，从而确保在近平衡流极限下具有高度的一致性。

5.4 碰撞截面和输运属性计算

本节重点讨论如何利用原子间作用势来确定碰撞截面，以及如何利用这些

碰撞截面来确定气体的输运属性。使用简单的原子间作用势作为例子，即在第 1 章中讨论的硬球、逆幂律和 Lennard－Jones（L－J）表达式。本节中的内容与第 6 章中描述的 DSMC 方法的碰撞截面模型公式有关。

5.4.1　碰撞截面

微分碰撞截面 $\sigma \mathrm{d}\Omega$ 是玻尔兹曼方程分子模拟和分析中的一个重要量。微分碰撞截面表示碰撞中的分子散射到特定立体角微元（$\mathrm{d}\Omega$）的概率，立体角微元定义为

$$\mathrm{d}\Omega \equiv \sin\chi \mathrm{d}\chi \mathrm{d}\epsilon \tag{5.101}$$

其中，χ 和 ϵ 是碰撞参照系中定义的角度，如第 1 章中的图 1.14 所示。微分碰撞截面有一个便于数学分析的紧致符号，也是一个可测量的量，例如在分子束实验中，微分碰撞截面直接出现在玻尔兹曼方程[式（1.77）]的碰撞积分中，因此出现在 Chapman－Enskog 分析[式（5.86）～式（5.89）]得出的输运系数的积分表达式中。在图 1.14 和相关讨论中，微分碰撞截面被定义为 $\sigma \mathrm{d}\Omega \equiv b\mathrm{d}b\mathrm{d}\epsilon$，其中 b 是碰撞分子质心最接近的距离，被称为“影响参数”。一般来说，碰撞截面可以根据偏好使用任意一种表示法等效表示。因此，式（5.89）中碰撞截面的一般表达式可以重写为

$$Q^{(l)} = \int_0^{4\pi} (1 - \cos^l\chi)\sigma \mathrm{d}\Omega = 2\pi\int_0^{\infty} (1 - \cos^l\chi)b\mathrm{d}b \tag{5.102}$$

其中，散射角是影响参数、相对速率和原子间作用势的函数，即 $\chi = \chi(b, g, \psi)$。

从式（5.86）～式（5.89）可以明显看出，黏性系数和扩散系数的表达式中有两个不同的碰撞截面，即对应黏性的 $Q^{(2)}$ 和对应扩散的 $Q^{(1)}$。在许多文献和文章中，这些碰撞截面分别称为“黏性碰撞截面”（σ_μ）和“动量碰撞截面”（σ_M）。因此，

$$\sigma_\mu = \sigma_\mu(g) \equiv Q^{(2)} = 2\pi\int_0^{\infty} \sin^2\chi b\mathrm{d}b \tag{5.103}$$

和

$$\sigma_\mathrm{M} = \sigma_\mathrm{M}(g) \equiv Q^{(1)} = 2\pi\int_0^{\infty} (1 - \cos\chi)b\mathrm{d}b \tag{5.104}$$

必须认识到，σ_μ 和 σ_M 与第 1 章[式（1.69）]中定义的总碰撞截面 σ_T 相似（但不

相等)。此外,由于碰撞截面是根据特定的相对速率计算的,因此它们是 g 的函数。本节后续将分析不同碰撞截面之间的关系及其对相对速率的依赖性。

最后,结合前面的碰撞截面表达式和式(5.86)~式(5.88),可以将黏性系数和扩散系数写成

$$\mu_{ij} = \frac{\frac{5}{8}\sqrt{2\pi m_r kT}}{\left(\frac{m_r}{2kT}\right)^4 \int_0^\infty g^7 \sigma_\mu(g) e^{-m_r g^2/2kT} \mathrm{d}g} \tag{5.105}$$

和

$$\mathscr{D}_{ij} = \frac{\frac{3}{16}\sqrt{2\pi kT/m_r}}{\left(\frac{m_r}{2kT}\right)^3 n\int_0^\infty g^5 \sigma_M(g) e^{-m_r g^2/2kT} \mathrm{d}g} \tag{5.106}$$

碰撞截面和二元输运系数的这些表达式将在本书的其余部分中经常用到,因为它们代表了本章导言(图 5.1)中讨论的三个层次的物理建模。具体来说,控制原子间作用力的势能面(PES)ψ 决定了单个碰撞的散射角 χ。ψ 是分子动力学(MD)计算的模型输入。碰撞截面[式(5.103)和式(5.104)]只是所有可以导出有限散射角 χ 的影响参数 b 的积分结果。由于在稀疏气体中,影响参数和分子的碰撞前取向是完全随机的,因此不需要对每一种可能的碰撞排列进行建模,只需要积分结果(即碰撞截面)。在许多稀疏气体的分子模型中,碰撞截面是一个有物理意义且方便处理的量。它出现在玻尔兹曼方程的碰撞积分中,并作为 DSMC 方法的主要模型输入。

在近平衡速度分布函数的限制下(即导出 Navier - Stokes 方程的 Chapman - Enskog 假设),对相对速率(g)对应的近平衡分布,对碰撞截面进一步积分,得到"碰撞积分",它是温度的函数,出现在输运系数表达式的分母中。

从式(5.105)和式(5.106)可以明显看出,如果没有分母,输运系数将与 $\sqrt{T}$ 成正比。这是分子输运与平均热运动速度成正比的结果,而平均热运动速度与 $\sqrt{T}$ 成正比。然而,分母代表气体中局部分子对的平均碰撞截面。当平均碰撞截面减小时,由于分子能够在经历碰撞之前进一步输运其质量、动量和能量,因此输运效率增加。现在研究一些分子相互作用的具体例子,从而得到碰撞截面和输运系数的具体值。

5.4.2　硬球相互作用

对于二元碰撞,给定碰撞的散射角与势能函数(ψ)有如下关系:

$$\chi(g,\ b) = \pi - 2b\int_{r_{\mathrm{m}}}^{+\infty} \frac{\mathrm{d}r/r^2}{\sqrt{1 - \left(\dfrac{b}{r}\right)^2 - \dfrac{\psi(r)}{1/2m_{\mathrm{r}}g^2}}} \tag{5.107}$$

式中,r_{m} 是碰撞过程中的分子质心最接近距离,其值等于式(5.107)中被积函数分母的最大根。Hirschfelder 等(1954)的书中第 45~51 页给出了式(5.107)从运动方程开始的推导。

现在考虑硬球分子的情况。对于硬球,原子间作用势函数是

$$\psi(r) = \begin{cases} 0, & 若\ r > d \\ +\infty, & 若\ r \leqslant d \end{cases} \tag{5.108}$$

在这种情况下,$r_{\mathrm{m}} = d$,这是因为当 $\lim_{(r\to d^+)}\psi(r) = 0$,且 $\psi(r) = 0$ 时,式(5.107)的分母中的根最大。此外,由于 $r = d + \delta d \to \chi = 0$,积分极限可以重写为

$$\chi(g,\ b) = \pi - 2b\int_{d}^{0} \frac{-\mathrm{d}(1/r)}{\sqrt{1 - \left(\dfrac{b}{r}\right)^2}} \tag{5.109}$$

可以进一步简化为

$$\chi(g,\ b) = \pi + 2\int_{0}^{b/d} \frac{-\mathrm{d}y}{\sqrt{1 - y^2}} \tag{5.110}$$

其中 $y = b/r$,此时有解

$$\chi(g,\ b) = \begin{cases} 2\arccos(b/d), & 若\ b < d \\ 0, & 若\ b \geqslant d \end{cases} \tag{5.111}$$

而且,很显然与预期的一样,对于硬球碰撞,χ 不是 g 的函数。该散射角的结果现在可用于式(5.103)来确定黏性碰撞截面,代入得到

$$\begin{aligned} \sigma_{\mu} &= 2\pi\int_{0}^{d} 4\sin^2\left(\frac{\chi}{2}\right)\cos^2\left(\frac{\chi}{2}\right) b\mathrm{d}b \\ &= 2\pi\int_{0}^{d} 4\left[1 - \left(\frac{b}{d}\right)^2\right]\left(\frac{b}{d}\right)^2 b\mathrm{d}b = \frac{2}{3}\pi d^2 \end{aligned} \tag{5.112}$$

值得注意的是，对于硬球散射，实际上对于后续第 6 章介绍的基于硬球散射的许多模型，黏性碰撞截面与总碰撞截面（$\sigma_T = \pi d^2$）有关，其恒定关系为 $\sigma_\mu = (2/3)\sigma_T$。此外，与式(5.112)中的结果类似，动量碰撞截面的结果很简单，为 $\sigma_M = \sigma_T$。因此，在许多情况下，直接出现在玻尔兹曼方程[式(1.69)]的碰撞积分中的总碰撞截面 σ_T，与输运属性表达式中出现的黏性和动量碰撞截面（σ_μ 和 σ_M）直接相关。

对于式(5.112)的硬球模型结果，碰撞积分[式(5.88)]变为

$$\Omega^{(2,2)} = \sqrt{\frac{kT}{2\pi m_r}}\int_0^{+\infty} e^{-\gamma^2}\gamma^7\left(\frac{2}{3}\pi d^2\right) d\gamma = 3\sqrt{\frac{kT}{2\pi m_r}}\left(\frac{2}{3}\pi d^2\right) \tag{5.113}$$

因此硬球分子的黏性系数为

$$\mu^{HS} = \frac{5}{16}\frac{1}{\pi d^2}\sqrt{2\pi m_r kT} \tag{5.114}$$

总之，使用硬球原子间作用势导出的碰撞截面与相对速率(g)无关，因此，碰撞积分正比于黏性系数，反比于硬球直径的平方(d^2)，均与$\sqrt{T}$成正比。这种温度依赖性对于真实气体来说是不准确的，是硬球假设导致的一种人为假象。

5.4.3 逆幂律相互作用

考虑一种逆幂律(IPL)原子间作用势函数

$$\psi(r) = \frac{a}{r^{\eta-1}} = \frac{a}{r^\alpha}, \quad \alpha \equiv \eta - 1 \tag{5.115}$$

由此产生的原子间作用力为

$$F(r) = -\frac{d}{dr}\left(\frac{a}{r^{\eta-1}}\right) \propto -\frac{1}{r^\eta} \tag{5.116}$$

在这种情况下，散射角[式(5.107)]变成

$$\chi(g, b) = \pi - 2\int_{r_m}^{+\infty} \frac{-d(b/r)}{\sqrt{1-\left(\frac{b}{r}\right)^2 - \frac{ar^{-\alpha}}{1/2m_r g^2}}} \tag{5.117}$$

该表达式可以简化为

$$\chi(g, b) = \pi - 2\int_0^{y_m} \frac{dy}{\sqrt{1 - y^2 - \frac{1}{\alpha}\left(\frac{y}{\beta}\right)^{\alpha}}} \tag{5.118}$$

通过引入以下定义：

$$y = \frac{b}{r},\ y_m = y(\beta) = \frac{b}{r_m},\quad \beta = b\left(\frac{1/2 m_r g^2}{\alpha a}\right)^{\frac{1}{\alpha}} \tag{5.119}$$

这样 $1 - y_m^2 - \frac{1}{\alpha}\left(\frac{y_m}{\beta}\right)^{\alpha} = 0$。因此，对于给定的 α 值，散射角可用 β 表示。要将散射角积分到碰撞截面中，式(5.103)必须用 β 表示。因

$$\beta = b\left(\frac{1/2 m_r g^2}{\alpha a}\right)^{\frac{1}{\alpha}} \rightarrow d\beta = db\left(\frac{1/2 m_r g^2}{\alpha a}\right)^{\frac{1}{\alpha}} \tag{5.120}$$

再乘以 b，并根据 β 重写，得到

$$b d\beta = b db\left(\frac{1/2 m_r g^2}{\alpha a}\right)^{\frac{1}{\alpha}} \rightarrow b db = \beta d\beta\left(\frac{\alpha a}{1/2 m_r g^2}\right)^{\frac{2}{\alpha}} \tag{5.121}$$

因此，黏性碰撞截面可以写成

$$\begin{aligned} \sigma_\mu &= 2\pi\left(\frac{\alpha a}{1/2 m_r g^2}\right)^{\frac{2}{\alpha}} \int_0^{+\infty} [1 - \cos^2\chi(\beta)]\beta d\beta \\ &= 2\pi\left(\frac{\alpha a}{1/2 m_r g^2}\right)^{\frac{2}{\alpha}} A^{(2)}(\alpha) \end{aligned} \tag{5.122}$$

其中，$A^{(2)}(\alpha)$ 可以用数值方法计算得到。将该黏性碰撞截面代入碰撞积分式(5.88)，得到

$$\Omega^{(2,2)} = \sqrt{\frac{2\pi kT}{m_r}} A^{(2)}(\alpha)\left(\frac{\alpha a}{kT}\right)^{\frac{2}{\alpha}} \int_0^{+\infty} \gamma^{(7-4/\alpha)} e^{-\gamma^2} d\gamma \tag{5.123}$$

被积函数是一个标准的伽马函数，因此

$$\Omega^{(2,2)} = \sqrt{\frac{2\pi kT}{m_r}} A^{(2)}(\alpha)\left(\frac{\alpha a}{kT}\right)^{\frac{2}{\alpha}} \frac{1}{2}\Gamma\left(4 - \frac{2}{\alpha}\right) \tag{5.124}$$

代入式(5.86)中得到黏性系数为

$$\mu^{\mathrm{IPL}} = \frac{5}{8}\sqrt{\frac{2km_{\mathrm{r}}}{\pi}}\left(\frac{k}{\alpha a}\right)^{\frac{2}{\alpha}}\left[\frac{1}{A^{(2)}(\alpha)\Gamma\left(4-\frac{2}{\alpha}\right)}\right]T^{\frac{1}{2}+\frac{2}{\alpha}} \tag{5.125}$$

因此,逆幂律相互作用导出的黏性系数与温度的关系由幂指数 α 决定。对于 $\alpha = 4$ (因此 $\eta = 5$) 的特殊情形称为"麦克斯韦"分子,其黏性系数随温度 T 呈线性变化。对大多数气体而言,这种线性依赖关系通常不准确,例如,氮气和氧气的黏性系数与 $T^{0.7}$ 近似成正比。

5.4.4 一般原子间作用势

对于一般原子间作用势能函数 $\psi(r)$,可以用数值方法积分式(5.103) ~式(5.107)中的积分。例如 Lennard - Jones 势是一个简单的 PES,通常用于惰性气体中的原子相互作用:

$$\psi(r_{ij}) = 4\epsilon\left[\left(\frac{s_0}{r_{ij}}\right)^{12} - \left(\frac{s_0}{r_{ij}}\right)^{6}\right] \tag{5.126}$$

这个简单的函数捕捉到两个原子之间在有限间隔处的弱吸引力和当间隔距离趋于零时所经历的强排斥。具体而言,参考图 1.2,ϵ 对应于能量最小值,s_0 对应于该最小能量下的距离间隔。可以将 ψ 直接代入散射角方程[式(5.107)],并对式(5.103) ~ 式(5.107)中的积分进行数值积分。使用标准四阶累计 Simpson 求积规则计算该积分,图 5.3 给出了与 L - J PES 对应的碰撞积分的

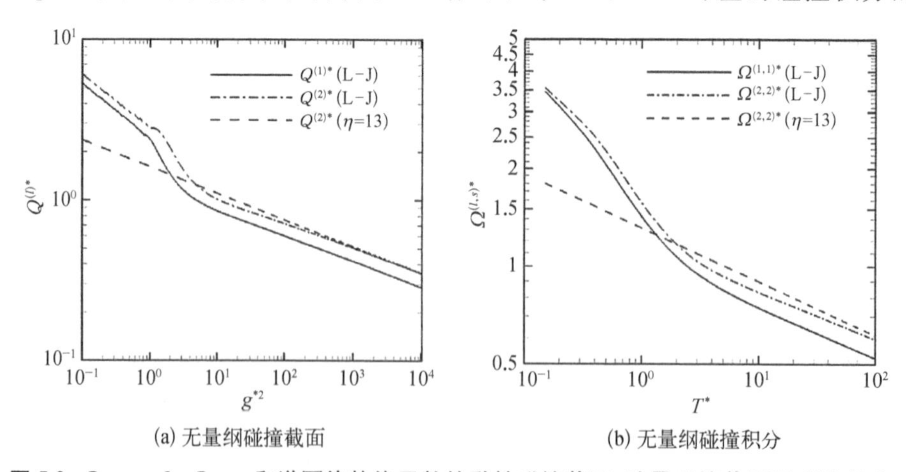

(a) 无量纲碰撞截面　　(b) 无量纲碰撞积分

图 5.3　Lennard - Jones 和逆幂律势能函数的黏性碰撞截面、动量碰撞截面及碰撞积分。结果通过第 5.4.2 节中给出的硬球结果进行正则化。具体来说, $Q(l)^* \equiv Q(l)/Q_{\mathrm{HS}}^{(l)}$ 和 $\Omega(l,s)^* \equiv \Omega(l,s)/\Omega_{\mathrm{HS}}^{(l,s)}$,其中 $g^{*2} = m_r g^2/2\epsilon$, $T^* = kT/\epsilon$

结果。

如图 5.3(a)中的对数图所示,随着相对碰撞速率(g)的增加,碰撞截面显著减小。相对速率较高的分子对在势能面上相互作用的时间较少。这导致的结果是,对于给定的影响参数 b,偏转角 χ 随 g 的增大而减小。在确定正确的输运属性及其对气体温度的依赖关系时,碰撞截面对相对碰撞速率的强依赖性是必须要考虑的重要物理效应。

在图 5.3(a)中,当 $g \to +\infty$ 时,$Q^{(2)}(g)$ 的斜率接近逆幂律相互作用关系 $F(r_{ij}) \sim 1/r_{ij}^{13}$。这表明,对于较高的相对速率,碰撞截面对 g 具有幂律依赖关系。然而,对于较低的温度,碰撞的能量较低(小 g),幂律近似变得不太有效。

回顾前文可知 $\mu \sim \sqrt{T}/\Omega^{(2,2)}$,碰撞积分用 Simpson 法则进行数值积分,其结果如图 5.3(b)所示。对于较高温度 T,有 $\Omega^{(2,2)} \sim T^{-\vartheta}$,当 ϑ 接近 1/6 时,对应于 $\eta = 2/\vartheta + 1 = 13$ 的逆幂律,给出的温度指数为 2/3,与期望一致。在低温度范围($T < 1\,500$ K)内,$\log(\Omega^{(2,2)}) \neq -\vartheta\log(T)$,且曲线变得更陡,即需要更大的 ϑ 平均值。在高温下逆幂律作用势准确地再现了 L－J 势,但前提是适当地设置了 η,而在低温下它的物理有效性变差。

动量碰撞截面($Q^{(1)}$)和相应的碰撞积分 $\Omega^{(1,1)}$ 的类似结果分别绘制在图 5.3(a)和(b)中。从图中可以看出变化趋势完全相同,且这些积分结果共同突显了相对碰撞速率对碰撞截面的影响,导致碰撞积分和输运系数对温度的依赖性很强。第 6 章描述 DSMC 方法,将介绍一些为了捕捉分子相互作用最显著的物理现象而建立的截面模型,而不需要在 PES 上集成碰撞动力学。

最后,可以使用本章推导的表达式直接从原子间相互作用参数计算混合气体参量。考虑惰性气体氦、氙和氩的混合气体。这些原子之间的相互作用可以用 L－J 势很好地模拟。各元素的势参数见表 5.1。对于交叉作用,使用下列混合规则:

$$\varepsilon_{ij} = \sqrt{\varepsilon_i \varepsilon_j} \tag{5.127}$$

$$S_{0i,j} = \frac{s_{0i} + s_{0j}}{2} \tag{5.128}$$

尽管这种处理方式没有理论依据,但用这种组合关系计算的混合气体黏性系数与许多组元的现有实验数据(Hirschfelder, 1954)一致。更严格的方法是根据第一性原理计算 ε_{ij} 和 $s_{0i,j}$。

表 5.1 原 子 参 数

	(ε/k^{*})/K	s_0/Å	m/amu
Ar	124.0	3.418	39.9
He	10.23	2.576	4.0
Xe	229.0	4.060	131.3

* k 是玻尔兹曼常量。

每个组元对的二元黏性系数μ_{ij}可由式(5.86)计算,并进一步根据式(5.90)来确定混合气体黏性系数μ_{mix}。例如,对各种混合气体的黏性系数进行数值积分,其结果见表 5.2。

表 5.2 由 L-J 原子间作用势参数计算得到的混合气体黏性系数

状 态	$\mu_1/(10^{-5}\ \text{kg}\cdot\text{m}^{-1}\cdot\text{s}^{-1})$	T/K
Xe(1.5%)-He	2.41	300
Xe(3.0%)-He	2.25	300
Xe(6.0%)-He	2.41	300
Xe(9.0%)-He	2.51	300
Ar(11.5%)-He	1.462	162
Ar(24.7%)-He	1.500	162
Ar(44.0%)-He	1.477	162

Wright、Bose、Palmer、Levin (2005)和 Wright、Hwang、Schwenke (2007)分别对空气和火星、金星大气中计算大温度范围内混合气体输运属性所需的现有数据和碰撞积分结果进行了详细的论述。

本章讨论的碰撞截面,假定为不是分子内部结构的函数。然而,散射角肯定是碰撞分子转动和振动能量的函数,因此碰撞截面可能是相对速度和内能的函数。这并不是通常情形,除非分子在极高温度下(高能量)强度拉伸,此时实验和第一性计算所的数据极为有限或并不存在。

此外,PES 的复杂性可以根据感兴趣的原子相互作用而广泛地变化,并且可以从具有几个拟合参数[如式(5.126)中的 ϵ 和 s_0]到具有数百个或数千个拟合参数(Paukku et al.,2013)的更复杂的超曲面。原子间势能的测定和一般势能面的拟合属于计算化学研究领域,本书不作介绍。本节描述了如何使用简单的 PES 来确定碰撞截面(用于 DSMC 碰撞模型),并最终确定气体输运属性(用于 CFD 模型)。对于涉及(量子化)振动能激发和化学反应的高能碰撞,则需要更复杂的 PES,将涉及第 7 章中讨论的附加考虑。

5.5　小结

本章描述了玻尔兹曼方程和连续介质 Navier - Stokes 方程之间的数学联系。

从玻尔兹曼方程开始,取分子质量、动量和能量对应的矩,得到一组分子守恒方程。这些方程含有对局部速度分布函数完全积分的一般平均值,因此对于任何程度的非平衡都是准确的。分子守恒方程的形式与连续介质 Navier - Stokes 方程相同,但是前者包含的输运项对于任意速度分布都没有封闭形式的表达式。

在近平衡极限下,通过 Chapman - Enskog 分析,导出了精确的速度分布函数,该分布函数能将守恒方程简化为满足牛顿、傅里叶和 Fick 输运定律的 Navier - Stokes 方程。同时发现该 Chapman - Enskog 分布函数是麦克斯韦-玻尔兹曼平衡分布的一阶扰动,其中偏离平衡的量可由梯度长度 *Kn* 数量化。在近平衡极限(小 *Kn* 数)下,Chapman - Enskog 分布函数是气体在分子水平上的精确表示,因此在此极限下,Navier - Stokes 方程也是精确的。

在近平衡极限下利用 Chapman - Enskog 分布函数计算了输运项。对于单组元气体流动,输运项与可压缩 Navier - Stokes 方程中的输运项相同。多原子混合气体的输运属性表达式比多组元 Navier - Stokes 方程的常用形式要复杂得多。另外,重点介绍了连续介质模型中常被忽略的输运项,同时给出并分析了输运项中所有的常用表达式。

在上述分析得出的各种方程中给定一个决定原子间作用力的作用势函数,就可以计算出玻尔兹曼方程中出现的 DSMC 模拟所需的碰撞截面。碰撞截面表达式可进一步用于计算 Navier - Stokes 方程中出现的 CFD 模拟所需的输运属性。虽然对应于单原子简单气体的方程是严格地从玻尔兹曼方程导出的,但出于实际原因,通常需要对多原子混合气体进行一些简化。连续介质模型中常用的这种简化包括热传导系数的 Eucken 修正和自洽有效二元扩散模型。

最后,需要强调的是,尽管本章中的大部分内容都集中在近平衡极限下分子和连续介质描述之间的一致性,但本书的目的是提供在任何程度的非平衡(从自由分子流到连续流)中模拟气体流动时所需的理论和方法。事实上,DSMC 方法模拟了玻尔兹曼方程,包括所有相关的物理特性,因此本章中没有做任何假设和简化讨论。尽管玻尔兹曼方程的数学复杂性在历史上限制了解决方案的范围，但是 DSMC 方法和现代计算能力的结合使得三维复杂外形的非平衡流的数值求解得以实现。本书的作用是致力于描述可用于求解第 1~5 章所述方程的数值算法，从而获得大范围非平衡流的精确解。

第6章

直接模拟蒙特卡罗

6.1 引言

直接模拟蒙特卡罗(direct simulation Monte Carlo,DSMC)方法是由澳大利亚悉尼大学航空工程教授 Graeme Bird 提出的。1963 年他发表在 *Physics of Fluids*(流体物理)上的第一篇文章,论证了 DSMC 方法可以作为分子动力学(MD)模拟硬球气体的一种替代方法(Bird, 1963)。从那时起,Bird 撰写了两本关于 DSMC 方法的教材(Bird, 1994,2013),并且随着数百本关于 DSMC 方法及其应用于科学和工程问题书籍的出版,DSMC 方法形成了一个完整的研究领域。DSMC 方法已经成为一种强大且应用广泛的模拟非平衡气体的方法,在这种情况下,必须考虑气体的分子属性。

在本章开始时,确定最适合 DSMC 方法的流动条件和工程应用范围非常重要。正如 Bird(1994)所描述的那样,通过无量纲量可以将稀疏气体条件划分为各种不同的状态。

第一,当分子本身的尺寸(d)(原子间作用力的范围)与气体中分子之间的平均分离距离(δ)相当时,稀疏气体和稠密气体之间发生转变。当分子尺寸与分子分离距离相当时,平均自由程和平均碰撞时间尺度趋于 0。事实上,凝聚相(固体或液体)中的分子因相邻分子作用而持续受力,处于恒定的碰撞状态。虽然稠密气体中的分子可能具有非零的平均自由程和平均碰撞时间尺度,但这些尺度开始接近分子动力学模拟中使用的埃秒和飞秒尺度。此外,在稠密气体中,多分子相互作用频繁,必须加以阐释。相比之下,在平均分子间距比分子尺寸大的稀疏气体中,碰撞在本质上主要是二元的。这种二元碰撞发生在比平均碰撞时间短得多的时间尺度上,可以认为是瞬间发生的。如第 1 章所述,由此可以导出理想气体状态方程。

对于标准条件(1 标准大气压和 0℃)下的空气,Loschmidt 数 $n_0 = 2.686\,84 \times 10^{19}$ 表示 1 cm^3 内气体的分子数。在这种情况下,分子占据的平均体积为 $1/n_0$,因此平均分子间距为 $\delta = n_0^{-1/3}$。在标准条件下,可以用与空气黏性相对应的硬球直径来近似分子大小。使用式(5.114),该值为 $d = 4.15 \times 10^{-10}$ m,得到比值 $\delta/d = 8$,其大小刚好足以使标准条件下的空气非常精确地作为稀疏气体来模拟。然而,对于 $\delta/d \leqslant 7$ 的比率,对应于 $n/n_0 \geqslant 1.52$(图 6.1 中的垂直线),稀疏气体假设开始变得不再恰当。

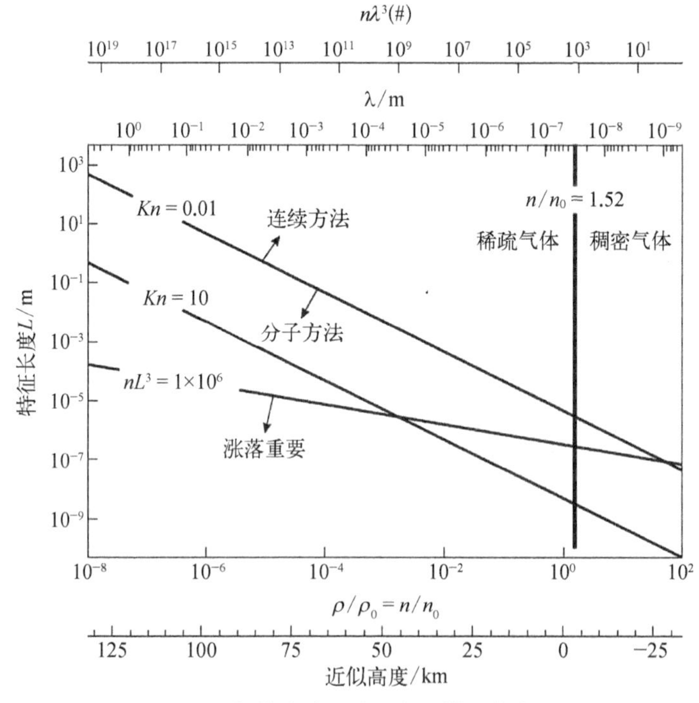

图 6.1　气体流动区域和物理模型的含义

第二,如果特征长度尺度(L)变得足够小,以致感兴趣的体积内只有相对较少的分子,则气体性质的真实涨落(空间和时间涨落)可能变得显著,需要从客观事实、工程实际和重要意义上加以考虑。在图 6.1 中,局部涨落变得显著的流区是 $nL^3 < 10^6$ 的区域。因此,在图 6.1 的这条线以下,特征体积(L^3)将包含少于 100 万个分子。当感兴趣的体积内少于 100 万个分子时,宏观性质(如宏观速度、密度和温度)可能会在期望的稳态值处出现明显涨落。

在稀疏气体中,可以考虑单个立方平均自由程作为最小相关体积。硬球平均自由程(λ)由式(1.144)确定,$d = 4.15 \times 10^{-10}$ m,与 n 成反比,也包含在图 6.1 中。此外,上轴给出了包括每立方平均自由程对应的分子数($n\lambda^3$)。最后,下轴给出了包含对应于 $n/n_0 = \rho/\rho_0$ 绘制范围的近似高度值。这里,假设了密度和高度(h)之间的指数关系与第 1 章习题 1.1 中使用的关系相同。对于海平面以上的高度,在每立方平均自由程中有数百万个分子存在,因此气体性质的真实涨落完全可以忽略不计。然而,在近海平面条件下,平均自由程约为 68×10^{-9} m,每立方平均自由程可能只有数千个分子存在。对于涉及微电子机械系统(MEMS)的气体流动,其中感兴趣的长度尺度很小,气体涨落变得显著,这可能需要在工程分析中加以考虑。

第三,如第 1 章中详细讨论的那样,克努森数($Kn \equiv \lambda/L$)决定了稀疏气体流动是否会表现出需要分子模拟方法的非平衡行为,或者在连续介质气体动力学方法提供精确模型的情况下,是否会表现出接近平衡的行为。在图 6.1 中,用 $Kn = 0.01$ 的斜线标记该边界。在这样的流动中,当分子穿过感兴趣的长度尺度 L 时,分子将经历大约 100 次碰撞,因此可以预料在这附近的气体处于非平衡状态。显然,也可以预料在低密度条件下或非常小的物体处于标准密度状态时出现非平衡流动。对于 $Kn > 10$,该流动近似为自由分子流,很少有碰撞发生在感兴趣的体积内。$0.01 < Kn < 10$ 的区域通常称为碰撞不可忽略的过渡区;然而,连续介质流体方程变得不再准确。

图 6.1 包含有大量信息,这些信息可用于快速确定给定工程问题的流动区域和分子参数的量级。

DSMC 方法的发展主要集中在高空飞行上,在高空时是一种适用于实际三维工程流动的精确有效的计算方法。当流动成为连续流时,必须在 DSMC 模拟中解决的平均自由程和平均碰撞时间尺度则需要巨大计算资源。当然,正是在这种情况下,计算流体力学(CFD)领域有效的连续介质方法是准确的,不再需要分子方法。通常,使用飞行器(或目标)尺寸 L 和自由流条件的 λ 值定义的 Kn 数,可以很好地表征流动是否需要分子或连续介质建模方法。如图 6.1 所示,即使气体密度接近标准条件,如果流动的长度尺度足够小,则连续介质建模不准确,需要进行分子建模。有许多与这种气体流动状态相关的工程系统,例如硬盘驱动器内部的流动和通过微通道、泵、阀门及喷嘴的流动。高空流动通常与高速流动有关,而这些小尺寸、高密度的应用主要涉及低速流动。用 DSMC 方法模拟低速流动在计算上具有挑战性,因为分子的热运动速度远远高于气体的宏观速度,对于这些应用来说,宏观速度通常小于 1 m/s。因此,要获得统计散布低于可接受公差的平均宏观特性,与高速流动模拟相比,DSMC 模拟中必须记录更多的分子样本。尽管存在这一挑战,但在当前的计算机体系结构中,DSMC 方法能够为这些低速流动提供精确的解决方案。而对于超低速流动, Baker 和 Hadjiconstantinou (2005)以及 Homolle 和 Hadjiconstantinou (2007)发展了方差缩减算法。

在许多流动中出现的另一个挑战是,较大物体的连续流绕流中可能嵌入了小长度尺度流动特征,也就是说可能有精细的几何细节,而其中压力、剪切应力和传热可能是重要的。例如航空航天中出现在尖前缘的流动。尽管飞行器周围的流动是连续流,但在尖前缘附近的气体可能处于一种强烈的非平衡状态。在这种情况下,可以将 L 设置为前缘半径。因此,准确预测气流和尖前缘之间动量和能量的传递可能需要分子模拟方法。此外,特别是对于高速流动,气流特性可能会出现明显的梯度,例如激波、飞行器尾流的快速膨胀以及飞行器表面附近的薄边界层。在这种情况下,将 L 设置为梯度长度更为恰当,梯度长度克努森数变为

$$Kn_{\text{GL-Q}} \equiv \lambda \left| \frac{\nabla Q}{Q} \right| \tag{6.1}$$

其中,Q 表示宏观流动量,如密度、宏观速度或温度。回顾前文,Chapman - Enskog 分布函数中的非平衡扰动项与这个量成正比[式(5.52)]。在表明局部区域可能处于非平衡状态时,该量的建议截止值为 0.05,即 $Kn_{\text{GL-Q}} \geqslant 0.05$(Boyd et al., 1995;Wang and Boyd, 2003)。这可以解释为宏观流动特性在 λ 距离上发生 5%的变化。在这种情况下,可以直观地看出,在这种快速变化的状态下,气体可能处于局部非平衡状态。为了准确有效地模拟以连续介质为主但具有重要非平衡局部区域的流动,人们对粒子-连续介质耦合数值方法进行了大量的研究(Schwartzentruber and Boyd, 2006;Schwartzentruber et al., 2007, 2008a, 2008b, 2008c;Deschenes and Boyd, 2011)。这种耦合数值方法尚未用于工程分析,而这些方法的发展目前是一个活跃的研究领域,超出了本书的范围。

本书的重点是 DSMC 方法应用于从连续流到自由分子流的稀疏气体流动,在这些流动中真实的涨落是微不足道的。如本书第一部分所述,相关的控制方程是玻尔兹曼方程。DSMC 随机粒子方法模拟了玻尔兹曼方程的物理性质。对于单原子简单气体,当模拟粒子数接近无穷大,时间步长和碰撞网格大小接近零

时,DSMC 方法可以提供玻尔兹曼方程的解(Wagner, 1992)。有许多基于偏微分方程(PDE)的数值技术来求解各种形式的玻尔兹曼方程。而与基于偏微分方程的方法相关的主要挑战有玻尔兹曼方程的高维性、求解包括所有相关碰撞物理在内的碰撞积分以及边界条件的应用。尽管这些方法是持续研究的主题,但 DSMC 方法已经是一个建立了几十年的工程工具,能够为非平衡流提供准确的预测。DSMC 方法的随机粒子性质能够有效地处理非平衡流的多维性。此外, DSMC 基于粒子的方法在模拟新的物理现象(如内能激发、化学反应、气体表面相互作用、等离子体流动的扩展,甚至气体状态的涨落)方面具有相当大的灵活性,这通常不能在玻尔兹曼方程中得到确切表达。此外,DSMC 方法的固有性质使得从唯象到基于量子力学的各种碰撞模型能够以通用和模块化的方式并入 DSMC 代码中。在过去的 50 年里,许多物理模型已经被开发出来,应用范围从微流动到天体物理学,到气相沉积和冷凝,再到高超声速飞行。

本书第 6 章和第 7 章描述了从第 1~5 章的理论基础如何构成现代 DSMC 物理模型的基础,以及如何将得到的方程和数值算法实现为能够提供非平衡流工程预测的模拟代码。

6.2　DSMC 基本原理

6.2.1　基本原则

DSMC 方法利用了稀疏气体的三个物理特性:

(1) 在局部平均碰撞时间量级的时间尺度上,分子在无相互作用的情况下自由运动;

(2) 碰撞分子的影响参数和初始方向是随机的;

(3) 每立方平均自由程中有大量的分子,只需要模拟很小的一部分就能得到流动的精确分子描述。

这三种技术/假设对于稀疏气体而言是非常精确的,并且,它们结合起来使得 DSMC 方法能够模拟复杂几何体周围流动产生的宏观非平衡流场。

图 6.2 给出了这些稀疏气体特性的直观描述。如本书第一部分所述,非平衡流的定义特征是分子速度和内能相对麦克斯韦-玻尔兹曼平衡分布函数的局部偏离(在气体体积微团内)。如第 5 章所述,CFD 方法本质上假设只与平衡分布函数有微小偏离,而 DSMC 方法能够预测分布函数(在每个气体体积微团

内),而对分布函数形状没有任何假设或限制。一个分子 x 方向速度在立方平均自由程内的非麦克斯韦分布的例子如图 6.2(a)、(b)、(c)的右侧所示。

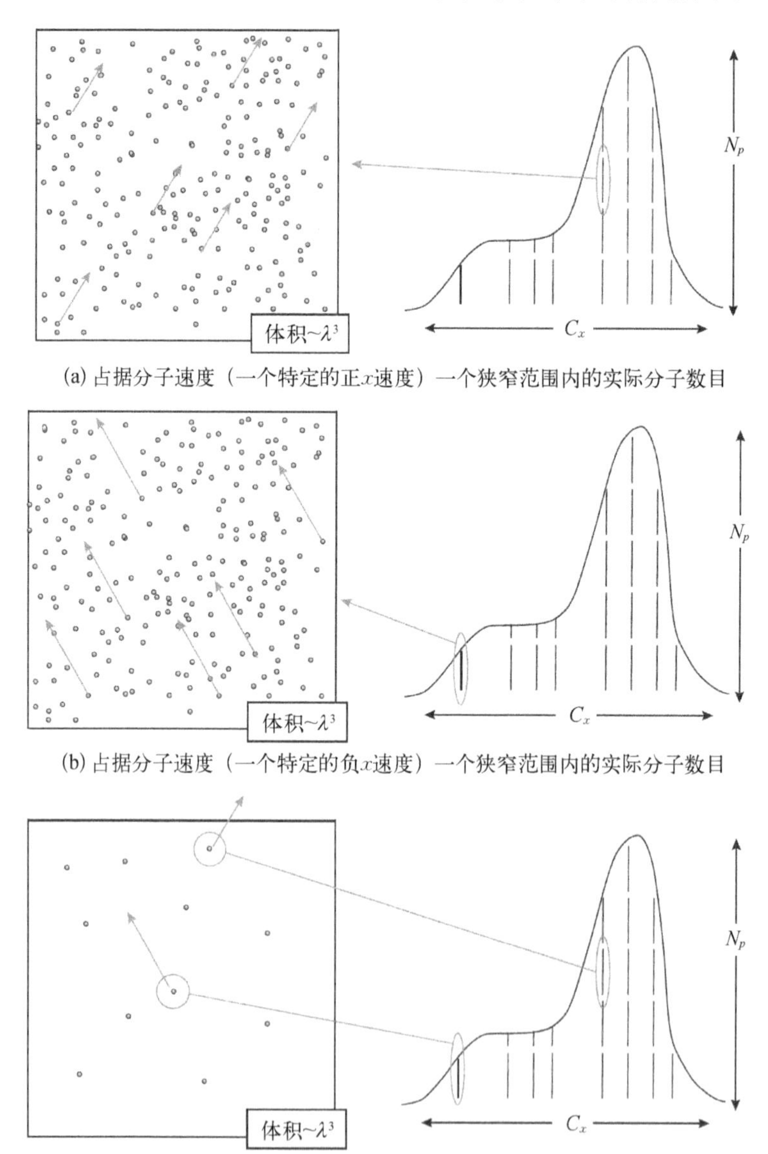

(a) 占据分子速度(一个特定的正x速度)一个狭窄范围内的实际分子数目

(b) 占据分子速度(一个特定的负x速度)一个狭窄范围内的实际分子数目

(c) 占据分子速度一个狭窄范围内的DSMC模拟粒子数量(DSMC网格单元中一个允许的碰撞对已被圈出来)

图 6.2　DSMC 方法的基本特征示意图

首先,如前所述,在每个立方平均自由程中可能包含数百万个分子。这意味着每个分子在穿过这个体积时(平均)只经历一次碰撞。在这种碰撞之外,分子之间的分离距离远大于分子间相互作用力的范围,因此分子沿着质心速度矢量做直线运动。事实上,因为分子很小,所以存在大量的空白区域。DSMC 方法的第一个技术/假设是,模拟分子在其平均碰撞时间的一部分范围内可以直线运动,而不会损失任何精度。除了物理上的精确性外,这种技术的数值精度在稀疏气体的纯分子动力学(MD)模拟中也很明显(Valentini and Schwartzentruber,2009a)。

其次,从稀疏气体的纯分子动力学(MD)模拟也可以看出,稀疏气体中碰撞分子的影响参数是完全随机的。除了极特殊的情况外,没有任何固有的偏向性,即所有分子都是在某一特定分离距离(b),或者某一特定角度(χ),或者其转动轨道或振动周期的某一特定点,或者该物体的任何其他影响参数上开始相互作用。DSMC 方法的第二个技术/假设是,这些影响参数是随机的,不需要像 MD 那样进行确定性模拟。

最后,纯粹基于统计观点,DSMC 方法的第三个技术/假设是不需要模拟每个立方平均自由程中包含的所有真实分子的性质。相反,高精度的分布函数也就是流动的完整分子描述,可以通过对真实分子数的一部分进行建模来获得。

每种技术/假设都与其他两个有关联,而这三种技术/假设的结合使 DSMC 方法能够准确地模拟宏观非平衡流场。具体来说,在气体体积微团中,许多分子的速度矢量都在同一个狭窄范围内。图 6.2(a)描述了正 x 速度的狭窄范围这一状况,而图 6.2(b)描述了负 x 速度的狭窄范围的状况。现在考虑一些近似数量来表达图 6.2 的描述。不用跟踪 400 万个 x-速度与图 6.2(a)所示相同的分子,也不用跟踪 100 万个 x-速度与图 6.2(b)所示相同的分子(这些数量给定了速度分布函数的形状),只需考虑具有第一个速度的四个分子以及具有第二个速度的一个分子就可能得到相同的分布函数[图 6.2(a)和(b)中组成分布函数的线段]。这正是 DSMC 方法所做的。如图 6.2(c)所示,每个模拟粒子代表包含在该气体体积微团中的大量真实分子。对于目前的讨论,每个模拟粒子代表了 100 万个真实分子。

DSMC 方法的一个关键概念是模拟粒子不是代表真实分子的分布。相反,模拟粒子代表大量完全相同的真实分子。这使得模拟粒子对之间的碰撞,可以用与真实分子对之间的碰撞完全相同的物理因素进行建模。

由于 DSMC 方法没有模拟系统中的每一个真实分子,所以分子运动和碰撞的确定性(例如用 MD 模拟的那样)就丧失了,因而 DSMC 模拟无法精确地确定哪些真实分子实际发生了碰撞,以及哪些碰撞参数表征了每次碰撞的初始条件。

这种确定性的丧失也是模拟粒子在其平均碰撞时间的一部分内沿直线运动的结果。实际上,尽管分布函数在平均自由程和平均碰撞时间的空间和时间尺度上得到了精确的解析,但组成这些分布的真实分子的精确位置在这些尺度下不再是已知的。也就是说,DSMC 网格单元内模拟粒子的位置(显著低于平均自由程尺度)与该方法没有相关性。这种情况如图 6.2(c)所示,事实上,尽管两个模拟粒子的速度向量彼此指向相反的方向,但选择这两个模拟粒子进行碰撞也是完全合适的。这虽然看起来不符合物理原理,但请记住,每个模拟粒子代表了大量扫过该体积的相同真实分子[如图 6.2(a)、(b)所示,其精确位置遍布该体积],因此,人们会期望这些分子对(具有这些特定速度)中的一部分发生碰撞。使图 6.2(c)中圈出的 DSMC 碰撞对合理化的另一种方式是,模拟的 DSMC 粒子在低于平均自由程的尺度上的位置在物理上不精确,这至少有两个原因:第一,在模拟边界注入的模拟粒子的位置在低于平均自由程的尺度上不是已知/指定的;第二,这些模拟粒子根据局部平均碰撞时间在计算域中运动。

这样,每个 DSMC 网格单元内模拟粒子之间的碰撞是随机进行的。在每个时间步内,模拟粒子在每个网格单元中随机配对,然后测试碰撞。因此,所有可能的碰撞对,包括所有类型的分子速度、内能和化学组元,都是以蒙特卡罗方式从每个网格单元内粒子的实际分布中取样。实际上,求解玻尔兹曼方程中的高维碰撞积分的一种流行方法是蒙特卡罗积分。这正是 DSMC 方法高效模拟玻尔兹曼方程的主要原因之一。

由于模拟粒子在每个网格单元内随机配对进行碰撞,因此 DSMC 碰撞网格的大小必须等于或小于局部平均自由程。如果网格单元明显大于平均自由程,间隔距离大的分子可能被随机选中而发生碰撞。这样的碰撞也许会在非物理的长距离上传递质量、动量和能量。如果粒子在直线上运动的时间步长远大于平均碰撞时间,也会产生同样的误差。计算的流场中产生的误差类似 CFD 计算中使用粗网格或过大时间步长而产生的数值耗散误差。这样从本质上讲,将无法准确求解陡峭的流动梯度,输运到表面的热量和动量也将是不正确的。

值得注意的是,有人提出了一些 DSMC 方法的加速技术,用于亚网格分层建模(类似于基于 PDE 的连续介质方法中的高阶重构技术)。这样的技术旨在使用更大的网格和更大的时间步长,同时仍然保持了解的准确性。其他加速技术使用可变时间步长和可变粒子权重,结合复制和删除粒子,以便在保持解的精度的同时最小化模拟粒子的数量。文献中提出了各种各样的技术,例如,(Kannenberg and Boyd, 2000; Burt et al., 2011, 2012; Burt and Josyula, 2014;

Galitzine and Boyd, 2015),它们的准确性和应用通常仅限于给定问题。这些技术的大多数都是直接建立在 DSMC 核心算法上,不需要对标准 DSMC 代码进行重大修改。因此,首先明确描述 DSMC 方法的核心算法是很重要的,这也是第 6 章和第 7 章的目的。

总而言之,DSMC 核心算法可以总结如下:

(1) 在入流边界生成粒子;

(2) 所有粒子沿其分子速度矢量直线运动一个小于局部平均碰撞时间的时间步长;

① 对与表面发生碰撞的粒子应用边界条件;

② 移除超出模拟区域的粒子;

(3) 假设碰撞对的影响参数是随机的,在每个网格单元内随机执行碰撞;碰撞网格大小应小于局部平均自由程;

(4) 对每个网格单元中的粒子特性取样;

(5) 返回(1)。

模拟粒子以这种方式在计算区域内运动,该区域内粒子相互碰撞且按照规定的边界条件与表面碰撞。如图 6.3 所示,可以在每个网格单元中对分子特性进行取样,用以计算速度和内能分布函数,以及平均量(宏观量),例如密度、宏观速度、温度和压力。如果每个网格单元中有许多粒子,则在模拟的每个时间步,这些平均量和平均分布函数都可以高精度地求解。这对于用 DSMC 模拟非定常流动是有意义的。然而,DSMC 方法的大多数应用都涉及定常流动。在这种情况下,一旦模拟达到定常状态,每个网格单元中的分子特性可以在许多时间步(定常状态下的时间平均)上连续取样。这使得在定常状态下,可以通过对每个网格单元(在任何给定时刻)内的少量粒子持续多个时间步取样,以获得高精

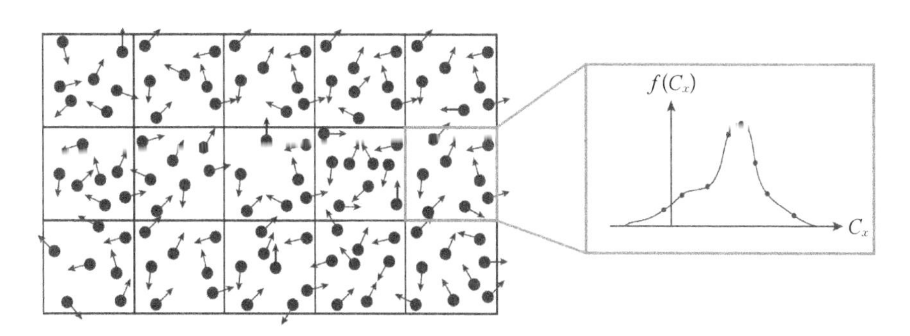

图 6.3　碰撞网格内 DSMC 模拟粒子示意图和取样分布函数

度的平均量和平均分布函数。值得注意的是,如果进行了大量的模拟并对结果进行了系综平均,也可以使用每个网格单元的少量粒子来获得非定常解。像将在例 6.1 中所讨论的那样,对计算效率而言,通常希望最小化每个网格单元的模拟粒子数,而其中最小粒子数需要通过进一步的统计考虑来确定。

总之,DSMC 方法利用了稀疏气体的固有特性,使用个体能代表大量相同真实分子的模拟粒子,按平均碰撞时间尺度上的时间步长移动模拟粒子,在平均自由程尺度上的体积(计算网格单元)内随机选择模拟粒子碰撞对和初始方向。这些都是基于合理物理原理的严格简化。现有的 DSMC 方法则更进了一步,使用概率规则来确定局部碰撞率和碰撞结果,从而引入**碰撞模型**。在简要讨论粒子的运动和排序之后,本章的剩余部分将详细讨论黏性、热传导、扩散和内能处理的碰撞模型,第 7 章则介绍涉及转动和振动能激发以及化学反应的高温热化学模型。

6.2.2 粒子运动与排序

本书仅给出粒子运动及在网格单元内排序的基本描述。在一个计算区域中移动数百万个粒子、检测粒子与复杂曲面几何体的碰撞,并在任意网格单元内进行排序,肯定是一项困难、乏味的计算编程任务。然而,即使是最复杂的 DSMC 代码,所使用的基本概念实际上也是简单明了的。

图 6.4 给出了两个用于行星探测器外形高超声速流动模拟且与局部平均自由程相适应的计算网格示例。第一个网格[图 6.4(a)]是 MONACO DSMC 代码(Dietrich and Boyd, 1996)使用的非结构三角形网格,它能够在二维或三维中使用任何一般的非结构网格拓扑。这样的网格自然是“贴体”网格,其中物体或计算域周围的几何图形可以由网格面(边)精确定义。第二个网格[图 6.4(b)]是分子气体动力学模拟器(MGDS)代码(Gao et al., 2011;Nompelis and Schwartzentruber, 2013)使用的多级笛卡儿网格。这个特殊的网格是一个三层嵌入式网格,每层都有任意程度的细化。笛卡儿网格也可以采用二进制细化,例如四叉树(2D)或八叉树(3D)结构,其中网格在每个坐标方向上总是被细化(或粗化)2 倍。对于无明显密度或温度梯度(即恒定平均自由程)的流动,可采用统一的笛卡儿网格。与贴体网格不同,笛卡儿网格需要“切割单元”算法来模拟任何非笛卡儿的物体或区域几何体。这种切割单元算法主要有两个方面。第一个方面涉及在模拟粒子自由运动期间正确检测粒子与表面的碰撞,第二个方面涉及物体或区域表面与笛卡儿流场网格相交产生的“切割体积”的计算。正如下文

所述,必须知道每个流动网格单元体积(V_{DSMC}),以确定正确的碰撞率。粒子速度矢量与任意表面的相交和切割体积的计算都是纯几何问题,可以精确地(在机器精度范围内)求解。各个计算领域的各种算法都可用于此类操作[例如,见文献(Zhang and Schwartzentruber, 2012)],本书未对其进行说明。

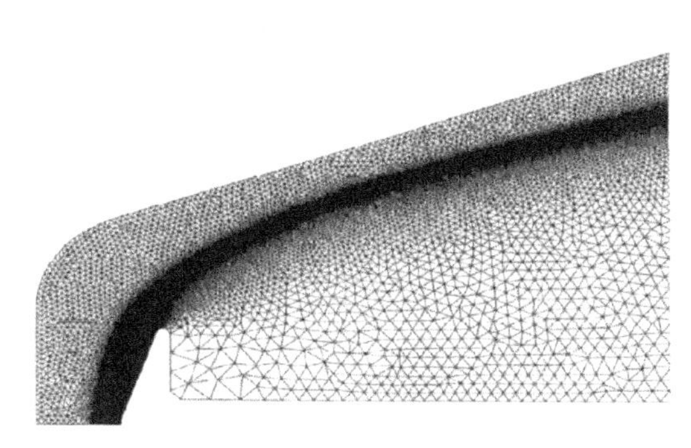

(a) 非结构贴体网格

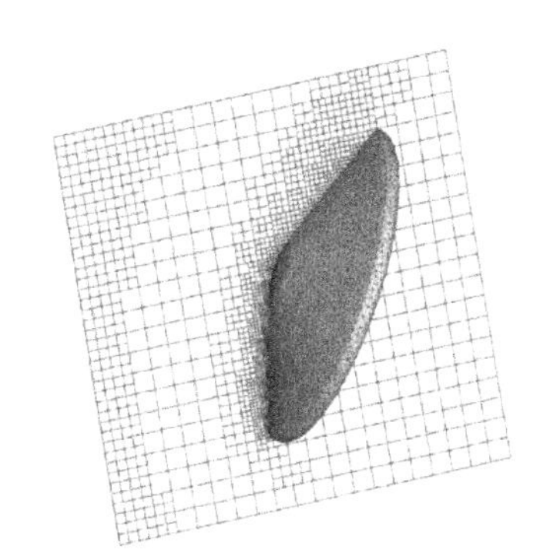

(b) 采用"切割单元"技术的笛卡儿网格

图 6.4　DSMC 实现中使用的流场网格示例

模拟粒子必须在网格单元内进行局部排序,这一事实是 DSMC 需要进一步讨论的一个方面。

一种方法是简单地在整个时间步长内移动粒子,确定它们的新坐标,然后将这些坐标映射到具体的流场网格。在图 6.5(a)中描述了速度为 $\bar{C}$ 的粒子在均匀笛卡儿网格中运动的情形。在这种情况下,运动很容易处理;但是,如果在更复杂的网格上使用这种类型的运动过程,那么将一组坐标映射到任意非结构三维网格中具体的网格单元时在计算上可能非常费事。而在笛卡儿网格中映射一组坐标的计算效率更高,特别是当网格均匀时,或者具有四叉树或八叉树结构

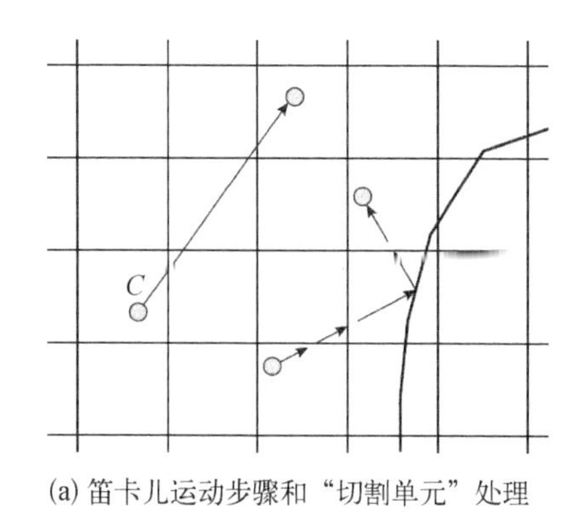

(a) 笛卡儿运动步骤和"切割单元"处理

(b) 射线追踪运动步骤

图 6.5　与 DSMC 方法相关的粒子跟踪步骤

时。如果新的粒子位置位于物体内或计算区域外,则必须应用适当的边界条件。最后,由于大多数 DSMC 代码是在多个处理器上执行区域分解,因此,如果网格几何体和边界几何体是分开的,将导致并非每个处理器都已知全局的状态,则坐标到具体网格单元的映射可能并不简单。

另一种方法是在运动过程中不断地将粒子排序到网格单元中,称为"射线跟踪"。射线跟踪是一种通用而有效的跟踪粒子运动的方法,广泛应用于计算机图形学领域,也被许多 DSMC 代码所使用。图 6.5(b)示意性地描述了粒子在二维非结构三角形网格内移动的过程。但是如图 6.5(a)中的第二个粒子所示,相同的过程可用于任何网格,包括笛卡儿网格。射线追踪粒子的一种方法是计算击中当前网格单元每个面的时间。如图 6.5(b)所示,可将该时间计算为 $\Delta t_{\text{hit-f}} = \Delta x_{\text{f}}/(\bar{C} \cdot \hat{n}_{\text{f}})$,其中$\hat{n}_{\text{f}}$是网格单元面的单位法向量,$\Delta x_{\text{f}}$ 是粒子和网格单元面之间的垂直距离。然后,粒子向前移动最小正向时间 $\Delta t_{\text{move}} = \min(\Delta t_{\text{hit-f}})$。因为对于大多数网格,网格单元/面连接信息是已知的,所以在该部分移动之后,粒子可以立即重新分配到正确的相邻网格单元。然后,在新网格单元内根据新单元面在剩余时间($\Delta t = \Delta t - \Delta t_{\text{move}}$)内重复相同的运动过程。当然,如果最小击中单元面时间大于所需的模拟时间步($\Delta t_{\text{move}} > \Delta t$),则粒子可以在整个模拟时间步($\Delta t$)内运动并保留在当前网格单元内。这个简单的射线跟踪步骤通常适用于任何网格拓扑。

此外,如果从流场网格单元[图 6.4(b)]中"切割"复杂的三角形表面几何结构,则这些表面单元可以简单地视为计算 $\Delta t_{\text{move}} = \min(\Delta t_{\text{hit-f}})$ 时被包括的附加网格单元面(即三角形或四边形、平面单元)。通常,如果平面单元小于网格单元,则这些边界面可能在网格单元内形成一组复杂的平面。由于前面 $\Delta t_{\text{hit-f}}$的公式只计算击中该边界面平面的时间,因此需要进一步计算以确保粒子轨迹实际与该边界面相交(而不仅仅是该边界面的平面)(Zhang and Schwartzentruber, 2012)。

最后,由于区域分解边界被绑定到网格单元边界,射线跟踪运动自然地检测粒子在平行分区之间的运动。因此,相同的射线跟踪算法可用于移动任何类型的计算网格中任何单元(包括含有曲面几何体的切割单元)内的任何粒子。值得注意的是,对于笛卡儿网格的射线跟踪,由于网格单元面总是在笛卡儿方向上对齐,因此涉及曲面法向量的计算可以提高计算效率(减少操作)。

在这一点上,重要的是要理解在所有的粒子被移动并局部排序到网格单元中之后,所有剩余的物理模型只在每个网格单元中包含的粒子序列上执行。因此,本章剩余部分中介绍的算法将应用于单个网格单元中的粒子,独立于计算中的任何其他网格单元。

6.2.3　碰撞速率

一般来说,对于每个计算网格单元,在每个模拟时间步长中必须确定各类分子之间碰撞的次数、非弹性碰撞和反应碰撞的次数以及所有此类碰撞的结果。

在单个时间步长(模拟碰撞速率)内,一个 DSMC 网格单元中发生的碰撞次数与气体的局部输运属性直接相关。在平衡流极限下,DSMC 模拟应再现真实气体的平衡碰撞速率,从而再现真实气体的黏性。然而,对于非平衡态,DSMC 模拟应确保正确的碰撞速率应用于所有分子组元的分子对。虽然平衡碰撞速率通常是通过黏性实验测量得到的,但非平衡碰撞速率的细节往往需要原子相互作用理论(势能面)的信息。事实上,对于稀疏气体,一致性理论建起了从原子间作用势到 DSMC 中使用的碰撞截面,再到气体的平衡输运属性的纽带。这一理论已在第 5 章中进行了讨论。

在由直径为 d 的硬球分子组成的气体中,两个同时位于气体体积 V 内的分子在时间 Δt 内碰撞的概率与它们之间的相互作用所扫出的体积成正比,所扫出的体积由所考虑的气体体积正则化,即

$$P \propto \pi d^2 g \Delta t / V \tag{6.2}$$

其中,g 是分子质心的相对速度。如果体积 V 包含 N 个分子,则该概率[式(6.2)]可用于所有 $N(N-1)/2$ 个可能的分子对。由于每个 DSMC 粒子代表大量(W_p)**完全相同**的真实分子(即所有分子都具有相同的速度和分子特性),因此应将以下概率应用于该网格单元内的所有 $N_p(N_p-1)/2$ 个粒子对:

$$P_{DSMC} = (\pi d^2 W_p) g \Delta t_{DSMC} / V_{DSMC} \tag{6.3}$$

这样,对于硬球气体,在单个时间步长内,一个 DSMC 网格单元内执行的碰撞总数为

$$N_{coll} = \frac{1}{2} N_p (N_p - 1) \frac{(\pi d^2 W_p) \langle g \rangle \Delta t_{DSMC}}{V_{DSMC}} \tag{6.4}$$

其中,$\langle g \rangle$ 表示 DSMC 网格单元中所有粒子对的平均相对速度。如果网格单元中的粒子具有麦克斯韦速度分布,则粒子对的平均相对速度为 $\langle g \rangle = 4\sqrt{kT/\pi m}$ [见附录 B 中的式(B.15)],因此 DSMC 网格单元中每个硬球模型粒子碰撞速

率为

$$v_{\mathrm{DSMC}}^{\mathrm{HS}}=\frac{N_{\mathrm{coll}}}{N_{\mathrm{p}}\Delta t_{\mathrm{DSMC}}}=2W_{\mathrm{p}}d^{2}\frac{N_{\mathrm{p}}-1}{V_{\mathrm{DSMC}}}\sqrt{\frac{\pi kT}{m}} \tag{6.5}$$

对于简单气体,在极限 $W_{\mathrm{p}}\rightarrow 1$(因此,对于大的 N, $N_{\mathrm{p}}-1\rightarrow N-1\approx N$) 的情形下,这与平衡气体中硬球碰撞速率的解析表达式(式(1.138)中的 Z/n)相同。但是,需要注意的是,由于碰撞概率[式(6.3)]分别应用于每个粒子对,因此 DSMC 方法正确地预测了不同粒子对类型的不同碰撞速率。例如,对于硬球粒子,相对速度较高的粒子对碰撞的频率高于相对速度较低的粒子对。因此,除了再现正确的平衡碰撞速率[式(6.5)],DSMC 还预测了正确的**非平衡**碰撞速率,并且对于任意(非麦克斯韦)速度分布函数(如激波内部)来说都是准确的。

如第 5 章所述,分子对的碰撞截面不是常数($\sigma\neq\pi d^{2}$), 且如图 5.3(a)所示,通常是相对速度的强函数 [$\sigma=\sigma(d,\ g)$]。 由于气体中分子对的平均相对速度与气体温度成正比,与硬球结果相比,这显著改变了局部碰撞速率(因此也改变了输运属性)的温度依赖性,必须加以考虑。由于 DSMC 单独计算每个分子对的碰撞概率,因此将硬球过程扩展到更真实的相互作用是很简单的,只需允许分子对的碰撞截面包含对相对速度的依赖。现在,应用于每个分子对的概率变成

$$P_{\mathrm{DSMC}}=\sigma(d,\ g)gW_{\mathrm{p}}\Delta t_{\mathrm{DSMC}}/V_{\mathrm{DSMC}} \tag{6.6}$$

而在一个 DSMC 网格单元中执行的碰撞次数变成

$$N_{\mathrm{coll}}=\frac{1}{2}N_{\mathrm{p}}(N_{\mathrm{p}}-1)\frac{\langle\sigma(d,\ g)g\rangle W_{\mathrm{p}}\Delta t_{\mathrm{DSMC}}}{V_{\mathrm{DSMC}}} \tag{6.7}$$

其中,$\langle\sigma(d,\ g)g\rangle$表示网格单元中所有分子对的平均值。$\sigma(d,\ g)$的函数形式在 DSMC 仿真中可以任意设置,使得物理建模具有显著的灵活性。第 6.3 节中概述了许多具体的函数形式,它们在物理上精确、数值上的效率较高。一旦指定了 $\sigma(d,\ g)$的函数形式,在 DSMC 网格单元内选择分子对进行实际碰撞的 DSMC 算法非常简单,并且只需增加一些与计算效率相关的考虑。本书描述的碰撞速率算法是 Bird(1994)的无时间计数器(NTC)算法,它被证明是一种非常精确且高效的 DSMC 算法。

首先,一个显而易见的问题是每个网格单元中数量明显较小的粒子数(N_{p})。例如,在平衡气体的 DSMC 模拟中,N_{p} 仅为 10($N_{\mathrm{p}}=10$) 的情形应用于

式(6.7),与 $W_p = 1$(即 $N_p = N$)的模拟相比,单个时间步长内将对模拟碰撞速率造成 10%的低估。然而,对于在多个时间步上取样的定常 DSMC 模拟,时间平均碰撞速率是重要的。实际上,在 DSMC 模拟中 N_p 的一个涨落特性遵循泊松分布,由此可以证明 $\langle N_p(N_p - 1)\rangle = \langle N_p\langle N_p\rangle\rangle$[例如,参考 Garcia(2000)的文献第 356 和 359 页]。因此,如果在定常状态下的多个时间步上求平均,应用式(6.7)产生的结果与应用下式的结果相同:

$$N_{coll} = \frac{1}{2}N_p\langle N_p\rangle \frac{\langle\sigma(d, g)g\rangle W_p \Delta t_{DSMC}}{V_{DSMC}} \tag{6.8}$$

也就是说,即使对于小 N_p,也与 $(N_p W_p)^2 = N^2$ 成正比。注意,式(6.8)的应用,要求在每个 DSMC 网格单元中维持 N_p 的平均值(即$\langle N_p\rangle$)的存储和更新。因此尽管使用式(6.7)和(6.8)产生的结果相同,但出于计算效率的考虑,式(6.7)可能是首选。

经验表明,对于大多数流动,$N_p > 10$ 足以精确地模拟局部碰撞速率。对于多组元和化学反应流,可能需要更大的 N_p 值来解决极微量组元的碰撞速率。模拟非定常流时,对于小的 N_p 值,使用式(6.7)或式(6.8)都是有问题的,因为 $W_p N_p$ 中的数值涨落可能在数量上与非定常流动性质导致的 N 的实际变化相当。因而,通常对于非定常流动,在每个时间步内都需要大 N_p 值来求解宏观特性。而对于大的 N_p 值,式(6.7)或式(6.8)的应用都是准确的。

其次,应用于每个 $N_p(N_p-1)$ 对的概率通常很小。通常情况下,DSMC 网格单元中只有不到 20%的粒子在一个时间步内发生碰撞。这一比例肯定会有很大的变化;但是,显然不应超过 100%。因此,不必对 $O(N_p^2)$ 个粒子对应用小概率,而是通过对较小数量的粒子对应用较大概率来获得相同的结果。首先,确定预期碰撞的粒子对的数量的最大值,即

$$N_{coll-max} = \frac{1}{2}N_p(N_p - 1) \frac{[\langle\sigma(d, g)g\rangle]_{max} W_p \Delta t_{DSMC}}{V_{DSMC}} \tag{6.9}$$

其中,$[\langle\sigma(d, g)g\rangle]_{max}$ 是网格单元内 $\sigma(d, g)g$ 最大期望值的估计值。由于在一个时间步内 DSMC 网格单元中只能有整数个粒子对碰撞,因此将测试的粒子对数设置为

$$N_{paris-tested} = \mathrm{floor}(N_{coll-max} + 0.5) \tag{6.10}$$

再次,该数目必须限制在网格单元中的实际对数。假设每个粒子在每个时间步

中只能碰撞一次，则此数目必须限制为

$$1 \leqslant N_{\text{paris-tested}} \leqslant \text{floor}(N_p/2) \tag{6.11}$$

因此，$N_{\text{coll-max}}$是与应用于所有粒子对的常数值$[\langle\sigma(d,\ g)g\rangle]_{\max}$完全对应的碰撞对数量（估计的上限），而由于模拟的离散性，$N_{\text{paris-tested}}$是将在 DSMC 网格单元中实际测试的对应碰撞对数量。这两个值的比率，即

$$F_{\text{correction}} = N_{\text{coll-max}}/N_{\text{paris-tested}} \tag{6.12}$$

必须在每个时间步中进行记录。

再次，通过随机选择 $N_{\text{paris-tested}}$个粒子对（其中一个粒子不能包含在多个粒子对中）并以概率接受每对粒子的实际碰撞来模拟真实的碰撞速率，即

$$P_{\text{DSMC}} = F_{\text{correction}} \times \frac{\sigma(d,\ g)g}{[\langle\sigma(d,\ g)g\rangle]_{\max}} \tag{6.13}$$

因此，乘积 $N_{\text{paris-tested}} \times P_{\text{DSMC}}$（在一个 DSMC 网格单元中单个 DSMC 时间步的模拟碰撞速率）精确地简化到式(6.7)。需要注意的是，$[\langle\sigma(d,\ g)g\rangle]_{\max}$从分子和分母中消失，因此其精确值根本不影响模拟碰撞速率；相反，其值只改变算法的数值计算效率（测试的碰撞对数量）。实际上，效率最高的算法应该是 $P_{\text{DSMC}} \approx 1$。计算实践中，随着模拟的进行，$[\langle\sigma(d,\ g)g\rangle]_{\max}$的值在每个网格单元中更新。

P_{DSMC}的计算值有可能大于 1。这意味着在当前时间步中，碰撞对中的两个粒子应该碰撞多次。在这种情况下，DSMC 无法在该时间步和该网格单元内模拟正确的碰撞速率。此类事件应最小化/消除，并且应将此类事件的数量输出给用户，以便用户知道不准确的程度。

有多个原因可以导致 $P_{\text{DSMC}} > 1$，其中之一是$[\langle\sigma(d,\ g)g\rangle]_{\max}$的估值可能太小，这将导致只有少量的粒子对被测试碰撞。事实上，实际碰撞速率[与 $\sigma(d,\ g)g$ 成比例]表明，应该有更多的粒子对发生碰撞。在定常状态的 DSMC 仿真中，如果这发生在初始瞬态期间，则是可以接受的。由于每个网格单元中的$[\langle\sigma(d,\ g)g\rangle]_{\max}$不断更新，因此在瞬态期间，此类事件的数量应减少到零，并在定常状态的取样期间保持在非常低的水平。对于非定常流动，网格单元内的局部碰撞速率可能会不断变化，使得选择$[\langle\sigma(d,\ g)g\rangle]_{\max}$变得困难。在这种情况下，为其值选择一个保守的大估计值可能是必要的，同时会降低计算效率。计算的 $P_{\text{DSMC}} > 1$ 的另一个典型原因是时间步长过大。在这种情况下，即使适当

地设置了$[\langle\sigma(d,\ g)g\rangle]_{\max}$，通过式(6.13)中的校正项$F_{\text{correction}}$，大时间步将导致$P_{\text{DSMC}}>1$。如式(6.9)所示，需要测试的碰撞期望次数与$\Delta t_{\text{DSMC}}$成正比。由于DSMC网格单元只有$N_p/2$对，一个大的时间步可能意味着该网格单元中在该时间步长内的碰撞对数应超过$N_p/2$。因此，模拟无法再现真实的碰撞速率，因为粒子在该时间段内应该已经经历了多次碰撞。只要选择的时间步长小于局部平均碰撞时间，此类事件就应该很少发生。

最后，NTC方法[式(6.9)~式(6.13)]的一个妙处是在模拟多组元混合气体时保持不变。例如，考虑组元A粒子和组元B粒子组成的混合气体。在这种情况下，N_p仍然是指网格单元内的模拟粒子总数，但是现在这些模拟粒子中组元A的数量为N_A、组元B的数量为N_B，因此，

$$N_p=N_A+N_B \tag{6.14}$$

此时粒子之间仍然存在$N_p(N_p-1)/2$个可能的配对；但是，可以很容易地看出，每个组元组合具体的配对数量可以写成

$$\underbrace{\frac{N_p(N_p-1)}{2}}_{\text{全部配对}}=\underbrace{\frac{N_A(N_A-1)}{2}}_{\text{A-A对}}+\underbrace{\frac{N_B(N_B-1)}{2}}_{\text{B-B对}}+\underbrace{N_AN_B}_{\text{A-B对}} \tag{6.15}$$

由前文可知，对于平衡气体，由式(6.4)能归约到同类组元的理论碰撞速率即式(6.5)，这与先前导出的式(1.138)中的Z/n的结果相同。采用同样的方式，将NTC方法应用于双组元混合气体[式(6.15)]可得到由式(1.138)给出的同类组元和不同组元的理论碰撞速率(Z/n，其中$\delta_{AA}=\delta_{BB}=1$和$\delta_{AB}=0$)。此外，由于$N_A$和$N_B$的统计特性与$N_p$相同，因此，正如前面关于式(6.7)和(6.8)的论述，将NTC方法应用于定常状态下的多组元混合气体时，对于较小的N_A和/或N_B值也将是准确的。最后，类似于单组元的情况，并非测试所有可能的粒子对碰撞，而是只测试最大期望碰撞对数，这样也是准确的，且计算效率更高。在多组元模拟中，碰撞对的子集仍然是基于该网格单元内粒子的总数[式(6.9)~式(6.12)]。由于碰撞对是随机形成的，因此在网格单元中A-A、B-B和A-B碰撞对的子集在统计学上与作为一个整体时的结果是相同的。值得注意的是，最大期望截面值$[\langle\sigma(d,\ g)g\rangle]_{\max}$现在是在网格单元内的任何组元对的最大值。这样，该值仍然是保守的，并且如式(6.13)后面的文字所述，它对模拟碰撞速率没有影响。因此，NTC方法[式(6.9)~式(6.13)]可适用于无特殊处理或修改的混合气体。而各种不同的组元对之间的碰撞将根据与每个组元对相关联的

碰撞截面 $\sigma(d, g)$ 以正确的速率选择。

总之,前面的简单算法使 DSMC 方法能够精确地模拟平衡和非平衡碰撞速率,并最终确定在每个时间步内给定的 DSMC 网格单元中哪些粒子应该碰撞。这些算法所需的主要模型是粒子对的碰撞截面,且这些算法对混合气体是通用的。随后章节将介绍 $\sigma(d, g)$ 的特定函数形式和针对碰撞后特性的散射角,以及它们与气体输运属性的联系。

6.2.4　网格单元和粒子属性

作为本章剩余部分的参考,总结与模拟粒子和碰撞单元相关的基本属性(数据)非常有用。由于每个模拟粒子代表相同数量的真实分子,因此模拟粒子的性质与真实分子的性质相同。

粒子属性:

(1) i(组元类型);

(2) x, y, z(空间位置);

(3) C_x, C_y, C_z(质心速度分量);

(4) ϵ_{rot}(转动能);

(5) ϵ_{vib}(振动能)。

组元和碰撞对属性:

每个组元 i 也需要数据,其中模拟所需的组元数据通常依赖于所使用的物理模型。组元数据的实例包括分子量(M_ω)、可用的转动和振动自由度(ζ_{rot}、ζ_{vib})以及转动、振动和离解过程的特征温度(θ_{rot}、θ_{vib}、θ_d)。例如,这些参数通常在第 4 章中使用。

此外,由于 DSMC 模型涉及**碰撞对**,通常需要具体到每个组元对(i, j)的许多模型参数。对于黏性、扩散和热传导模型,以及内能激发和化学反应模型,都需要这样的碰撞对数据。

将某些数据与每个计算网格单元相关联也极其有用。存储在每个网格单元中的典型数据清单包括以下内容。

网格单元属性:

(1) type (网格单元类型:流动内部、添加边界等);

(2) $x_0, y_0, z_0, x_E, y_E, z_E$(笛卡儿网格的边界顶点);

(3) $(x_v, y_v, z_v)_f$(非结构网格单元面 f 的每个顶点 v);

(4) $(\hat{n}_x, \hat{n}_y, \hat{n}_z)_f$(非结构网格单元面 f 的法向量);

(5) V(网格单元体积);

(6) W_p(局部粒子权重);

(7) Δt(局部时间步长);

(8) $[\langle \sigma(d, g)g \rangle]_{max}$(用于计算最大期望碰撞速率);

(9) $(\sum N_p, \sum C_x, \sum C_y, \sum C_z, \sum C_x^2, \sum C_y^2, \sum C_z^2, \sum \epsilon_{rot}, \sum \epsilon_{vib})_i$[每种组元($i$)粒子属性(取样)的累积和,用于确定宏观量(参考附录D)]。

DSMC计算需要上百万个计算网格单元和数百万个模拟粒子。因此,DSMC计算需要存储和记录大量的数据。复杂的数据结构通常用于数据组织,并且可以提供一般DSMC实现所需的灵活性。粒子数据是内存的主要贡献者,但是,在DSMC模拟中,粒子的全局数量以及每个网格单元中的局部数量可能会有很大的变化。因此,静态分配的粒子数组必须是保守性的大值(未使用的内存)或经常调整大小(计算和内存密集型)。同样,由于DSMC中的网格分辨率(即局部平均自由程)取决于解本身,在理想情况下,在模拟过程中网格单元的数量将发生变化,数据结构也应考虑这种可能性。达到最佳期望灵活性的数据结构选择依赖于实际应用。因此,建议DSMC代码开发人员查阅针对具体应用类别有关方法的最新文献。

至此,可以继续描述在每个DSMC网格单元中用于模拟粒子对之间碰撞的物理模型。这些模型通常涉及网格单元和粒子数据(前面所列)的使用,以及特定于每个可能组元对的模型参数。最终,碰撞模型会以物理上真实的方式更新碰撞中模拟粒子的属性。以下将讨论能导出正确模拟气体黏性、热传导和扩散的模型。

6.3　黏性、扩散和热传导模型

大多数DSMC碰撞模型都指向碰撞对,比如组元i与组元j碰撞。事实上,本节中出现的所有方程和大多数模型参数都指向组元对(i, j)。在模型参数上不使用下标i、j,而是简单地隐含它们。本节还将给出几个算例来演示模型参数的使用。

6.3.1　可变硬球模型

弹性碰撞(无内能传递)中应用最广泛的DSMC碰撞截面模型是可变硬球

(VHS)模型(Bird, 1994)。VHS 模型允许相互作用的总碰撞截面(σ_T^{VHS})依赖于碰撞对的相对速度。如第 5 章所述,相互作用的积分碰撞截面对相对碰撞速度有很强的依赖性,必须考虑预测黏性系数正确的温度依赖关系,这一点从实验测量中可以清楚地确定。具体而言,用于式(6.13)的对应于 VHS 模型的 $\sigma(d, g)$ 形式使用了可变直径

$$d = d_{ref}\left(\frac{g_{ref}}{g}\right)^{\nu} \tag{6.16}$$

因而,

$$\sigma_T^{VHS} = \pi d_{ref}^2\left(\frac{g_{ref}}{g}\right)^{2\nu} \tag{6.17}$$

该表达式可视为与从 PES 获得的积分碰撞截面相匹配的曲线[图 5.3(a)]。幂律指数(ν)的值可以设置为与其斜率匹配,参考值(d_{ref}和 g_{ref})可以设置为"固定"在特定值 g 处拟合曲线的值。如图 5.3(a)所示,幂律拟合在较宽的相对速度范围内相当精确。

然而,对于许多感兴趣的气体种类,难以获得精确的 PES 和碰撞截面数据。另外,对于大多数气体,黏性的实验数据可广泛获取。如果没有详细的(并经过验证的)碰撞截面数据可用,则根据黏性数据选择碰撞模型参数是合乎逻辑的。事实上,这是大多数 DSMC 碰撞模型的发展方式。

例如,在简单的硬球气体($\nu = 0$)中,重新整理式(5.114),特定温度 T 下模拟黏性系数为 μ 的 HS 直径为

$$d^2 = \frac{5}{16}\sqrt{\frac{mkT}{\pi}}\left(\frac{1}{\mu}\right) \tag{6.18}$$

因此,对于温度均匀的流动,采用硬球碰撞模型的 DSMC 模拟将准确地模拟正确的气体黏性,前提是使用式(6.18)设置 d。但是,需要注意的是,尽管模拟了正确的平衡黏性(气体中的总碰撞速率),但非平衡碰撞速率(速度分布函数不同部分之间的碰撞速率)并非基于任何基础数据,因此没有得到严格的验证。

为推导与 VHS 碰撞截面相对应的黏性和扩散系数的表达式,首先要注意的是,第 5 章[式(5.112)]中给出的总碰撞截面与黏性和动量碰撞截面之间的关系仍然成立。具体地说,对于 VHS 模型,由于 σ 不是的χ 的函数,则式(5.103)和式(5.104)导出的结果为

$$\sigma_{\mu}^{\mathrm{VHS}} = \frac{2}{3}\sigma_{\mathrm{T}}^{\mathrm{VHS}} \text{ 和 } \sigma_{\mathrm{M}}^{\mathrm{VHS}} = \sigma_{\mathrm{T}}^{\mathrm{VHS}} \tag{6.19}$$

将该 VHS 黏性碰撞截面[由式(6.17)和式(6.19)给出]代入黏性系数方程[式(5.105)]中，在平衡条件下通过分析法得出的对应于 VHS 模型的模拟黏性系数为

$$\mu^{\mathrm{VHS}} = \frac{\frac{15}{8}\sqrt{2\pi m_{\mathrm{r}}k}\left(\frac{2k}{m_{\mathrm{r}}}\right)^{\nu} T^{\frac{1}{2}+\nu}}{\Gamma(4-\nu)\pi d_{\mathrm{ref}}^{2} g_{\mathrm{ref}}^{2\nu}} \tag{6.20}$$

由于参考值是常数，因此 VHS 模型模拟的气体黏性系数以幂律依赖于气体温度。除了像硬球模型那样需要指定参考直径(d_{ref})外，VHS 模型还需要相对速度(g_{ref})的参考值。正如 Bird(1994)指出的那样，一个合理的参考值是在参考温度 T_{ref}下平衡气体中发生碰撞时遇到的 g 的平均值。尽管可以选择不同的参考值，但该值在物理上是合理的，并且简化了模型表达式，因为 g 的平均值可以用平衡时的气体温度 T 来表示。导出气体碰撞中发现的平均量所需的理论包含在附录 B 中。g_{ref}的相关结果在式(B.22)中导出，并由下式给出：

$$g_{\mathrm{ref}}^{2\nu} \equiv \langle g_{\mathrm{ref}}^{2\nu} \rangle_{\mathrm{collisions}}^{\mathrm{VHS}} = \left(\frac{2kT_{\mathrm{ref}}}{m_{\mathrm{r}}}\right)^{\nu} \frac{1}{\Gamma(2-\nu)} \tag{6.21}$$

也就是说，式(6.21)给出了在温度 T_{ref}下平衡态 VHS 气体(具有幂律指数 ν)中对所有**碰撞**求平均得到的 $g^{2\nu}$平均值。这里的 $\Gamma(\ )$是附录 E 中描述的伽马函数。将 $g_{\mathrm{ref}}^{2\nu}$的**定义**代入式(6.20)，可得出由 VHS 模型模拟的黏性系数的最终表达式为

$$\mu^{\mathrm{VHS}} = \mu_{\mathrm{ref}}^{\mathrm{VHS}}\left(\frac{T}{T_{\mathrm{ref}}}\right)^{\omega} \tag{6.22}$$

其中，

$$\mu_{\mathrm{ref}}^{\mathrm{VHS}} = \frac{15\sqrt{2\pi m_{\mathrm{r}}kT_{\mathrm{ref}}}}{2(5-2\omega)(7-2\omega)\pi d_{\mathrm{ref}}^{2}} \tag{6.23}$$

且

$$\omega \equiv \nu + \frac{1}{2} = \frac{2}{\alpha} + \frac{1}{2} \tag{6.24}$$

上式中的 α 是逆幂律模型的指数[式(5.115)]。

将 VHS 模型的动量碰撞截面[式(6.17)和式(6.19)中给出的 $\sigma_{\mathrm{M}}^{\mathrm{VHS}}$]代入式(5.106)(Chapman – Enskog 分析得到的扩散系数的一阶近似),则 VHS 碰撞模型模拟的扩散系数可以用封闭形式表示,结果为

$$D^{\mathrm{VHS}} = \frac{\frac{3}{8}\sqrt{\pi}\left(\frac{2kT}{m_{\mathrm{r}}}\right)^{\frac{1}{2}+\nu}}{\Gamma(3 - v)n\pi d_{\mathrm{ref}}^{2} g_{\mathrm{ref}}^{2\nu}} \tag{6.25}$$

使用式(6.21)中的定义,上式将简化为

$$D^{\mathrm{VHS}} = D_{\mathrm{ref}}^{\mathrm{VHS}}\left(\frac{T}{T_{\mathrm{ref}}}\right)^{\omega} \tag{6.26}$$

其中,

$$D_{\mathrm{ref}}^{\mathrm{VHS}} = \frac{3\sqrt{2\pi kT_{\mathrm{ref}/m_{\mathrm{r}}}}}{4(5 - 2\omega)n\pi d_{\mathrm{ref}}^{2}} \tag{6.27}$$

注意,对于 HS 碰撞截面($\omega = 1/2$) ,$\mu_{\mathrm{ref}}^{\mathrm{VHS}}$简化成 HS 黏性系数[式(5.114)],则扩散系数进一步简化成

$$D^{\mathrm{HS}} = \frac{3\sqrt{2\pi kT/m_{\mathrm{r}}}}{16n\pi d_{\mathrm{ref}}^{2}} \tag{6.28}$$

除上述输运系数关系外,还可以确定与 VHS 模型对应的平均碰撞时间(τ_{coll})和平均自由程(λ)等参量。对于一般的多组元混合气体,这些参量和其他共同平均参量的方程可以在附录 D 中找到。

最后,施密特(Schmidt)数(Sc)定义为

$$Sc \equiv \frac{\mu}{\rho D} \tag{6.29}$$

它是连续介质模型中常用的一个无量纲量,用于将动量扩散(黏性)与质量扩散相关联。利用前面的分析,VHS 模型的对应值为

$$Sc^{\mathrm{VHS}} = \frac{5}{7 - 2\omega} \tag{6.30}$$

需要注意的是,ω 值的选择要与 μ 或 D 的温度依赖性相匹配,因此 Sc 值是固定

的。事实上,从前面的方程中可以明显看出,VHS 模型可以匹配所期望的黏性系数或扩散系数,但不能同时独立匹配。

至此,已经推导出了实现一些 DSMC 模拟所需的方程。具体来说,由式(6.17)和式(6.21)给出的碰撞截面模型可用于在每个时间步选择网格单元内的多个碰撞对[使用式(6.9)~式(6.11)],然后对每对进行碰撞,其碰撞概率如式(6.13)所示。随机散射角用于指定碰撞后的粒子速度,如附录 C 第 C.1.1 节所述。

例 6.1　平衡态简单气体中的碰撞速率。

这个例子模拟均匀简单气体。DSMC 方法的一些统计方面变得清晰明了,并用理论表达式验证模拟的碰撞速率。

采用 NTC 碰撞速率算法,用 DSMC 模拟密度为 $\rho = 8 \times 10^{-5}$ kg/m^3、温度为 $T = 500$ K 的小体积静止氩气。使用的 VHS 碰撞模型中设置 $d_{\text{ref}} = 3.915 \times 10^{-10}$ m、$T_{\text{ref}} = 273$ K 和 $\omega = 0.81$。计算区域由 x、y 和 z 方向的尺寸分别为 5 mm×4 mm×2.5 mm 的长方体组成。该区域被分成 24 个碰撞网格单元(x、y 和 z 方向上分别为 4×3×2)。

在模拟开始时,长方体中装满与气体条件对应的模拟粒子。具体地说,$N_{\text{p}} = 20$ 或 $N_{\text{p}} = 20\,000$ 个粒子被随机地放置在每个网格单元中,并且粒子速度最初是根据与零宏观速度和温度 T 相对应的麦克斯韦-玻尔兹曼分布(参考附录 A 的 A.1.3 节)来分配的。设置的粒子权重(W_{p})使密度 ρ 达到期望值。使用的时间步长 $\Delta t_{\text{DSMC}} = 1.427 \times 10^{-7}$ s,粒子与长方体壁面按镜面反射碰撞。这样,整个长方体体积由均匀平衡气体初始化,该气体在整个模拟过程中应该保持平衡。

在每个时间步内,使用 NTC 算法[式(6.9)~式(6.11)和式(6.13)]时只选择每个网格单元中的一部分粒子进行碰撞。在本例中,将"碰撞速率比例"定义为在长方体内执行的碰撞数除以长方体内粒子数。图 6.6(a)绘制了 $N_{\text{p}} = 20$(因此长方体中有 480 个粒子)时的模拟结果。在这里,DSMC 仿真的离散性和统计性是显而易见的。每次迭代时绘制的碰撞速率比例范围为 0.01~0.04,对应于任何单个时间步内长方体中 5~20 次碰撞。然而,由于气体处于稳定状态,有重要意义的结果是碰撞速率比例"取样"于多个迭代上的平均值。取样于 5 000 次迭代的平均值[由图 6.6(a)中的实心黑线表示]等于 0.025 1。因此,每个粒子的模拟碰撞速率为

$$v_{\text{sim}} = \frac{\langle \text{碰撞速率比例} \rangle}{\Delta t_{\text{DSMC}}} = 1.759 \times 10^5 \text{ 次碰撞} /(\text{粒子} \cdot \text{秒}) \tag{6.31}$$

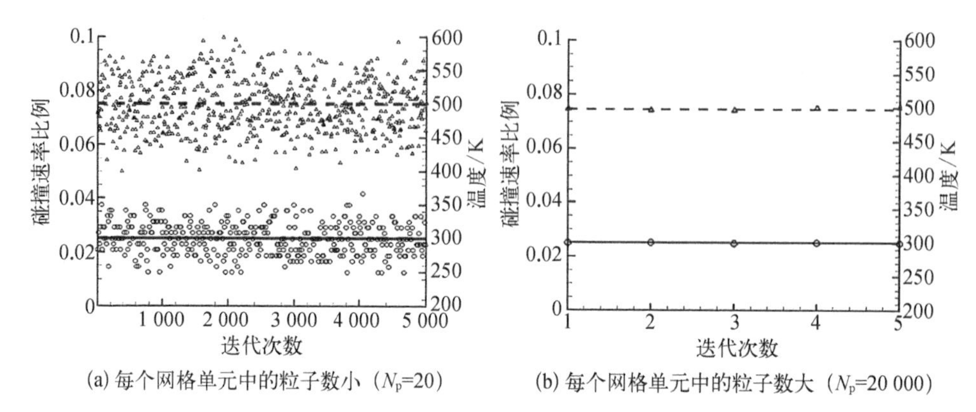

(a) 每个网格单元中的粒子数小（N_p=20）　(b) 每个网格单元中的粒子数大（N_p=20 000）

图 6.6　均匀平衡氩气的瞬时碰撞速率和温度(符号表示在每个时间步计算的参量;线条表示时间平均的参量;圆和实线是指碰撞速率分数;三角形和虚线表示气体温度)

使用式(1.133)~式(1.138)导出 HS 模型碰撞速率的步骤,可以得到对应 VHS 模型的碰撞速率的精确解析表达式。特别是对于 VHS 模型,组元 A 与组元 B 经历的碰撞中,对每个组元 A 粒子单位时间的碰撞次数为

$$v_{AB}^{VHS} = \frac{n_B \pi d_{ref}^2}{1 + \delta_{AB}} \sqrt{\frac{8kT_{ref}}{\pi m_r}} \left(\frac{T}{T_{ref}} \right)^{1-\omega} \tag{6.32}$$

对于本算例, A = B, 此时约化质量变为 $m_r = m_{Ar}/2$, 并且使用指定的氩气属性,碰撞速率为 $v_{Ar}^{VHS} = 1.752 \times 10^5$ 次碰撞/(粒子·秒)。因此,模拟碰撞速率(v_{sim})准确地再现了分析碰撞速率(v_{Ar}^{VHS}),在这种情况下的误差大约为 0.4%。

图 6.6(a)还绘制了每个时间步的瞬时温度[对立方体中所有粒子通过式(5.17)计算]。在任何一个时间步上计算的温度范围明显在 400~600 K。但是,温度的时间平均“取样”值非常接近于预期的 500 K。

图 6.6(a)中的结果是大多数定常 DSMC 模拟的典型结果。在每个时间步内,每个网格单元内计算的碰撞速率和宏观气体属性(如密度、宏观速度和温度)都显示出很大的统计波动。为将统计散布降低到所需公差以下,必须在多次迭代中对粒子特性进行“取样”,以获得宏观特性和分子分布函数(有关更多详细信息,请参阅附录 D)。

图 6.6(b)绘制了 N_p = 20 000(因此立方体内有 480 000 个粒子)情况下的模拟结果。由于现在每个网格单元中的粒子数是原来的 1 000 倍,为在平均碰撞速率中获得相同数量的样本,时间平均只需要五次迭代。如图 6.6(b)所示,由于 N_p 值较大,在每个时间步计算的瞬时碰撞速率和温度具有非常小的统计散

布。在这种情况下,平均碰撞速率比例为 0.025 0,模拟碰撞速率为 $v_{\mathrm{sim}} = 1.752 \times 10^5$ 次碰撞/(粒子 · 秒),与分析结果($v_{\mathrm{Ar}}^{\mathrm{VHS}}$)非常吻合。

本算例演示了 DSMC 模拟中存在的典型统计散布,以及如何在稳态期间对粒子特性进行多次取样或在大 N_{p} 值上取样。通常,为了限制内存需求和总体计算效率,需要最小化 N_{p}。然而,如图 6.6(a)中碰撞速率结果所示,模拟的离散性设置了 N_{p} 值的下限。例如,如果 $N_{\mathrm{p}} = 4$, 则在给定的时间步内,将没有粒子对或只有一对或只有两对粒子碰撞。由于碰撞速率的比例变化如此之大,即使是经过多个时间步的平均值也可能无法收敛到正确的碰撞速率。如果存在微量组元,或者稀有碰撞事件很重要,例如某些能量转换或化学反应,则必须适当提高 N_{p}。

最后,需要注意的是,由于模拟的是均匀气体,因此本例中的结果可以通过仅使用单个碰撞网格单元(具有恒定 N_{p})并完全忽略粒子运动和边界相互作用来获得。这种零维方法对于快速测试碰撞算法非常有用。然而,考虑粒子在各自碰撞网格单元内的运动会导致 N_{p} 的波动,这是一个更严格的测试。

例 6.2　氩气中的正激波。

这个例子用 VHS 碰撞模型模拟氩气中的正激波。

激波前条件(状态 1)是温度为 $T_1 = 300$ K 和密度为 $\rho_1 = 1.069 \times 10^{-4}$ kg/m^3 的氩气高马赫数($M_1 = 9$)流动。这些条件与 Alsmeyer(1976)的实验相符。使用跨越正激波的跳跃方程,激波后条件(状态 2)为 $M_2 = 0.456$, $T_2 = 7\,856$ K 和 $\rho_2 = 4.123 \times 10^{-4}$ kg/m^3。仿真域长度为 8 cm,近似等于 $100\lambda_1$,网格单元大小均匀,为 $0.25\lambda_1$。

计算域由麦克斯韦-玻尔兹曼速度分布函数(VDF)表征的粒子初始化,该函数对应于 $x < 4$ cm 的状态 1 和 $x > 4$ cm 的状态 2,并具有适当的数密度。粒子权重 W_{p} 被设置为在自由流区域中的每个网格单元中获得大约 $N_{\mathrm{p}} = 1\,000$ 个粒子。在每个时间步之前,删除位于计算域的前 10 个网格单元或最后 10 个网格单元中的任何粒子,并分别根据对应于状态 1 和状态 2 的麦克斯韦-玻尔兹曼分布重新生成这些网格单元中的粒子。这项技术强化了激波前和激波后的边界条件。基本 DSMC 算法用自由流平均碰撞时间 τ_1 的一部分作为时间步长迭代。定常激波剖面的演化需要大约 $20\tau_1$。在这个时间段之后,在进一步的模拟时长 $5\tau_1$ 内对解进行取样。

值得注意的是,该模拟方法具有很高的分辨率,并且可以用较少的粒子和较大的网格单元尺寸获得精确的解。但是,使用此技术模拟正激波时,希望每个网格单元使用大量粒子,并在尽可能少的迭代步中对解进行取样,以避免统计涨落引起激波(取样期间)的任何移动。除了模拟正激波的其他策略外,Bird(1994)对此进行了更详细的讨论。但是,前面描述的技术对于许多激波条件的实现已经相当准确和简单。

用于模拟的碰撞参数为 $d_{\text{ref}} = 3.974\text{Å}$, $T_{\text{ref}} = 273\ \text{K}$, 并使用三个不同的黏性定律指数 $\omega = 0.5$、0.7 和 0.81。激波剖面通常以归一化变量绘制,即

$$q_{\text{n}}(x) \equiv \frac{q(x) - q_1}{q_2 - q_1}$$

其中,q 是流动参数。三个模拟得到的归一化密度分布如图 6.7 所示,其中使用 $\omega = 0.7$ 的 VHS 模型最符合 Alsmeyer 的实验数据。更多的比较可以在(Valentini and Schwartzentruber, 2009b)中找到。注意,使用 $\omega = 0.5$ 的模拟对应于硬球碰撞模型,且预测的激波厚度比实验结果薄得多。这是意料之中的,因为 VHS 模型更准确地捕捉到了较高相对碰撞速度(在此温度范围内经历)下碰撞截面的减小。碰撞截面的减小使得激波前和激波后的分子都能被进一步输运(在碰撞之前),因此与硬球结果相比,产生更厚的激波。

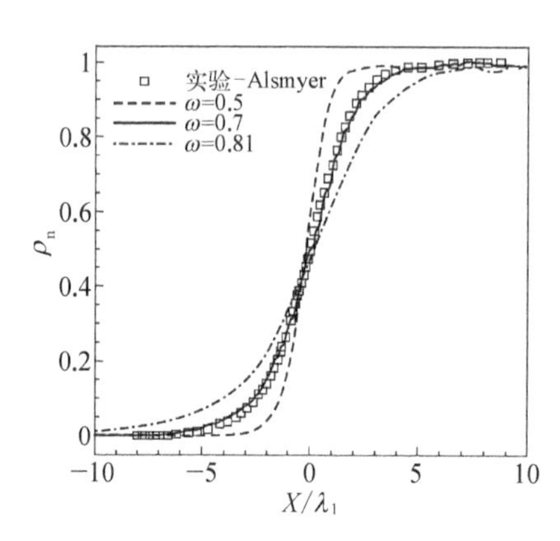

图 6.7　马赫数为 9 的氩气激波归一化密度分布

激波中四个位置的 x 速度分布函数(用 $\omega = 0.7$ 模拟)如图 6.8 所示。在激波的上游区域,VDF[图 6.8(a)]在高速时出现窄峰,对应于温度低而速度高的自由流。然而,一个低速尾流开始出现,这是有限数量的激波后分子向上游传播的结果。激波中心的 VDF[图 6.8(b)和(c)]展示了波前和波后 VDF 的"双峰"叠加。最后,在激波的下游部分[图 6.8(d)]中,VDF 接近于状态 2 对应的麦克斯韦-玻尔兹曼分布。

例 6.3　氦(He)和氙(Xe)混合气体中的正激波。

这个例子模拟由两种分子量差别很大的气体即 He 和 Xe 组成的混合气体正激波,这样就必须考虑扩散输运。在 Valentini、Tump、Zhang 和 Schwartzentruber(2013)的文献中,可以找到由 Gmurczyk、Tarczynski 和 Walenta(1979)进行的流动条件相匹配的实验结果,以及对该问题的进一步分析。

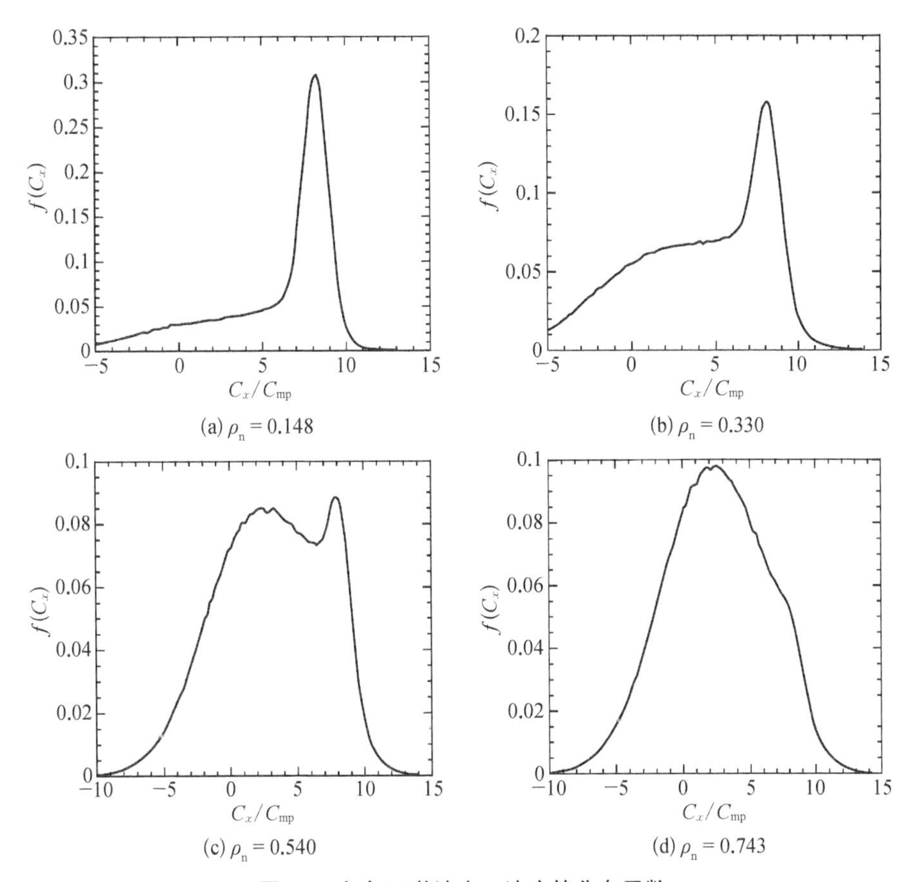

(a) $\rho_n = 0.148$　(b) $\rho_n = 0.330$

(c) $\rho_n = 0.540$　(d) $\rho_n = 0.743$

图 6.8　氩气正激波中 x 速度的分布函数

具体地说,激波前条件(状态 1)是在 $T_1 = 300$ K 的温度下,He(摩尔比 98.5%)和 Xe(摩尔比 1.5%)的中等马赫数($M_1 = 3.61$)混合气体,其密度为 $\rho_1 = 8.0 \times 10^{-5}$ kg/m^3。使用跨越正激波的跳跃方程,激波后条件(状态 2)为 $M_2 = 0.5$, $T_1 = 1\,480$ K 和 $\rho_2 = 2.6 \times 10^{-4}$ kg/m^3。

与前面的示例问题一样,模拟域的长度为 8 cm。由于 He 和 Xe 的质量不同,同时由于 Xe 的摩尔分数很小,这种激波模拟比之前的氩气问题计算成本更高。粒子权重 W_p 被设置为在自由流区域中的每个网格单元中获得大约 $N_p = 4\,000$ 个粒子。这导致在自由流中的每个网格单元中平均有 3 940 个 He 粒子和 60 个 Xe 粒子。采用与前一个例子相同的边界条件和迭代过程。由于自由流平均自由程(λ_1)和平均碰撞时间(τ_1)是混合气体的平均自由程和平均碰撞时间,它们并不能分别代表每个组元。基于混合气体属性,允许的取样前迭代时长为

$1\,000\tau_1$,之后在进一步的模拟时长 $100\tau_1$ 内对解进行取样。

如第 5 章所述,可通过式(5.86)和式(5.87)及原子间作用势确定黏性和扩散系数,它们是碰撞积分的函数。先前图 5.3(b)绘制了由 L-J 12-6 作用势得到的碰撞积分,图 6.10 绘制了由式(5.86)和式(5.87)确定的黏性和扩散系数。He-He、Xe-Xe 和 Xe-He 碰撞对的 L-J 作用势参数如表 5.1 所示。如 Valentini 等(2013)所述,由这些 L-J 参数得出的混合气体黏性和扩散系数与实验测量结果吻合得很好。此外,Valentini 等(2013)还对这种正激波进行了纯分子动力学(MD)模拟,结果重新绘制在图 6.9 中。对于这个例子,使用 L-J 12-6 作用势的 MD 模拟结果被视为精确的基准解,现在将使用 VHS 模型的 DSMC 结果与之进行比较。

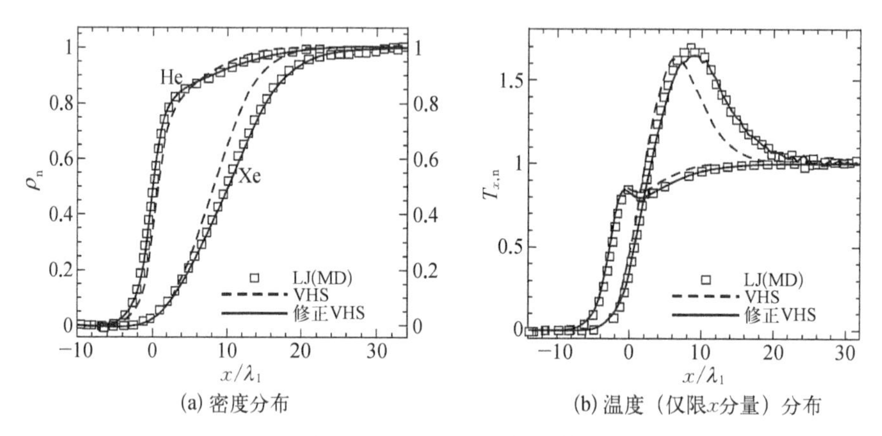

图 6.9 由 DSMC 和纯 MD 模拟预测的马赫数为 3.61 的正激波(1.5%Xe 和 98.5%He)的归一化 He 和 Xe 剖面

VHS 模型参数见表 6.1。具体来说,得到的 VHS 黏性系数 $\mu_{\text{He-He}}$ 和 $\mu_{\text{Xe-Xe}}$ 与 He 和 Xe 在室温下的黏性系数相匹配,也与温度的变化趋势相吻合。Xe-He 碰撞对的 ω 参数设置为 He-He 和 Xe-Xe 值的平均值,但是,d_{ref} 使用两个不同的值。d_{ref} 的第一个值就是 He-He 和 Xe-Xe 值的简单平均值。选择 d_{ref} 的第二个值是为了更好地匹配由 L-J 作用势预测的扩散系数。图 6.10 描绘了由 L-J 作用势和两组 VHS 参数确定的跨组元对(He-Xe)的黏性和扩散系数。当跨组元对的 VHS 参数是单组元对的平均值时,黏性系数和扩散系数与 L-J 结果有明显的差异。然而,如果 d_{ref}(特定于 He-Xe)的值从 4.035 降低到 3.65 时,在激波的整个温度范围内,扩散系数的修正 VHS 值与 L-J 结果接近。需要注意的是,与扩散系数[$\mathfrak{D}_{\text{He-Xe}}(T)$]匹配的这种修改并不一定增加黏性系数($\mu_{\text{He-Xe}}$)的一致性。

表 6.1　VHS 模型参数

碰撞对	ω	d_{ref}/Å	T_{ref}/K
He－He	0.66	2.33	273
Xe－Xe	0.85	5.74	273
He－Xe	0.755	4.035(修正值 3.65)	273

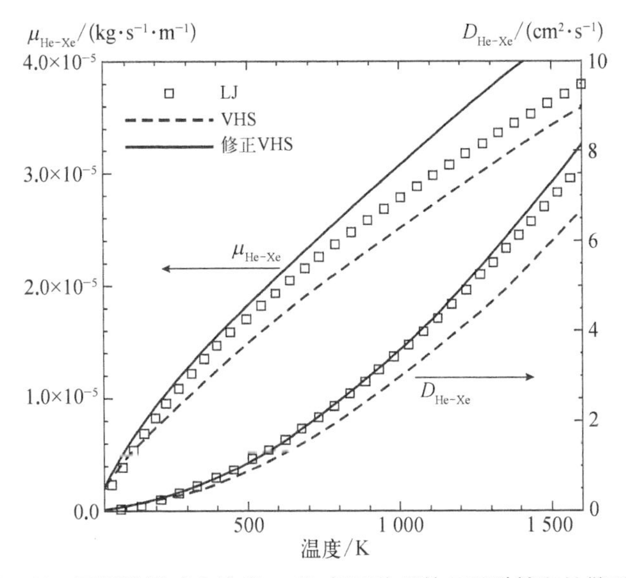

图 6.10　不同模型对应的 He－Xe 相互作用的二元黏性和扩散系数

因此,通过将跨组元 VHS 参数与已知的二元扩散系数$\mathfrak{D}_{He-Xe}(T)$(在这种情况下为 L－J 结果)匹配,VHS 模型可以非常精确地模拟这一严格的测试状态,尽管测试状态涉及宽温度范围强非平衡流的不同组元质量和浓度。一般来说,这种从黏性数据中对相似组元和从扩散数据中对不同组元选择 VHS 参数的策略,对于大范围的非平衡流都是相当精确的。需要注意的是,虽然表 6.1 中的 VHS 参数在所考虑的温度范围内相当准确,但在高于或低于该范围的温度下,它们可能不准确。使用 DSMC 的研究人员应根据特定情况,利用适当温度范围内黏性或扩散系数的最佳可用数据,仔细确定 VHS 参数。

6.3.2　可变软球模型

如上所述,可以设置特定组元对(i, j)的 VHS 模型参数,以获得所需的黏性系数μ_{ij}或扩散系数D_{ij},但不能同时独立地获得两者。这一点在式(6.22)和式

(6.26)中很明显。可变软球(VSS)模型由 Koura 和 Matsumoto(1991,1992)提出,与 VHS 模型中使用的各向同性硬球散射相比,该模型包含了更真实的散射模型。因此,VSS 模型能够准确地再现黏性碰撞截面和动量碰撞截面之间的正确比值。VSS 模型采用与 VHS 模型相同的总碰撞截面模型[式(6.17)],但散射角由下式确定:

$$\chi = 2\arccos\left[\left(\frac{b}{d}\right)^{(1/\alpha)}\right] \tag{6.33}$$

因此,对于 VSS 模型,使用式(5.103)和式(5.104),黏性和动量碰撞截面变成

$$\sigma_{\mu}^{\mathrm{VSS}} = \frac{4\alpha}{(\alpha+1)(\alpha+2)}\sigma_{\mathrm{T}}^{\mathrm{VHS}} \text{ 和 } \sigma_{\mathrm{M}}^{\mathrm{VSS}} = \frac{2}{(\alpha+1)}\sigma_{\mathrm{T}}^{\mathrm{VHS}} \tag{6.34}$$

其中,$\sigma_{\mathrm{T}}^{\mathrm{VHS}}$由式(6.17)给出。对于 $1 < \alpha < 2$ 的典型范围,黏性和动量碰撞截面随参数 α 的变化如图 6.11 所示。显然,黏性碰撞截面对 α 的依赖性很弱,而动量碰撞截面对 α 的依赖性很强。

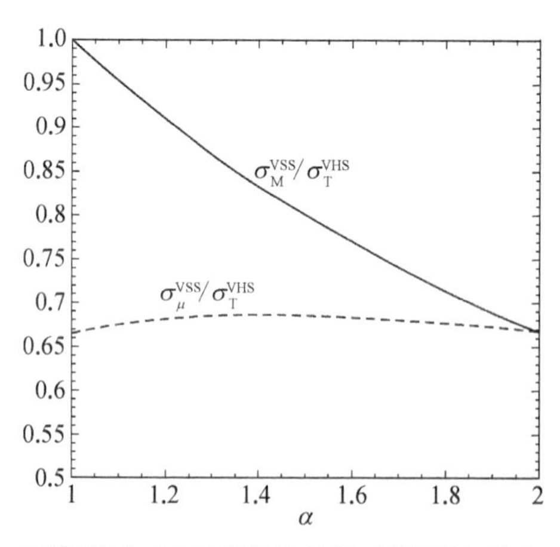

图 6.11 VSS 模型对应的黏性和动量碰撞截面,均为 α 的函数

代入第一黏性和扩散系数的方程[式(5.105)和式(5.106)],所得表达式与 VHS 黏性和扩散系数仅相差一个常数,为

$$\mu^{\mathrm{VSS}} = \frac{\frac{5}{16}(\alpha+1)(\alpha+2)\sqrt{2\pi m_{\mathrm{r}}k}\left(\frac{2k}{m_{\mathrm{r}}}\right)^{\nu} T^{\frac{1}{2}+\nu}}{\alpha\Gamma(4-v)\pi d_{\mathrm{ref}}^{2} g_{\mathrm{ref}}^{2\nu}} \tag{6.35}$$

和

$$D^{\mathrm{VHS}}=\frac{\frac{3}{16}(\alpha+1)\sqrt{\pi}\left(\frac{2kT}{m_{\mathrm{r}}}\right)^{\frac{1}{2}+\nu}}{\Gamma(3-v)n\pi d_{\mathrm{ref}}^{2}g_{\mathrm{ref}}^{2\nu}} \tag{6.36}$$

可以看出，在 VSS 气体碰撞中的 $g_{\mathrm{ref}}^{2\nu}$平均值与在 VHS 气体中的平均值相同，因此这里采用相同的定义[式(6.21)]。黏性系数和扩散系数仍由式(6.22)和式(6.26)给出，但是具有不同的参考常数，即

$$\mu_{\mathrm{ref}}^{\mathrm{VSS}}=\frac{5(\alpha+1)(\alpha+2)\sqrt{2\pi m_{\mathrm{r}}kT_{\mathrm{ref}}}}{4\alpha(5-2\omega)(7-2\omega)\pi d_{\mathrm{ref}}^{2}}=\frac{(\alpha+1)(\alpha+2)}{6\alpha}\mu_{\mathrm{ref}}^{\mathrm{VHS}} \tag{6.37}$$

和

$$D_{\mathrm{ref}}^{\mathrm{VSS}}=\frac{3(\alpha+1)\sqrt{2\pi kT_{\mathrm{ref}}/m_{\mathrm{r}}}}{8(5-2\omega)n\pi d_{\mathrm{ref}}^{2}}=\frac{(\alpha+1)}{2}D_{\mathrm{ref}}^{\mathrm{VHS}} \tag{6.38}$$

相应的施密特数变成

$$Sc^{\mathrm{VSS}}=\frac{5}{3(7-2\omega)}\left(\frac{\alpha+2}{\alpha}\right) \tag{6.39}$$

例如，对于典型值 $\omega=0.75$ 和 $\alpha=1.5$，$Sc=0.71$。与许多稀疏气体中的实验测量值相比，该值处在合适的范围内。注意，当 $\alpha=1$ 时，这些表达式退化为 VHS 表达式，如果加上 $\omega=1/2$，则它们退化为硬球表达式。

此时，需要再次强调的是，前面所有的方程都是特定于碰撞对(组元 i 和 j)的。一般来说，对于成对的相似组元，黏性系数(μ_{ii})通常可以从实验测量中获得，但是自扩散系数(D_{ii})需要使用同一组元的不同同位素进行实验，缺乏广泛的可用性。对于不同组元对，扩散系数(D_{ij})可以通过双组元混合气体的实验测量来阐明。然而，相似组元和不同组元之间碰撞的贡献度难以区分，导致阐明黏性系数(μ_{ij})存在困难。因此，采用例 6.3 中的策略，即根据相似组元的黏性系数和不同组元的扩散系数来确定 VHS 模型的参数，这在大多数情况下都是非常合理和准确的。另外，如果所有相似组元和不同组元的质量和动量输运信息都可用，那么 VSS 模型可以通过确定相关参数以更好地符合这些数据。

要确定 VSS 模型的参数，除了确定 ω 和 d_{ref}的值外，还必须确定 α 的值。ω 的确定可以与相对速度引起的碰撞截面的幂律依赖性相匹配，也可以与输运系数和温度的幂律依赖性相匹配，还可以同时匹配。由于黏性碰撞截面通常是 α

的弱函数(图6.11),可以先假定 α 的初始预估值(通常为 $1 < \alpha < 2$),并且可以选择 d_{ref} 的相应值来匹配参考相对速度下的黏性碰撞截面数据或参考温度下的黏性系数数据。然后利用 d_{ref} 的这个值,通过匹配动量碰撞截面数据或扩散系数数据来确定 α 的改进值。如果有必要,可以迭代该过程,并采用最小二乘法来确定这些值。

值得注意的是,在上述方程中,VSS 黏性和扩散系数仍限于特定的 α 依赖性。此外,VSS 模型假设 α 是一个常数,但其值可能取决于温度。回顾前文可知,VHS 和 VSS 模型都假设输运属性随温度的幂律依赖性为常数指数(ω),这一限制通常会妨碍单个模型参数在较宽温度范围内的精确性。因此,类似 VHS 模型,VSS 模型必须根据感兴趣的温度范围内的输运信息仔细地确定其中的参数,并且在某些情况下可能比 VHS 模型具有更好的灵活性。

6.3.3 广义硬球、软球和 LJ 模型

广义硬球(GHS)模型由 Hash 和 Hassan(1993)引入,使得 VHS 型模型能够包含 PES 的引力部分,从而得到输运属性的非常数幂律指数。

在 GHS 模型中,总碰撞截面由类似于 VHS 的碰撞截面项之和给出,每个项具有不同的幂律指数,即

$$\frac{\sigma_{\mathrm{T}}}{s_0^2} = \sum \alpha_j \left(\frac{\epsilon_{\mathrm{tr}}}{\epsilon}\right)^{-\psi_j} \tag{6.40}$$

式中,ϵ_{tr} 是与碰撞对相关联的平动能,即

$$\epsilon_{\mathrm{tr}} = \frac{1}{2} m_{\mathrm{r}} g^2 \tag{6.41}$$

且 s_0^2、ϵ、α_j 和 ψ_j 是自由模型参数,可以根据势能面和/或输运属性信息等来选择。

代入第一黏性和扩散系数的表达式[式(5.105)和式(5.106)]中,得到

$$\mu^{\mathrm{GHS}} = \frac{15\sqrt{2\pi m_{\mathrm{r}} kT}}{8 s_0^2 \sum \alpha_j \Gamma(4 - \psi_j)(kT/\epsilon)^{-\psi_j}} \tag{6.42}$$

和

$$D^{\mathrm{GHS}} = \frac{3\sqrt{2\pi kT/m_{\mathrm{r}}}}{8 s_0^2 n \sum \alpha_j \Gamma(3 - \psi_j)(kT/\epsilon)^{-\psi_j}} \tag{6.43}$$

与VHS和VSS模型不同,不能为GHS模型定义参考直径或参考碰撞截面(即参考相对速度),必须为每个组元对指定所有GHS模型参数值。尽管必须指定更多的参数,但实际上这允许对更一般的黏性和扩散规律进行建模(即曲线拟合)。与VHS和VSS模型一样,这些参数可能与PES的特性、黏性和动量碰撞截面数据或黏性和扩散系数数据有关(或相匹配)。

许多相互作用势包含两个项,一个是在较短的分离距离产生排斥力,另一个是在较大的分离距离产生弱吸引力,例如:

$$\psi(r_{ij}) = \frac{\kappa}{r_{ij}^{\eta-1}} - \frac{\kappa'}{r_{ij}^{\eta'-1}} \tag{6.44}$$

然而,黏性或扩散系数没有封闭形式的表达式(参见图5.3中对势参数为12－6的L－J作用势积分结果)。

与具有两个项的GHS总碰撞截面模型相对应的黏性和扩散系数表达式,可以直接从式(6.42)和式(6.43)中得到,即

$$\mu^{\text{GHS}} = \frac{(5/8)\sqrt{2\pi m_r kT/s_0^2}}{(\alpha_1/3)\Gamma(4-\psi_1)(kT/\epsilon)^{-\psi_1} + (\alpha_2/3)\Gamma(4-\psi_2)(kT/\epsilon)^{-\psi_2}} \tag{6.45}$$

和

$$D^{\text{GHS}} = \frac{(3/8)\sqrt{2\pi kT/m_r}/(s_0^2 n)}{\alpha_1\Gamma(3-\psi_1)(kT/\epsilon)^{-\psi_1} + \alpha_2\Gamma(3-\psi_2)(kT/\epsilon)^{-\psi_2}} \tag{6.46}$$

此外,施密特数可使用式(6.29)计算。由于一般PES的黏性系数没有封闭形式的表达式,因此GHS参数不能与解析封闭式PES相关。然而,在一定的假设下,GHS碰撞截面表达式中的指数参数(以及相应的黏性和扩散系数表达式)可以与PES表达式中的指数相关联。

1. 弱相互吸引作用(GHS－弱)

如Chapman和Cowling(1952)所述,如果$\kappa' \ll \kappa$(吸引力比斥力弱得多的情况),则黏性系数可以近似为

$$\mu = \mu_{\text{repulsive}}\left[1 + \frac{S}{T^{(\eta-\eta')(\eta-1)}}\right]^{-1} \tag{6.47}$$

式中,$\mu_{\text{repulsive}}$是忽略PES引力部分的黏性系数;η和η'是势函数[式(6.44)]中

出现的指数；S 是常数。

从具有两项黏性系数的 GHS 模型[式(6.45)]开始，通过重新排列可以得到类似于式(6.47)的函数形式，即

$$\mu = \frac{15\sqrt{2\pi m_r kT}(kT/\epsilon)^{\psi_1}}{8\alpha_1 \Gamma(4-\psi_1)s_0^2}\left[1 + \frac{\alpha_2 \Gamma(4-\psi_2)}{\alpha_1 \Gamma(4-\psi_1)}(kT/\epsilon)^{\psi_1-\psi_2}\right]^{-1} \tag{6.48}$$

这样，第一项中的温度指数(ψ_1)可以与只考虑 PES 强斥力部分时得到的黏性系数中的温度指数相关联。这与 VHS 和 VSS 模型一样，因此通过与式(6.22)进行比较，得到

$$\psi_1 = 2/(\eta - 1) \tag{6.49}$$

同样，可以将式(6.48)第二项中的温度指数与式(6.47)第二项进行比较，得到

$$\psi_2 = (2 + \eta - \eta')/(\eta - 1) \tag{6.50}$$

因此，在弱相互吸引作用的假设下，对应于 L－J 12－6 作用势(其中 $\eta = 13$ 和 $\eta' = 7$) 的 GHS 参数为 $\psi = 1/6$ 和 $\psi' = 2/3$。

2. 强相互吸引作用(GHS－强)

对于相互吸引作用不再假设为弱的情况，Kunc、Hash 和 Hassan(1995)导出了 ψ_2 的不同表达式。通过分析式(6.44)中两项 PES 的精确黏性积分(如图 5.3 所示的 L－J 结果)，研究表明，在高温下，黏性系数的依赖性为

$$\mu \propto T^{\frac{1}{2}+\frac{2}{\eta-1}} \tag{6.51}$$

然而，在低温下，PES 的引力部分占主导地位，黏性系数的依赖性为

$$\mu \propto T^{\frac{1}{2}+\frac{2}{\eta'-1}} \tag{6.52}$$

因此，如 Kunc 等(1995)所发展的，对于出现在 GHS 碰撞截面表达式中的指数，一个可能更好的选择是

$$\psi_1 = \frac{2}{\eta - 1} \text{ 及 } \psi_2 = 2/(\eta' - 1) \tag{6.53}$$

对于弱 GHS 模型或强 GHS 模型，参数 ϵ 和 s_0 通常分别设置为 PES 的能量最小值和与此最小值对应的分离距离[参见式(5.126)和附带的讨论]。选择 ψ_1、ψ_2、ϵ 和 s_0 后，剩余的自由参数(α_1 和 α_2)可以通过输运性质数据的最小二乘法拟合得到。

然而,为得到一些通用性,剩余的参数也可以使用碰撞积分的结果(而不是输运系数)进行拟合。使用将输运系数与碰撞积分[式(5.86)和式(5.87)]相关联的定义,结合输运性质的 GHS 表达式[式(6.42)和式(6.43)],可以写出对应于 GHS 模型的碰撞积分为

$$\Omega^{(2,2)*} = \frac{1}{6\pi}\left[\alpha_1\Gamma(4-\psi_1)\left(\frac{\epsilon}{kT}\right)^{\psi_1} + \alpha_2\Gamma(4-\psi_2)\left(\frac{\epsilon}{kT}\right)^{\psi_2}\right] \tag{6.54}$$

和

$$\Omega^{(1,1)*} = \frac{1}{2\pi}\left[\alpha_1\Gamma(3-\psi_1)\left(\frac{\epsilon}{kT}\right)^{\psi_1} + \alpha_2\Gamma(3-\psi_2)\left(\frac{\epsilon}{kT}\right)^{\psi_2}\right] \tag{6.55}$$

其中,

$$\Omega^{(1,s)*} \equiv \frac{\Omega^{(1,s)}}{\Omega_{HS}^{(1,s)}} \tag{6.56}$$

上式的分子和分母分别在式(5.88)和式(5.113)中给出。Chapman 和 Cowling (1952)的书中,给出了使用 L-J 作用势[类似图 5.3(b)中绘制的势]计算了精确的碰撞积分。因此,对于 L-J 型作用势,GHS 参数 ψ_1、ψ_2、ϵ 和 s_0 的选择可与 PES 一致,其余参数(α_1 和 α_2)可通过与精确碰撞积分的最小二乘法拟合来确定。通过对碰撞积分结果而不是输运属性的拟合,只要式(6.44)中的两项 PES 给出相互作用,所确定的参数对于任何分子组元对(类似或不同)都是通用的。

最后,虽然 GHS 模型最初是由典型 PES 的引力部分驱动的,模型参数是基于 PES 设置的,但在实践中,GHS 模型引入的附加自由参数,只是使更一般的碰撞截面表达式得以形成。这反过来又进一步控制了黏性和扩散特性,以及对输运性质温度依赖性的控制。因此,如果应用需要,GHS 模型可用于模拟比 VHS 和 VSS 模型更一般的输运属性关系。

例 6.4 氩气中的"冷"正激波。

这个例子模拟自由来流温度很低的氩气正激波。结果表明,在上游激波区,原子间的引力可能是重要的,激波涉及较大的温度变化,激波内部是强非平衡的;利用 GHS 碰撞模型对 DSMC 进行相关的实验研究。

具体地说,激波前条件(状态 1)是在温度 $T_1 = 20$ K、密度为 $\rho_1 = 7.6 \times 10^{-5}$ kg/m^3 的高马赫数($M_1 = 10$)氩气。使用跨越正激波的跳跃方程,激波后

条件(状态 2)为 $M_2 = 0.45$、$t_2 = 642$ K 和 $\rho_2 = 2.95 \times 10^{-4}$ kg/m^3。Alsmeyer(1976)在非常相似的实验条件下测量了激波结构,但马赫数为 7.183。另一项研究使用纯 MD(L-J 12-6)和基于 VHS 模型的 DSMC 方法(Valentini and Schwartzentruber, 2009b)对这些条件进行了研究,发现 MD 和 DSMC-VHS 解之间没有显著差异。当前马赫数为 10 的条件会导致更大的温度变化,本例使用 GHS 和 VHS 模型比较 DSMC 解,以查看模拟原子间作用势的引力部分是否会产生明显的影响。

由于流动条件与例 6.2 中使用的相似,因此 DSMC 模拟设置与例 6.2 中使用的相同,此处不再重复。由于与马赫数为 9 的激波(其中 $T_1 = 300$ K)实验非常一致,本例中使用的 VHS 模型参数也与例 6.2 中使用的参数相同。具体地说,VHS 参数为 $\omega = 0.7$, $d_{\mathrm{ref}} = 3.974 \times 10^{-10}$ m, $T_{\mathrm{ref}} = 273$ K。表 6.2 列出的 GHS 参数,采用了 GHS 弱假设。在本例中,GHS 参数在 20 K $< T <$ 600 K 范围内再现了 L-J 12-6 PES 黏性系数结果[图 5.3(b)绘制了 L-J 碰撞积分]。

表 6.2 氩气的 GHS-弱模型参数

(ϵ/k)/K	s_0/Å	ψ_1	ψ_2	α_1	α_2
124	3.418	1/6	2/3	3.85	3.10

图 6.12 绘制了 VHS 和 GHS 模型得出的黏性系数,并将其与 L-J PES 得出的结果进行了比较。所有三种模型在 273 K 下得到的黏性系数与实验上接受的值 $\mu = 2.1 \times 10^{-5}$ kg/(m·s) 非常一致。然而,由于 VHS 模型仅限于单一幂律指数(ω),它不能精确地匹配 L-J 结果的温度变化,而 GHS 模型可以。

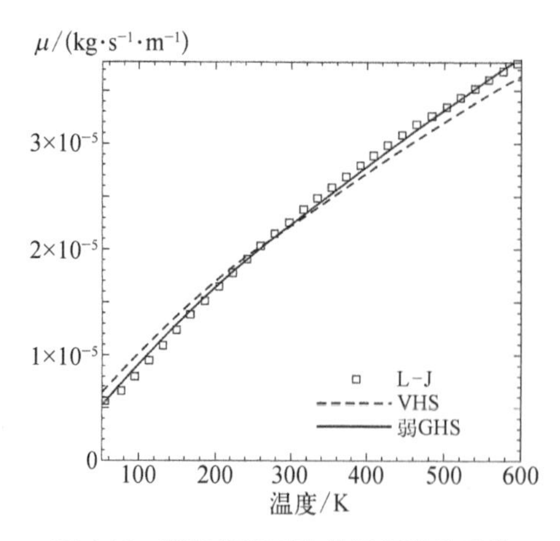

图 6.12 不同模型对应的氩气黏性系数

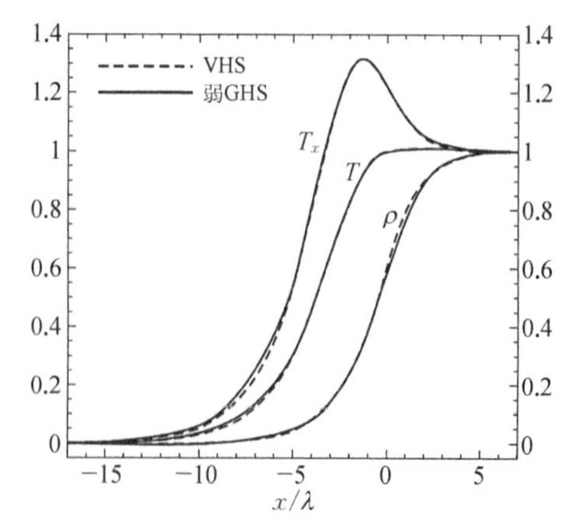

图 6.13 激波内的密度和温度分布

如图6.13所示,VHS和GHS预测的通过激波的密度和温度分布几乎没有差别。当DSMC-VHS模拟与纯MD模拟以及Alsmeyer的实验数据进行比较时(Valentini and Schwartzentruber, 2009b),在流动分布和速度分布函数方面也观察到类似的高度一致性。

因此,对于这个涉及宽温度范围的非平衡问题,其中长程相互吸引作用和短程相互排斥作用可能都很重要,但仍然是相互排斥作用占主导地位。只要适当确定VHS模型的参数,与更一般的GHS模型相比,两者差别就很小,这是因为只有一小部分激波(上游部分)涉及低温(低碰撞能量)。对于涉及较宽温度范围和相当大一部分流场处于低温的流动,可以预期GHS和VHS解之间存在较大差异。

3. GSS和L-J模型

Fan(2002)将GHS模型进一步扩展到含有软球散射的模型[广义软球(GSS)模型],类似于前面描述的VSS模型。GSS模型引入了一个附加参数α(与GHS模型相比),用于计算各向异性散射角χ[使用式(6.33)]。然后,可以通过对每个组元对相互作用的黏性和扩散系数数据进行最小二乘法拟合来获得α的值,与前面对VSS模型所描述的方法相同。模型的全部细节和一些常见气体的参数可以在Fan(2002)中找到。

Matsumoto和Koura(1991)提出了一种新的DSMC模拟技术,对于DSMC模拟中的每次碰撞,使用L-J PES直接积分计算散射角χ[通过式(5.107)]。尽管这种方法是准确的,但与使用式(6.33)模型的VSS和GSS模型相比,它在计算上是昂贵的。最近,Venkattraman和Alexeenko(2012)为DSMC发展了一个L-J碰撞模型。在该模型中,通过式(5.107)积分计算的散射角值(χ),以一种普遍适用于任何L-J PES的方式进行曲线拟合。对每次DSMC碰撞进行曲线拟合,要比每次碰撞对式(5.107)进行积分高效得多,并且保持了完整L-J PES的精度。

6.3.4 热传导系数

通过对单原子气体的Chapman-Enskog分析(参见第5章),发现热传导系数(κ)的一阶近似与黏性系数(μ)的一阶近似成正比。然而,对于具有内能模态的气体,热传导系数和黏性系数之间的关系非常复杂。在这种情况下,通常使用Eucken关系来确定热传导系数:

$$\kappa = \mu\left(\frac{5}{2}c_v^{tr} + c_v^{rot} + c_v^{vib}\right) \tag{6.57}$$

这里，$c_v^{tr}=\frac{3}{2}\frac{k}{2m_r}$，$c_v^{rot}=\frac{k}{2m_r}$，$c_v^{vib}=\frac{\zeta_{vib}}{2}\frac{k}{2m_r}$，其中 ζ_{vib} 是可用的振动自由度。同样，这个方程是特定于组元对的，如果确定了与 DSMC 模型对应的黏性系数，那么热传导系数也是如此。要确定气体混合物的热传导系数，可使用式(5.94)。

6.3.5 模型参数化

综上所述，硬球碰撞截面模型未能捕捉到对相对碰撞速度的强烈依赖性。VHS 模型通过在碰撞截面和相对碰撞速度之间引入幂律关系捕捉这种依赖性(精确而有效)，同时仍然使用简单的各向同性散射。这个幂律在物理上对于代表 273 K 以上温度的碰撞能是精确的，在许多情况下，在较低的温度下仍然可以得到精确的结果。在接近平衡极限时，VHS 模型给出了输运系数在物理上对温度的正确依赖性，而 HS 模型没有。VHS 模型不能通过每个组元对(任意 Schmidt 数)的黏性和扩散数据同时独立地确定其中的参数。如果有需要，VSS 模型通过建模碰撞的散射角来实现更大的灵活性。GHS 和 GSS 模型通过在碰撞截面表达式中包含多个幂律项，进一步扩展了 VHS 和 VSS 模型。这使得除了在 273 K 以上占主导地位的短程斥力之外，还能够精确地模拟长程吸引力(在低碰撞能量下很重要)。然而，必须注意的是，对于大多数 DSMC 应用来说，散射角和吸引力模型对解的精度影响很小。因此，Bird 最初构造的 VHS 模型仍然是一个精度高、计算效率高的 DSMC 碰撞模型。

正如本节中所详述的，各种不同复杂度的 DSMC 碰撞模型都是存在的。这些碰撞模型中的每一个都可以通过拟合 PES 的各个方面，或者通过拟合微分或总碰撞截面实验数据，或者通过拟合接近平衡极限(黏性和扩散系数)的实验输运性质数据来确定其中的参数。随着后续模型中自由参数的增加，这种拟合的精度可能会提高。在决定为给定的应用问题使用什么模型时，需要重点考虑如下几个考虑因素。

首先，在许多流动条件下，可能无法获得足够的实验数据来确定所有模型参数。例如，尽管同类组元黏性和不同类组元扩散数据广泛存在，但不同类组元黏性和同类组元扩散数据通常不存在。因此，如例 6.3 所示，通过将同类组元参数拟合到黏性数据和将不同组元参数拟合到扩散数据，以此来使用 VHS 模型，这种实践对于许多流来说是一种非常精确和谨慎的策略。

其次，实验数据可能只在有限的条件范围内存在，例如在有限的温度范围内。在确定其中的参数并得到验证的范围之外使用这些 DSMC 模型参数，很容易导致结果不准确。

原则上,使用 PES 确定 DSMC 模型的参数,可以在各种条件下提供所需的所有信息。然而,需要注意的是,文献中许多简化的 PES 本身已经基于近平衡输运属性参数化。因此,使用与此类 PES 各方面相匹配的 GHS 或 GSS 模型,未必比它们本身与输运属性数据相匹配时更准确。利用计算化学方法构造的基于从头算的 PES,为新的 DSMC 碰撞模型的建立和参数确定提供了一个有前途的数据源。

最后,本节详细介绍的 DSMC 模型是唯象的,并强调了它们与近平衡输运属性的联系。然而,需要重点强调的是,一旦参数确定,DSMC 模型是在任意速度分布函数内对单个碰撞进行操作。因此,对于非平衡流(即非麦克斯韦-玻尔兹曼 VDF),这种输运关系变得不准确(如第 1 章和第 5 章所述),但是 DSMC 模型体现了真实的碰撞物理,因此能够准确地模拟非平衡气体状态。这一点从 DSMC 解和激波结构的实验测量之间的广泛比较中得到了证实。同时,在接近平衡极限的情况下,通过 Chapman - Enskog 理论,这些 DSMC 模型解析地简化为连续介质流体力学中广泛应用的传统输运定律。

本章的剩余部分将重点关注涉及内能传递的 DSMC 碰撞模型。

6.4 DSMC 内能传递建模

6.4.1 连续介质与分子模型

双原子和多原子气体的 DSMC 计算需要存储和更新模拟粒子的内能。如第 4 章所述,内能激发和弛豫过程以有限速率发生。在连续流分析中,通常使用 Jeans 和 Landau - Teller 方程[在式(4.35)和式(4.34)中给出]建模,分别用于平动-转动和平动-振动弛豫。本节描述如何在 DSMC 中对内能和内能传递进行建模。

考虑多组元表达式,类似式(4.35)和式(4.34),有

$$\frac{\mathrm{d}E_{\mathrm{rot},j}}{\mathrm{d}t}=\sum_k\frac{E^*_{\mathrm{rot},j}(t)-E_{\mathrm{rot},j}(t)}{\tau_{\mathrm{rot},j|k}}=\sum_k\frac{E^*_{\mathrm{rot},j}(t)-E_{\mathrm{rot},j}(t)}{\tau_{\mathrm{coll},j|k}Z_{\mathrm{rot},j|k}}\tag{6.58a}$$

$$\frac{\mathrm{d}E_{\mathrm{vib},j}}{\mathrm{d}t}=\sum_k\frac{E^*_{\mathrm{vib},j}(t)-E_{\mathrm{vib},j}(t)}{\tau_{\mathrm{vib},j|k}}=\sum_k\frac{E^*_{\mathrm{vib},j}(t)-E_{\mathrm{vib},j}(t)}{\tau_{\mathrm{coll},j|k}Z_{\mathrm{vib},j|k}}\tag{6.58b}$$

其中,组元j的内能弛豫速率由系统中所有可能的碰撞对象k的贡献之和确定。如第4章所述,在这些方程中,$E(t)$是与ζ自由度相关的转动或振动能模式在时间t处的平均能量,τ是能量模式的特征弛豫时间。$E^*(t)$是能量模式的瞬时平衡能,由瞬时平动温度$T_{tr}(t)$定义,即

$$E^*(t) \equiv \frac{\zeta}{2}kT_{tr}(t) \tag{6.59}$$

τ通常用平均碰撞时间τ_{coll}和非弹性碰撞数Z的函数表示,即

$$\tau = \tau_{coll}Z \tag{6.60}$$

因此,在连续流计算中,使用转动或振动非弹性碰撞数(Z_{rot}, Z_{vib})来指定弛豫率。这种碰撞数可以指定为常数,也可以作为气体状态的函数,例如温度的函数。碰撞数是每个组元对(j, k)特有的,当乘以每个组元对特有的碰撞时间常数($\tau_{coll,\ j|k}$)并在所有组元对上求和时,可以确定给定组元的总内能弛豫率[式(6.58)]。$\tau_{coll,\ j|k}$的表达式详见附录D。

由前文可知,DSMC的NTC方案[式(6.9)~式(6.11)和式(6.13)]结合弹性碰撞截面模型(如第6.3节所述的VHS、VSS和GHS模型),准确地确定了每个组元对之间的碰撞速率。因此,为了模拟DSMC中的内能弛豫,一旦选择了一对模拟粒子进行碰撞,则进一步考虑碰撞中涉及的每个粒子以非弹性碰撞概率进行内能交换,即

$$\begin{gathered} p_{rot} = f(\zeta_{rot,\ A},\ \zeta_{rot,\ B},\ \zeta_{tr},\ Z_{rot}) \\ \text{或}\ p_{vib} = f(\zeta_{vib,\ A},\ \zeta_{vib,\ B},\ \zeta_{tr},\ Z_{vib}) \end{gathered} \tag{6.61}$$

其中,ζ_{tr}表示碰撞对的平动自由度;ζ_{rot}和ζ_{vib}是参与非弹性碰撞的转动和振动能量模态(对应于碰撞对象A和B)的有效内自由度。式(6.61)的确切形式需要在接下来的小节中进一步讨论。一般来说,DSMC计算中应使用的概率(p_{rot}和p_{vib}),与连续介质模型定义的弛豫常数(τ_{rot}和τ_{vib})碰撞数(Z_{rot}和Z_{vib})之间存在严格的联系。为了使这个环节严谨,需要有一些微妙的细节,本节的目的是清晰描述这种正确方法。

6.4.2 碰撞后能量再分配

在DSMC计算中,气体可能局部处于热力学非平衡状态,能量在平动、转动和振动模态之间不均匀分布,能量分布函数并非玻尔兹曼分布。然而,在连续的

碰撞过程中,在平衡极限下,分子的能量和分布函数应向满足能量均分的平衡态弛豫。

实现这一目标的最广泛和有效的 DSMC 模型之一是 Borgnakke 和 Larsen (1975)的能量再分配方法,这里称为 BL 模型。本质上,对于涉及内能传递的碰撞(例如,选择的概率为 p_{rot} 和 p_{vib}),碰撞后能量(平动、转动和振动)是从对应于碰撞能量的平衡分布中取样的。因此,这个过程不需要知道气体的任何平衡状态;相反,它只对单个碰撞的碰撞能量实施,同时确保在多次碰撞后弛豫到平衡状态。

这种方法的关键点是精确地确定对什么样的"平衡"分布函数取样。其涉及许多微妙之处,只有考虑到所有情况,才能准确实现到平衡状态的弛豫。理解这种分布应当如何的最简单方法,或许是考虑一个已经处于平衡状态的模拟。在这种情况下,内能弛豫模型应该确保系统保持平衡。由于弛豫模型仅适用于碰撞对,因此该模型不应基于**气体中**分子的属性来建立,而必须基于平衡气体中**碰撞**分子的属性。如附录 B 所述,参与碰撞的分子的平均属性通常不同于气体中残留分子的平均属性。事实上,如果可以在平衡气体的 DSMC 模拟中推导出在这种非弹性碰撞中发现分子的分布函数,这些就正是确定碰撞后分子属性所应取样的分布函数。

1. 平动-转动能量交换的 Borgnakke - Larsen 模型

首先推导气体中平动-转动能量交换的 B - L 方程,其中所有分子具有相同的转动自由度。尽管存在这些限制,但许多 DSMC 应用都符合这些条件。主要例子是温度低于约 1 000K 的 O_2 和 N_2 气体(或混合气体),其振动能量激发和化学反应可以忽略不计。然而,本小节中推导的 B - L 方程是具有非常一般性的,推导过程将在后续第 6.4.4 节扩展到包含所有相关物理。

考虑与碰撞相关的平动能:

$$\epsilon_{tr} \equiv \frac{1}{2} m_r g^2 \tag{6.62}$$

其中,m_r 是碰撞对的折合质量;g 是碰撞对的相对速度。平衡态 VHS/VSS 气体中**碰撞**平动能的分布函数可参见附录 B[式(B.25)],其形式如下:

$$f(\epsilon_{tr};\ T_{tr}) \approx \epsilon_{tr}^{3/2-\omega} e^{-\epsilon_{tr}/kT_{tr}} \tag{6.63}$$

实际上,在关联温度为 T_i 的平衡气体中,具有 ζ_i 自由度的能量模式(ϵ_i)的分布函数通常可以写成

$$f(\epsilon_i;\ T_i)=\frac{1}{\Gamma(\zeta_i/2)kT_i}\left(\frac{\epsilon_i}{kT_i}\right)^{\zeta_i/2-1}\mathrm{e}^{-\epsilon_i/kT_i}=A\epsilon_i^{\zeta_i/2-1}\mathrm{e}^{-\epsilon_i/kT_i} \tag{6.64}$$

其中,A 是一个常数,在许多即将得到的方程中不会出现。因此,通过与式(6.63)比较,可以说 VHS/VSS 模型在碰撞对内具有 $\zeta_{tr}=5-2\omega$ 的有效平动自由度。在物理上,这是由于碰撞的分子偏向于更高的 ϵ_{tr} 值[例如式(6.6)]而不是气体中的平均 ϵ_{tr}。因此,碰撞中可用的有效平动自由度高于气体中的平动自由度(即 $\zeta_{tr}\geqslant 3$)。

接下来,考虑一对随机分子的转动能

$$\epsilon_{rot}\equiv\epsilon_{rot,\ 1}+\epsilon_{rot,\ 2} \tag{6.65}$$

其中,$\epsilon_{rot,\ j}$是每个粒子(j)的转动能,而这对粒子的总转动能只是两个粒子的总和。式(6.64)的一般分布可应用于具有自由度 ζ_{rot} 的分子转动能,即

$$f(\epsilon_{rot,\ j};\ T_{rot})\approx\epsilon_{rot,\ j}^{\zeta_{rot}/2-1}\mathrm{e}^{-\epsilon_{rot,\ j}/kT_{rot}} \tag{6.66}$$

然而,所需要的是与一对分子相关的总转动能(ϵ_{rot})的分布。现在考虑这类分子对的其中一部分有精确值 $\epsilon_{rot,\ 1}$(即分子 1),因此对分子 2 有 $\epsilon_{rot,\ 2}=\epsilon_{rot}-\epsilon_{rot,\ 1}$。这一比例与联合概率成正比

$$\epsilon_{rot,\ 1}^{\zeta_{rot}/2-1}(\epsilon_{rot}-\epsilon_{rot,\ 1})^{\zeta_{rot}/2-1}\mathrm{e}^{-\epsilon_{rot}/kT_{rot}}\mathrm{d}\epsilon_{rot,\ 1}\mathrm{d}\epsilon_{rot} \tag{6.67}$$

因为对于固定的 $\epsilon_{rot,\ 1}$ 有 $\mathrm{d}\epsilon_{rot}=\mathrm{d}\epsilon_{rot,\ 2}$。回顾前文,将这一推导局限于所有粒子都具有相同 ζ_{rot} 的情况。因此,分子对的总转动能在 $\epsilon_{rot}\sim\epsilon_{rot}+\mathrm{d}\epsilon_{rot}$ 范围内的总分数,通过对所有可能的 $\epsilon_{rot,\ 1}$ 值($0\leqslant\epsilon_{rot,\ 1}\leqslant\epsilon_{rot}$)进行积分确定,结果为

$$f(\epsilon_{rot};\ T_{rot})\approx\epsilon_{rot}^{\zeta_{rot}-1}\mathrm{e}^{-\epsilon_{rot}/kT_{rot}} \tag{6.68}$$

它是平衡气体中分子对之间总转动能的分布函数。在这一推导中引入的另一个限制是,分子对的转动能不会在弹性碰撞或非弹性碰撞中偏离其选择。这是大多数 DSMC 模型的情况,对于例外情况,在第 6.4.4 节之前保留了一个完全通用的公式。这个限制意味着式(6.68)也是平衡气体中分子对碰撞总内能的分布函数。

BL 方法使用对应于碰撞能量 ϵ_{coll} 的联合平衡分布(在本例中为平动-转动)。总碰撞能量为

$$\epsilon_{coll}\equiv\epsilon_{tr}+\epsilon_{rot} \tag{6.69}$$

对于特定的(固定的)总碰撞能量,可以将联合分布的等效表达式写成

$$f(\epsilon_{tr};\ T_{coll})f(\epsilon_{rot};\ T_{coll}) \approx \epsilon_{tr}^{3/2-\omega}\epsilon_{rot}^{\zeta_{rot}-1}e^{-(\epsilon_{tr}+\epsilon_{rot})/kT_{coll}} \tag{6.70}$$

$$f(\epsilon_{tr};\ T_{coll})f(\epsilon_{coll}-\epsilon_{tr};\ T_{coll}) \approx \epsilon_{tr}^{3/2-\omega}(\epsilon_{coll}-\epsilon_{tr})^{\zeta_{rot}-1}e^{-\epsilon_{coll}/kT_{coll}} \tag{6.71}$$

$$f(\epsilon_{coll}-\epsilon_{rot};\ T_{coll})f(\epsilon_{rot};\ T_{coll}) \approx (\epsilon_{coll}-\epsilon_{rot})^{3/2-\omega}\epsilon_{rot}^{\zeta_{rot}-1}e^{-\epsilon_{coll}/kT_{coll}} \tag{6.72}$$

当写成对应于碰撞能量的分布函数时,符号 T_{coll} 用作分布的平衡温度,因为温度 T_{tr}、T_{rot} 和 T_{vib} 对于与能量为 ϵ_{coll} 的碰撞没有意义。需要注意的是,这样做只是为了方便和出于惯例,而 T_{coll} 的值实际上在任何最终方程中都不需要。

对于给定的总能量为 ϵ_{coll} 的碰撞(注意,由此可知 $e^{-\epsilon_{coll}/kT_{coll}}$ 是一个常数),式(6.71)确定的特定平动能量值的概率为

$$P = C\epsilon_{tr}^{3/2-\omega}(\epsilon_{coll}-\epsilon_{tr})^{\zeta_{rot}-1} \tag{6.73}$$

其中,C 是常数。该概率取最大值时,

$$\frac{\epsilon_{tr}}{\epsilon_{coll}} = \frac{3/2-\omega}{\zeta_{rot}+1/2-\omega} \tag{6.74}$$

给出的最大概率为

$$P_{max} = C(3/2-\omega)^{3/2-\omega}(\zeta_{rot}-1)^{\zeta_{rot}-1}[(\zeta_{rot}+1/2-\omega)\epsilon_{coll}]^{\zeta_{rot}-1} \tag{6.75}$$

最终,该概率与最大概率之比可以写成

$$\frac{P}{P_{max}} = \left(\frac{\zeta_{rot}+1/2-\omega}{3/2-\omega}\frac{\epsilon_{tr}}{\epsilon_{coll}}\right)^{3/2-\omega}\left[\frac{\zeta_{rot}+1/2-\omega}{\zeta_{rot}-1}\left(1-\frac{\epsilon_{tr}}{\epsilon_{coll}}\right)\right]^{\zeta_{rot}-1} \tag{6.76}$$

该方程可包含到一个简单的接受-拒绝程序中,一般步骤见附录 A。具体而言,对于给定的碰撞(具有碰撞能量 ϵ_{coll}),可使用随机数 $\epsilon_{tr}/\epsilon_{coll}=R_1(0\leqslant R_1\leqslant 1)$ 生成随机平动能。式(6.76)可计算为 $P/P_{max}=a^ab^{-b}c^{-c}R_1^b(1-R_1)^c$,其中 $a=\zeta_{rot}+1/2-\omega$, $b=3/2-\omega$, $c=\zeta_{rot}-1$。然后将所得值与第二个随机数 $R_2(0\leqslant R_2\leqslant 1)$ 进行比较,如果 $P/P_{max}\geqslant R_2$,则接受 ϵ_{tr} 的值作为碰撞对的碰撞后平动能;如果不接受 ϵ_{tr} 的值,则随机生成另一个 R_1 值,并重复该过程,直到接受某个值(表示为 ϵ_{tr}')。

由于总碰撞能量是守恒的,碰撞后的内能为

$$\epsilon'_{rot} = \epsilon_{coll} - \epsilon'_{tr} \tag{6.77}$$

它必须以某种方式在两个碰撞粒子之间进行划分。给定与分子对相关联的总转动能(ϵ'_{rot}),式(6.67)确定一个分子具有转动能$\epsilon'_{rot,1}$的概率为

$$P = D(\epsilon'_{rot,1})^{\zeta_{rot}/2-1}(\epsilon'_{rot} - \epsilon'_{rot,1})^{\zeta_{rot}/2-1} \tag{6.78}$$

其中,D是常数。最大概率发生在内能均匀分配在两个碰撞分子之间时,其结果为

$$\frac{P}{P_{max}} = 2^{\zeta_{rot}-2}\left(\frac{\epsilon'_{rot,1}}{\epsilon'_{rot}}\right)^{\zeta_{rot}/2-1}\left(1 - \frac{\epsilon'_{rot,1}}{\epsilon'_{rot}}\right)^{\zeta_{rot}/2-1} \tag{6.79}$$

因此,可通过将接受-拒绝方法应用于式(6.79)(类似于应用于式(6.76)的过程)来确定$\epsilon'_{rot,1}$的值。剩余的内能随后被分配给参与碰撞的另一个分子,$\epsilon'_{rot,2} = \epsilon'_{rot} - \epsilon'_{rot,1}$,碰撞后的速度矢量使用上面确定的$\epsilon'_{tr}$值由适当的散射定律确定(参考附录C)。注意,对于双原子分子($\zeta_{rot} = 2$),式(6.79)表明所有的$\epsilon'_{rot,1}$值概率相同,在这种情况下,甚至不需要接受-拒绝方法。

总之,首先使用NTC算法(第6.2.3节)耦合碰撞截面模型(第6.3节),选择粒子对进行弹性碰撞。对于包含内能传递的非弹性碰撞,这些碰撞对中的一部分(概率p_{rot})被进一步选择。然后,利用前面推导的B-L方程,从基于碰撞能量的平衡分布中提取碰撞后能量。

2. 碰撞数与碰撞概率的关系

上面概述的Borgnakke-Larsen方法,确定了那些涉及内能传递(非弹性碰撞)的碰撞后能量。本节着重确定DSMC模拟期间应执行**多少**非弹性碰撞。一旦为弹性碰撞选择了一对模拟粒子(使用具有碰撞截面模型的NTC方法,如VHS),则进一步考虑碰撞中涉及的每个粒子以非弹性碰撞概率进行内能交换[式(6.61)]。

由于这些概率(p_{rot}或p_{vib})被应用于在每个DSMC网格单元中选择的单个碰撞对,因此根据碰撞粒子的属性来表述它们是合适的。在DSMC中,碰撞粒子在每个网格单元内的分布函数一般是非平衡分布。然而,也希望在平衡分布函数的极限下与连续介质模型[式(6.58)]保持一致,其中的碰撞数是根据温度来表示的。

将概率与碰撞数相关联的一般表达式,是通过对平衡分布函数积分得到的。以平动-转动能交换为例,得到

$$\frac{1}{Z_{rot}(T_{tr}, T_{rot})} = \int_0^\infty \int_0^\infty \frac{p_{rot}(\epsilon_{tr}, \epsilon_{rot})}{C} f(\epsilon_{tr}; T_{tr}) f(\epsilon_{rot}; T_{rot}) \mathrm{d}\epsilon_{tr} \mathrm{d}\epsilon_{rot} \tag{6.80}$$

式中，$f(\epsilon_i; T_i)$[先前在式(6.64)中给出]是碰撞中发现的温度 T_i 下能量模态 i 的平衡分布函数。注意，式(6.80)中包含了将在本节中确定的连接系数 C。本节建立了当 p 是常数(因而 Z 也是常数)的情况下 Z 和 p 之间的一致性。第 6.4.4 节将介绍更一般的处理方法。

在常数 Z 和 p 的情况下，式(6.80)简化为

$$p_{\text{rot}} = \frac{C}{Z_{\text{rot}}} \tag{6.81}$$

即使碰撞数 Z_{rot} 代表平衡转动能模态所需的平均碰撞数(即 $\tau_{\text{rot}} = \tau_{\text{coll}} Z_{\text{rot}}$)，DSMC 模拟中应使用的概率可能不是 $1/Z_{\text{rot}}$，这看起来很直观。为了理解为什么关联因子是必要的，并确定其值，采用类似 Lumpkin III、Haas 和 Boyd(1991)所用的方法进行相似数学分析，该方法中 DSMC 模拟的能量增益与由 Jeans 方程建模的能量增益相等。

假设一个系统处于非平衡状态($T_{\text{tr}} \neq T_{\text{rot}}$)，与 ζ_{tr} 和 ζ_{rot} 自由度相关，并趋于平衡。在时间 t，假设系统的平均相对平动能和转动能分别为 $\langle \epsilon_{\text{tr}} \rangle (t)$ 和 $\langle \epsilon_{\text{rot}} \rangle (t)$。在模拟时间步长 Δt 中，将要发生碰撞的粒子的分数是 $\Delta t / \tau_{\text{coll}}$，其中 τ_{coll} 是平均碰撞时间。对于每个选定的碰撞对，它们在 Δt 期间发生非弹性碰撞的概率为

$$P_{\text{inelastic}} = \frac{\Delta t}{\tau_{\text{coll}}} p_{\text{rot}} \tag{6.82}$$

在此期间不发生非弹性碰撞的概率为

$$P_{\text{elastic}} = 1 - \frac{\Delta t}{\tau_{\text{coll}}} p_{\text{rot}} \tag{6.83}$$

为评估与连续介质 Jeans 方程的一致性，除转动能交换的概率之外，还必须确定 DSMC 内转动能交换的总量。为此，首先考虑对于 DSMC 碰撞转动能的预期变化是什么。由于使用的是 BL 能量再分配方法，如前文所述，知道碰撞后的能量 ϵ'_{rot} 是从式(6.72)中给出的分布中取样的。了解这个分布使我们能够确定给定总碰撞能量(ϵ_{coll})的碰撞后总转动能的期望值(表示为 $\langle \epsilon'_{\text{rot}} \rangle$)。具体来说，使所有碰撞对的平均碰撞后转动能的表达式相等，即

$$\int_0^{\infty} \int_0^{\epsilon_{\text{coll}}} \epsilon'_{\text{rot}} f(\epsilon_{\text{coll}} - \epsilon'_{\text{rot}}; T_{\text{coll}}) f(\epsilon'_{\text{rot}}; T_{\text{coll}}) \, d\epsilon'_{\text{rot}} d\epsilon_{\text{coll}}$$

$$= \int_0^{\infty} \langle \epsilon'_{\text{rot}} \rangle f(\epsilon_{\text{coll}}; T_{\text{coll}}) \, d\epsilon_{\text{coll}} \tag{6.84}$$

得到$\langle \epsilon_{rot}' \rangle$正确的正则化表达式为

$$\langle \epsilon_{rot}' \rangle = \frac{1}{f(\epsilon_{coll};\ T_{coll})}\int_0^{\epsilon_{coll}} \epsilon_{rot}' f(\epsilon_{coll} - \epsilon_{rot}';\ T_{coll}) f(\epsilon_{rot}';\ T_{coll})\, d\epsilon_{rot}' \quad (6.85)$$

因此,

$$\langle \epsilon_{rot}' \rangle = \frac{1}{f(\epsilon_{coll};\ T_{coll})}\int_0^{\epsilon_{coll}} \frac{\epsilon_{rot}' e^{-\frac{\epsilon_{coll}}{kT_{coll}}}}{\Gamma\left(\frac{\zeta_{tr}}{2}\right)\Gamma\left(\frac{\zeta_{rot}}{2}\right)(kT_{coll})^2}\left(\frac{\epsilon_{coll} - \epsilon_{rot}'}{kT_{coll}}\right)^{\frac{\zeta_{tr}}{2}-1}\left(\frac{\epsilon_{rot}'}{kT_{coll}}\right)^{\frac{\zeta_{rot}}{2}-1} d\epsilon_{rot}'$$

$$= \frac{1}{f(\epsilon_{coll};\ T_{coll})}\frac{e^{-\frac{\epsilon_{coll}}{kT_{coll}}}}{\Gamma\left(\frac{\zeta_{tr}}{2}\right)\Gamma\left(\frac{\zeta_{rot}}{2}\right)}\left(\frac{\epsilon_{coll}}{kT_{coll}}\right)^{\frac{\zeta_{tr}+\zeta_{rot}}{2}}\int_0^{\epsilon_{coll}}\left(1 - \frac{\epsilon_{rot}'}{\epsilon_{coll}}\right)^{\frac{\zeta_{tr}}{2}-1}\left(\frac{\epsilon_{rot}'}{\epsilon_{coll}}\right)^{\frac{\zeta_{rot}}{2}} d\frac{\epsilon_{rot}'}{\epsilon_{coll}}$$

$$= \frac{\Gamma\left(\frac{\zeta_{tr}+\zeta_{rot}}{2}\right)}{\Gamma\left(\frac{\zeta_{tr}}{2}\right)\Gamma\left(\frac{\zeta_{rot}}{2}\right)}\epsilon_{coll}\int_0^1 (1-x)^{\frac{\zeta_{tr}}{2}-1} x^{\frac{\zeta_{rot}}{2}} dx$$

$$= \frac{\Gamma\left(\frac{\zeta_{tr}+\zeta_{rot}}{2}\right)}{\Gamma\left(\frac{\zeta_{tr}}{2}\right)\Gamma\left(\frac{\zeta_{rot}}{2}\right)}\frac{\Gamma\left(\frac{\zeta_{tr}}{2}\right)\Gamma\left(\frac{\zeta_{rot}}{2}+1\right)}{\Gamma\left(\frac{\zeta_{tr}+\zeta_{rot}}{2}+1\right)}\epsilon_{coll} = \frac{\zeta_{rot}}{\zeta_{tr}+\zeta_{rot}}\epsilon_{coll} \quad (6.86)$$

注意,式(6.86)的解涉及β函数,即

$$B(p,\ q) = \int_0^1 (1-x)^{p-1} x^{q-1} dx = \Gamma(p)\Gamma(q)/\Gamma(p+q) \quad (6.87)$$

由于BL模型的作用是建立平动和转动能量模式之间的平衡,因此结果$\langle \epsilon_{rot}' \rangle = \zeta_{rot}/(\zeta_{tr}+\zeta_{rot}) \times \epsilon_{coll}$具有物理意义。

现在可以使用$\langle \epsilon_{rot}' \rangle$来确定DSMC时间步长内的能量交换量,并将结果与Jeans方程直接比较。具体来说,结合式(6.82)和式(6.83),对于在时间t处具有能量$(\epsilon_{tr},\ \epsilon_{rot})$的碰撞对,则在时间$t+\Delta t$处的转动能的预期值为

$$\epsilon_{rot}(t+\Delta t) = P_{inelestic}\langle \epsilon_{rot}' \rangle + P_{elestic}\epsilon_{rot}$$
$$= \frac{\Delta t}{\tau_{coll}}p_{rot}\frac{\zeta_{rot}}{\zeta_{tr}+\zeta_{rot}}(\epsilon_{tr}+\epsilon_{rot}) + \left(1 - \frac{\Delta t}{\tau_{coll}}p_{rot}\right)\epsilon_{rot} \quad (6.88)$$

对所有的碰撞,时间 $t+\Delta t$ 的平均转动能为

$$
\begin{aligned}
\langle \epsilon_{rot} \rangle (t+\Delta t) &= \int_0^\infty \int_0^\infty \epsilon_{rot}(t+\Delta t) f(\epsilon_{tr};\ T_{tr}) f(\epsilon_{rot};\ T_{rot})\, d\epsilon_{tr} d\epsilon_{rot} \\
&= \int_0^\infty \int_0^\infty \epsilon_{rot} f(\epsilon_{tr};\ T_{tr}) f(\epsilon_{rot};\ T_{rot})\, d\epsilon_{tr} d\epsilon_{rot} \\
&\quad + \frac{\Delta t}{\tau_{coll}} p_{rot} \int_0^\infty \int_0^\infty \left[\frac{\zeta_{rot}}{\zeta_{tr}+\zeta_{rot}} (\epsilon_{tr}+\epsilon_{rot}) \right. \\
&\quad \left. - \epsilon_{rot} \right] \times f(\epsilon_{tr};\ T_{tr}) f(\epsilon_{rot};\ T_{rot})\, d\epsilon_{tr} d\epsilon_{rot} \\
&= \langle \epsilon_{rot} \rangle (t) + \frac{\Delta t}{\tau_{coll}} p_{rot} \int_0^\infty \int_0^\infty \frac{\zeta_{tr}}{\zeta_{tr}+\zeta_{rot}} \left[\frac{\zeta_{rot}}{\zeta_{tr}} \epsilon_{tr} \right. \\
&\quad \left. - \epsilon_{rot} \right] f(\epsilon_{tr};\ T_{tr}) f(\epsilon_{rot};\ T_{rot})\, d\epsilon_{tr} d\epsilon_{rot}
\end{aligned} \tag{6.89}
$$

最后,用一阶近似和式(6.89),得到

$$
\begin{aligned}
\frac{d\langle \epsilon_{rot} \rangle}{dt} &\approx \frac{\langle \epsilon_{rot} \rangle (t+\Delta t) - \langle \epsilon_{rot} \rangle (t)}{\Delta t} \\
&= \frac{1}{\tau_{coll}} \frac{\zeta_{tr}}{\zeta_{tr}+\zeta_{rot}} \left[\frac{\zeta_{rot}}{\zeta_{tr}} \langle \epsilon_{tr} \rangle (t) - \langle \epsilon_{rot} \rangle (t) \right] p_{rot}
\end{aligned} \tag{6.90}
$$

或者同等地

$$
\frac{dE_{rot}}{dt} = \frac{1}{\tau_{coll}} \frac{\zeta_{tr}}{\zeta_{tr}+\zeta_{rot}} [E^*_{rot}(t) - E_{rot}(t)] p_{rot} \tag{6.91}
$$

将式(6.91)与 Jeans 方程[式(6.58a)]的右侧进行比较,得到

$$
\frac{E^*_{rot}(t) - E_{rot}(t)}{Z_{rot}\tau_{coll}} = \frac{1}{\tau_{coll}} \frac{\zeta_{tr}}{\zeta_{tr}+\zeta_{rot}} [E^*_{rot}(t) - E_{rot}(t)] p_{rot} \tag{6.92}
$$

因此,

$$
p_{rot} = \frac{\zeta_{tr}+\zeta_{rot}}{\zeta_{tr}} \frac{1}{Z_{rot}} = \frac{C}{Z_{rot}} \tag{6.93}
$$

这给出了常转动碰撞概率模型的解析关联因子 C,与 Lumpkin III 等(1991)和 Haas 等(1994)讨论的相同。

因此,为了使基于 BL 方法的 DSMC 模拟在接近平衡极限时与 Jeans 方程

(使用 Z_{rot})一致,必须使用式(6.93)中给出的概率 p_{rot} 进行非弹性碰撞。碰撞后的特性(平动和转动能量)应使用式(6.76)和式(6.79)中给出的 BL 概率表达式(分布)进行取样。

然而,还有一个问题需要进一步考虑:应该使用的 ζ_{tr} 和 ζ_{rot} 的精确值是多少?事实证明,这些应该设置为**模拟碰撞实际可用**的自由度。例如,如果两个粒子的转动能在碰撞过程中都被更新,那么 ζ_{rot} 的值将不同于只有一个分子的转动能被更新。决定哪些能量模态可以在碰撞期间更新称为"选择过程",将在 6.4.3 节中介绍。此外,在第 6.4.4 节中给出了多组元气体、转动和振动能交换以及当 p_{rot} 不是常数时 BL 方法的全面描述。

6.4.3 非弹性碰撞对选择过程

在两个具有内能的分子之间发生真正的碰撞时,一般来说,两个分子的内能都会发生变化,这将是分子动力学模拟中的情况。然而,DSMC 是一种随机模拟方法(非确定性),其目标是精确模拟分子分布函数的演化,而不是模拟系统中每个原子的细节。因此,在 DSMC 碰撞中,只改变其中一个分子的内能是完全可以接受和精确的。在 DSMC 仿真中,碰撞对选择过程是一个微妙而关键的问题。如本节所述,必须注意确保所有 DSMC 物理模型(和相关方程)与所选的选择过程一致。

碰撞选择过程对模拟弛豫过程的影响对于气体混合物最为显著,因为一些选择过程内在地耦合了不同组元的弛豫概率和内能再分配过程。为了清晰起见,可以总结应用于转动弛豫的三种最广泛的非弹性碰撞选择过程。对于涉及振动能量交换的非弹性碰撞,过程是相同的,只有内能模态被改变。

(A) 配对选择(Boyd, 1990b;Lumpkin III et al., 1991):在这种情况下,对碰撞对进行概率非弹性碰撞测试,一旦选择碰撞对,碰撞对中两个粒子的能量将重新分配。具体来说,总碰撞能量 $\epsilon_{coll} = \epsilon_{tr} + \epsilon_{rot,A} + \epsilon_{rot,B}$ 在平动和转动模式之间重新分配,即 $\epsilon_{coll} = \epsilon'_{tr} + \epsilon'_{rot}$。然后碰撞后的转动能 ϵ'_{rot} 作为 $\epsilon'_{rot} = \epsilon'_{rot,A} + \epsilon'_{rot,B}$ 分布在两个碰撞对象之间。这是第 6.4.2 节中介绍 BL 方法所用的过程。

(B) 允许双重弛豫的粒子选择(Bird, 1994):在这种情况下,碰撞对中的每个粒子都用非弹性碰撞的概率进行单独测试。如果选中第一个粒子进行非弹性碰撞,则使用 BL 过程在碰撞对的平动能量和仅选中的粒子($\epsilon_{coll} = \epsilon'_{tr} + \epsilon'_{rot,A}$)的转动能量之间重新分配碰撞能量($\epsilon_{coll} = \epsilon_{tr} + \epsilon_{rot,A}$)。接下来,对其中的第二个粒子进行非弹性碰撞概率测试。如果选中,碰撞能量现在包括从第一次碰撞中重新分配的两个粒子的平动能和第二个粒子的转动能（$\epsilon'_{coll}=\epsilon'_{tr}+\epsilon_{rot,B}$）。再次使用 BL 过程在碰撞后的最终平动能和第二个粒子的转动能（$\epsilon'_{coll}=\epsilon''_{tr}+\epsilon'_{rot,B}$）之间重新分配碰撞能。以这种方式，如果选择两个粒子进行非弹性碰撞，它们的弛豫过程之间存在某种程度的耦合。

（C）禁止双重弛豫的粒子选择（Haas et al., 1994）：在这种情况下，碰撞对中的两个粒子分别进行非弹性碰撞概率测试。碰撞能总是碰撞对的相对平动能和只考虑粒子（i）的转动能之和（$\epsilon_{coll}=\epsilon_{tr}+\epsilon_{rot,i}$），BL 过程总是在碰撞对的平动能和所考虑的粒子的转动能之间重新分配碰撞后的能量（$\epsilon_{coll}=\epsilon'_{tr}+\epsilon'_{rot,i}$）。此外，如果选择一个粒子进行非弹性碰撞，则不测试另一个粒子进行非弹性碰撞，并且碰撞对的弛豫过程结束。仅当第一个粒子未被选择用于非弹性碰撞时，才对该碰撞对中的第二个粒子应用相同的过程。

选择过程（A）耦合不同组元碰撞对的弛豫概率和能量再分配过程，从而耦合模拟弛豫过程。尽管不像过程（A）那样直接，过程（B）也耦合了当两个粒子都被选作转动弛豫（即双重弛豫）时组元的能量再分配过程。此外，当同时考虑转动和振动弛豫过程时，在选择过程（A）和（B）中，对转动和振动非弹性碰撞的顺序测试将内在地耦合转动和振动弛豫过程。尽管这种耦合在物理上看起来是真实的，但必须强调的是这里讨论的 DSMC 碰撞模型是唯象的，并且被构造来再现给定能量模式和组元相互作用的指定内能弛豫率（碰撞数 Z）。这种一致性是非常可取的，本节特别关注选择过程（C）。

Haas 等（1994）首次提出了禁止双重弛豫的粒子选择方法，Gimelshein、Gimelshein 和 Levin（2002）以及 Zhang 和 Schwartzentruber（2013）分别提出了改进的算法。Zhang 和 Schwartzentruber（2013）分析证明了这三种算法都产生相同的模拟弛豫率，因此这三种算法中的任何一种都可以用于实现禁止双重弛豫的粒子选择过程。本节首先总结 Zhang 和 Schwartzentruber（2013）的方法，然后介绍 Gimelshein 等的方法（2002）。

1. Zhang 和 Schwartzentruber 的选择过程

图 6.14 描述了该选择过程所遵循的逻辑步骤。本节其余部分中使用的特定符号需要仔细描述。如图 6.14 所示，在开始碰撞程序之前，必须为一对粒子中的两个粒子指定一个编号（粒子 1 或 2）。使用下标 i 表示粒子对的编号（$i=1$ 或 $i=2$）。进一步注意到，i 不表示特定的粒子类型，因此粒子 $i=1$ 和 $i=2$ 可以是相同或不同的粒子类型（单原子、双原子或多原子）。这样，由下标 i 表示的所有参数（如 $p_{rot,i}$，$Z_{rot,i}$，$\zeta_{rot,i}$ 等）都特定于粒子 i 的弛豫过程。例如，$\zeta_{rot,i}$ 和

$\zeta_{vib,\,i}$仅是粒子 i 的转动和振动自由度，而ζ_{tr}代表碰撞对的可用平动自由度（因此没有下标）。此外，$Z_{rot,\,i}$和 $Z_{vib,\,i}$是粒子 i 与碰撞对中另一粒子碰撞时弛豫的转动和振动非弹性碰撞数。例如，如果两个粒子的类型（A）相同，则两个粒子的碰撞数将相等（即 $Z_{rot,\,1}=Z_{rot,\,2}=Z_{rot,\,A|A}$）。但是，如果这两个粒子是不同类型的（例如，A 代表 $i=1$，B 代表 $i=2$），那么碰撞数将是 $Z_{rot,\,1}=Z_{rot,\,A|B}$ 和 $Z_{rot,\,2}=Z_{rot,\,B|A}$，其中，一般来说，$Z_{rot,\,A|B}$可以指定为不等于 $Z_{rot,\,B|A}$。

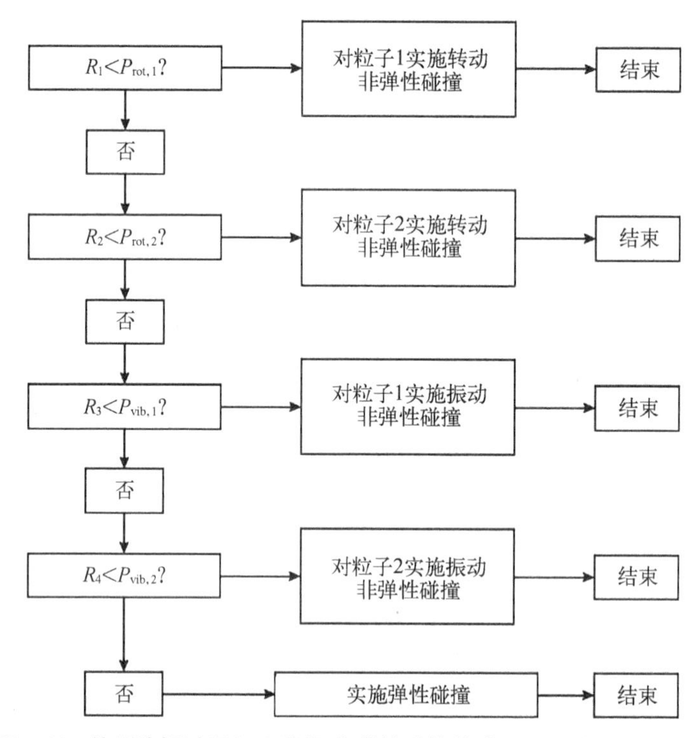

图 6.14 使用选择过程（C）选择非弹性碰撞的步骤。图中，R_n（$n=1, 2, 3, 4$）是 0 和 1 之间的均匀随机数，$P_{rot,\,i}$，$P_{vib,\,i}$（$i=1$ 或 2）是 DSMC 中用于粒子 i 的转动和振动非弹性碰撞概率

参考图 6.14，首先，参与碰撞的两个粒子被随机分配为粒子 1 和粒子 2。然后，使用以下表达式给出的概率 $P_{rot,\,1}$、$P_{rot,\,2}$、$P_{vib,\,1}$、$P_{vib,\,2}$，利用标准接受-拒绝技术处理图 6.14 中的每个事件。

$$A=1,\ P_{rot,\,1}=Ap_{rot,\,1} \tag{6.94a}$$

$$B=\frac{A}{1-P_{rot,\,1}},\ P_{rot,\,2}=Ap_{rot,\,2} \tag{6.94b}$$

$$C = \frac{B}{1 - P_{\text{rot},2}},\ P_{\text{vib},1} = Cp_{\text{vib},1} \tag{6.94c}$$

$$D = \frac{C}{1 - P_{\text{vib},1}},\ P_{\text{vib},2} = Dp_{\text{vib},2} \tag{6.94d}$$

其中，

$$p_{\text{rot},i} = \frac{\zeta_{\text{tr}} + \zeta_{\text{rot},i}}{\zeta_{\text{tr}}} \frac{1}{Z_{\text{rot},i}} \tag{6.95}$$

和

$$p_{\text{vib},i} = \frac{\zeta_{\text{tr}} + \Gamma_i}{\zeta_{\text{tr}}} \frac{1}{Z_{\text{vib},i}} \tag{6.96}$$

对于振动,如果使用连续能量分布，$\Gamma_i = \zeta_{\text{vib},i}$。而对于简单谐振子(SHO)离散能级模型，$\Gamma_i = \xi_{\text{vib}}(T)^2\exp(\theta_{\text{vib}}/T)/2$，其中 $\xi_{\text{vib}}(T) = (2\theta_{\text{vib}}/T)/[\exp(\theta_{\text{vib}}/T) - 1]$ [式(3.132)]，T 是温度,通常设置为网格单元平均平动温度,即 $T = T_{\text{tr}}$，θ_{vib}是振动特征温度(其中所有参数都特定于粒子 i)。

最后,与模型相关的碰撞量在碰撞概率 p 和碰撞数 Z 之间没有直接关系。对于此类模型,p 现在是一些碰撞量(例如碰撞能量)的函数,应在式(6.94)中直接使用。基于碰撞量的模型示例见第 7 章。

2. Gimelshein 等的选择过程

在 Gimelshein 等(2002)的选择过程中,将非弹性碰撞模拟碰撞概率的计算和随后接受-拒绝技术的使用结合在一起。具体地说,在[0, 1]之间选择一个随机数 Rn 并在一系列不等式中使用。形式 $Rn > A_1$ 和 $A_i < Rn < A_{i+1}(i = 1, 2, 3)$ 的不等式被依次测试。如果一个不等式为真,则执行相应的非弹性碰撞弛豫,并且该过程结束于当前碰撞对。只有当一个不等式不成立时,随后的不等式才会被测试。

A_i 的表达式,如 Gimelshein 等(2002)的图 1 所示,具体如下:

$$A_1 = p_{\text{rot},1} \tag{6.97a}$$

$$A_2 = p_{\text{rot},1} + p_{\text{rot},2} \tag{6.97b}$$

$$A_3 = p_{\text{rot},1} + p_{\text{rot},2} + p_{\text{vib},1} \tag{6.97c}$$

$$A_4 = p_{\text{rot},1} + p_{\text{rot},2} + p_{\text{vib},1} + p_{\text{vib},2} \tag{6.97d}$$

这里,p 值的计算方法与前面讨论的相同[式(6.95)和式(6.96)]。

总结和讨论如下。

Gimelshein 等(2002)的算法和 Zhang 和 Schwartzentruber(2013)确实能导致相同的模拟弛豫过程,这一点可能不是很明显。然而,Zhang 和 Schwartzentruber(2013)对这一点进行了分析证明和数值验证,提供了关于这些算法的更多细节。由于 Gimelshein 等(2002)的算法每次碰撞只使用一个随机数,因此计算效率更高。然而,选择过程对典型 DSMC 仿真的贡献可以忽略不计,并且在上述两个选择过程之间的选择是实现形式之间的优先选择问题。具体来说,Zhang 和 Schwartzentruber 的选择过程的优点是,对于算法的每个步骤,都使用具有指定概率的标准接受-拒绝过程。这个一般框架最近被应用于多原子气体(CO_2)中的振动弛豫,也被应用于气体表面反应概率(Poovathingal et al., 2016)。Gimelshein 等的选择过程不使用标准的接受-拒绝过程,而是评估一系列不等式,并且只使用一个随机数。

对于任何禁止双重弛豫的粒子选择过程,约束条件:

$$p_{\mathrm{rot},1} + p_{\mathrm{rot},2} + p_{\mathrm{vib},1} + p_{\mathrm{vib},2} < 1 \tag{6.98}$$

必须满足(Gimelshein et al.,2002)。虽然大多数非平衡流问题满足式(6.98),如式(6.94)所示,如果 $p_{\mathrm{rot},i}$ 接近 0.5,可用于振动弛豫测试的粒子数为零,且 $p_{\mathrm{vib},i}$ 可能变得大于 1。因此,一般来说,可以先测试振动弛豫,然后测试转动弛豫,因为 $p_{\mathrm{vib},i}$ 通常比 $p_{\mathrm{rot},i}$ 小得多。这确保了振动弛豫即使在具有非常快的转动弛豫的极端情况下也保持精确。改变转动和振动弛豫的顺序,只需要交换所有上述方程中的下标(rot, vib)。

将禁止双重弛豫的粒子选择方法推广到具有附加内能模态的多原子气体是很简单的。例如,考虑二氧化碳(CO_2),一个线性三原子分子,具有两个转动自由度和多个振动能量模态。振动模态包括对称模态(θ_{vib} = 1 890 K)、非对称拉伸模态(θ_{vib} = 3 360 K)和两个简并弯曲模态(θ_{vib} = 954 K)。SHO 模型[式(3.132)]可用于这些振动模态中的每一个,因此根据气体温度与特征温度(θ_{vib})的比率,每一个模态可用于存储适当数量的能量。Zhang 和 Schwartzentruber 的选择过程已用于模拟二氧化碳,更多细节见 Poovathingal 等(2015)和 Poovathingal 等(2016)的文献。本质上,可以为每个振动能量模态指定不同的 Z_{vib} 值,并且可以使用式(6.96)计算进入每个模态的相应能量传递概率。式(6.94)中的逻辑表达式(在图 6.14 中示意性地给出)简单地包括更多的概率,然而,顺序地测试进入每个模态的能量传递的过程保持相同。如果考虑四个振动能量模态,那么在图6.14中有10个概率需要考虑,并且约束条件:

$$
\begin{aligned}
& p_{\text{rot},1} + (p_{\text{vib},1})_{\text{mode1}} + (p_{\text{vib},1})_{\text{mode2}} + (p_{\text{vib},1})_{\text{mode3}} + (p_{\text{vib},1})_{\text{mode4}} \\
& + p_{\text{rot},2} + (p_{\text{vib},2})_{\text{mode1}} + (p_{\text{vib},2})_{\text{mode2}} + (p_{\text{vib},2})_{\text{mode3}} + (p_{\text{vib},2})_{\text{mode4}} < 1
\end{aligned} \tag{6.99}
$$

变得更难保证。然而,由于振动能量传递的概率通常远小于1,因此附加的约束条件可能不显著。如果接受特定模态进行能量交换,则使用BL分布来确定该模态的碰撞后能量,其中BL方程中使用的能量和自由度与选择的粒子和内能模态一致。举个例子,在特定碰撞期间,BL方程中使用的能量可以包括粒子1的第二振动模态中的能量[$\epsilon_i = (\epsilon_{\text{vib},1})_{\text{model2}}$]和粒子对的平动能量($\epsilon_{\text{tr}}$)。BL方程中使用的相应自由度将包括在当前网格单元温度[使用θ_{vib}的适当值计算式(3.132)]下计算得到的选定振动模态的自由度[$\zeta_i = (\zeta_{\text{vib},1})_{\text{mode2}}$]和碰撞对的平动自由度($\zeta_{\text{tr}}$)。最近,Pfeiffer、Nizenkov、Mirza和Fasoulas(2016)发展了一种称为"多模弛豫"过程的多原子分子替代技术,该过程中内能在一次碰撞中在多个内能模态之间重新分配。多模弛豫和禁止双重弛豫过程的粒子选择都被证实能产生相同的CO_2总振动弛豫速率,关于多原子组元内能弛豫的进一步细节和讨论可在文章(Pfeiffer et al., 2016)中找到。

总之,一旦选择一对模拟粒子进行碰撞,就必须使用一个选择过程来确定哪些粒子的哪个内能模态可以在碰撞期间更新。因此,选择过程既决定了要重新分配的碰撞能量部分,也决定了要重新分配能量的可用自由度。这必须与B－L能量再分配模型方程中使用的自由度完全一致,并与连接p和Z的关联因子[式(6.93)]一致。因此,在接近平衡流的极限下,DSMC模拟将满足能量均分,并与连续介质弛豫方程一致。

这里建议使用禁止双重弛豫的粒子选择过程(使用Zhang和Schwartzentruber或Gimelshein等的实现过程),因为该方法确保对于同一组特定碰撞对的碰撞数($Z_{\text{rot},i|j}$, $Z_{\text{vib},i|j}$),在接近平衡极限时的DSMC模拟将与使用式(6.58a)和(6.58b)中的连续介质表达式的CFD模拟精确一致。

例6.5　等温弛豫:模拟与理论比较。

为了测试禁止双重弛豫的粒子选择过程,对两种组元的混合物进行了等温弛豫模拟,其中系统的平动温度保持在恒定值$T_{\text{tr}} = 10\,000$ K。为了保持系统的平动温度在恒定值,按照 T_{tr} = 10 000 K 的麦克斯韦-玻尔兹曼分布在每个时间步重新生成模拟域中包含的所有粒子的速度。在此过程中,粒子的转动和振动能量没有改变。由于等温弛豫过程中平动温度是恒定的,因此平均碰撞时间也是恒定的,由此得到的 Jeans 方程有一个解析解。

混合气体的弛豫方程已在式(6.58)中给出。对于等温弛豫,$E^*_{rot,j}(t) = E_{rot,j}(\infty)$ 和 $E^*_{vib,j}(t) = E_{vib,j}(\infty)$。如果转动和振动弛豫时间假定为常数,或仅取决于平动温度,则 $\tau_{rot} = \tau_{coll}Z_{rot}$ 和 $\tau_{vib} = \tau_{coll}Z_{vib}$ 为常数,且式(6.58a)和式(6.58b)具有以下分析解:

$$\frac{E_{rot,j}(\infty) - E_{rot,j}(t)}{E_{rot,j}(\infty) - E_{rot,j}(0)} = \exp\left(-\sum_k \frac{t}{\tau_{coll,j|k}Z_{rot,j|k}}\right) \tag{6.100a}$$

$$\frac{E_{vib,j}(\infty) - E_{vib,j}(t)}{E_{vib,j}(\infty) - E_{vib,j}(0)} = \exp\left(-\sum_k \frac{t}{\tau_{coll,j|k}Z_{vib,j|k}}\right) \tag{6.100b}$$

使用 $E_j = \frac{\zeta_j}{2}kT$, 式(6.100a)和式(6.100b)可以用温度来表示,即

$$\frac{T_{rot,j}(\infty) - T_{rot,j}(t)}{T_{rot,j}(\infty) - T_{rot,j}(0)} = \exp\left(-\sum_k \frac{t}{\tau_{coll,j|k}Z_{rot,j|k}}\right) \tag{6.101a}$$

$$\frac{\zeta_{vib,j}(\infty)T_{vib,j}(\infty) - \zeta_{vib,j}(t)T_{vib,j}(t)}{\zeta_{vib,j}(\infty)T_{vib,j}(\infty) - \zeta_{vib,j}(0)T_{vib,j}(t)} = \exp\left(-\sum_k \frac{t}{\tau_{coll,j|k}Z_{vib,j|k}}\right) \tag{6.101b}$$

式中,$\zeta_{vib,j}(0)$、$\zeta_{vib,j}(\infty)$ 和 $\zeta_{vib,j}(t)$ 分别是时间 0、∞ 和 t 时刻的有效振动自由度。

表 6.3 中列出了这两种组元的指定转动和振动碰撞数,以及 DSMC 模拟中使用的可变硬球(VHS)参数。这两种组元的摩尔分数分别为 0.3 和 0.7。用于两种气体的 VHS 模型参数(表 6.3 中的 ω、d_{ref})对应于 N_2 和 O_2 的值;但是,转动和振动碰撞数 Z_{rot} 和 Z_{vib} 不对应于这些气体的值,此处仅作演示之用。模拟结果如图 6.15 所示,给出了混合气体中每个组元的转动和振动温度的弛豫历史。从图中可以明显看出,禁止双弛豫过程的粒子选择方法能够准确地模拟混合物的特定弛豫速率。进一步可以看出,转动弛豫明显快于振动弛豫。

表 6.3　各碰撞对的模拟参数

$j\|k$	Z_{rot}	Z_{vib}	ω	$d_{ref}/(\times10^{-10}\ m)$	T_{ref}/K
1|1	5	40	0.74	4.17	273
1|2	8	60	0.755	4.12	273
2|1	10	80	0.755	4.12	273
2|2	15	60	0.77	4.07	273

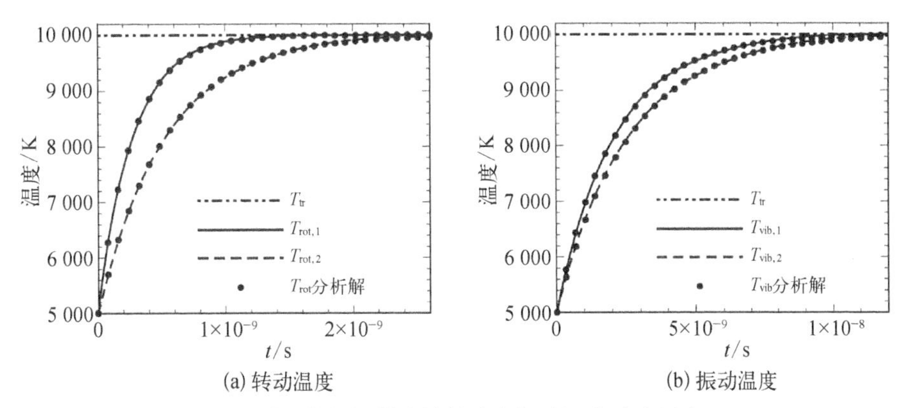

图 6.15　等温储器中的转动和振动温度弛豫历史

例 6.6　等温弛豫：配对选择与禁止双重弛豫的粒子选择。

作为进一步的演示，使用配对选择过程[选择过程(A)]进行类似的等温弛豫模拟。具体来说使用式(6.93)的形式。此模拟只考虑转动弛豫，并修改了表 6.3 中的转动碰撞数，对于碰撞 1|2 和 2|1，$Z_{rot}=10$；对于碰撞 2|2，$Z_{rot}=20$。图

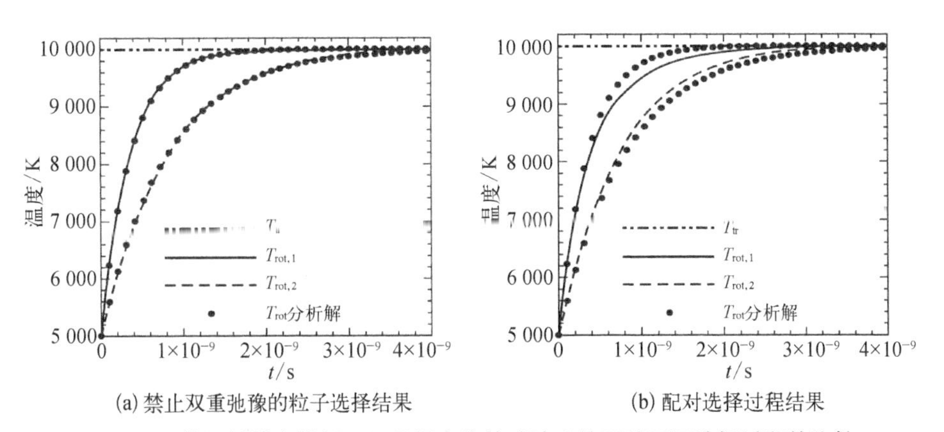

(a) 禁止双重弛豫的粒子选择结果　　(b) 配对选择过程结果

图 6.16　等温储器中模拟两组元混合物转动弛豫的两种不同选择过程的比较

6.16(a) 显示了使用禁止双重弛豫过程的粒子选择的结果，图 6.16(b)显示了来自配对选择过程的结果。显然，使用配对选择过程的结果与混合物的分析解不一致，而禁止双重弛豫程序的粒子选择正好再现了分析解。

6.4.4 广义碰撞后能量再分配

本节将推导一种内能交换模型，其通常以 DSMC 模拟中**参与碰撞选择**的能量(ε_{tr}, ε_i)和自由度(ζ_{tr}, ζ_i)表达。该模型是 BL 方法的扩展，由 Zhang、Valentini 和 Schwartzentruber(2014)开发。该模型适用于任意组元对的平动-转动能交换 (i = rot) 和平动-振动能交换(i = vib)。 只要参与的能量模态和自由度分配一致，本节推导的模型方程对所有类型的非弹性碰撞选择过程都有效。该模型对任何概率表达式(p_{rot}或 p_{vib}: p_i)都是通用的，并确保细致平衡和平衡时的能量均分。最后，提出将 DSMC 非弹性碰撞模型与连续介质弛豫模型相结合的一般方法。

1. 广义碰撞后平衡分布

如第 6.4.2 节所讨论的，在连续碰撞和平衡极限下，分子能量和分布函数应弛豫到满足能量均分的平衡状态。这可以通过现象学 BL 模型实现，该模型从与平衡态对应的碰撞中预期的分子碰撞前能量相同的分布中取样碰撞后能量。以这种方式，平衡气体将保持理想的平衡，弛豫率通过非弹性碰撞概率 p_i 来控制。

在平衡状态下，可以将弹性碰撞中预期的平动-内能的联合分布写成$f(\epsilon_{tr};T_{coll})f(\epsilon_i;T_{coll})$，这些函数在式(6.64)中给出。为解释碰撞中的平动能量偏差，平动自由度应设置为$\zeta_{tr} = 5 - 2\omega$，对应于 VHS 或 VSS 模型。在前面的章节中，p_i 被假设为常数，在这种情况下，碰撞过程中内能没有偏差。然而，一般来说，非弹性碰撞的概率可能取决于分子的内能态。在最一般的情况下，概率可能取决于碰撞能量：$p_i = p_i(\epsilon_{tr}, \epsilon_i)$。 在这种情况下，平衡时非弹性碰撞中预期的分子分布现在是$f(\epsilon_{tr};T_{coll})f(\epsilon_i;T_{coll})p_i(\epsilon_{tr}, \epsilon_i)$，因此，这是应取样以确定碰撞后能量状态($\epsilon_{tr}'$, ϵ_i')的分布。

如第 6.4.3 节所强调的，用于计算$f(\epsilon_{tr};T_{coll})f(\epsilon_i;T_{coll})p_i(\epsilon_{tr}, \epsilon_i)$的能量($\epsilon_i$)和自由度($\zeta_i$)应为参与再分配过程的能量和自由度。因此，它们的设置应与所采用的粒子选择过程一致。例如，对于涉及平动-转动能量传递的碰撞(根据 p_{rot}执行)，配对选择过程涉及两个分子的组合转动能量和自由度，而禁止双重弛豫过程的粒子选择只涉及碰撞对中一个分子的转动能和自由度(图 6.14)。

对于涉及平动–振动能量传递的碰撞（根据 p_{vib} 进行），同样的逻辑也适用于振动能量和自由度。

至此，通用模型所需的所有组成部分都已详细说明。本节的其余部分介绍 DSMC 实现中包含的方程和接受–拒绝取样技术。

碰撞后性质 $(\epsilon_{tr}', \epsilon_i')$ 是从平衡分布 $f(\epsilon_{tr}; T_{coll})f(\epsilon_i; T_{coll})p_i(\epsilon_{tr}, \epsilon_i)$ 中取样的。能量 $(\epsilon_{tr}, \epsilon_i)$ 和自由度 (ζ_{tr}, ζ_i) 是参与能量再分配（即碰撞）过程的能量和自由度，$T_{coll} = 2\epsilon_{coll}/k$ 可被认为是“碰撞温度”。每个碰撞过程受约束条件 $\epsilon_{coll} = \epsilon_{tr} + \epsilon_i$ 支配，因此，它相当于从 $f(\epsilon_{coll}-\epsilon_i; T_{coll})f(\epsilon_i; T_{coll})p_i(\epsilon_{coll}-\epsilon_i, \epsilon_i)$ 中以恒定的 ϵ_{coll} 取样 ϵ_i'，$\epsilon_{coll} = \epsilon_{tr}' + \epsilon_i'$。

标准的接受–拒绝算法（参见附录 A）要求用大于或等于被取样分布函数的最大值的常量进行正则化。因此，对于给定的 ϵ_{coll}，首先写出以下不等式：

$$
\begin{aligned}
&[f(\epsilon_{coll} - \epsilon_i; T_{coll})f(\epsilon_i; T_{coll})p_i(\epsilon_{coll} - \epsilon_i, \epsilon_i)]|_{max} \\
\leqslant &[f(\epsilon_{coll} - \epsilon_i; T_{coll})f(\epsilon_i; T_{coll})]|_{max} p_i(\epsilon_{coll} - \epsilon_i, \epsilon_i)|_{max}
\end{aligned} \tag{6.102}
$$

其中，$0 \leqslant \epsilon_i \leqslant \epsilon_{coll}$。根据这个不等式，定义

$$
M \equiv [f(\epsilon_{tr}; T_{coll})f(\epsilon_i; T_{coll})]|_{max} p_i(\epsilon_{tr}, \epsilon_i)|_{max} \tag{6.103}
$$

然后，将广义平衡分布函数定义为 $I(\epsilon_i; \epsilon_{coll}, T_{coll})$，其中，

$$
\begin{aligned}
I(\epsilon_i; \epsilon_{coll}, T_{coll}) &= \frac{f(\epsilon_{coll} - \epsilon_i; T_{coll})f(\epsilon_i; T_{coll})p_i(\epsilon_{coll} - \epsilon_i, \epsilon_i)}{M} \\
&= \frac{f(\epsilon_{coll} - \epsilon_i; T_{coll})f(\epsilon_i; T_{coll})p_i(\epsilon_{coll} - \epsilon_i, \epsilon_i)}{[f(\epsilon_{coll} - \epsilon_i; T_{coll})f(\epsilon_i; T_{coll})]|_{max} p_i(\epsilon_{coll} - \epsilon_i, \epsilon_i)|_{max}} \\
&= \frac{f(\epsilon_{coll} - \epsilon_i; T_{coll})f(\epsilon_i; T_{coll})}{[f(\epsilon_{coll} - \epsilon_i; T_{coll})f(\epsilon_i; T_{coll})]|_{max}} \times \frac{p_i(\epsilon_{coll} - \epsilon_i, \epsilon_i)}{p_i(\epsilon_{coll} - \epsilon_i, \epsilon_i)|_{max}} \\
&= I_1(\epsilon_i; \epsilon_{coll}, T_{coll}) \times I_2(\epsilon_i; \epsilon_{coll})
\end{aligned} \tag{6.104}
$$

因此，使用接受–拒绝技术从 $f(\epsilon_{coll}-\epsilon_i; T_{coll})f(\epsilon_i; T_{coll})p_i(\epsilon_{coll}-\epsilon_i, \epsilon_i)$ 中以恒定的 ϵ_{coll} 取样 ϵ_i' 的步骤如下：

（1）生成均匀分布在 0~1 的随机数 R_1；

（2）计算 $I(\epsilon_i; \epsilon_{coll}, T_{coll})$ 的值，其中 $\epsilon_i = R_1\epsilon_{coll}$；

（3）生成另一个不同的随机数 R_2，均匀分布在 0~1；

（4）如果 $R_2 \leqslant I(\epsilon_i; \epsilon_{coll}, T_{coll})$，则接受样本，且 $\epsilon_i' = R_1\epsilon_{coll}$。否则，如果

$R_2 > I(\epsilon_i;\ \epsilon_{coll},\ T_{coll})$，则不接受样本，并用新的 R_1 和 R_2 值重复过程(1)~(4)。

最后，使用 ϵ'_{tr}的结果，根据期望的散射定律确定碰撞后的速度(附录C)。对于禁止双重弛豫过程的粒子选择，ϵ'_i的值可立即与选择进行内能交换的分子相关联(图 6.14)。然而，对于配对选择过程(其中 ϵ'_i表示两个分子的组合内能)，可能需要额外的接受-拒绝程序将 ϵ'_i分给两个分子[类似式(6.79)]。

例 6.7 简单双原子气体中的转动弛豫(使用配对选择)。

这个例子中将简化前面对应简单双原子气体状态的广义平衡分布函数，其中使用配对选择，并将结果与第 6.4.2 节中导出的结果进行比较。另外，在这个例子中，假设 p_{rot}是一个常数。

首先，对于转动能使用式(6.64)，对于特定值 ϵ_{coll}，有以下公式：

$$
\begin{aligned}
& f(\epsilon_{coll} - \epsilon_{rot};\ T_{coll}) f(\epsilon_{rot};\ T_{coll}) p_{rot} \\
&= p_{rot} \frac{1}{\Gamma\left(\frac{\zeta_{tr}}{2}\right) kT_{coll}} \left(\frac{\epsilon_{coll} - \epsilon_{rot}}{kT_{coll}}\right)^{\frac{\zeta_{tr}}{2}-1} e^{-\frac{\epsilon_{coll}-\epsilon_{rot}}{kT_{coll}}} \frac{1}{\Gamma\left(\frac{\zeta_{rot}}{2}\right) kT_{coll}} \left(\frac{\epsilon_{rot}}{kT_{coll}}\right)^{\frac{\zeta_{rot}}{2}-1} e^{-\frac{\epsilon_{rot}}{kT_{coll}}} \\
&= p_{rot} \frac{e^{-\frac{\epsilon_{coll}}{kT_{coll}}}}{\Gamma\left(\frac{\zeta_{tr}}{2}\right) \Gamma\left(\frac{\zeta_{rot}}{2}\right) (kT_{coll})^{\frac{\zeta_{tr}}{2}} (kT_{coll})^{\frac{\zeta_{rot}}{2}}} (\epsilon_{coll} - \epsilon_{rot})^{\frac{\zeta_{tr}}{2}-1} \epsilon_{rot}^{\frac{\zeta_{rot}}{2}-1} \\
&= A(\epsilon_{coll},\ T_{coll},\ \zeta_{tr},\ \zeta_{rot}) p_{rot} (\epsilon_{coll} - \epsilon_{rot})^{\frac{\zeta_{tr}}{2}-1} \epsilon_{rot}^{\frac{\zeta_{rot}}{2}-1}
\end{aligned} \tag{6.105}
$$

对于一个固定的 ϵ_{coll}，$f(\epsilon_{coll}-\epsilon_{rot};\ T_{coll}) f(\epsilon_{rot};\ T_{coll}) p_{rot}$的最大值应该出现在一个特定的 $\epsilon_{rot,\ 0}$上，即

$$
0 = \frac{\partial}{\partial \epsilon_{rot}} [f(\epsilon_{coll} - \epsilon_{rot};\ T_{coll}) f(\epsilon_{rot};\ T_{coll}) p_{rot}] \mid_{\epsilon_{rot} = \epsilon_{rot,\ 0}} \tag{6.106}
$$

得到

$$
\frac{\epsilon_{rot,\ 0}}{\epsilon_{coll}} = \frac{\zeta_{rot} - 2}{\zeta_{tr} + \zeta_{rot} - 4} \tag{6.107}
$$

使用式(6.105)和式(6.107)，可以按下式写出 $I(\epsilon_{rot};\ \epsilon_{coll},\ T_{coll})$[出现在式(6.104)中]：

$$I(\epsilon_{\rm rot};\epsilon_{\rm coll},T_{\rm coll})=I_1(\epsilon_{\rm rot};\epsilon_{\rm coll},T_{\rm coll})\times I_2(\epsilon_{\rm rot};\epsilon_{\rm coll})=I_1(\epsilon_{\rm rot};\epsilon_{\rm coll},T_{\rm coll})$$

$$=\frac{f(\epsilon_{\rm coll}-\epsilon_{\rm rot};T_{\rm coll})f(\epsilon_{\rm rot};T_{\rm coll})}{[f(\epsilon_{\rm coll}-\epsilon_{\rm rot};T_{\rm coll})f(\epsilon_{\rm rot};T_{\rm coll})]|_{\max}}$$

$$=\left(\frac{\zeta_{\rm tr}+\zeta_{\rm rot}-4}{\zeta_{\rm tr}-2}\right)^{\frac{\zeta_{\rm tr}}{2}-1}\left(\frac{\zeta_{\rm tr}+\zeta_{\rm rot}-4}{\zeta_{\rm rot}-2}\right)^{\frac{\zeta_{\rm rot}}{2}-1}$$

$$\left(\frac{\epsilon_{\rm rot}}{\epsilon_{\rm coll}}\right)^{\frac{\zeta_{\rm rot}}{2}-1}\left(1-\frac{\epsilon_{\rm rot}}{\epsilon_{\rm coll}}\right)^{\frac{\zeta_{\rm tr}}{2}-1} \tag{6.108}$$

首先,由于 $p_{\rm rot|\max}=p_{\rm rot}$,则 $I_2(\epsilon_{\rm rot};\epsilon_{\rm coll})=1$。此外,从上面的表达式中可以清楚地看到,$I_1$ 并不明显地依赖于温度,而是仅依赖于 $\epsilon_{\rm rot}$、$\epsilon_{\rm coll}$、$\zeta_{\rm tr}$和 $\zeta_{\rm rot}$。

只要适当地设置了 $\epsilon_{\rm rot}$和 $\zeta_{\rm rot}$,式(6.108)中的分布函数对于任何选择过程都是通用的。如果使用配对选择,则 $\epsilon_{\rm rot}$对应于碰撞对的组合转动能量,而 $\zeta_{\rm rot}$对应于组合转动自由度。使用这些值(即 $\zeta_{\rm rot}$替换为 $2\zeta_{\rm rot}$),式(6.108)等于第 6.4.2 节中的式(6.76)。

对于双原子气体的特殊情况,其中 $\zeta_{\rm rot}=2$,式(6.108)可进一步简化为

$$I(\epsilon_{\rm rot};\epsilon_{\rm coll},T_{\rm coll})=\left(1-\frac{\epsilon_{\rm rot}}{\epsilon_{\rm coll}}\right)^{\frac{\zeta_{\rm tr}}{2}-1} \tag{6.109}$$

2. 各种内能模型的含义

研究式(6.104)中的广义分布函数,特别是 $I_2(\epsilon_i;\epsilon_{\rm coll})$如何简化不同类型的内能传递模型,是我们感兴趣的事情。Zhang 等(2014)首先进行了这一分析。通过分析,清楚地解释了许多与先前 DSMC 模型报告的细致平衡相关的问题和更正。此外,这个一般性的分析为今后非弹性碰撞模型的发展提供了一个框架。

这里,针对几类非弹性碰撞概率 p_i 具有不同函数形式的弛豫模型,分析 $I_2(\epsilon_i;\epsilon_{\rm coll})$的精确形式。

p_i=常数:在这种情况下,由于 $p_i|_{\max}=p_i$,$I_2=1$,因此接受-拒绝方法中出现的不等式变为 $R_2\leqslant I(\epsilon_i;\epsilon_{\rm coll},T_{\rm coll})=I_1(\epsilon_i;\epsilon_{\rm coll},T_{\rm coll})$[见例 6.7 中的式(6.108)],这与 Borgnakke 和 Larsen(1975)所讨论的相同,并已用于许多较早的弛豫模型。

$p_i=p_i(\epsilon_{\rm tr})$:在这种情况下,非弹性碰撞的概率取决于碰撞对的相对平动能,且 $I_2=p_i(\epsilon_{\rm tr})/\{p_i(\epsilon_{\rm tr})|_{\max}\}$。如果不将 I_2 包含在接受-拒绝取样的不等式

中,在文献(Boyd, 1990b; Abe, 1994; Choquet, 1994; Wysong and Wadsworth, 1998)的某些模型中,很难实现 ϵ_{tr} 和 ϵ_i 之间的能量均分。

对于平动-转动能量交换,上述问题可以使用网格单元平均概率 $\langle p_{rot} \rangle$ 来修正(Boyd, 1990b),因此对于网格单元内的所有碰撞,该概率为常数,从而导致 $I_2 = 1$。这种方法类似于使用网格单元平均温度来确定 $p_{rot} = p_{rot}(T_{tr})$,并具有以相同速率弛豫分布函数(在给定的网格单元内)所有部分的效果。

随后,Abe(1994)提出用修正系数乘以不等式 $[R_2 \leqslant I_1(\epsilon_i;\ \epsilon_{coll},\ T_{coll})]$ 中的 I_1。为了解释弹性碰撞速率在非弹性碰撞对选择中引入的偏差,该系数针对硬球分子说明了这一目的。这个修正系数实际上与 I_2[出现在式(6.104)中]相同,它确实应该包含在这类模型的接受-拒绝取样不等式中。

$p_i = p_i(\epsilon_{coll})$:在这种情况下,非弹性碰撞的概率取决于总碰撞能量(ϵ_{coll})(Boyd, 1990a; Choquet, 1994)。当在不等式中仅使用 $I_1[R_2 \leqslant I_1(\epsilon_i;\ \epsilon_{coll},\ T_{coll})]$ 时,这类模型实际上满足细致平衡。在以前的出版物中,这是基于 ϵ_{coll} 是碰撞不变量的观点(Bourgat, et al., 1994; Choquet, 1994)来解释的。式(6.104)给出了一个等价的解释,即对于固定的 ϵ_{coll},由于 $p_i(\epsilon_{coll})|_{max} = p_i(\epsilon_{coll})$,则结果是 $I_2 = 1$。这是使用基于碰撞不变量的概率模型的一个好处。然而,对于一般的物理精度,可能不希望仅限于这些碰撞量。

$p_i = p_i(\epsilon_{tr},\ \epsilon_i)$:这是非弹性碰撞概率最一般的表达式,它独自依赖于碰撞涉及的平动和内能。这类模型最近被提出用于氮气的平动-转动能量传递(Zhang et al., 2014)。对于任何这样的模型,$I_2(\epsilon_i;\ \epsilon_{coll}) = p_i(\epsilon_{coll} - \epsilon_i,\ \epsilon_i)/\{p_i(\epsilon_{coll} - \epsilon_i,\ \epsilon_i)|_{max}\}$。为了对碰撞后能量($\epsilon_{tr}'$, ϵ_i')进行取样,接受-拒绝取样不等式的正确公式为 $R_2 \leqslant I(\epsilon_i;\ \epsilon_{coll},\ T_{coll}) = I_1(\epsilon_i;\ \epsilon_{coll},\ T_{coll}) \times I_2(\epsilon_i;\ \epsilon_{coll})$,如式(6.104)所示。

3. $Z_i(T_{tr},\ T_i)$ 和 $p_i(\epsilon_{tr},\ \epsilon_i)$ 之间的一般关联系数

可以证明,对于一般的基于碰撞量的能量交换模型,例如 $p_i(\epsilon_{tr})$ 或 $p_i(\epsilon_{tr},\ \epsilon_i)$,没有关联因子 C 的解析结果[之前在式(6.93)中给出了常数 p_i]。这是由于 p_i 在式(6.89)的积分表达式内没有解析约化的可能。如 Zhang(2014)所示,可通过数值比较 DSMC 弛豫率与使用 Jeans/Landau - Teller 连续方程的弛豫率来确定连接系数。由于期望式(6.93)导出的基本依赖关系适用于任何模型,一种方法是将连接系数分离为 $C = C_a C_n$,即

$$p_i = \frac{C_a C_n}{Z_i} = \left(\frac{\zeta_{tr} + \zeta_i}{\zeta_{tr}}\right) C_n \frac{1}{Z_i} \tag{6.110}$$

因此,分析因子 $C_a = (\zeta_{tr} + \zeta_i)/\zeta_{tr}$ 如式(6.93)所示,并通过数值计算获得数值因子 C_n。这样,C_a 可以捕获对关联因子的主要贡献,而数值因子 C_n 可能具有较弱的贡献。例如,在氮的最新弛豫模型中(Zhang et al., 2014),确定了 C_n 的准确常数值,即 $C_n = 1.92$。这样的值可能适用于不同的选择过程、一系列条件,甚至一系列组元。然而,目前还不清楚这一点,需要进一步研究。

最后,重要的是理解 BL 分子模型和 Jeans/Landau - Teller 连续介质模型都是独立发展的唯象模型。因此,不应期望模型在平衡极限下是解析等价的。当然,未来的非平衡 DSMC 和连续介质模型肯定可以发展成具有这种一致性的模型。

6.5　小结

本章首先确定了最适合 DSMC 方法的流动条件和工程应用范围。一般来说,这一范围包括连续流和自由分子流之间的过渡稀疏气体流动区域。DSMC 方法利用稀疏气体的三个基本特性来达到使模拟精确和高效的目的。具体地说,由于局部平均碰撞时间、碰撞参数和碰撞分子的初始取向是随机的,因此分子在自由飞行过程中没有相互作用,同时每平均自由程立方体中有大量的分子,且这些分子的统计表征是准确的。除了 DSMC 方法的这些基本方面之外,本章还描述了用于确定局部碰撞速率的各种碰撞模型以及此类碰撞的结果。

碰撞速率与气体输运属性(黏性、热传导和扩散)直接相关。本章讨论了各种不同复杂度的碰撞模型,其中可变硬球模型捕捉了总碰撞截面与相对碰撞速度之间的依赖关系,被证明是一种适用于多种情况的简洁、高效和高精度的碰撞模型。

DSMC 内能传递的建模包括许多细节。但感兴趣的分子过程的实验数据很少,许多 DSMC 模型都是使用从近平衡流动条件获得的信息进行参数化。如本章所述,要确保 DSMC 中使用的分子模型与连续介质模型和实验数据一致,就需要理解和仔细实现 DSMC 中的统计模型。

最后,有许多流动不包含明显的温度梯度,因此可以安全地忽略气体的振动能量。本章详细介绍了模拟这些流动所需的 DSMC 算法。对于许多这样的应用,算法简单明了,并且它们的准确性已经得到很好的证实。随着计算资源的不断增加,DSMC 方法将能够精确地求解从自由分子流到连续流的许多非平衡问题。

第 7 章

非平衡热化学模型

7.1 引言

第 6 章概述了直接模拟蒙特卡罗(DSMC)方法,碰撞截面模型及其与黏性、热传导和扩散的关系,此外,还描述了建立内能交换模型和确保与连续介质模型一致性的一般步骤。本章中提出了更先进的转动能和振动能激发模型。这些模型对于高温气体流动尤其重要,这类流动中气体分子的振动能被激发,化学反应开始发生。本章将介绍非平衡热化学中应用最广泛的 DSMC 模型,并着重讨论与反应流连续介质模型的一致性。DSMC 模型是根据书中许多章节的理论建立的:动理学理论、量子力学、统计热力学和有限速率过程。本章最后将给出高温化学反应空气的 DSMC 模拟结果。

7.2 转动能交换模型

在 DSMC 文献中提出了各种转动弛豫模型。几乎所有广泛使用的模型都是现象学的,并基于 Borgnakke 和 Larsen(1975)的方法(即 B-L 模型)。如第 6 章所述,如果选择一对模拟分子进行碰撞(例如,使用可变硬球[VHS]或可变软球[VSS]模型),则进一步测试该碰撞对的非弹性碰撞时,将涉及平动和转动能模(ϵ_{tr}和ϵ_{rot})之间的能量交换。

DSMC 方法中用于执行非弹性碰撞的概率由式(6.95)给出,更一般地由式(6.110)给出,并与图 6.14 中示意性描述的禁止双重弛豫的选择过程相结合来模拟能量交换。这个概率实际上应该是什么,需要一个物理模型加以说明。一般来说,平动-转动能量交换模型有三种。第一种模型是使用的转动碰撞数(Z_{rot})在流动中的任意位置均为常量。第二种模型是基于气体温度对 Z_{rot} 进行建模,通常采用局部网格单元温度。这样,每个 DSMC 网格单元中的 Z_{rot}(和 p_{rot})的值可以不同,但对于同一网格单元内的所有碰撞来说是恒定的。第三种模型是根据每个碰撞对的碰撞量计算 p_{rot},例如 $p_{rot}=p_{rot}(\epsilon_{tr},\ \epsilon_{rot})$。本节将介绍和讨论广泛使用的平动-转动能量交换模型。

7.2.1　恒定碰撞数

尽管 Z_{rot} 已被证明与气体温度有关,但对于某些流动条件,Z_{rot} 的常数近似值可能是足够的,其典型值为 $4 \leqslant Z_{rot} \leqslant 6$,常用值为 $Z_{rot}=4$。在这种情况下,选择过程(图 6.14)中使用的概率可简单地通过式(6.95)获得。如果选择的碰撞分子对进行平动-转动能交换,则使用式(6.104)的 BL 方法对碰撞后转动能进行取样。由于每个网格单元内的概率是恒定的,所以 $I_2=1$,表达式简化到式(6.108)。对于 $\zeta_{rot}=2$ 的常见情况,碰撞后的转动能可通过式(6.109)中的简单表达式进行取样。

7.2.2　Parker 模型

转动非弹性碰撞数 Z_{rot},在先前的理论(Parker, 1959)、计算(Nyeland and Billing, 1988; Billing and Wang, 1992; Lordi and Mates, 1970)和实验研究(Carnevale et al., 1967; Healy and Storvick, 1969; Kistemaker et al., 1970; Annis and Malinauskas, 1971; Ganzi and Sandler, 1971)中,已经被证明依赖于气体温度。Parker(1959)模型给出了转动碰撞数随温度变化的表达式,为

$$Z_{rot}^{Parker}(T)=\frac{Z_{rot}^{\infty}}{1+a(T^{*}/T)+b(T^{*}/T)^{\frac{1}{2}}} \tag{7.1}$$

其中,$a=\pi(1+\pi/4)$;$b=\pi^{3/2}/2$;T 为气体温度;T^{*} 为分子间作用势的特征温度,Z_{rot}^{∞} 为极限值。通过利用动理学理论中的平均碰撞时间定义 $\tau_{coll}^{HT}\equiv\pi\mu(T)/4p$ 阐释从实验数据得到的 Z_{rot} 值,确定 Parker 模型中的参数,以确保 DSMC 模拟的转动弛豫时间 τ_{rot} 与实验结果一致,期望:

$$\tau_{rot}=Z_{rot}^{Parker}\tau_{coll}^{KT}=Z_{rot}\tau_{coll}^{VHS} \tag{7.2}$$

此处,Z_{rot} 是在 DSMC 模拟中使用的适当碰撞数。例如,使用 VHS 碰撞模型,得

到与 Parker 模型和 VHS 模型相对应的 Z_{rot} 的表达式为

$$Z_{rot} = \frac{\tau_{coll}^{KT}}{\tau_{coll}^{VHS}} Z_{rot}^{Parker} = \frac{15\pi}{2(6-2v)(4-2v)} Z_{rot}^{Parker} \tag{7.3}$$

注意,这是一个接近 1 的常数修正因子,它的出现仅仅是因为平均碰撞时间的动理学理论定义被用来推断实验数据中得到的 Z_{rot}^{Parker}。对于双原子氮气之间的碰撞,参数确定为 $Z_{rot}^{\infty} = 23.5$ 和 $T^* = 91.5$ K (Lordi and Mates, 1970;Boyd, 1990a)。

Parker 模型可以在 DSMC 中使用基于网格单元的平动温度[$T = T_{tr}$, 定义见式(5.17)和附录 D]来实现,该温度可以在每个时间步计算,也可以使用网格单元温度的运行平均值。与常数 Z_{rot} 情况类似,选择过程中使用的概率(图 6.14)从式(6.95)获得。如果选择这一分子对进行平动-转动能量交换,则通过使用式(6.104)的 BL 方法对碰撞后转动能量进行取样。由于每个网格单元内的概率仍然是常数,所以 $I_2 = 1$, 表达式简化为式(6.108),当 $\zeta_{rot} = 2$ 时,表达式简化为式(6.109)中的简单表达式。

7.2.3 Boyd 的变概率交换模型

Boyd (1990a)提出了一个基于碰撞量的模型,其中平动-转动能量交换的概率直接由碰撞对的碰撞能量计算。基于温度的概率对网格单元内的所有碰撞对应用相同的概率,而基于碰撞能量的模型对每个碰撞对应用不同的能量交换概率。这种模型有可能更精确地处理非平衡流,因为该模型可以使速度分布函数和转动能分布函数的不同部分以不同的速率弛豫。

概率表达式是碰撞能量(ϵ_{coll})的函数,而碰撞能量是由选择过程(第 6.4.3 节)确定的碰撞对中相对平动能和参与碰撞的转动能(自由度 ζ_{rot})之和。对每个碰撞对,与 VHS 模型一致且在 DSMC 中使用的概率[类似式(6.95)]现在通过如下表达式直接获得:

$$\frac{p_{rot}}{C}\frac{Z_{rot}^{\infty}}{Z_{tr}} = 1 + \left(\frac{\pi^2}{4} + \pi\right)\frac{\Gamma(\zeta_{rot} + 2 - v)}{\Gamma(\zeta_{rot} + 1 - v)}\left(\frac{kT^*}{\epsilon_{coll}}\right) + \left(\frac{\pi^{3/2}}{2}\right)\frac{\Gamma(\zeta_{rot} + 2 - v)}{\Gamma(\zeta_{rot} + (3/2) - v)}\left(\frac{kT^*}{\epsilon_{coll}}\right)^{1/2} \tag{7.4}$$

其中,C 是与 Jeans 方程保持一致性所需的关联因子,$C = (\zeta_{tr} + \zeta_{rot})/\zeta_{tr}$; Z_{tr} 是平动碰撞数,取为单位 1。将 $p_{rot}(\epsilon_{coll})/C$ 积分到 ϵ_{coll} 的平衡分布函数上[参见

式(6.80)],可以复原式(7.1)中的转动碰撞数 $Z_{\mathrm{rot}}^{\mathrm{Parker}}(T)$。

如果选择碰撞对进行平动-转动能交换[使用式(7.4)中的概率],则使用式(6.104)的 BL 方法对碰撞后转动能进行取样。如第 6.4.4 节所述,由于碰撞能量是碰撞不变量,$I_2 = 1$,表达式简化到式(6.108),且当 $\zeta_{\mathrm{rot}} = 2$ 时,简化为式(6.109)中的简单表达式。

7.2.4　非平衡方向依赖模型

在 Parker 模型中,Z_{rot} 仅是平衡平动温度的函数。然而,转动碰撞数 Z_{rot} 经常被质疑是否不仅取决于平衡平动温度,还取决于朝向平衡状态的**方向**(Lordi and Mates, 1970;Boyd, 1990b;Valentini et al., 2012)。例如,压缩流(如激波)涉及气体中的转动能远小于平动能的区域,因此转动能被激发,而膨胀流涉及转动模态可能部分冻结的区域,包含比平动模态更多的能量,因此转动能量被去激发。对于相同的平衡温度,这两种情况下的 Z_{rot} 可能不同。Wysong 和 Wadsworth(1998)在一篇评论文章中对直接模拟蒙特卡罗中转动能建模的这些方面进行了全面评估。最近,Valentini 等(2012)使用激波和膨胀流的分子动力学模拟量化了氮气 Z_{rot} 的方向依赖性。

为了解释转动弛豫率对非平衡量的依赖性,以及到平衡状态的方向(即膨胀与压缩),Zhang 等(2014)发展了用于 DSMC 和计算流体力学(CFD)的非平衡方向依赖(nonequilibrium direction dependent, NDD)模型。DSMC 模型使用以下非弹性碰撞概率:

$$p_{\mathrm{rot}}(\epsilon_{\mathrm{tr}}, \epsilon_{\mathrm{rot}}) = \min\left(C_n C_{\mathrm{a}} \tilde{p}_{\mathrm{rot}}(\epsilon_{\mathrm{tr}}, \epsilon_{\mathrm{rot}}), \frac{1}{2}\right) \tag{7.5}$$

这里,$\tilde{p}_{\mathrm{rot}}(\epsilon_{\mathrm{tr}}, \epsilon_{\mathrm{rot}})$ 为

$$\tilde{p}_{\mathrm{rot}}(\epsilon_{\mathrm{tr}}, \epsilon_{\mathrm{rot}}) = \frac{\Gamma\left(\frac{\zeta_{\mathrm{tr}}}{2}\right)\Gamma\left(\frac{\zeta_{\mathrm{rot}}}{2}\right)}{\Gamma\left(\frac{\zeta_{\mathrm{tr}}}{2}+n\right)\Gamma\left(\frac{\zeta_{\mathrm{rot}}}{2}-n\right)\Sigma_{\mathrm{rot}}^{m}}\left[1+\left(\frac{\zeta_{\mathrm{tr}}}{2}+n-1\right)\frac{kT^{*}}{\epsilon_{\mathrm{tr}}}\right]\left(\frac{\epsilon_{\mathrm{tr}}}{\epsilon_{\mathrm{rot}}}\right)^{n} \tag{7.6}$$

该概率与 VHS 模型一致,直接用于 DSMC 方法[类似式(6.95)]。如第 6.4.3 节所述,能量(ϵ_{tr}, ϵ_{rot})和相关自由度(ζ_{tr}, ζ_{rot})应为参与 DSMC 模拟中选定碰撞的能量和自由度。这样,式(7.6)中的表达式对任何非弹性碰撞选择过程

有效。

式(7.5)中,C_a 为分析修正系数,C_n 为与 Jeans 方程保持一致所需的数值修正系数[参考式(6.110)]。对于氮,确定 $n = 1/2$, $T^* = 180$ K, $Z_{rot}^{\infty} = 7.7$。数值计算得到的连接因子为 $C_n = 1.92$,且仅限于禁止双重弛豫过程的粒子选择。但是,由于 C_a 的分离,C_n 的值可能对选择过程不敏感。

式(7.5)中的表达式直接用作选定碰撞对之间非弹性碰撞的概率,也直接用于使用式(6.104)的 BL 碰撞后能量再分配。如第 6.4.4 节所述,接受-拒绝算法中必须使用 $I_2 \neq 1$ 和式(6.104)中的两个项。对于 NDD 模型,从式(7.5)可以明显看出,最大概率仅为 1/2。

在麦克斯韦-玻尔兹曼能量分布(温度为 T_{tr} 和 T_{rot})的连续介质极限下,模型简化到以下转动碰撞数 $Z_{rot}(T_{tr}, T_{rot})$:

$$Z_{rot}(T_{tr}, T_{rot}) = \frac{Z_{rot}^{\infty}}{1 + \dfrac{T^*}{T_{tr}}}\left(\frac{T_{rot}}{T_{tr}}\right)^n \tag{7.7}$$

它适用于多温度 CFD 求解器,其中 Jeans 方程作为内能输运方程的源项出现。在接近平衡的极限($T_{tr} \approx T_{rot} = T$)下,简化为 $Z_{rot}(T) = Z_{rot}^{\infty}/(1 + T^*/T)$。

7.2.5 模型结果

文献中关于平动-转动弛豫的实验数据有限。如图 7.1 所示,从不同温度下的实验推断出氮的转动碰撞数存在显著的变化。Parker 模型的函数形式是通过引用一些关于分子碰撞的物理假设(Lordi and Mates, 1970; Wysong and Wadsworth, 1998)而解析地导出的。例如,假设初始非旋转分子之间二维碰撞,由此得到的 $Z_{rot}(T)$ 值通常高于使用更先进计算方法报告的预测值(Nyeland and Billing, 1988;Billing and Wang, 1992;Valentini et al., 2012)。图 7.1 覆盖了可用的实验数据和一些计算预测值;此外,还显示了近平衡极限($T_{tr} \approx T_{rot} = T$)下的 NDD 模型结果。如前所述,该模型是基于 Valentini 等(2012)的分子动力学计算参数化的。对于 NDD 模型,Z_{rot} 对平衡温度(T)的依赖性相对较弱,而对非平衡量和向平衡态方向的依赖性显著。因此,NDD 模型将根据 T_{tr} 和 T_{rot} 的局部值具有不同的 Z_{rot} 有效值,这是图 7.1 无法描述的。

必须强调的是,上述任何模型都可以基于新的实验或计算数据重新参数化。然而,模型公式是不同的,代表了三种基本选择,即使用恒定的基于网格单元温

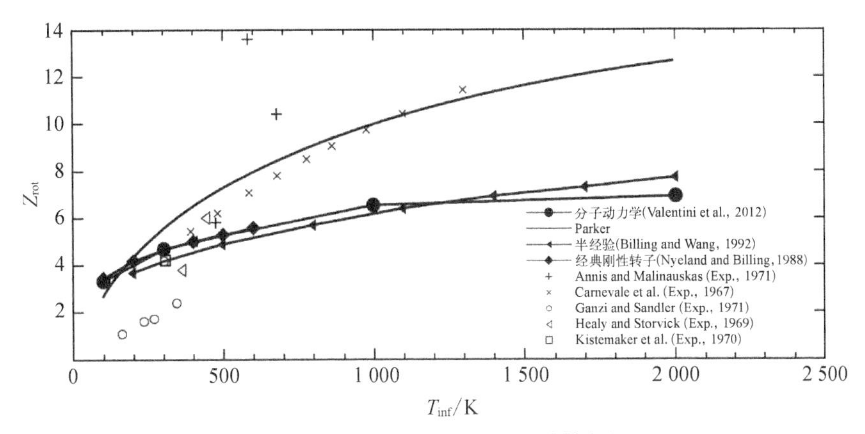

图 7.1　转动碰撞数的实验和计算数据

度的概率、基于总碰撞能量的概率或基于碰撞中分子的特定平动和转动能量的概率。

图 7.2 显示了涉及平动-转动能量传递的零维等温热浴的 DSMC 模拟结果。所有的模拟都使用了与氮相对应的 VHS 模型($d_{ref}=4.14\times10^{-10}$ m, $T_{ref}=273$ K, $\omega=0.74$)。通过在每个时间步后重新从麦克斯韦-玻尔兹曼分布取样分子速度,使气体的平动能保持在 $T_{tr}=2\,000$ K。分子的转动能最初是从对应于 $T_{rot}=200$ K 或 $T_{rot}=3\,800$ K 的玻尔兹曼分布中取样,然后在模拟过程中,由于平动-转动能量传递,转动能增加或减少。氮气的压力约为 $p=4.7\times10^{-3}$ atm。采用 Zhang 和 Schwartzentruber(参考第 6.4.3 节)的粒子选择过程,且不考虑振动自由度。

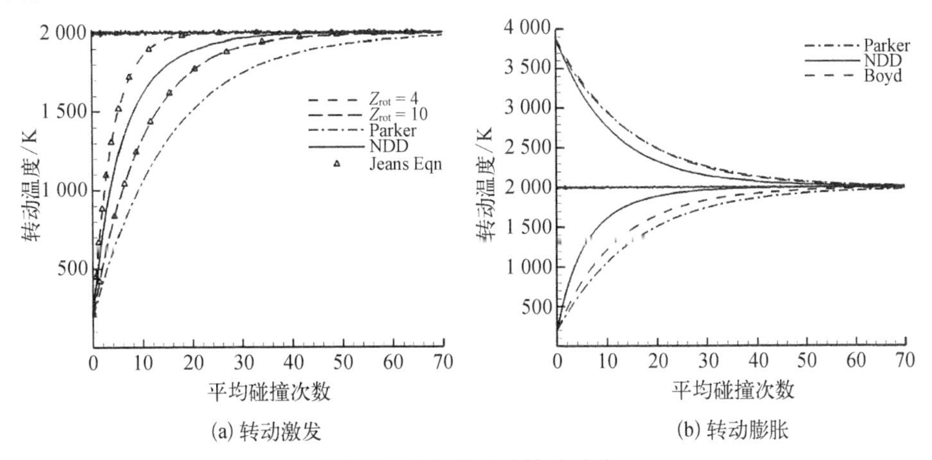

图 7.2　不同模型的转动弛豫

转动激发结果如图 7.2(a)所示。使用恒定碰撞数(Z_{rot} = 4 和 Z_{rot} = 10) 的结果被证实与 Jeans 方程的解完全一致[参考式(6.101a),其中 $\tau_{coll}=\tau_{coll}^{VHS}$]。正如预期的那样,基于 2 000 K 平衡温度下 Z_{rot}的 Parker 模型值(图 7.1),Parker 模型预测的转动能激发比 Z_{rot} = 10 的情况稍慢。NDD 模型预测的转动弛豫速率介于 Z_{rot} = 4 和 Z_{rot} = 10 之间。此外,由于 NDD 公式模拟了弛豫速率与非平衡量的依赖关系,因此弛豫速率随着 T_{rot}接近 T_{tr}而减慢。

转动能去激发的结果如图 7.2(b)的上半部分所示。由于 Parker 模型只依赖于 T_{tr},而 T_{tr}是常数,所以去激发率与激发率相同[图 7.2(b)的底部]。Boyd 的可变概率交换模型与 Parker 模型在麦克斯韦-玻尔兹曼能量分布极限下一致,表现出比去激发更快的激发速度。这是因为对于给定的平动温度,具有高转动能的碰撞对将具有更大的碰撞能 ϵ_{coll}。由于平动-转动能交换的概率与 ϵ_{coll}[式(7.4)]成反比,气体的转动去激发速度将慢于其激发速度。因此,Boyd 模型确实捕捉到了由于指向平衡态的方向而对弛豫速率的依赖性。NDD 模型是为了捕捉这种依赖关系而建立的,并用氮的最新分子动力学数据进行参数化。在这种情况下,NDD 模型预测了激发和去激发率之间更大的差异。

7.3 振动能交换模型

对于许多分子组元,内能仅在高温下以振动模态储存。如第 2 章和第 3 章所述,与量子化的转动能级相比,量子化的振动能级在低能量下分布广泛。如图 3.9 所示,对于空气组元,振动自由度仅在 1 000 K 以上开始变得活跃。实际上,在室温下,绝大多数分子处于基态振动能级。因此,对于许多感兴趣的低温流动条件,可以安全地忽略分子的振动能量,而不会损失准确性。

对于高温气体,必须考虑振动模态下的内能储存,以模拟正确的比热容和比热容比。此外,如第 4 章所述,与振动能量转移相关的特征时间要比转动能量转移的特征时间大得多($\tau_{rot} < \tau_{vib}$)。因此,振动弛豫时间尺度变得与流动时间尺度相当更为常见,从而导致气体的振动、转动和平动能量之间的不平衡。本节描述使用最广泛的平动-振动能量转移 DSMC 模型。

7.3.1 恒定碰撞数

恒定振动碰撞数的使用与上述转动碰撞数的使用相同。在这种情况下,可从式(6.96)中简单地获得在选择过程中使用的概率(图 6.14)。如果碰撞对被选中进行平动-振动能量交换,则使用式(6.104)通过 BL 方法对碰撞后振动能量进行取样。由于每个网格单元内的概率是恒定的,所以 $I_2 = 1$, 且表达式简化为类似于转动能量转移的情况。然而,如 7.3.2 节所述,在大多数情况下,恒定振动碰撞数的假设是不准确的。

7.3.2　Millikan - White 模型

振动碰撞数对气体温度有很强的依赖性,通常在感兴趣的温度范围内存在数量级变化。此外,与在非常低的温度下完全激发的转动自由度不同,可用于内能储存的有效振动自由度仅在很大的温度范围内部分激发(例如,参考图 3.9)。因此,振动自由度通常也通过温度依赖性来建模。最后,由于量子化振动能级之间的能量间隔较大(与转动能级和平动能级之间的间隔相比),在 DSMC 模拟中最好将振动能量视为量子化。现在描述这几个方面及适当的 DSMC 模型和算法。

振动能弛豫的时间常数(τ_{vib})具有很强的温度依赖性。Millikan 和 White (1963)根据实验数据建立了如下相关性:

$$(p\tau_{vib})^{MW} = p^{atm}e^{A(T_{tr}^{-1/3}-B)-18.42} \tag{7.8}$$

其中,p^{atm} = 101 325 Pa/atm 是将相关性转换为国际单位(帕・秒)的转换因子;T_{tr}是平动温度;A 和 B 是与分子性质相关的常数。这两个系数由 Millikan 和 White(1963)通过拟合实验数据确定,为

$$A = C(m_r\hat{N})^{1/2}\theta_{vib}^{4/3} \tag{7.9}$$

$$B = 0.015(m_r\hat{N})^{1/4} \tag{7.10}$$

其中,m_r 是碰撞对的折合质量;θ_{vib}是振动特征温度;C 是常数。Millikan 和 White (1963)的原始论文列出了许多组元的 θ_{vib} 和 C 值,其中 C 值变化不大,为 C = 1.16×10^{-3}。振动弛豫时间常数 τ_{vib} 主要依赖于温度和 θ_{vib} 的值,而碰撞对 m_r 的折合质量只有很小的影响。表 7.1 列出了 DSMC 和 CFD 研究团体最常用的空气组元模型参数值。请注意,实验测量仅针对 N_2- N_2和 O_2- O_2碰撞获得,而相关性更普遍地应用于所有碰撞对。对于某些涉及 O、N 和 NO 组元的碰撞,没有进行任何实验,Park(1990)提出了表 7.1 中列出的替代参数值。

表 7.1　空气组元 Millikan – White 振动弛豫模型的参数值

组　元　对	θ_{vib}	A	B
$N_2 - N_2^*$, O_2, NO, N	3 395	式(7.9)	式(7.10)
$O_2 - O_2^*$, N_2, NO	2 239	式(7.9)	式(7.10)
$N_2 - O$	3 395	72.4	0.015
$O_2 - N$	2 239	72.4	0.015
$O_2 - O$	2 239	47.7	0.059
$N_2 - N_2$, O_2, NO, N, O	2 740	49.5	0.042

实验数据可用的组元对用星号表示。

类似式(7.2),为了确保 DSMC 中模拟的振动弛豫速率(使用 VHS 模型)与从实验中推断的相同,期望:

$$p\tau_{vib} = p\tau_{coll}^{VHS} Z_{vib}^{MW} = (p\tau_{vib})^{MW} \tag{7.11}$$

因而,

$$Z_{vib}^{MW} = \frac{(p\tau_{vib})^{MW}}{p\tau_{coll}^{VHS}} = \pi d_{ref}^2 \sqrt{\frac{8}{\pi m_r k T_{tr}}} \left(\frac{T_{ref}}{T_{tr}}\right)^{\nu} (p\tau_{vib})^{MW} \tag{7.12}$$

如果将这个表达式外推到 10 000 K 以上,振动弛豫时间常数就会低于预期的平均碰撞时间,且非物理。因此,在表达式中添加了高温修正,即

$$Z_{vib} = Z_{vib}^{MW} + Z_{vib}^{HT} \tag{7.13}$$

Park(1993)和 Haas 及 Boyd(1993)分别提出了修正建议,两者得到的结果非常相似,其修正形式为

$$Z_{vib}^{HT-Park} = \pi d_{ref}^2 \frac{T_{tr}^2}{\sigma_{vib}^{Park}} \left(\frac{T_{ref}}{T_{tr}}\right)^{\nu} \tag{7.14}$$

$$\sigma_{vib}^{Park} = 3 \times 10^{-21} \times 50\,000^2 (m^2 \cdot K^2) \tag{7.15}$$

和

$$Z_{vib}^{HT-Haas,\ Boyd} = \pi d_{ref}^2 \frac{1}{\sigma_{vib}^{Haas,\ Boyd}} \left(\frac{T_{ref}}{T_{tr}}\right)^{\nu} \tag{7.16}$$

$$\sigma_{vib}^{Haas,\ Boyd} = 5.81 \times 10^{-21} (m^2) \tag{7.17}$$

图7.3绘制了每个表达式中关于气体温度的函数振动弛豫时间常数(τ_{vib})和碰撞数(Z_{vib})的变化曲线。

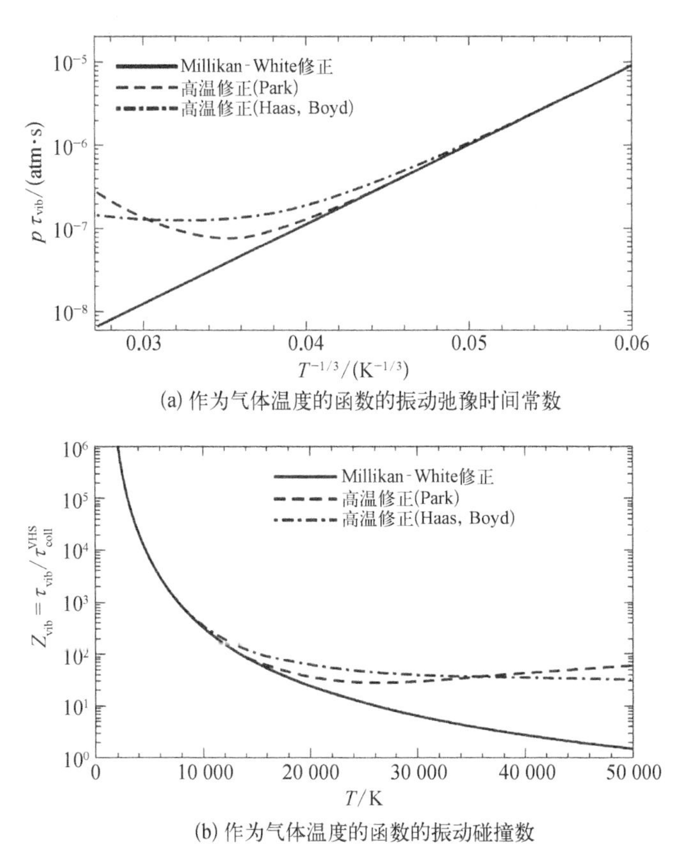

(a) 作为气体温度的函数的振动弛豫时间常数

(b) 作为气体温度的函数的振动碰撞数

图7.3　振动弛豫时间常数(τ_{vib})和碰撞数(Z_{vib})的温度依赖性

利用式(7.13)中指定的振动碰撞数,该模型可以在DSMC中使用基于网格单元的平动温度[$T=T_{tr}$,定义见式(5.17)和附录D]实现,该平动温度可以在每个时间步计算,也可以使用网格单元温度的运行平均值计算。与常数Z_{vib}情况类似,选择过程中使用的概率(图6.14)从式(6.96)中获得,该式也解释了可用振动自由度的温度依赖性,正如前面第3章所讨论的和图3.9所示。

如果碰撞对被选中进行平动-振动能量交换,那么选择连续振动能量模型时应使用式(6.104)中的连续BL分布对碰撞后振动能量进行取样。由于概率在每个网格单元内仍然是常数,所以$I_2=1$,并且表达式的简化方式与对转动的描述相同。

目前,还没有公认的基于碰撞量的平动-振动能量交换概率模型。Millikan

和 White(1963)实验数据是在接近平衡的条件下获得的,并且仅作为气体温度的函数进行参数化。因此,Bird(2013)一文中也讨论了这个问题,目前建议使用本节详细陈述的宏观(基于网格单元的)平动温度来模拟振动碰撞数。

最近的研究主要集中在利用计算化学来研究高温空气中的内能激发及其与解离的耦合。基于第一性原理量子化学计算(Paukku et al., 2013;Bender et al., 2015;Lin et al., 2016;Varga et al., 2016)的空气组元精确势能面(PES)已经得到发展。这些 PES 确定了任何构型的氮原子和氧原子之间的相互作用力。涉及表 7.1 所列组元对的碰撞可以在对应的一系列气体温度条件下进行,并且可以预测振动能量交换的概率。最近对氮气的模拟表明,式(7.13)(参数来自表 7.1)对于 N_2-N_2碰撞是准确的,但是对于 N_2-N 碰撞,Millikan - White 模型预测的 $p\tau_{vib}$几乎高出一个数量级(Kim and Boyd, 2013;Panesi et al., 2013;Valentini et al., 2015; Valentini et al., 2016)。因此,表 7.1 中的参数,还有 Millikan - White 模型本身,在未来几年内可能会被新的模型(基于温度或基于碰撞量)所取代,到时这样的第一性原理数据就会丰富起来。

7.3.3 振动的量子化处理

第 2 章和第 3 章的分析表明,振动能量是量子化的,且每个离散能级之间的能量间隔相对较大。因此,在 DSMC 计算中对振动能量进行量子化建模可能更为准确。在这种情况下,DSMC 粒子应该具有量子化能级,碰撞后的振动能量必须从离散(量子化)能量分布中取样。本节将描述 Bergemann 和 Boyd(1994)的离散振动能量模型。

对于简谐振子,各离散振动能级(ϵ_{vib})相对于基态的平衡分布函数可以写成

$$f_{vib}(\epsilon_{vib}, i; T_{coll}) = \delta\left(\frac{\epsilon_{vib}}{kT_{coll}} - i\frac{\theta_{vib}}{T_{coll}}\right)\frac{1}{kT_{coll}}(1 - e^{-\theta_{vib}/T_{coll}})e^{-\epsilon_{vib}/kT_{coll}},$$
$$i = 0, 1, 2, \cdots, \infty \tag{7.18}$$

式中,δ 是狄拉克(Dirac)函数;θ_{vib}是与经历振动能量交换的分子相对应的振动特征温度(例如,见表 7.1 中的值);T_{coll}表示平衡温度。

在平衡气体中,具有相对平动能 ϵ_{tr}和一个处于量子化振动能级 i 的分子的选定碰撞对(涉及平动-振动能量交换)的联合分布函数通常表示为$f(\epsilon_{tr}; T_{coll})$ $f_{vib}(\epsilon_{vib}, i; T_{coll})p_{vib}$。如第 6.4.4 节所述,这是应从中进行碰撞后能量取样的分布。这里,$f(\epsilon_{tr}; T_{coll})$对应于平动能的连续平衡分布[式(6.64)],$f_{vib}(\epsilon_{vib}, i;$

T_{coll})是式(7.18)中给出的离散平衡分布。最后,p_{vib}是选择平动-振动能量交换碰撞对的概率表达式[式(6.96)],其通常涉及振动碰撞数 Z_{vib}[式(7.13)]。

对于禁止双重弛豫的粒子选择技术,被重新分配的能量(碰撞能量)是相对平动能和其中一个分子的振动能之和,即 $\epsilon_{coll}=\epsilon_{tr}+\epsilon_{vib}=\epsilon_{tr}+ik\theta_{vib}$。由于这个碰撞能量是守恒的,因此得出 $\epsilon_{coll}=\epsilon_{tr}+ik\theta_{vib}=\epsilon'_{tr}+i'k\theta_{vib}$,其中带上标符号(′)的值表示碰撞后的值。类似式(6.70)~式(6.72),对于特定的 ϵ_{coll},可以写出一个联合分布函数,即

$$f_{coll,i}(\epsilon_{coll},i';T_{coll})=\int_0^{\epsilon_{coll}}f(\epsilon'_{tr};T_{coll})f_{vib}(\epsilon'_{vib},i';T_{coll})d\epsilon'_{vib}$$

$$=\int_0^{\epsilon_{coll}}f(\epsilon_{coll}-\epsilon'_{vib};T_{coll})f_{vib}(\epsilon'_{vib},i';T_{coll})d\epsilon'_{vib}\quad(7.19)$$

最终,接受-拒绝算法中所需的表达式,类似式(6.104),需要分配函数的最大值。$f_{coll,i}(\epsilon_{coll},i';T_{coll})$的最大值是在 $i=0$ 时实现的。此外,对于 p_{vib}基于网格单元平均温度的情况(例如,前面描述的 Millikan - White 模型),或者 p_{vib}基于碰撞不变量的情况,则 $I_2=p_{vib}/[p_{vib}]_{max}=1$。直接用于 DSMC 仿真中的接受-拒绝算法的结果表达式是

$$I=I_1=\frac{f_{coll,i}(\epsilon_{coll},i')}{[f_{coll,i}]_{max}}=\left(1-\frac{i'k\theta_{vib}}{\epsilon_{coll}}\right)^{\zeta_{tr}/2-1}\quad(7.20)$$

注意,在最终表达式中出现的是碰撞能量 ϵ_{coll}(不是平衡温度 T_{coll})。与对一般连续表达式进行取样的过程[先前在式(6.104)中给出]类似,从式(7.20)中的离散表达式中对振动能级(i)进行取样的过程包括以下步骤:

(1) 计算整数:$i_{max}=\lfloor\epsilon_{coll}/(k\theta_{vib})\rfloor$,其中$\lfloor\ \rfloor$表示截断。

(2) 使用以下表达式随机选择能级 $i'(0<i'<i_{max})$:$i'=\lfloor(i_{max}+1)R_1\rfloor$,其中 R_1 是均匀分布在 0 和 1 之间的随机数。

(3) 使用随机选择的值 i'计算 I 的值(式 7.20)。

(4) 生成一个不同的随机数 R_2,均匀分布在 0 和 1 之间。

(5) 如果 $R_2\leqslant i$,则样本被接受,$\epsilon'_{vib}=i'k\theta_{vib}$ 是经历振动能量交换的分子的碰撞后能量,碰撞对的新平动能量为 $\epsilon'_{tr}=\epsilon_{coll}-\epsilon'_{vib}$。否则,如果 $R_2>i$,则不接受样本,并用新的 R_1 和 R_2 值重复过程(1)~(5)。

最后,ϵ'_{tr}的结果用于使用期望的散射定律确定碰撞后的速度(参考附录 C)。

7.3.4 模型结果

图 7.4 给出了涉及平动-转动和平动-振动能量转移的零维等温热浴的 DSMC 模拟结果。所有模拟均使用与氮气相对应的 VHS 模型（d_{ref} = 4.14 × 10^{-10} m，T_{ref} = 273 K，ω = 0.74），氮气压力为 p = 4.7 × 10^{-3} atm。通过在每个时间步后从麦克斯韦-玻尔兹曼分布重新取样分子速度，使气体的平动能保持在 T_{tr} = 8 000 K 和 T_{tr} = 20 000 K。分子的转动和振动能量最初是从对应于 T_{rot} = T_{vib} = 1 000 K 的玻尔兹曼能量分布中取样的。在模拟过程中，由于平动-转动和平动-振动能量转移，转动和振动能量随之增加。Parker 模型（第 7.2.2 节）用于平动-转动能量转移的概率，Millikan - White 模型结合振动能量的量子化处理用于平动-振动能量交换。按照 Zhang 和 Schwartzentruber（参考第 6.4.3 节）的实现方式，所有结果均采用了禁止双重弛豫的粒子选择过程。

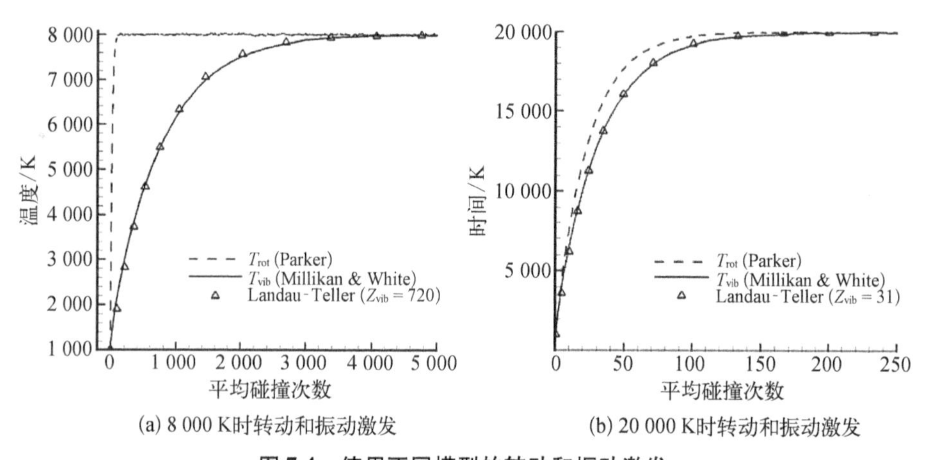

(a) 8 000 K时转动和振动激发 (b) 20 000 K时转动和振动激发

图 7.4 使用不同模型的转动和振动激发

在 8 000 K 的平动温度下，振动激发比转动激发慢得多。在这个温度下，振动碰撞数的 Millikan - White 表达式[式(7.13)]为 Z_{vib} = 720。如图 7.4 所示，使用 Millikan - White 模型的 DSMC 解经验证与 Landau - Teller 方程的解一致[式(6.101b)，其中 $\tau_{coll} = \tau_{coll}^{VHS}$]。注意振动自由度($\zeta_{vib}$)的数量是恒定的，因为它是平动温度的函数，在这种等温弛豫中是恒定的。在 20 000 K 的温度下，振动激发快得多，接近 Parker 模型预测的转动能弛豫速率。事实上，Millikan - White 模型预测的振动碰撞数为 Z_{vib} = 31，DSMC 模拟结果证实了该值能再现 Landau - Teller 方程的解。

总之，对于低温（通常低于 1 000 K）下的空气组元，大多数分子处于基态振动状态,气体中的振动能量可以忽略不计。在这些温度以上,振动能量以比转动能转移慢得多的有限速率被激发/去激发。与转动能量转移速率不同,振动能量转移速率具有很强的温度依赖性。在很高的温度下,振动弛豫很快,并开始接近转动弛豫速率。由于分子组元的离解过程与内能状态耦合,例如,具有高振动能的分子倾向于快速离解,因此在研究反应流时,准确地模拟内能弛豫速率是非常重要的。离解和一般化学反应的 DSMC 模型是 7.4 节和 7.5 节的重点。

7.4 离解化学反应

DSMC 模拟中的碰撞如果涉及足够的能量来破坏化学键,将会导致离解。对于这种碰撞,必须指定碰撞对发生离解反应的概率。在理想情况下,离解概率对于单个碰撞来说应该是物理上真实的,因此对于任何程度的非平衡来说都是准确的,但是也应该与标准反应速率定律相一致,例如,使用 Arrhenius 速率系数。如果选择一个碰撞对进行离解反应,则必须确定所有生成物原子和分子的性质。本节将介绍最广泛使用的 DSMC 离解模型及其参数化方式。

7.4.1 总碰撞能(TCE)模型

DSMC 中最常用的反应概率模型是 Bird(1994)的总碰撞能量(TCE)模型。在该模型中,反应概率是所考虑反应的总碰撞能(ϵ_{coll})和活化能(ϵ_a)的函数,即

$$P_{react}=\begin{cases}0, & 若\ \epsilon_{coll}\leqslant\epsilon_a\\ C_1(\epsilon_{coll}-\epsilon_a)^{C_2}(1-\epsilon_a/\epsilon_{coll})^{C_3}, & 若\ \epsilon_{coll}>\epsilon_a\end{cases} \tag{7.21}$$

其中,C_1、C_2 和 C_3 是与组元碰撞参数和离解反应速率常数 k_f 相关的常数。在离解的情况下,活化能就是离解能。这种反应速率通常是为每一个可能的组元对(A 与 B 碰撞)指定的,其中 A 和 B 可以是相同的组元,也可以是不同的组元。

在热力学平衡极限($T_{tr}=T_{rot}=T_{vib}=T$)下,可以将反应概率直接与反应速率 $k_f(T)$联系起来。通过这种方式,可以确定模型参数(C_1、C_2 和 C_3),以确保 DSMC 中模拟反应速率与反应速率表达式 $k_f(T)$之间的一致性。具体地说,可以写出在 DSMC 模拟中组元 A 由于与组元 B 的反应碰撞而发生变化的时间速率,即

$$\frac{\mathrm{d}n_{\mathrm{A}}}{\mathrm{d}t}=-n_{\mathrm{A}}v_{\mathrm{A,\,B}}\int_{0}^{\infty}P_{\mathrm{react}}(\epsilon_{\mathrm{coll}})f(\epsilon_{\mathrm{coll}})\mathrm{d}(\epsilon_{\mathrm{coll}}) \tag{7.22}$$

式中，n_{A} 是组元 A 的数密度；$v_{\mathrm{A,\,B}}$是组元 A 和 B 的分子之间对于每个组元 A 而言的碰撞速率（单位为 1/s）。对于 VHS 碰撞模型，有

$$v_{\mathrm{A,\,B}}=\frac{n_{\mathrm{B}}(d_{\mathrm{ref}})_{\mathrm{A,\,B}}^{2}}{1+\delta_{\mathrm{A,\,B}}}\sqrt{\frac{8\pi k(T_{\mathrm{ref}})_{\mathrm{A,\,B}}}{m_{\mathrm{r}}}}\left(\frac{T}{(T_{\mathrm{ref}})_{\mathrm{A,\,B}}}\right)^{1-\omega_{\mathrm{A,\,B}}} \tag{7.23}$$

这里，$\delta_{\mathrm{A,\,B}}$是对称因子，它解释了相似组元之间的碰撞被计数两次的事实（对于相似组元 A = B，$\delta_{\mathrm{A,\,B}}=1$，否则为零）。在本节的其余部分，下标（A，B）已从 VHS 模型参数中删除，因为所有方程都特定于所考虑的碰撞对。式（7.22）中的积分表达式表示在碰撞中存在的 ϵ_{coll}分布函数上平均的离解概率（给定碰撞能量 ϵ_{coll}），该分布函数为

$$f(\epsilon_{\mathrm{coll}})=\frac{1}{\Gamma(\zeta_{\mathrm{T}}/2)}\frac{1}{kT}\left(\frac{\epsilon_{\mathrm{coll}}}{kT}\right)^{\frac{\zeta_{\mathrm{T}}}{2}-1}\mathrm{e}^{-\frac{\epsilon_{\mathrm{coll}}}{kT}} \tag{7.24}$$

这是式（6.64）中给出的一般平衡分布函数。具体地说，总碰撞能量是碰撞对的相对平动能和两个碰撞粒子所有内模（i）的能量之和，即

$$\epsilon_{\mathrm{coll}}=\epsilon_{\mathrm{tr}}+\sum_{i}(\epsilon_{i,\,1}+\epsilon_{i,\,2}) \tag{7.25}$$

因此，与总碰撞能量相对应的总自由度（称为 ζ_{T}）是平动自由度和两个粒子所有内自由度的总和，即

$$\zeta_{\mathrm{T}}=\zeta_{\mathrm{tr}}+\sum_{i}(\zeta_{i,\,1}+\zeta_{i,\,2}) \tag{7.26}$$

回想一下，平动自由度（ζ_{tr}）取决于使用的弹性碰撞模型，例如，对于 VHS 模型，$\zeta_{\mathrm{tr}}=5-2\omega$。

TCE 模型中的指数 C_3 与总自由度直接相关，即

$$C_3=\zeta_{\mathrm{T}}/2-1 \tag{7.27}$$

为了直接比较模拟离解速率与标准反应速率方程，从而确定 C_1 和 C_2，首先联合式（7.21）和式（7.22），得到

$$\frac{\mathrm{d}n_{\mathrm{A}}}{\mathrm{d}t}=-n_{\mathrm{A}}v_{\mathrm{A,\,B}}\int_{\epsilon_{\mathrm{a}}}^{\infty}C_1(\epsilon_{\mathrm{coll}}-\epsilon_{\mathrm{a}})^{C_2}(1-\epsilon_{\mathrm{a}}/\epsilon_{\mathrm{coll}})^{\zeta_{\mathrm{T}}/2-1}f(\epsilon_{\mathrm{coll}})\mathrm{d}(\epsilon_{\mathrm{coll}}) \tag{7.28}$$

接下来,用$(\epsilon_{coll}-\epsilon_a)/kT$重写这个方程,得到

$$\frac{dn_A}{dt}=-n_A v_{A,B}C_1\frac{(kT)^{C_2}}{\Gamma(\zeta_T/2)}e^{-\frac{\epsilon_a}{kT}}\int_0^{\infty}\left(\frac{\epsilon_{coll}-\epsilon_a}{kT}\right)^{C_2+\zeta_T/2-1}e^{-\left(\frac{\epsilon_{coll}-\epsilon_a}{kT}\right)}d\left(\frac{\epsilon_{coll}-\epsilon_a}{kT}\right) \tag{7.29}$$

该积分现在是标准的 Γ 函数,即 $\Gamma(Y)\equiv\int_0^{\infty}x^{Y-1}e^{-x}dx$, 在这种情况下, $x=(\epsilon_{coll}-\epsilon_a)/kT$和 $Y=C_2+\zeta_T/2$。因此,表达式简化为

$$\frac{dn_A}{dt}=-n_A v_{A,B}C_1\frac{\Gamma(C_2+\zeta_T/2)}{\Gamma(\zeta_T/2)}(kT)^{C_2}e^{-\frac{\epsilon_a}{kT}} \tag{7.30}$$

最后,将碰撞速率[式(7.23)]用 VHS 碰撞模型代替,得到

$$\frac{dn_A}{dt}=-\frac{n_A n_B d_{ref}^2}{1+\delta_{A,B}}\sqrt{\frac{8\pi kT_{ref}}{m_r}}C_1\frac{\Gamma(C_2+\zeta_T/2)}{\Gamma(\zeta_T/2)}(k)^{C_2}\frac{T^{C_2+1-\omega}}{T_{ref}^{1-\omega}}e^{-\frac{\epsilon_a}{kT}} \tag{7.31}$$

现在可以把这个表达式和如下一般速率表达式进行比较:

$$\frac{dn_A}{dt}=-k_f(T)n_A n_B \tag{7.32}$$

其中速率常数以修正的 Arrhenius 形式给出,即

$$k_f(T)=AT^{\eta}e^{-\frac{\epsilon_a}{kT}} \tag{7.33}$$

这个速率表达式在第 4 章中以稍微不同的形式[式(4.56)]给出,单位为 $cm^3/(mol\cdot s)$。由于式(7.32)使用组元数密度,则式(7.33)中 k_f 的单位为 $m^3/(mol\cdot s)$。

在热力学平衡极限(式(7.31))下计算得到的 TCE 模型结果,与 Arrhenius 速率模型[式(7.32)和式(7.33)]的结果相等,可将 TCE 模型的其余参数 C_1 和 C_2 确定为

$$C_2=\eta-1+\omega \tag{7.34}$$

和

$$C_1=A\left\{\frac{d_{ref}^2}{(1+\delta_{A,B})}\frac{\Gamma(C_2+\zeta_T/2)}{\Gamma(\zeta_T/2)}\sqrt{\frac{8\pi kT_{ref}}{m_r}}\frac{(k)^{C_2}}{T_{ref}^{1-\omega}}\right\}^{-1} \tag{7.35}$$

因此,如果已知 Arrhenius 速率模型参数(A、η 和 ϵ_a),则可以确定相应的 TCE 模型参数(C_1、C_2 和 C_3),使得在热力学平衡条件下模拟的离解速率与连续介质表达式完全一致。

式(7.35)的另一种形式可以通过将平动自由度与内自由度分开来推导。具体来说,通过将内自由度分组为

$$\bar{\zeta} \equiv \frac{\sum_i (\zeta_{i,1} + \zeta_{i,2})}{2} \tag{7.36}$$

可以表示对应于 VHS 模型的总自由度,即

$$\frac{\zeta_T}{2} = \bar{\zeta} + \frac{5}{2} - \omega \tag{7.37}$$

在这种情况下,C_1 的表达式[相当于式(7.35)]变成

$$C_1 = A \frac{\sqrt{\pi}(1 + \delta_{A,B})}{2\pi d_{ref}^2} \frac{\Gamma(\bar{\zeta} + 5/2 - \omega)}{\Gamma(\bar{\zeta} + \eta + 3/2)} \sqrt{\frac{m_r}{2kT_{ref}}} \frac{T_{ref}^{1-\omega}}{k^{\eta-1+\omega}} \tag{7.38}$$

这是 Bird(1994,第 127 页)导出的对应于 VHS 碰撞模型的形式。

这样,除了 VHS 模型参数外,标准 Arrhenius 速率参数(A、η 和 ϵ_a)还可以构成 DSMC 模拟反应流的输入。在 DSMC 算法中,对于选择碰撞的每个粒子对(例如,使用 VHS 模型),总碰撞能量、总自由度和 TCE 模型参数(C_1、C_2 和 C_3)均可以确定。然后,使用标准接受-拒绝技术,以式(7.21)中给出的概率 P_{react},选择该对进行离解反应。在 DSMC 中,P_{react} 的值特定于单个碰撞的特性,然而,对于速度和内能分布接近麦克斯韦-玻尔兹曼分布且处于热力学平衡($T_{tr} = T_{rot} = T_{vib} = T$)的气体,模拟的离解速率将与用于 CFD 计算中的平衡速率系数 $k_f(T)$ 完全一致。

如第 4 章所述,可以从这种速率表达式来解释空间因子(P_s)。与先前的理论推导类似,空间因子可以被认为是给定 $\epsilon_{coll} > \epsilon_a$ 时的离解概率。因此,对于 TCE 模型,空间因子简单地等于 P_{react}。与第 4 章[式(4.96)]中导出的常数空间因子不同,TCE 模型中的空间因子是以每次碰撞为基础进行应用的,并且依赖于碰撞能量。在将 C_1、C_2 和 C_3 的表达式代入式(7.21)之后,用于 $\epsilon_{coll} > \epsilon_a$ 的 TCE 模型概率(即空间因子)为

$$P_s^{TCE} \equiv P_{react} = C_1 \frac{(\epsilon_{coll} - \epsilon_a)^{\eta + \bar{\zeta} + 1/2}}{\epsilon_{coll}^{\bar{\zeta} + 3/2 - \omega}} \tag{7.39}$$

经检查,很明显,TCE 概率表达式应仅用于以下参数范围:

$$-(\bar{\zeta} + 1/2) < \eta < -(1 - \omega) \tag{7.40}$$

事实上,许多反应气体的参数都在这个范围内。例如,氮离解的典型参数($N_2 + N_2 \longrightarrow N + N + N_2$)为 $A = 1.162 \times 10^{-8}\ m^3/(mol \cdot s)$、$\eta = -1.5$ 和 $\epsilon_a/k = 113\,000$ K。由于转动和振动通常在离解显著发生前激发,因此 $\bar{\zeta} = 4$ 是合适的。此外,氮气的标准 VHS 参数值为 $\omega = 0.75$, $d_{ref} = 4 \times 10^{-10}$ m, $T_{ref} = 273$ K。将这组参数作为算例 1,在图 7.5 中绘出了 $\epsilon_{coll}/\epsilon_a \geqslant 1$ 时的 P_{react} 值。在这种情况下,对于 $\epsilon_{coll} \leqslant \epsilon_a$, $P_{react} = 0$。概率随着 ϵ_{coll} 的增加而增加,但是对于 $\epsilon_{coll}/\epsilon_a < 3$,保持相对恒定。事实上,概率在某个 $\epsilon_{coll}/\epsilon_a$ 值处达到最大值,随后下降。算例 1 的参数值满足式(7.40),因此该结果是关于 ϵ_{coll} 的函数 P_{react} 的期望趋势的一个例子。

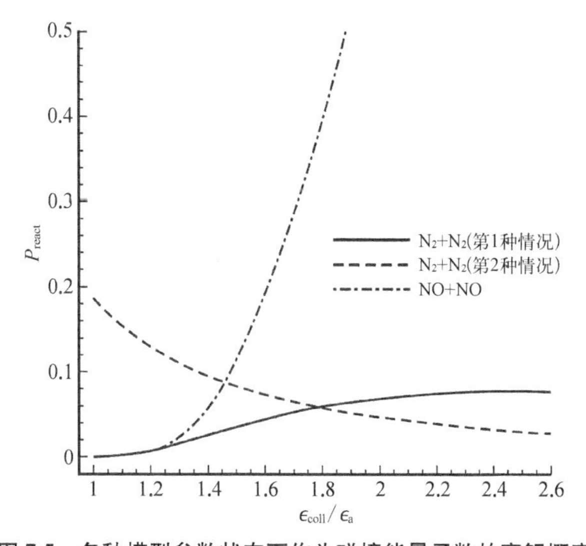

图 7.5　多种模型参数状态下作为碰撞能量函数的离解概率

先前,在第 4 章中给出的理论推导中,假设了硬球气体($\omega = 1/2$)和偶数自由度($\zeta_T = 2\zeta$)。在这些假设下,式(7.37)变为 $\bar{\zeta} = \zeta + 3/2$,此外,如先前在式(4.93)中所使用的,$\eta = 3/2 - \zeta = -1.5$。将这些特定值代入式(7.39)中的 ω、$\bar{\zeta}$ 和 η,可得出

$$P_s^{TCE} = \frac{(1 + \delta_{A,B})}{\pi d_{ref}^2} \sqrt{\frac{\pi m_r}{8k}} \frac{\Gamma(\zeta)}{(\epsilon_{coll}/k)^{\zeta - 1}} A \tag{7.41}$$

该结果与式(4.96)中导出的结果相同,只是与空间因子对 $\theta_d^{\bar{\zeta}-1} = (\epsilon_a/k)^{\bar{\zeta}-1}$ 的恒定依赖性不同,现在是对$(\epsilon_{coll}/k)^{\bar{\zeta}-1}$的依赖性不同。结果绘制在图 7.5 中(称为算例 2)。这里,$\eta = -(\bar{\zeta} + 1/2)$,当 $\epsilon_{coll} = \epsilon_a$ 时,这将导致 P_{react}为一有限值。注意,该值($P_{react} = 0.19$)与第 4 章式(4.98)中计算的值相同,其中 P_s 的理论表达式是常数(仅为 ϵ_a 的函数)。在这种情况下,可以看到,随着 ϵ_{coll}的增加,P_{react}立即减小,这在每次碰撞的基础上很可能是不正确的。然而,如前所述,这组特定参数具有 $\eta = -(\bar{\zeta} + 1/2)$,因此[通过式(7.40)]这些参数通常不会在 TCE 模型中使用。事实上,如果 $\eta < -(\bar{\zeta} + 1/2)$,那么当 $\epsilon_{coll} \to \epsilon_a$ 时,式(7.39)会导致 $P_{react} \to \infty$,这显然是非物理的。

最后,如果 $\eta > -(1-\omega)$,则当 $\epsilon_{coll} = \epsilon_a$ 时 $P_{react} = 0$,当 $\epsilon_{coll} > \epsilon_a$ 时 P_{react} 增加。然而,该概率不再达到最大值,而是随着 ϵ_{coll}的增加,它可能迅速增加并趋于无穷大。涉及这样一系列参数的一个例子是一氧化氮(NO)的离解,在许多 CFD 速率模型中,有 $\eta = 0$。而反应 $NO + NO \longrightarrow N + O + NO$ 的通用参数集包括 $A = 8.302 \times 10^{-15}\ m^3/(mol \cdot s)$,$\eta = 0$,$\epsilon_a/k = 75\ 500\ K$ 和$\bar{\zeta} = 4$。使用与前面讨论的算例 1 和 2 相同的 VHS 参数集,其结果绘制在图 7.5 中。显然对于大的 $\epsilon_{coll}/\epsilon_a$,概率 P_{react}迅速增加,且在某些点处 $P_{react} > 1$。但是必须注意,对于 $\epsilon_{coll}/\epsilon_a < 2$,该概率在物理上是合理的。事实上,第 4 章之前的分析假设了该反应的恒定空间因子为 $P_s = 1/3$,并且发现理论速率表达式与实验数据之间符合得很好(图 4.12)。此外,随着 ϵ_{coll}的进一步增加,$\epsilon_{coll}/\epsilon_a > 2$ 的碰撞次数迅速下降。因此,即使概率变得大于 1,它们也会很少被应用,并且对离解过程几乎没有影响。这样,一些满足 $\eta > -1(1-\omega)$ 的参数组合(例如 NO 离解示例)可能仍然导致概率在每次碰撞的基础上在物理上是精确的,并且也与具有速率系数 $k_f(T)$的平衡速率表达式一致。

总之,只要模型参数在适当的范围内,TCE 模型将是一个简单的模型,它可以精确地捕捉非平衡条件下的反应碰撞物理,同时在平衡速度和内能分布函数的极限下,也可以精确积分到标准的 Arrhenius 反应速率系数模型。TCE 模型是唯象的,不同的参数集(A,η,ϵ_a,$\bar{\zeta}$ 的选择)可以匹配相同的平衡离解速率。在理想情况下,需要一组参数,这些参数会导致 P_{react}与 ϵ_{coll}之间的物理实际趋势,同时也确保与所需的平衡反应速率一致。如前所述,TCE 模型通过使用式(7.21)、式(7.27)、式(7.34)和式(7.38)来实现,同时满足式(7.40)。第 7.5 节给出了反应的空气组元全参数集以及实例模拟结果。

7.4.2　离解反应后能量的再分配

在典型的 DSMC 模拟中,大部分碰撞对不会被选中进行化学反应,这是因为许多碰撞对的 P_{react} 为零($\epsilon_{coll} < \epsilon_a$),或者通常很小(例如,见图 7.5)。DSMC 中最常用的策略是,在选择一对粒子进行碰撞(例如使用 VHS 模型)之后,首先测试该碰撞对是否发生化学反应。如果该碰撞对不被接受进行化学反应,则将其视为如第 6.4 节所述和图 6.14 所示的平动-转动-振动能量转移。然而,对于一个被接受进行化学反应的碰撞对,必须分配其所有生成物原子和分子的能量。通常,首先从总碰撞能(ϵ_{coll})中减去因离解反应(ϵ_a)而去除的化学键能,然后使用从平衡分布中取样的 Borgnakke - Larsen(BL)技术将剩余能量重新分配到生成物组元的各种能量模态。

回想一下,对于无反应碰撞中的内能转移,建议采用禁止双重弛豫的粒子选择过程(图 6.14),因为它与近平衡极限下的 Jeans 和 Landau - Teller 方程一致(图 6.15 和 6.16)。相反,对于新组元形成的反应碰撞,所有生成物组元的性质在每次反应碰撞期间都会更新。因此,在反应碰撞中能量的再分配是以不同的方式处理的。本节将概述如何计算生成物原子和分子的平动能和内能,具体地说,将考虑生成物为一个分子(即 $N_2 + N_2 \longrightarrow N + N + N_2$)或无分子(即 $N + N_2 \longrightarrow N + N + N$)的离解反应。程序示意图如图 7.6 所示。

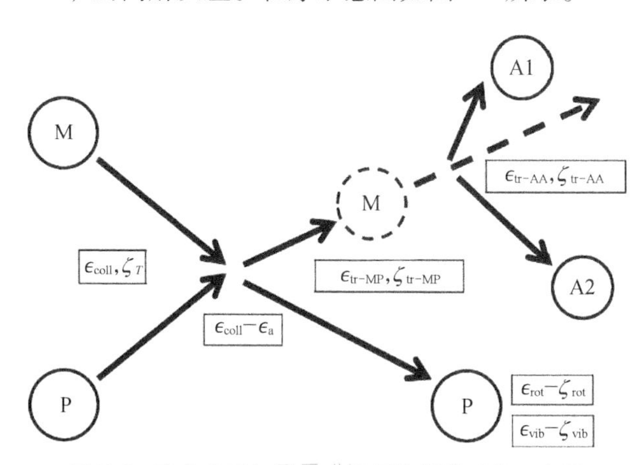

图 7.6　确定离解反应后碰撞后能量的过程示意图

在生成物组元的可用能量模态之间重新分配能量的过程,现在可能包括与分子和原子相关联的相对平动能和自由度。首先考虑离解分子(M)和另一个粒子(P)之间的相对平动自由度(ζ_{tr}),记为 ζ_{tr-MP}。对应于 VHS 模型的表达式为 $\zeta_{tr-MP} = 5 - 2\omega$。对于上述氮反应,如果另一个粒子是一个分子,那么 $\omega = \omega_{N_2, N_2}$,

而如果另一个粒子是一个原子，那么 $\omega = \omega_{N_2, N}$。接下来，考虑离解分子本身(很快变成两个原子，A_1 和 A_2)的附加平动自由度，记为 ζ_{tr-AA}。对于氮离解的例子，我们有 $\zeta_{tr-AA} = 5 - 2\omega_{N, N}$。这样，总的平动自由度可以考虑为 $\zeta_{tr-MP}+\zeta_{tr-AA}$。根据这一表述，确定反应生成物性质的步骤如下。

(1) 使用式(7.25)确定总碰撞能量(ϵ_{coll})。

(2) 确定对应于粒子 M 和 P 的平动自由度(ζ_{tr-MP})，以及对应于由离解分子产生的原子 A_1 和 A_2 的平动自由度(ζ_{tr-AA})。

(3) 减去离解能(ϵ_a)，这样在生成物组元之间重新分配的剩余碰撞能为 $\epsilon_{coll} = \epsilon_{coll} - \epsilon_a$。

(4) 如果所有生成物组元都是原子，则转到(5)。

否则，如果生成物组元包括一个分子，则首先将 ϵ_{coll} 的一部分重新分配到该分子的转动和振动模态中：

(4a) 在 ϵ_{vib}(具有 ζ_{vib} 自由度)和生成物的所有其他剩余能量模态($\zeta_P = \zeta_{rot} + \zeta_{tr-MP} + \zeta_{tr-AA}$)之间重新分配一部分 ϵ_{coll}。这里，剩余的模态包括分子的转动模态和前面描述的所有平动模态。

(4b) 使用量子化 BL 方法[式(7.20)及其下面的步骤(1)~(5)]确定新的 ϵ_{vib} 值。由于式(7.20)只考虑平动-振动能量交换，ζ_{tr} 以前只是碰撞对的平动自由度。由于现在希望在振动模态和生成物的所有其他能量模态之间重新分配，所以使用式(7.20)时应将 ζ_{tr} 替换为 ζ_P。

(4c) 确定了 ϵ_{vib} 的新值后，将剩余碰撞能量更新为 $\epsilon_{coll} = \epsilon_{coll} - \epsilon_{vib}$。

(4d) 在 ϵ_{rot}(自由度为 ζ_{rot})和生成物的所有其他剩余能量模态($\zeta_P = \zeta_{tr-MP} + \zeta_{tr-AA}$)之间重新分配 ϵ_{coll} 的一部分。在这里，剩下的模态只包括生成物的平动模态。

(4e) 使用连续 BL 方法[式(6.104)及其下面的步骤(1)~(4)]确定新的 ϵ_{rot} 值。由于式(6.104)只考虑平动-转动能量交换，ζ_{tr} 以前只是碰撞对的平动自由度。由于现在希望在转动模态和生成物的所有其他能量模态之间重新分配，使用式(6.104)时应将 ζ_{tr} 替换为(4d)中的 ζ_P。此外，请注意，由于用于选择该反应碰撞的概率是 ϵ_{coll}(碰撞不变量)的函数，因此式(6.104)中的 $I_2 = 1$。

(4f) 现在确定了 ϵ_{rot} 的新值，将剩余碰撞能量更新为 $\epsilon_{coll} = \epsilon_{coll} - \epsilon_{rot}$。

(5) 将剩余的碰撞能量(ϵ_{coll})在生成物组元的平动模态之间重新分配。

(5a) 首先在 ϵ_{tr-MP}(离解分子和与 ζ_{tr-MP} 自由度相关的其他粒子之间的相对平动能)和生成物的所有其他剩余能量模态($\zeta_P = \zeta_{tr-AA}$)之间重新分配 ϵ_{coll} 的一

部分。这里剩下的唯一模态对应于离解分子的原子间的相对平动能。

(5b) 使用连续 BL 方法[式(6.104)及其下面的步骤(1)~(4)]确定新的 ϵ_{tr-MP}值。由于式(6.104)是在具有指定自由度的任何两种气体模态之间重新分配能量的通用表达式,因此当 ζ_i 替换为 ζ_{tr-MP},ζ_{tr} 替换为(5a)中的 ζ_P 时,应使用该式。此外,类似(4e),式(6.104)中 $I_2=1$。

(5c) 既然已经确定了 ζ_{tr-MP}的新值,那么使用该值来更新离解分子和其他粒子的质心速度。这是通过使用标准的 VHS 弹性碰撞程序(附录 C)实现的,其中质心速度是原始碰撞对的质心速度,新的相对平动能是 ϵ_{tr-MP}。另一个粒子的所有性质,不管是原子还是分子,现在都更新了。

(5d) 确定剩余碰撞能量为 $\epsilon_{coll}=\epsilon_{coll}-\epsilon_{tr-MP}$。创建新的 DSMC 粒子(两个原子)。使用标准的 VHS 弹性碰撞程序(附录 C)确定它们的速度,其中质心速度是刚刚在(5c)中确定的离解分子的质心速度,新的相对平动能是 ϵ_{coll}。离解分子产生的原子的所有性质现在都更新了。

(6) 使用基于碰撞能量和总能量守恒的平衡能量分布,现在已经更新了组成反应生成物的原子和分子的所有性质。该碰撞对的碰撞过程已结束,算法将推进到下一个碰撞对。

尽管这个过程可能看起来很长,但它只涉及连续和量子化 BL 分布的接受-拒绝取样,这两个分布都是 DSMC 代码中的标准子程序,可以按原样使用相关的能量值和自由度。此外,如第 7.5.4 节所述,该程序可以很容易地扩展到处理任何类型的化学反应。

7.4.3 振动促进离解模型

TCE 模型的一个缺陷是,它并没有明确说明这样的事实,即在相同的总碰撞能量下,高振动能态的分子与低振动能态的分子相比更容易离解。试图捕捉这种效应的模型通常被称为耦合振动-离解(coupled vibration - dissociation,CVD)模型(Wadsworth and Wysong,1997)。其中一个模型是 Haas 和 Boyd(1993)提出的振动促进离解(vibrationally favored dissociation,VFD)模型。他们发展了两个版本的模型,分别对应于有界非简谐振子(AHO)和无界简谐振子(SHO)的振动能级。本节将介绍 SHO - VFD 模型,它具有与 TCE 模型非常相似的功能。具体地说,以 VHS 参数表达的 SHO - VFD 模型的概率表达式是

$$P_{react}^{VFD}=C_1^{VFD}\frac{(\epsilon_{coll}-\epsilon_a)^{\eta+\bar{\zeta}+1/2}}{\epsilon_{coll}^{\phi+\bar{\zeta}+3/2-\omega}}\epsilon_{vib}^{\phi}\tag{7.42}$$

其中，

$$C_1^{\mathrm{VFD}} = A\frac{\sqrt{\pi}(1+\delta_{\mathrm{A,B}})}{2\pi d_{\mathrm{ref}}^2}\frac{\Gamma(\bar{\zeta}+5/2-\omega+\phi)}{\Gamma(\bar{\zeta}+\eta+3/2)}\sqrt{\frac{m_r}{2kT_{\mathrm{ref}}}}\frac{T_{\mathrm{ref}}^{1-\omega}}{k^{\eta-1+\omega}}\frac{\Gamma(\zeta_{\mathrm{vib}}/2)}{\Gamma(\zeta_{\mathrm{vib}}/2+\phi)} \tag{7.43}$$

在这个概率表达式中，ϕ 是控制振动促进强度的一个建模参数，ϵ_{vib} 是将要离解的分子的振动能量，并且 ζ_{vib} 代表该分子的有效振动自由度。回想一下，对于 SHO 模型，ζ_{vib} 可以使用式(3.132)计算。所有其他参数与 TCE 模型所用的参数相同。

VFD 概率表达式最初是由 Haas 和 Boyd(1993)针对逆幂律碰撞模型导出的，因此包括指数参数 α 和参考截面 σ_{ref}[参见(Haas and Boyd, 1993)中的式(42)和式(43)]。如之前导出的式(6.17)和式(6.21)，对于 VHS 模型，有 $\sigma_{\mathrm{ref}} = \pi d_{\mathrm{ref}}^2 g_{\mathrm{ref}}^{2\nu}$，其中 $g_{\mathrm{ref}}^{2\nu} = (2kT_{\mathrm{ref}}/m_r)^{\nu}/\Gamma(2-\upsilon)$。使用这个参考截面，以及式(6.24)中给出的指数参数 α、υ、ω 之间的关系，并利用本章中的能量和自由度的标记法，(Haas and Boyd, 1993)中的式(42)和式(43)与本章的式(7.42)和式(7.43)相同。

通过与式(7.38)和式(7.39)比较，可以明显地看出一个值得注意的 SHO - VFD 概率表达式特性是，在没有振动强化的情况下，上述表达式精确地简化到 TCE 概率表达式，即

$$P_{\mathrm{react}}^{\mathrm{VFD}}(\phi=0) = P_{\mathrm{react}}^{\mathrm{TCE}} \tag{7.44}$$

对于 Ar 中的 $O_2(\phi=1)$ 离解和源于 N_2 和 N 碰撞 $(\phi=3)$ 的 N_2 离解，SHO - VFD 模型已被参数化。正如 Haas 和 Boyd(1993)所描述和验证的那样，VFD 模型捕获了振动能量和离解之间耦合的一些现象。该模型准确地再现了由 Wray(1962)测量的氩气中氧离解的潜伏时间和非平衡离解速率，以及 Hornung(1972)测量的氮离解的潜伏时间。此外，VFD 模型预测了离解过程中的准稳态(QSS)。这种 QSS 具有非玻尔兹曼振动能量分布的特点，其中高能振动能级明显衰减。这种衰减是由于高振动能态中的分子强烈地倾向于离解，并且这些高能级有碰撞过程导致的再增，并没有它们因离解而消耗得那么快。第 7.5.5 节详细讨论了这一影响，该节给出了高温反应流的 DSMC 解决方案。最后，由于高振动能态的贫化布居数，QSS 过程中的离解速率低于对应于玻尔兹曼内能分布的平衡离解速率。

最近，所有这些现象已经通过态分辨计算(Kim and Boyd, 2013; Panesi

et al., 2013)以及使用基于量子力学、电子结构计算构建势能面的直接分子模拟(Valentini et al., 2015、2016)得到证实。除了实验数据，随着更多的第一性原理数据变得可用，VFD 模型参数化可能得到改善。

7.5　一般化学反应

本节将离解反应的理论和数值方法推广到一般的化学反应速率集，涵盖模拟正向和逆向反应的方法，包括交换反应及三体复合反应。因此，本节将描述 DSMC 化学模型的更一般的实现，并给出高温空气的示例结果。

7.5.1　反应速率与平衡常数

广泛用于高温空气的一组常见反应是表 7.2 中列出的五组元反应模型(N_2、O、O_2、O、NO)。除了反应 5 的参数是由 Bose 和 Candler(1996)提出的外，其他所有反应的速率系数参数是由 Park(1993)提出的。

表 7.2　五种高温空气的正向反应速率系数　[单位：$m^3/(mol \cdot s)$]

序　号	反　　应	速率系数 (k_f)
1M	$N_2 + M \Longleftrightarrow N + N + M$	$1.162\times10^{-8}T^{-1.6}\exp(-113\,200/T)$
1A	$N_2 + A \Longleftrightarrow N + N + A$	$4.980\times10^{-8}T^{-1.6}\exp(-113\,200/T)$
2M	$O_2 + M \Longleftrightarrow O + O + M$	$3.321\times10^{-9}T^{-1.5}\exp(-59\,400/T)$
2A	$O_2 + A \Longleftrightarrow O + O + A$	$1.660\times10^{-8}T^{-1.5}\exp(-59\,400/T)$
3M	$NO + M \Longleftrightarrow N + O + M$	$8.302\times10^{-15}\exp(-75\,500/T)$
3A	$NO + A \Longleftrightarrow N + O + A$	$1.826\times10^{-13}\exp(-75\,500/T)$
4	$O + NO \Longleftrightarrow N + O_2$	$1.389\times10^{-17}\exp(-19\,700/T)$
5	$O + N_2 \Longleftrightarrow N + NO$	$1.069\times10^{-12}T^{-1.0}\exp(-37\,500/T)$

M 表示双原子分子组元(N_2,O_2,NO),A 表示原子组元(N,O)。

反应 1~3 描述了由于与系统中分子(用 M 表示)的碰撞和与系统中原子(用 A 表示)的碰撞而导致的 N_2、NO 和 O_2 的离解。离解速率可以从激波管实验数据推知，其中强激波用于将气体加热到已知的激波后温度。在此过程中，气体的组分可以直接通过光学诊断或间接通过激波管端壁上的压力迹线来测量。对应于氮气离解速率系数的实验结果(Appleton et al., 1968; Hanson and Baganoff, 1972; Kewley and Hornung, 1974)和 Park 模型(Park, 1993)绘制于图

7.7 中，其中(a)为 N_2+N_2 碰撞，(b)为 N_2+N 碰撞。大多数实验测量是在 10 000 K 或 10 000 K 以下进行的，并外推到更高温度用于热化学模型。如图 7.7 所示，从这些实验中推断出的速率系数可以有一个数量级的差别，特别是将这些数据外推到更高温度下时。NO 的离解能明显低于 N_2，且 O_2 的离解能也较低。因此，

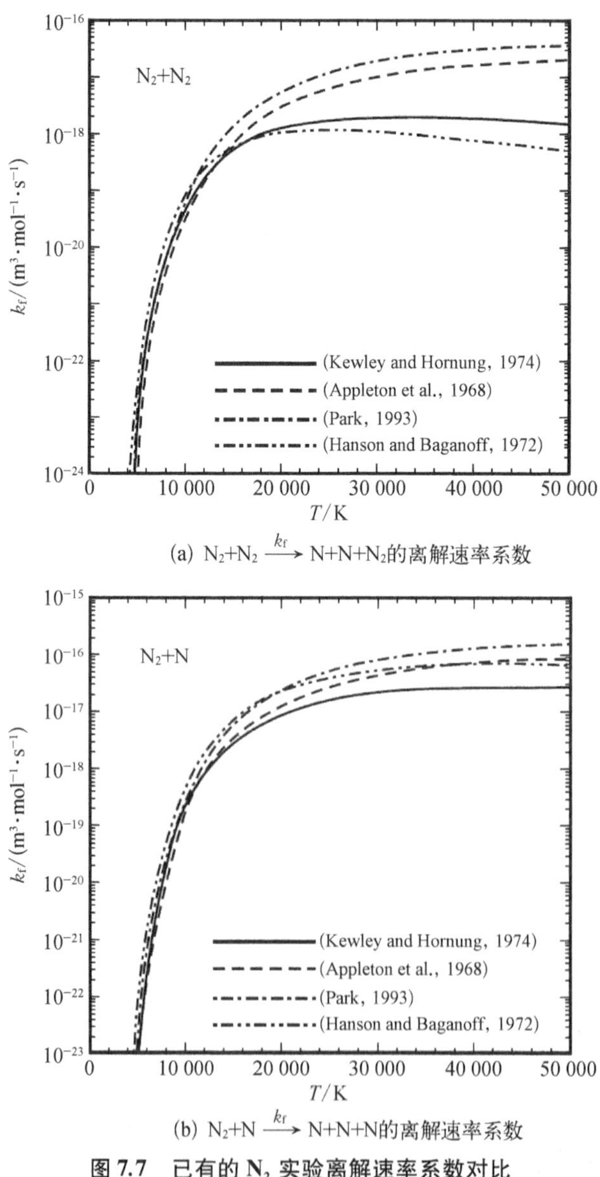

(a) $N_2+N_2 \xrightarrow{k_f} N+N+N_2$的离解速率系数

(b) $N_2+N \xrightarrow{k_f} N+N+N$的离解速率系数

图 7.7　已有的 N_2 实验离解速率系数对比

随着温度的升高,氧的离解早在氮的离解之前就发生了。反应 4 和 5 是交换反应,称为 Zeldovich 反应。这些反应在 N_2、O_2 和生成物 NO 的有限速率离解中起着关键作用。如表 7.2 所示,一旦氧开始离解,反应 5 提供了一种生成 NO 分子的机制,NO 分子随后可以通过反应 4 生成 N 原子,而 N 和 O 原子通过反应 3M 和 3A 同时生成。Zeldovich 反应在空气中引起了一些有趣的非平衡化学行为,这将在本节后面讨论。然而,气体的整体化学非平衡状态同时受正向和逆向反应速率的支配。这是在第 4 章中介绍的,现在给出了与 DSMC 有关的一般化学反应速率的细节。

考虑一个吸热反应,象征性地表示为

$$\mathrm{AB} + \mathrm{C} \longrightarrow \mathrm{AC} + \mathrm{B} \tag{7.45}$$

反应物 AB 的数量密度 n_{AB} 的时间变化率写为

$$\frac{\mathrm{d}n_{\mathrm{AB}}}{\mathrm{d}t} = -k_{\mathrm{f}}(T)\, n_{\mathrm{AB}} n_{\mathrm{C}} \tag{7.46}$$

其中,正向速率系数 k_{f} 是温度 T 的函数。当然,反应也可以在逆向方向进行,即

$$\mathrm{AC} + \mathrm{B} \longrightarrow \mathrm{AB} + \mathrm{C} \tag{7.47}$$

其中,组元 AB 数密度的时间变化率为

$$\frac{\mathrm{d}n_{\mathrm{AB}}}{\mathrm{d}t} = k_{\mathrm{b}}(T)\, n_{\mathrm{AC}} n_{\mathrm{B}} \tag{7.48}$$

其中,逆向速率系数 k_{b} 也是温度的函数。

从统计力学(第 3 章)可知,组元数密度在平衡时满足:

$$\frac{n_{\mathrm{AC}} n_{\mathrm{B}}}{n_{\mathrm{AB}} n_{\mathrm{C}}} = \frac{Q_{\mathrm{AC}} Q_{\mathrm{B}}}{Q_{\mathrm{AB}} Q_{\mathrm{C}}} \exp\left(-\frac{\epsilon_{\mathrm{f}}}{kT}\right) \tag{7.49}$$

其中,配分函数 Q 是温度和体积的函数;ϵ_{f} 是正向速率过程的活化能,k 是玻尔兹曼常量。该方程的形式已经在式(3.144)中给出。

对于式(7.45)这样的情况,反应顺序在前后方向上是相同的,不同组元的配分函数的体积依赖性在式(7.49)的右边被抵消,因此可以很方便地引入平衡常数:

$$K_{\mathrm{e}}(T) = \frac{Q_{\mathrm{AC}} Q_{\mathrm{B}}}{Q_{\mathrm{AB}} Q_{\mathrm{C}}} \exp\left(-\frac{\epsilon_{\mathrm{f}}}{kT}\right) \tag{7.50}$$

这与式(4.32)中所推导的表达式相同。

在知道参与反应的原子和分子的量子化能态后,确定特定反应的平衡常数将是一个简单的问题。一般来说,总的配分函数是所有活化能模态(i)的配分函数的乘积,即

$$Q = \prod_i Q_i \tag{7.51}$$

每个模态(i)的配分函数是通过对所有量子化能量状态(i)求和得到的,即

$$Q_i = \sum_j g_{ji} \exp(-\epsilon_{ji}/kT) \tag{7.52}$$

其中,g_{ji}是模态 i 的 j 能级的简并度,而 ϵ_{ji} 是该能级的能量。然后利用量子力学和统计力学的结果来计算每个能量模态的配分函数(第 3 章)。具体地说,式(3.86)、式(3.115)、式(3.121)和式(3.127)分别给出了平动、电子、转动和振动能量的配分函数。

统计力学还表明,反应的正向和逆向速率系数的比值是由它的平衡常数给出的,即

$$K_e(T) = \frac{k_f(T)}{k_b(T)} \tag{7.53}$$

基于连续介质的化学反应体系分析通常使用修正的 Arrhenius 形式,在正方向即吸热方向指定速率系数,即

$$k_f(T) = A_f T^{\eta_f} \exp\left(-\frac{\epsilon_f}{kT}\right) \tag{7.54}$$

因此,逆向反应的速率系数计算为

$$k_b(T) = \frac{k_f(T)}{K_e(T)} \tag{7.55}$$

从式(7.50)和式(7.54)可以看出,这个系数显然对温度有着复杂的依赖性。注意,第 4 章中介绍的离解/复合的有限速率分析假设了平衡常数[式(4.66)]为 Arrhenius 形式,因此逆向速率系数也为 Arrhenius 形式。7.5.2 节将对此进行分析。

如前所述,DSMC 中使用的反应概率是通过对总碰撞能量的微观平衡分布函数进行积分并使其与速率系数相等来确定的。因此,考虑到速率系数为

Arrhenius 形式的任何反应[式(7.54)],DSMC 中使用的反应概率可以使用前文中概述的 TCE 模型来确定。例如,表 7.2 中列出的所有离解和正向交换反应使得 TCE 模型参数在式(7.27)、式(7.34)和式(7.38)中能够直接计算,然后这些参数可用于确定反应概率,即式(7.21)。VFD 模型也可用于这些正向反应中的任何一个。现在讨论在 DSMC 中模拟逆向反应的技术。

7.5.2　DSMC 中的逆向反应速率

像前面所讨论的那样,使用式(7.55)是计算化学反应逆向速率的标准连续介质方法。而无论是正向还是逆向,DSMC 的 TCE 化学模型都要求以修正的 Arrhenius 形式指定任何反应速率系数。例如,对于逆向反应,速率必须为

$$k_{\mathrm{b}}(T) = A_{\mathrm{b}} T^{\eta_{\mathrm{b}}} \exp\left(-\frac{\epsilon_{\mathrm{b}}}{kT}\right) \tag{7.56}$$

其中,ϵ_{b} 是反应的活化能。如前面所讨论的,计算逆向反应速率系数的标准方法,不会得到具有改进 Arrhenius 形式简单温度依赖的速率,而后者是 TCE 模型所需要的。为使式(7.55)中的 k_{b} 具有修正 Arrhenius 形式,对于以修正 Arrhenius 形式表示的正向反应速率,平衡常数也必须以修正 Arrhenius 形式表示。换句话说,为了满足 TCE 模型将 k_{b} 以修正 Arrhenius 形式表示的条件,平衡常数必须能够写为

$$\frac{K_{\mathrm{e}}}{\exp\left(-\dfrac{\epsilon_{\mathrm{f}}}{kT}\right)} = A_{\mathrm{e}} T^{\eta_{\mathrm{e}}} \tag{7.57}$$

使用 Park(1990)提供的平衡常数的详细计算式,图 7.8 绘出了表 7.2 中的反应 4 和反应 5 对应的式(7.57)左侧项的值作为温度的函数时的变化曲线。在对数-对数图上,如果这些函数可以用式(7.57)右侧项显示的简单方式表示,则这些曲线将显示为直线。显然,情况并非如此,这是 TCE 化学模型用于模拟逆向反应的问题根源。

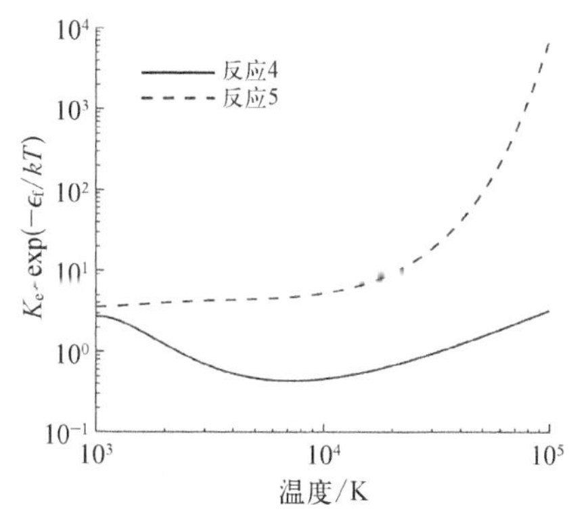

图 7.8　反应 4 和反应 5 对应的式(7.57)左侧项相对温度的变化

表 7.3 可能用于 DSMC 的拟合于修正 Arrhenius 形式的逆向反应速率系数

[单位: $m^3/(mol \cdot s)$]

编号	反应	速率系数
4B	$N + O_2 \Longleftrightarrow O + NO$	$4.601 \times 10^{-15} T^{-0.546}$
5B	$N + NO \Longleftrightarrow O + N_2$	$4.059 \times 10^{-12} T^{-1.359}$

DSMC 中解决这个问题的一种方法是将“合理”温度范围内的逆向速率系数拟合成一个修正的 Arrhenius 形式。表 7.3 给出了以这种方式获得的 5 000 ~ 20 000 K 温度范围内的逆向速率系数(Boyd and Gokcen, 1994)。此时,为简单起见,省略了复合反应。这种最佳拟合方法仅在有限的温度范围内才令人满意。如果需要在更宽的温度范围内模拟反应,则必须为所有反应机理制定新的最佳拟合。例如,模拟再入不同行星(如火星、金星等)大气的高超声速流动可能需要一组曲线拟合。最后,有相当多的研究者(Schwartzentruber and Boyd, 2006; Schwartzentruber et al., 2007; Schwartzentruber et al., 2008a, 2008b, 2008c; Deschenes and Boyd, 2011)发展了耦合连续介质-粒子方法,是基于局部流场信息在流场中局部使用连续介质或粒子方法。这种方法是基于这样的前提,即在流动区域中求解方法改变的位置,所有的流动现象都能由连续介质和粒子方法一致地模拟。因此,对于化学反应流来说,在这些界面处,必须保证粒子方法和连续介质方法模拟所得的所有反应速率是一致的。基于前面讨论过的问题,只有用这种 DSMC 曲线拟合方法才能达到这个要求。

TCE 模型的问题如图 7.9 和图 7.10 所示,其中 Zeldovich 交换反应(表 7.2 和

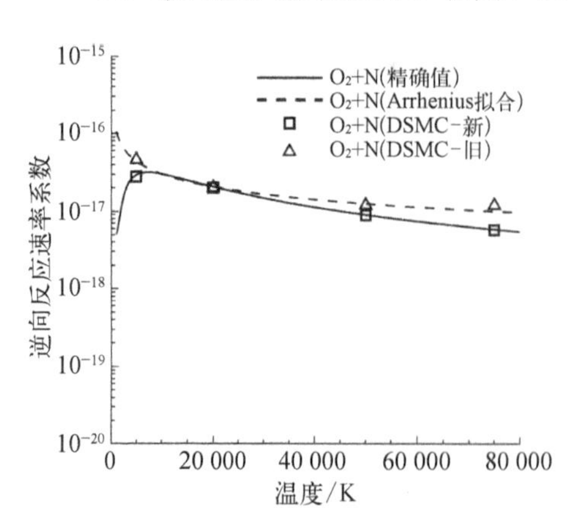

图 7.9 作为温度的函数的 Zeldovich 交换反应(O_2+N)逆向速率系数

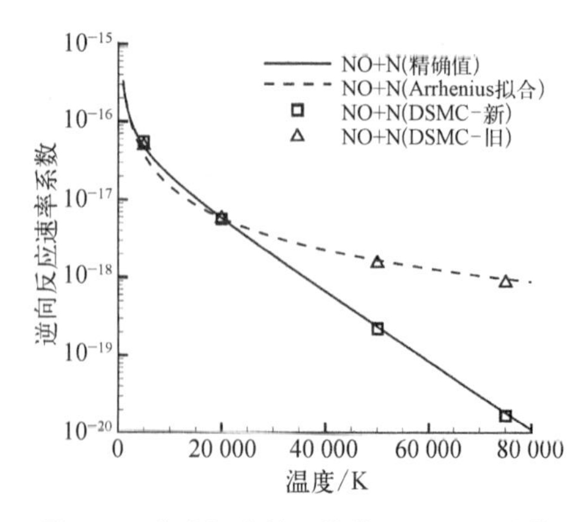

图 7.10 作为温度的函数的 Zeldovich 交换反应(NO+N)逆向速率系数

表 7.3 中的反应 4 和 5）的逆向速率系数显示为温度的函数。标示为“精确”的线是使用与表 7.2 中列出的正向速率系数相结合的配分函数［式（7.50）］计算的精确平衡常数得到的。标有“Arrhenius 拟合”的线是表 7.3 中列出的，与温度范围在 5 000~20 000 K 的“精确”轮廓线符合很好。这些拟合是为了分析航天器以 8 km/s 的速度从低地球轨道再入地球大气层。然而，在更高的温度下，例如从月球返回地球后再入地球，特别是在反应 5 中，“精确”和“Arrhenius 拟合”反应速率之间存在数量级差异。

为解决这些问题，Boyd（2007）发展了一个新的 DSMC 模型来模拟逆向速率，该模型代表了 TCE 模型的一个简单扩展。在这种方法中，逆向速率系数写为

$$k_b(T) = \frac{k_f(T)}{\exp\left(-\frac{\epsilon_f}{kT}\right)} \frac{\exp\left(-\frac{\epsilon_f}{kT}\right)}{k_e(T)} = [A_f T^{\eta_f}] \times \left[\frac{\exp\left(-\frac{\epsilon_f}{kT}\right)}{K_e(T)}\right] = [A_f T^{\eta_f}] \times \left[\frac{\prod_p Q_p}{\prod_r Q_r}\right] \tag{7.58}$$

其中，Q_p 和 Q_r 分别是生成物和反应物的总配分函数。这个方程右边的第一个项代表了零活化能反应的 Arrhenius 表达式。该模型被构造成与同样假设了零活化能的放热逆向反应连续介质模型相一致。对于该模型，速率系数是温度的函数，并且使用 DSMC 网格单元内的单元平均温度。因此，用于特定反应的概率在每个单元内是常数（不依赖于每个特定粒子对的碰撞能量）。在这种情况下，通过比较式（7.22）和式（7.32），对于常量 P_{back}，有

$$P_{back} = \frac{k_b(T)}{v_{A,B}/n_B} \tag{7.59}$$

因而，

$$P_{back} = A_f T^{\eta_f} \times \left[\frac{\prod_p Q_p}{\prod_r Q_r}\right] \times \frac{1}{v_{A,B}/n_{AB}} \tag{7.60}$$

其中，$v_{A,B}$ 由式（7.23）给出。这样，给定正向反应的修正 Arrhenius 参数（A_f 和 η_f）和单元平均温度，就可以计算对应于感兴趣的逆向反应的配分函数，并直接计算 P_{back} 应用于使用 DSMC 标准接受-拒绝技术的粒子对。值得注意的是，式（7.60）假定了零活化能的逆向反应，只对二元碰撞反应正确。然而，三体复合反

应的概率表达式非常相似,将在下文介绍。

虽然在 DSMC 技术中引入温度依赖模型可能是错误的方向,但请记住,这也是计算振动能量交换概率的推荐方法(第 7.3 节)。

零维热浴模拟是一个有用的测试,以验证在 DSMC 代码中正确执行正向和逆向反应速率。在这种情况下,需要评估逆向 DSMC 化学模型精确模拟所需化学速率的能力,其中转动弛豫使用 Boyd 的可变概率交换模型(第 7.2.3 节),振动弛豫使用量子化的 Millikan - White 模型(第 7.3.3 节)。

图 7.9 和图 7.10 给出了在热浴、平衡 DSMC 计算中使用式(7.60)得到的平均逆向速率系数的计算结果。在这些热浴模拟中,所有的能量模态在单个温度下都是平衡的。碰撞前的粒子特性是从相关平衡能量分布函数中取样的(参见附录 A),形成粒子对后计算每个碰撞的反应概率。通过平均数十亿次碰撞来累积数据,以获得平均反应概率,随后使用式(7.59)将其转换为平均速率系数。请注意,在这些计算中不进行碰撞后能量再分配,因为我们只对基于与 T 对应的平衡分布的反应速率感兴趣。

标示符号为"DSMC-旧"的数据通过使用 TCE 模型连同表 7.3 中列出的 Arrhenius 拟合逆向速率得到。这些结果表明,TCE 模型能够准确地再现特定的逆向速率,即使这些速率本身在高温下并不准确。标号符号为"DSMC-新"的数据通过使用式(7.60)中的概率模型得到。显然,这种方法能够精确地模拟在连续介质方法中使用的逆向速率,并且这些速率在某些情况下与在 TCE 模型方法中使用的表 7.3 中的拟合逆向速率存在数量级的差别。

在下一组测试中再次考虑热浴,在非常高的温度下空气被初始化为数百万个 DSMC 粒子。这些粒子经过数百万次迭代的碰撞和反应,直到形成稳定的化学组分。在反应碰撞中,应用 Borgnakke - Larsen 方法对粒子碰撞后性质进行取样。这一过程已在 7.4.2 节的离解反应中加以描述,并将在 7.5.4 节中推广到一般化学反应。

第一组实验仅包括 Zeldovich 交换反应(表 7.2 和表 7.3 中的反应 4 和 5)。初始压力为 1 032 Pa,初始的化学组分摩尔比例为 40% N_2、40% N、10% O_2 和 10% O。通过使用表 7.2 中列出的速率,同时求解适当的速率方程[能表示正向和逆向速率的式(7.32)],获得连续介质结果。图 7.11 比较了四组模拟结果,实线是使用表 7.2 中的正向速率和使用精确平衡常数的逆向速率的连续介质结果,虚线是使用正向速率与表 7.3 中列出的逆向速率相结合的连续介质结果,空心符号表示在 TCE 模型中使用表 7.3 列出的逆向速率获得的 DSMC 结果,实心符号表示使用式(7.60)模拟逆向速率得到的DSMC结果。

将虚线与空心符号进行比较，发现TCE模型用于逆向速率确实精确地计算了由相关但物理上不准确的平衡常数所获得的平衡组分。类似地，实线与实心符号的比较表明，使用式(7.60)的逆向DSMC化学模型确实精确地计算了由物理精确平衡常数所获得的平衡组分。虚线和实线(或空心和实心符号)的比较表明，特别是在高温下，使用不准确的平衡常数会导致在所考虑的条件下一些化学组分的摩尔分数的数量级差异。

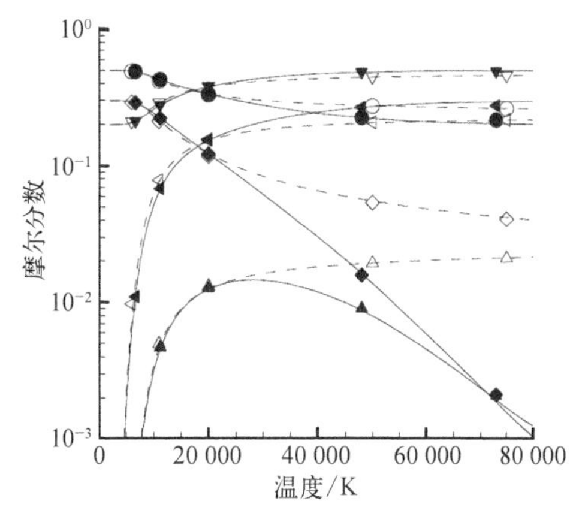

图7.11　仅包含Zeldovich交换反应时作为温度的函数的平衡化学组分变化曲线

实线：表7.2中的正向速率和使用精确平衡常数计算的逆向速率；虚线：表7.3列出的逆向速率。○ = N_2，△ = O_2，▽ = N，◇ = O，◁ = NO

7.5.3　三体复合反应

为了模拟复合反应，必须考虑三体碰撞。虽然本书中讨论的理论和方法都是二元碰撞，但是三体碰撞的标准DSMC方法是对二元碰撞所讨论过程的简单扩展。

一旦选择了一对粒子进行碰撞，正如二元碰撞反应必须考虑到这对粒子一样，也必须考虑到具有一定概率的三体碰撞反应。三体反应概率通常比两体反应概率小，但对于复合反应重要的流动而言显然不能忽略。

处理三体碰撞的一种方法是在每个网格单元内留出一小部分粒子(通常为5%或更少)，并仅为三体碰撞保留这些粒子。回顾前文可知，当使用NTC算法时，每个网格单元中只有一小部分粒子被测试为碰撞[式(6.10)和式(6.11)中的$N_{pairs-tested}$]，因此，通常情况下，网格单元中会留下一些粒子，可用于此目的。这样，在一个网格单元内启动碰撞程序时，将数量为N_{3B}的粒子列入潜在的第三体(3B)粒子短序列中。例如，留出$N_{3B} \approx \text{floor}[\max(0.05 \times N_p, 1)]$个粒子可能是合理的。然后执行如前所述[式(6.9)~式(6.13)]用于二元碰撞的NTC方法，但要测试的碰撞对数不再受式(6.11)的约束，而是由下式代替：

$$1 \leqslant N_{pairs-tested} \leqslant \text{floor}(N_p - N_{3B})/2 \tag{7.61}$$

使用 NTC 算法[现在使用式(7.61)]将接受一定数量的碰撞对用于二元碰撞。如前文所述,每个选定的碰撞对都将被视为具有一定概率 P_{react} 的化学反应。现在唯一的区别是,首先考虑每个选定的碰撞对是具有一定概率 $P_{3B-react}$ 的三体复合反应。这一概率通常比 P_{react} 低得多,因此通常首先测试每一对的复合反应,以确保所有碰撞对都有机会经历三体复合反应。此外,正如所有二元对都是从网格单元内随机选择一样,所有三体粒子集(二元对加上 3B 粒子)都必须从网格单元内随机选择,因为所有粒子都必须有机会经历二元和三体碰撞。这是通过简单地从所考虑的每个二元碰撞对的 3B 粒子保留列表中随机选择 3B 粒子来实现的。与二元碰撞的逆向反应速率概率[式(7.60)中的 P_{back}]类似,设置 $P_{3B-react}$ 为获得所考虑反应的期望逆向反应速率(即再化合速率)的概率。

该概率表达式与二元对的表达式相同,只是它取决于 3B 粒子的数密度。因为网格单元中的所有粒子都是潜在的 3B 粒子,所以 $n_{3B}=n$,则结果很简单,即

$$P_{3B-react}=n\times A_f T^{\eta_f}\times\left[\frac{\prod_p Q_p}{\prod_r Q_r}\right]\times\frac{1}{v_{A,B}/n_{AB}} \tag{7.62}$$

其中,n 是网格单元中的总数密度(即所有组元 i 的总和:$n=\sum_i n_i$);A_f 和 η_f 是离解(正向)反应的速率参数,而配分函数是所考虑的复合反应所定义的生成物和反应物的配分函数。通常是使用瞬时数密度,简单而言即 $n=N_p W_p/V_{DSMC}$,其中 W_p 是网格单元中的粒子权重,而 V_{DSMC} 是网格单元的体积。式(7.62)也意味着速率系数参数的单位与二元反应参数不同。事实上,数密度和三体反应速率系数的乘积与二元反应速率系数具有相同的单位。

因此,在给定网格单元平均温度的情况下,可以直接从正向 Arrhenius 离解速率表达式,计算出接受特定三体粒子集用于再化合反应的概率,如表 7.2 所列。如果接受三体粒子集,则必须形成正确的生成物组元,并且必须在生成物组元的各种能量模态之间重新分配剩余的碰撞能量。类似二元反应,所有能量模态更新后,粒子就完成了相互作用。在这种情况下,3B 粒子的属性也被更新,并且应该从可用的 3B 粒子列表中移除,从而在当前时间步内不考虑任何进一步的碰撞。

分配碰撞后特性的方法与第 7.4.2 节中概述离解反应的方法相似,只是,由于现在反应是放热的,必须将键能添加至再分配于生成物的可用能量中,并且从仿真中删除一个模拟粒子。7.5.4 节描述将生成物分子反应后的状态整体分配

给任何类型的化学反应的一般步骤。

7.5.4 反应后能量再分配及其一般实现

本节总结确定生成物组元的反应后能量的一般步骤。图 7.12 给出了用于交换反应确定反应后能量的过程示意图,图 7.13 给出了用于复合反应的示意图。离解反应的示意图如先前的图 7.6 所示。附录 C 中也给出了类似的示意图,描述了如何确定所有反应生成物组元的反应后速度矢量。

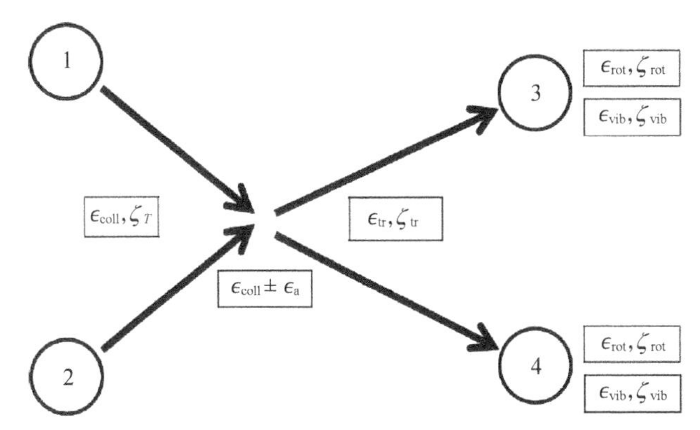

图 7.12 用于交换反应确定反应后能量的过程示意图

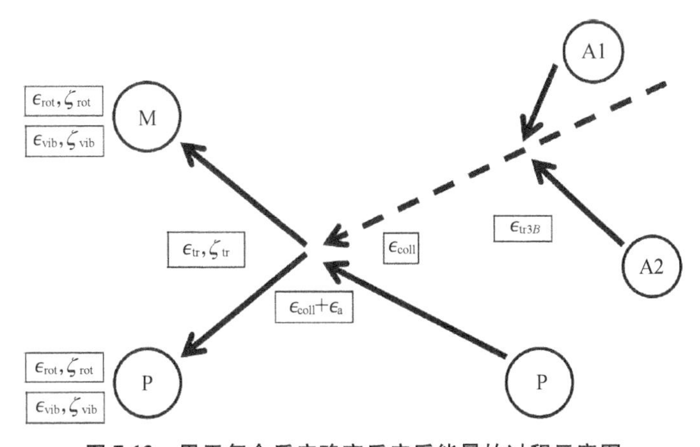

图 7.13 用于复合反应确定反应后能量的过程示意图

对于多组元反应气流,在单个 DSMC 时间步长内模拟 DSMC 网格单元内的碰撞过程的一般实现策略,包含以下步骤。

(1) 使用 NTC 算法在网格单元内形成随机的粒子对,并按概率 P_{DSMC}[式(6.13)]接受每一对进行二元碰撞。对于包括组元 i 和组元 j 的每个碰撞对,允许发生如步骤(2)~(6)所述的化学反应和内能传递。

(2) 给定一对粒子(组元 i 和 j),确定以这两个粒子作为主要反应物的所有可能的反应(即确定反应列表)。

(2a) 例如,参考表 7.2,由 N_2 和 O_2 组成的选定碰撞对可参与反应 1M 或反应 2M(均为离解反应),而由 N 和 O 组成的碰撞对可参与 NO 离解(反应 3A)或逆向交换反应(反应 5 的反方向)。最后,由 N 和 O 组成的碰撞对仅参与复合反应以生成 NO(反应 3M 或 3A 的反方向,取决于第三体的组元类型)。

(2b) 如果碰撞对的反应列表包含多个反应,则必须指定测试反应的顺序。尽管有些武断,但反应通常是有序的,首先测试复合反应,然后是交换反应,最后是离解反应。

(3) 测试反应列表上的每种反应。如果到达列表的末尾时未接受碰撞对发生反应,则考虑化学反应失败。在这种情况下,退出当前算法,考虑粒子对内能交换(非弹性碰撞),具体过程见第 6 章第 6.4 节(图 6.14)所述。否则,如果列表中仍有其他反应,则测试下一个反应。

(3a) 如果所考虑的反应是复合反应,则从 3B 粒子列表中随机选择第三体(3B)粒子。准确地确定正在考虑的复合反应,并确定正向离解反应相应的 Arrhenius 速率参数。利用网格单元平均温度确定 $P_{3B\text{-}react}$(式 7.62),并使用标准的接受-拒绝算法来接受或拒绝复合反应。如果反应被拒绝,返回步骤(3)并测试列表中的下一个反应。如果反应被接受,则进行步骤(4)。

(3b) 如果所考虑的反应是逆向交换反应,则确定正向交换反应的相应 Arrhenius 速率参数,并使用网格单元平均温度来确定 P_{back}[式(7.60)]。如果所考虑的反应是正向交换反应,则确定正向交换反应的相应 Arrhenius 速率参数,并使用 TCE 模型确定 P_{react}[VFD 模型的式(7.21)或式(7.42)]。对于正向和逆向交换反应,使用标准接受-拒绝算法接受或拒绝交换反应。如果反应被拒绝,返回步骤(3)并测试列表中的下一个反应。如果反应被接受,进入步骤(4)。

(3c) 如果所考虑的反应是离解反应,则确定离解反应的相应 Arrhenius 速率参数,并使用 TCE 模型确定 P_{react}[VFD 模型的式(7.21)或式(7.42)]。使用标准接受-拒绝算法接受或拒绝离解反应。如果反应被拒绝,返回步骤(3)并测试列表中的下一个反应。如果反应被接受,进入步骤(4)。

(4) 计算可用于生成物组元之间再分配的碰撞能量(ϵ_{coll})。

(4a) 对于复合或逆向交换反应,$\epsilon_{coll} = \epsilon_{coll}^{reactants} + \epsilon_f$。这里,$\epsilon_f$ 是正向反应的活化能。对于复合反应,$\epsilon_{coll}^{reactants}$ 涉及计算三体系统的相对平动能(参见附录 C)。

(4b) 对于离解或正向交换反应，$\epsilon_{coll}=\epsilon_{coll}^{reactants}-\epsilon_f$。这里，$\epsilon_f$ 是正向反应的活化能。

注：典型情况下，$\epsilon_{coll}^{reactants}$ 是用所有反应物组元的所有能量模态计算的，ϵ_{coll} 将在所有生成物组元的所有能量模态之间再分配。然而，这有点武断，并不严格要求。如果反应机制只期望某些能量模态参与反应，那么碰撞能量（和再分配到生成物的能量）可以如预期那样仅限于这些能量模态。

(5) 利用 Borgnakke - Larsen（BL）模型在生成物组元的能量模态之间再分配可用的碰撞能量（ϵ_{coll}）。这与第 7.4.2 节中描述的离解反应的步骤(4)和(5)类似。例如，对于有两个生成物分子（用下标 1 和 2 表示）的反应，如表 7.2 中的复合反应（1M、2M 和 3M 的反方向），再分配过程将包括：

(5a) 使用量子化的 BL 方法（第 7.3.3 节）将 ϵ_{coll} 的一部分在 $\epsilon_{vib,1}$（自由度为 $\zeta_{vib,1}$）和生成物的所有其他剩余能量模态（$\zeta_p=\zeta_{rot,1}+\zeta_{vib,2}+\zeta_{rot,2}+\zeta_{tr}$）之间再分配。确定 $\epsilon_{vib,1}$ 并将其分配给分子 1，同时将可用碰撞能量更新为 $\epsilon_{coll}=\epsilon_{coll}-\epsilon_{vib,1}$。

(5b) 使用连续 BL 方法（第 6.4.4 节）将 ϵ_{coll} 的一部分在 $\epsilon_{rot,1}$（自由度为 $\zeta_{rot,1}$）和所有其他剩余能量模态（$\zeta_p=\zeta_{vib,2}+\zeta_{rot,2}+\zeta_{tr}$）之间再分配。确定 $\epsilon_{rot,1}$ 并将其分配给分子 1，同时将可用碰撞能量更新为 $\epsilon_{coll}=\epsilon_{coll}-\epsilon_{rot,1}$。

(5c) 使用量子化的 BL 方法（第 7.3.3 节）将 ϵ_{coll} 的一部分在 $\epsilon_{vib,2}$（自由度为 $\zeta_{vib,2}$）和所有其他剩余能量模态（$\zeta_p=\zeta_{rot,2}+\zeta_{tr}$）之间再分配。确定 $\epsilon_{vib,2}$ 并将其分配给分子 2，同时将可用碰撞能量更新为 $\epsilon_{coll}=\epsilon_{coll}-\epsilon_{vib,2}$。

(5d) 使用连续 BL 方法（第 4.4.4 节）将 ϵ_{coll} 的一部分在 $\epsilon_{rot,2}$（自由度为 $\zeta_{rot,2}$）和所有其他剩余能量模态（$\zeta_p=\zeta_{tr}$）之间再分配。确定 $\epsilon_{rot,2}$ 并将其分配给分子 2，同时将可用碰撞能量更新为 $\epsilon_{coll}=\epsilon_{coll}-\epsilon_{rot,2}$。

(5e) 剩余的碰撞能量将分配到生成物组元的平动能量模态，碰撞后的粒子速度使用附录 C 中描述的适当散射模型（例如，VHS 或 VSS）计算。

注：如果生成物组元仅涉及一个分子，则 $\zeta_{vib,2}=\zeta_{rot,2}=0$，并省略步骤(5c)～(5d)。如果生成物不含分子，则 $\zeta_{vib,1}=\zeta_{rot,1}=\zeta_{vib,2}=\zeta_{rot,2}=0$，并省略步骤(5a)～(5d)。最后，对于离解反应，步骤(5e)中的剩余碰撞能量必须在三个生成物粒子之间再分配，如第 7.4.2 节步骤(5c)和(5d)中所述。

注意，如前所述，如果希望排除参与化学反应的某些能量模态，那么这些能量模态不应该对反应物 ϵ_{coll} 作出贡献，也不应该将这些模态的能量或自由度包含在上述步骤(5a)～(5d)中。例如，一些 DSMC 实现可能只将第三体的平动能贡献于复合反应。在这种情况下，第三体的内能模态（如果它是分子）不会对反应物 ϵ_{coll} 作出贡献，并且将在上面的步骤（5a）~（5d）中被省略。然而，对于这个例子，需要强调的是，不管怎样都没有任何物理上的依据支持这种做法。

（6）使用基于碰撞能量和总能量守恒的平衡能量分布，现在已经更新了组成反应生成物的原子和分子的所有性质。该碰撞对的碰撞过程已经结束，算法推进到下一个碰撞对，返回到上面的步骤（2）。

最后，需要记住的是，Borgnakke - Larsen 能量再分配模型是一个现象学模型。该模型根据需要驱动分子分布函数至局部平衡分布函数，然而，一般不知道反应后的平动和内能分布是什么。对于给定的反应机制，如果这些分布是已知的，那么可以对这些分布直接取样以获得反应后特性，而不是取样 BL 平衡分布函数。这是一个正在进行研究中的领域。

7.5.5 反应流动的 DSMC 解

本节给出涉及空气组元的高温化学反应流动的 DSMC 模拟结果。零维模拟在等温和绝热条件下进行。此外，还将给出二维高超声速圆柱绕流的解。

反应机制和速率系数见表 7.2。具体而言，离解和正向交换反应是使用 TCE 模型概率表达式实施的。复合和逆向交换反应是使用基于网格单元平均温度和配分函数计算得到的反应概率实施的。

振动能按量子化处理，并用 SHO 模型[参见式(3.132)]基于网格单元平均温度计算可用振动自由度。平动-振动能量交换用第 7.3.2 节中概述的 Millikan - White 模型结合表 7.1 中列出的模型参数进行。对于每个双原子组元，转动能被视为具有两个自由度的连续能。平动-转动能量交换按第 7.2.2 节中概述的 Parker 模型实施。对于所有非弹性碰撞，使用禁止双重分布的粒子选择过程，该方法已在 6.4.3 节中加以描述并遵循 Zhang 和 Schwartzentruber 的实现过程。

最后，结合 VHS 碰撞截面模型，采用 NTC 碰撞速率算法。所需组元参数列于表 7.4。所需 VHS 组元对参数列于表 7.5。注意，对于异类组元碰撞对，ω、T_{ref} 和 d_{ref} 的值只是同类组元碰撞对对应值的平均。本节中的所有计算均采用分子气体动力学模拟器（MGDS）代码（Gao et al., 2011; Nompelis and Schwartzentruber, 2013）。

表 7.4　每个组元的 DSMC 模型参数

组　　元	N_2	O_2	NO	N	O
$M\omega$/(kg/mol)	28	32	30	14	16
d/Å	4.17	4.07	4.20	3.00	3.00
ζ_{rot}	2	2	2	0	0
ζ_{vib}	式(3.132)	式(3.132)	式(3.132)	0	0
T_{ref}^{rot}- Parker 模型	91.5 K	90.0 K	91.5 K	N/A	N/A
Z_{ref}^{rot}- Parker 模型	18.1	14.4	18.1	N/A	N/A
θ_{rot}	2.88 K	2.07 K	2.44 K	N/A	N/A
θ_{vib}	3 390 K	2 270 K	2 740 K	N/A	N/A

表 7.5　每个组元对的 DSMC VHS 模型参数

碰 撞 对	ω	T_{ref}/K	d_{ref}/Å
N_2 − N_2	0.74	273	4.17
O_2 − O_2	0.77	273	4.07
NO − NO	0.79	273	4.20
N − N	0.80	273	3.00
O − O	0.80	273	3.00

进行零维热浴模拟,首先在等温条件下,然后在绝热条件下。通过简单地从对应于特定平动温度(T_{tr})的麦克斯韦-玻尔兹曼速度分布函数重置(重复取样)所有粒子的速度,实现等温条件下维持系统的恒定平动温度。绝热条件使系统总能量守恒,并且允许系统分子的平动能量在没有任何人工重取样的情况下演化。这两种类型的模拟均开始于从平动温度(T_{tr})高但振动温度(T_{vib})和转动温度(T_{rot})低的状态取样的分子系统。这种情况是一种典型的强激波波后条件。在 DSMC 方法迭代时,模拟粒子之间的碰撞开始激发转动能,接着是振动能,最后导致离解、交换反应,甚至最终在所有生成物的多组元混合物中的复合反应。观察系统内能和化学组分在短时间尺度上的演化,以及所期望看到的平衡条件下的长时间尺度演化。在某些情况下,DSMC 仿真结果将直接与第 4 章的分析结果进行比较。

第一个模拟为 T_{tr} = 6 500 K 温度下的等温弛豫,结果如图 7.14 所示。在 t = 0 时,系统由双原子氮组成,ρ = 0.022 kg/m^3, T_{rot} = T_{vib} = 200 K, 以及指定的平动温度 T_{tr}。图 7.14(a)绘出了 T_{rot}、T_{vib},以及时间在 6 ms 内的 N_2 和 N 的数密度。

当在这个时间范围内绘制结果时，气体看起来几乎立即达到热平衡（ $T_{vib}=T_{rot}=T_{tr}=6\,500$ K）。但是，离解发生在一个更长的时间范围内，大约在 4 ms 后达到平衡且部分离解的状态。在这种平衡状态下，离解和复合反应继续发生，但这些过程的速率是平衡的。该结果［图 7.14(a)］可直接与第 4 章图 4.13 中的分析结果进行比较，后者是类似等温热浴条件的结果。图 7.14(b) 绘制了更短时间范围即 20 μs 内相同的气体性质。这里看到转动和振动能确实是以有限的速率激发，且振动激发远远慢于转动激发。基于对应于 $T_{tr}=6\,500$ K 的碰撞数（Z_{rot} 和 Z_{vib}），该结果与预期一致，并且与 7.3.4 节中图 7.4(a) 对应于 $T_{tr}=8\,000$ K 的解非常相似。同样需要注意的是，在这些相对较低的温度下，在气体达到热力学平衡之前不会发生明显的氮离解。随着系统温度的升高，将看到情况不再如此。

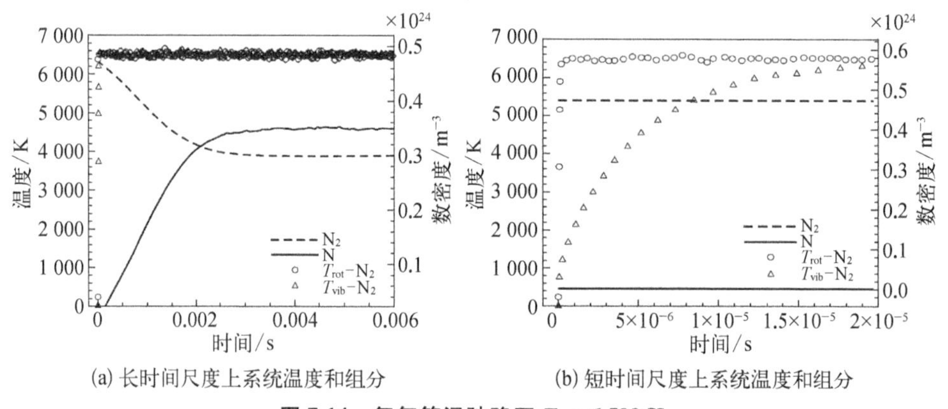

(a) 长时间尺度上系统温度和组分　　(b) 短时间尺度上系统温度和组分

图 7.14　氮气等温弛豫至 $T_{tr}=6\,500$ K

接下来的两个模拟是平动温度为 $T_{tr}=13\,000$ K（图 7.15）和 $T_{tr}=20\,000$ K（图 7.16）的等温弛豫。在 $t=0$ 时，系统由双原子氮组成，且 $\rho=0.022$ kg/m^3，$T_{rot}=T_{vib}=200$ K，以及指定的平动温度 T_{tr}。在如此极端的温度下，离解很快。当 $T_{tr}=13\,000$ K 时，氮完全离解发生在约 6 μs 时，$T_{tr}=20\,000$ K 时约在 0.6 μs。此外，转动和振动激发现在发生在与离解类似的时间尺度上。

具体而言，图 7.15 显示出转动激发显著快于振动激发。此外，离解显著发生前转动温度与平动温度已达到平衡，但在振动激发期间离解已开始发生。在图 7.16 中，转动和振动能激发速率非常相似，并且在这些能量模态与平动温度平衡之前，离解已经完全开始。

从图 7.15 和图 7.16 中还可以清楚地看到另一个重要结果，即转动能和振动能都不与平动温度平衡；相反，温度达到稳态值时有 $T_{vib}<T_{rot}<T_{tr}$。这种趋势

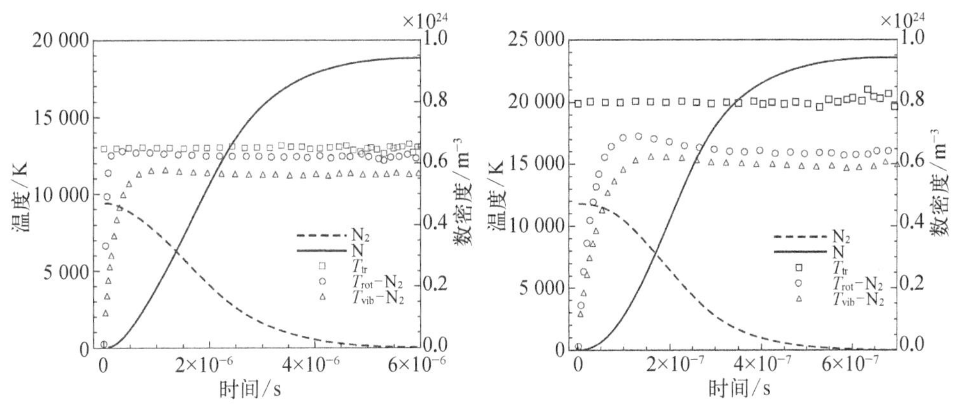

图 7.15 T_{tr} = 13 000 K 时 N_2 等温弛豫的系统温度和组分

图 7.16 T_{tr} = 20 000 K 时 N_2 等温弛豫的系统温度和组分

是由于随着气体分子的离解,转动和振动能从系统中消除。因此,非弹性碰撞的作用是增强分子的转动和振动能与气体的平动能(被人为固定)向平衡演化,快速离解反应起到去除内能的作用。这两个过程平衡的条件被称为“准稳态”(QSS)。通过比较图 7.15 和图 7.16,发现随着 T_{tr} 值的增加,QSS 状态($T_{vib} < T_{rot} < T_{tr}$)变得更加明显。

最近有学者利用分子动力学来模拟空气组元之间的高能碰撞,研究内能传递和离解物理。这些研究使用与电子结构计算(Paukku et al., 2013;Bender et al., 2015;Lin et al., 2016;Varga et al., 2016)所得的大型数据库相匹配的精确势能面(PES)。在某些情况下,通过分析一些单独的碰撞以确定振动对离解的倾向程度,并研究反应物和生成物的内能分布函数(Kim and Boyd, 2013;Panesi et al., 2013)。在其他一些研究中,将分子动力学碰撞嵌入到 DSMC 模拟中,得到了类似图 7.15 和图 7.16 的热浴弛豫结果。这种方法最初是由 Koura 提出的典型轨道计算(CTC)DSMC(Kura, 1997, 1998; Matsumoto and Koura, 1991),现在已经扩展到使用从头算 PES 的反应系统,并且被称为直接分子模拟(DMS)(Norman et al., 2013;Valentini et al., 2015,2016)。

这些研究能够量化离解过程中的振动倾向性。一般来说,由离解导致的振动能损失相比于转动能损失要更高(平均而言),这是 QSS 中温度相对顺序($T_{vib} < T_{rot} < T_{tr}$)的一个促成因素。此外,这些研究还表明,在这样的 QSS 离解过程中,转动和振动能分布是非玻尔兹曼分布。令人感兴趣的是,标准 DSMC 计算自然地预测了这种现象,这从图 7.15 和图 7.16 中可以明显看出。但是重要

的是,要记得用于这个例子的 TCE 模型不能明确地模拟离解的振动倾向性。此外,用于碰后能量再分配(在非弹性碰撞和化学反应中)的 BL 模型是唯象的。然而,由于使用从头算 PES 来模拟反应碰撞动力学的更多结果变得可用,改进的 DSMC 模型(如 VFD 模型)可以被参数化,从而导致现有唯象模型的准确性增加。这是一个正在进行研究中的领域。

现在转到绝热弛豫计算。在某种意义上,绝热条件更能代表真实的流动条件,因为当内能激发和离解反应发生时,气体中的平动能会转换成其他形式的能量。这里开展两个绝热弛豫的模拟,一个以 T_{tr} = 13 000 K 开始,另一个以 T_{tr} = 20 000 K 开始。对于这两个模拟,在 $t=0$ 时系统由双原子氮组成,ρ = 0.022 kg/m^3, $T_{rot}=T_{vib}$ = 200 K, 以及指定的平动温度 T_{tr}。

对于 T_{tr} = 13 000 K 的情况,图 7.17(a)给出了系统温度和组元数密度在 15 ms 的时间范围内的演化。当在这个时间范围内观察时,看到气体几乎瞬时达到热力学平衡($T_{rot}=T_{vib}=T_{tr}$),导致系统温度刚好低于 6 000 K。而从 N_2 和 N 的数密度来看离解缓慢进行。因为需要能量来破坏 N_2 的化学键,所以当气体接近化学平衡时,系统温度从大约 6 000 K 降低到 5 000 K。该 DSMC 结果可与第 4 章中图 4.14 所示的分析结果进行比较,后者使用了类似的绝热条件。具体而言,图 4.14 中的结果是在初始条件为热力学平衡状态 $T_{rot}=T_{vib}=T_{tr}$ = 7 500 K 的绝热系统中得到的。该系统能量高于当前 DSMC 模拟,如前面所述,后者迅速达到刚好低于 6 000 K 的热力学平衡温度。因此,与图 4.14 相比,当前 DSMC 模拟[图 7.17(a)]中的最终系统温度(达到化学平衡之后)较低,离解度更低,达到平衡的时间更长。当在 10 μs 的时间范围内观察结果时,图 7.17(b)描述了气体如

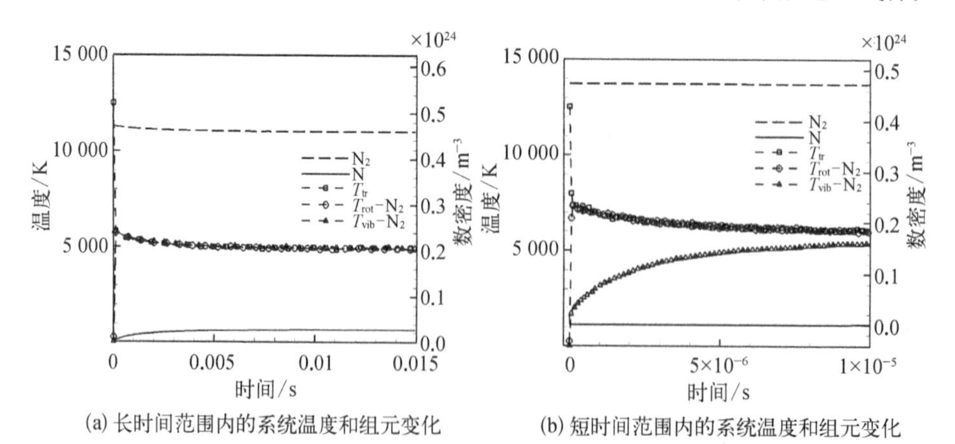

(a) 长时间范围内的系统温度和组元变化

(b) 短时间范围内的系统温度和组元变化

图 7.17　初始温度为 T_{tr} = 13 000 K 和 $T_{rot}=T_{vib}$ = 200 K 的 N_2 绝热弛豫

何快速达到热力学平衡。具体而言,转动和平动能迅速平衡到 $T_{tr}=T_{rot}=7\ 500$ K 的平动-转动温度。振动能需要更长的时间来激发和迁移来自系统分子的平动和转动能的能量。如上所述,所有的能量模态在显著离解开始之前就达到了热力学平衡,即 $T_{rot}=T_{vib}=T_{tr}\approx 6\ 000$ K。

当绝热系统的初始平动温度为 $T_{tr}=20\ 000$ K 时,图 7.18(a)和 7.18(b)给出了与 $T_{tr}=13\ 000$ K 状态相同的趋势。对比图 7.17(a)和图 7.17(b),本例的所有系统温度更高,离解度更大,达到平衡所需的时间更短。当在 1 μs 的短时间范围内观察结果时,图 7.18(b)显示转动激发仍然比振动激发快得多,但是在内能激发期间发生了一定程度的离解。

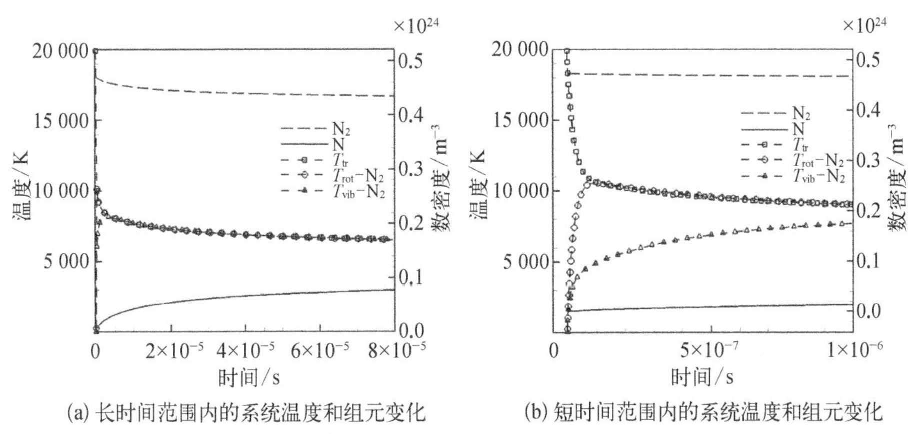

(a) 长时间范围内的系统温度和组元变化　　(b) 短时间范围内的系统温度和组元变化

图 7.18　初始温度为 $T_{tr}=20\ 000$ K 和 $T_{rot}=T_{vib}=200$ K 的 N_2 绝热弛豫

接下来,重复氮气的等温弛豫模拟(图 7.14~图 7.16),但现在是五组元混合气体。因此,在这些 DSMC 计算中,表 7.2 中的所有反应机制都是有效的。回顾前文,对于等温条件,在整个弛豫过程中平动温度保持在一个恒定值。对于每种情况,在 $t=0$ 时,系统由 76.7%的双原子氮和 23.3%的双原子氧(按质量分数)组成,且 $\rho=0.022$ kg/m^3, $T_{rot}=T_{vib}=200$ K, 以及指定的平动温度 T_{tr}。与上述氮气等温弛豫类似,研究 6 500 K、13 000 K 和 20 000 K 三种系统平动温度。

平动温度为 $T_{tr}=6\ 500$ K、0.2 ms 时间范围内的空气等温弛豫结果绘制在图 7.19 中。在这个时间尺度上,气体被视为接近化学平衡的状态,该化学平衡状态由完全离解的氧、部分离解的氮和少量的一氧化氮组成。这一结果可以直接与第 4 章图 4.15(b)中的分析结果相比较,后者在五组元空气中使用了相同的等温弛豫条件。这两个结果[图 7.19(a)和图 4.15(b)]是相同的,而且,DSMC 预测的平衡组分与第 4 章图 4.5(a)中的分析预测(在 $T=6\ 500$ K 时)精确地吻合。

当在 20 μs 的短时间范围内绘制结果时，图 7.19(b)显示当系统中的氮分子被充分激发到与平动温度平衡时才开始氮离解。但氧是立即开始离解，且在氮开始显著离解时几乎已完全离解。另一个令人感兴趣的结果是 5 μs 时 NO 的数密度峰值。仔细观察可知，在图 7.19(a)和图 4.15(b)中的初期时间点上也能看到 NO 组元的峰值。这种 NO 数密度峰值是 Zeldovich 交换反应机制(表 7.2 中的反应 4 和 5)引起的非平衡现象。O_2 离解后生成 O 原子，这些 O 原子通过 Zeldovich 交换反应生成 NO(表 7.2 中的反应 5)，导致了 NO 数密度的迅速增加。在更长的时间尺度上，NO 数密度由平衡化学控制，其中涉及所有分子组元(O_2、N_2 和 NO)完全参与的离解反应导致 NO 量值的整体降低。在下文的圆柱高超声速绕流激波层计算中也能观察到 NO 的这种非平衡行为。

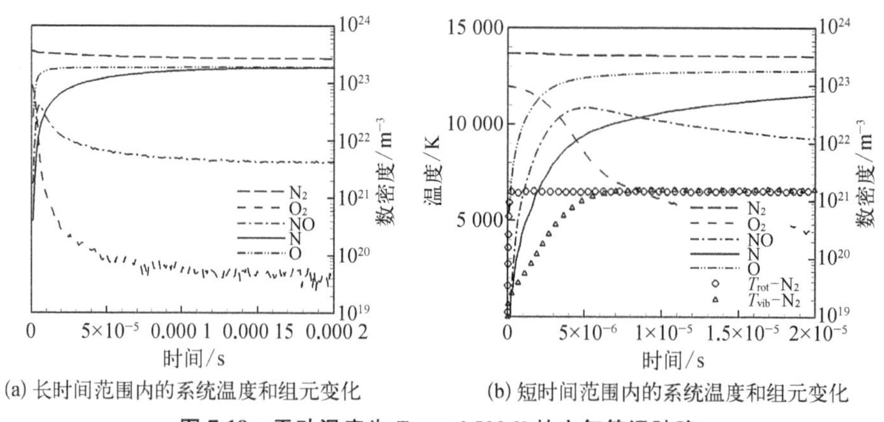

(a) 长时间范围内的系统温度和组元变化

(b) 短时间范围内的系统温度和组元变化

图 7.19　平动温度为 T_{tr} = 6 500 K 的空气等温弛豫

图 7.20(a)和图 7.20(b)分别绘制了 T_{tr} = 13 000 K 时在长时间和短时间尺度上空气的等温弛豫结果。此外，图 7.21(a)和图 7.21(b)也分别绘制了 T_{tr} = 20 000 K 时在长时间和短时间尺度上空气的等温弛豫结果。从如此高温下空气的平衡组分来看[图 4.5(a)]，DSMC 结果显示当气体达到化学平衡时，所有分子组元几乎完全离解。随着系统平动温度的升高，空气离解所需的时间减少。同样，如图 7.20(b)和图 7.21(b)所示，随着系统温度的升高，内能激发与离解过程部分重叠。即使平动-转动和平动-振动能量传递对增加系统内能起作用，快速离解也会从系统分子中转移内能。其结果是随着温度的升高，QSS 区域变得更加明显。尽管图中只绘制了 N_2 的转动和振动温度结果，但 O_2 和 NO 组元均有类似的趋势。然而，在这些条件下，系统很快就会耗尽 O_2 和 NO。由于 DSMC 模拟中存在的模拟粒子数量有限，微量粒子的趋势受到统计散布的影响，在上述

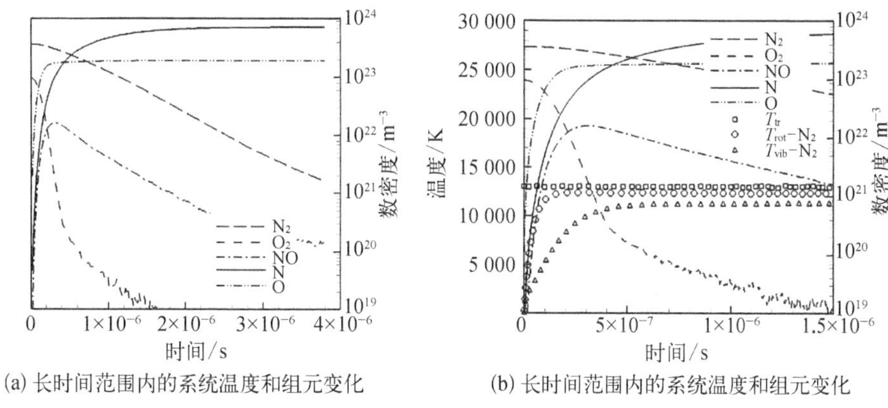

(a) 长时间范围内的系统温度和组元变化　　(b) 长时间范围内的系统温度和组元变化

图 7.20　温度为 13 000 K 的空气等温弛豫

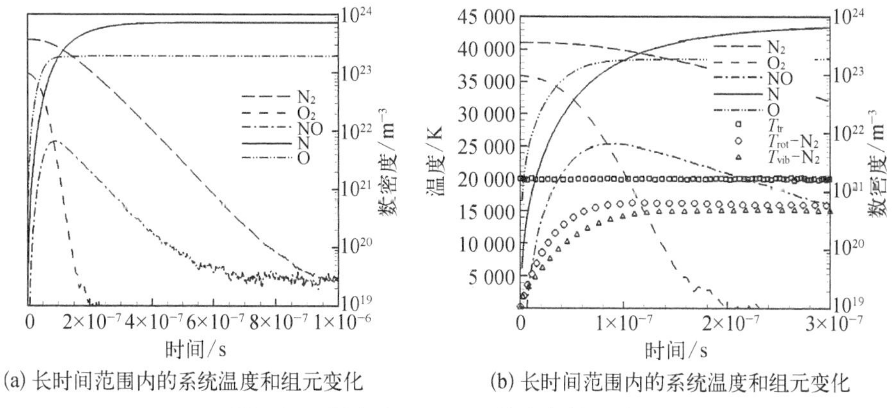

(a) 长时间范围内的系统温度和组元变化　　(b) 长时间范围内的系统温度和组元变化

图 7.21　温度为 20 000 K 的空气等温弛豫

结果中,O_2 和 NO 都可以看到统计散布。

上述零维弛豫计算提供了许多关于内能弛豫和非平衡化学的物理见解,以及这些过程是如何耦合的。这种模拟也很有用,因为它们忽略了运动粒子通过流场的复杂性以及计算复杂几何结构的气-面碰撞。因此,零维模拟有助于验证 DSMC 碰撞模型的实现,也是研究新碰撞模型的有用的第一步。然而,最终流场中的非平衡程度取决于所关注的特征时间尺度或长度尺度。例如,尽管在前面给出的许多例子中,平衡组分对应于完全离解,但在高超声速流动中,内能激发和化学反应的时间尺度与特征流动时间相当。因此,在与飞行器表面相互作用之前,气体不会达到平衡。此外,由于飞行器表面必须保持在远低于激波层温度的温度,气体在接近表面时在边界层内冷却。在这个区域,包括复合反应在内的逆向反应可能进一步影响气体的非平衡状态。下面将通过一系列自由流条件下对直径为 8 cm 的圆柱进行高超声速流动的 DSMC 模拟来研究这些过程。所有 DSMC 参数和模型与上述零维计算中使用的参数和模型相同。

第一个模拟是在 70 km 的高空,马赫数为 12 的氮气流过直径为 8 cm 的二维圆柱。自由流边界条件为:$\rho = 7.48 \times 10^{-5}$ kg/m^3, $T = 217.45$ K, $V = 3\,608$ m/s。圆柱表面的边界条件为壁温 $T_{wall} = 1\,000$ K 的漫反射和完全热适应。通过简单地去除模拟粒子,将超声速出口边界条件应用于上下游边界。考虑转动和振动能,但不考虑化学反应。

图 7.22 给出了流场平动温度等值线云图。这种流动存在较大的密度梯度。具体而言,随着气体冷却至壁温,气体在穿过激波后密度增加,边界层内的密度也急剧增加。这可以从图 7.23 中看出,该图绘制了沿驻点线的气体温度、宏观 x 速度(u)和密度分布。由于 DSMC 碰撞网格单元尺寸必须是局部平均自由程的大小,与密度成反比,因此需要对网格进行加密。对于当前的计算,在均匀网格(大小为自由流平均自由程)上获得了初始解。基于这个初始解,生成一个改良的网格,并使用新网格进行新的模拟。重复此过程(在这种情况下进行三次改良),直到证实网格大小符合最终结果的局部平均自由程。对于展示的所有圆柱模拟,最终网格单元尺寸接近流动中各处局部平均自由程的一半。同样,在驻点区域附近,局部平均碰撞时间变小。使用全局 DSMC 时间步(常数时间步)进行模拟,证实其约为流动中最小平均碰撞时间的 1/5。每个计算网格单元中至少有 20 个粒子(在许多网格单元中远远超过 20 个)。这些是建议的计算参数,以确保 DSMC 结果的精确性。当然,这些模拟可能被过度细化,而且即使使用较

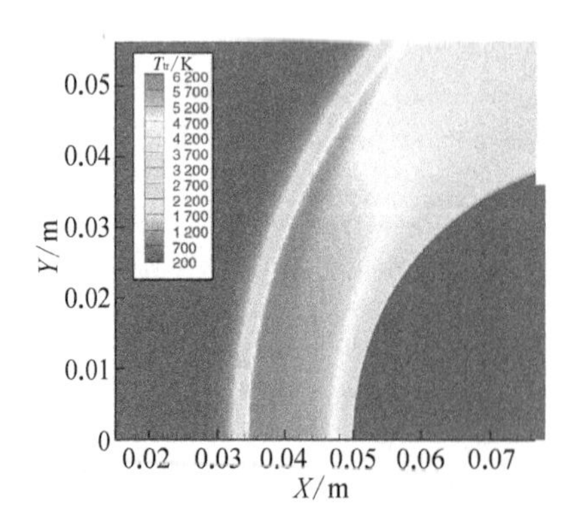

图 7.22 高度 70 km、介质为氮气、马赫数为 12、直径 8 cm 的圆柱绕流流场平动温度分布(不考虑化学反应)

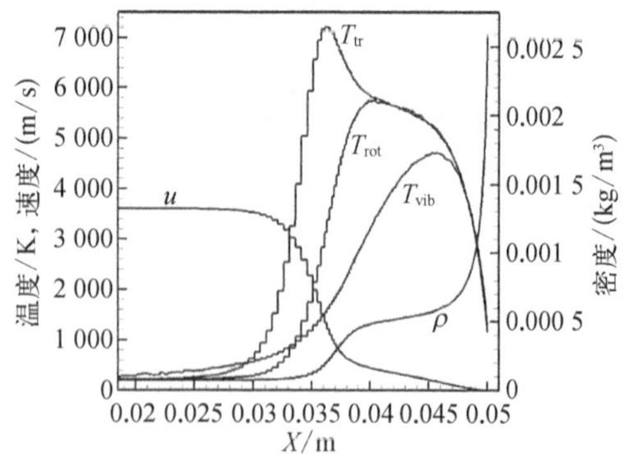

图 7.23 不考虑氮气化学反应的圆柱绕流驻点线轮廓

少的网格单元、每个单元较少的粒子和较大的时间步长进行计算也可能会获得相同的结果。

图7.23所示的沿驻点线的解表明,转动能首先与平动能平衡,而振动能直到离圆柱表面更近时才与平动和转动平衡。模拟结果的一个要点是自由流区振动温度的行为。这是DSMC使用振动的量子化处理方式和有限数量的模拟粒子所产生的人为现象。对于氮气,θ_{vib} = 3 390 K,且如果自由流区中即使只有一个粒子被提升到第一振动能级,也会显著影响 T_{vib} 的值。需要注意的是,这只是定义 T_{vib} 时的一个问题,而且模拟实际上相当准确。对于这些流动条件,激波后平动-转动温度接近5 500 K,激波后振动温度最高可达4 500 K。对于氮气,这些条件不会引发明显的离解反应,因此假定该流动不包括化学反应是合理的。

第二个模拟是在大约60 km的高度上,马赫数为20的氮气流过圆柱。这些条件将在激波层中产生明显的更高的温度,将导致氮离解。自由流条件现在为:ρ = 2.88 × 10^{-4} kg/m^3, T = 245.45 K, V = 6 281 m/s,圆柱壁温保持 T_{wall} = 1 000 K。模拟设置与70 km高度(图7.22)的计算相同,但此时的DSMC模拟需要更多的计算资源。图7.24绘制了沿驻点线分子和原子氮的温度和质量分数分布,可以看出平动温度峰值在20 000 K以上。转动温度首先在13 000 K左右与平动温度平衡。振动温度也会迅速激发,在激波后温度接近10 000 K时,与平动和转动模态达到热力学平衡。现在氮气离解很明显。在建立热力学平衡后,离解继续从气体中转移能量,激波层内的温度从10 000 K下降到大约8 000 K。当气体进入边界层时,迅速冷却到壁温。在边界层内,离解速率明显减慢,在壁面附近,N_2 质量分数的轻微增加和N质量分数的减少表明发生了明显的复合反应。

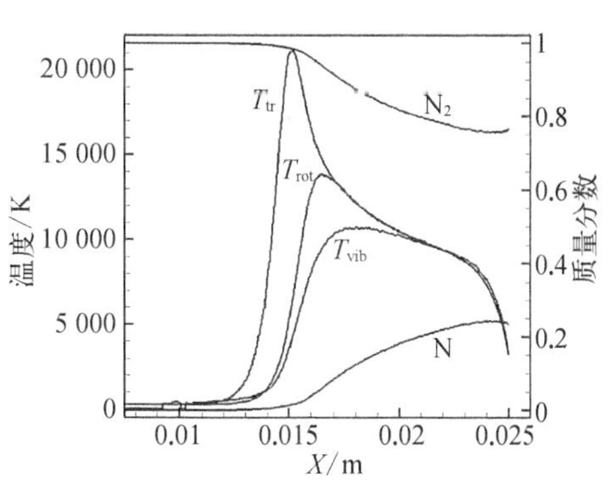

图7.24 考虑氮气离解的圆柱绕流驻点线轮廓

第三个模拟同样对应于60 km高度、马赫20的流动。然而,现在的气体不是氮而是五组元空气。具体地说,自由流条件为:ρ = 2.88 × 10^{-4} kg/m^3, T = 245.45 K, V = 6 281.4 m/s,气体中含有76.7%的双原子氮和23.3%的双原子氧(按质量分数计)。圆柱的壁温保持为 T_{wall} = 1 000 K。混合物温度和混合物密度沿驻点线的模拟结果如图7.25所示。与之前在氮气中的模拟相比,温度在激波和激波层中的分布相似,低 1 000~2 000 K。这是氧离解时从流动中转移能量的结果。沿驻点线的所有组元的质量分数如图 7.26 所示。在激波开始时,氧气离解很快,在激波层内和整个边界层内开始离解直至圆柱表面完全离解。激波层中 NO 稳定离解引起的波后非平衡趋势清晰可见。确定 NO 浓度的一个很重要的原因是 NO 是一种强辐射体。许多高能流动实验试图测量 NO 的辐射发射,以推断流动的整体特征,因此基于这一原因了解 NO 在非平衡状态下的浓度可能很重要。

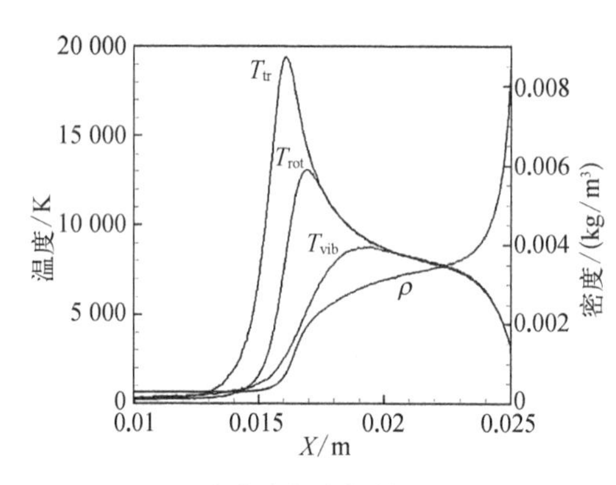

图 7.25 考虑空气离解的圆柱绕流驻点线温度轮廓

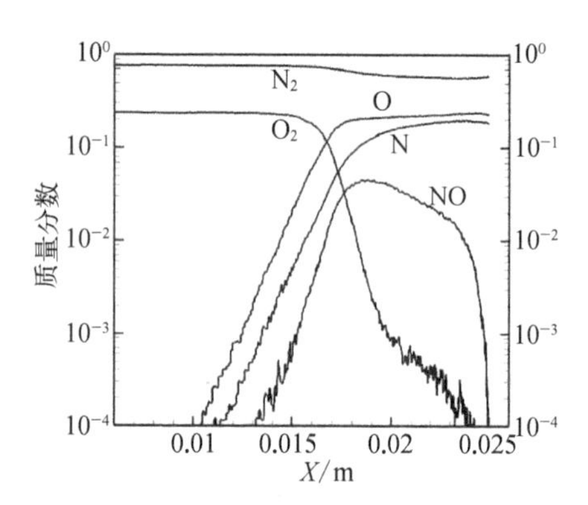

图 7.26 考虑空气离解的圆柱绕流驻点线组元质量分数曲线

7.6 小结

本章详细介绍了非平衡热化学中最常用的 DSMC 模型,并分析了其与高温反应流连续介质模型的一致性,同时描述了平动-转动-振动能量交换和化学反应的模型,以及内能弛豫与化学反应过程的耦合。平动和转动之间的能量传递速率取决于温度,也取决于非平衡量和朝向平衡状态的方向(压缩与膨胀)。平动和振动之间的能量传递速率与温度有很强的依赖关系,并且基于实验数据根据 Millikan－White 模型进行建模,对于某些组元该模型可用于高达约 10 000 K 的温度。化学反应根据碰撞粒子的总碰撞能量进行建模(TCE 模型),离解的振动倾向性可以用 VFD 模型来模拟。这些反应模型与反应流连续介质模型中广泛使用的修正 Arrhenius 速率系数表达式一致。最后,最好使用类似连续介质建模方法的平衡常数(或配分函数)计算逆向和再化合反应速率概率。

本章提出的 DSMC 模型和算法在精度和计算效率方面都得到了确认。然而,由于 DSMC 所使用的分子层次的模型缺乏可用的分子数据,大多数模型都是唯象的。尽管这些数据目前有限,但量子化学预测方面的新实验和进展可能在不久的将来提供这些数据,从而能够为具有挑战性的、非平衡的化学反应流动问题构造改进的 DSMC 模型。

附录 A

生成粒子特性

本附录给出从指定分布函数生成粒子特性的算法。有两个主要原因能说明从指定的分布函数生成粒子特性(也称为“取样”粒子特性)的重要性。首先,在直接模拟蒙特卡罗计算区域必须生成粒子和/或必须在边界指定其特性,例如在入流和固壁边界。其次,粒子的碰撞后特性通常是从特定的分布函数中取样,例如 Borgnakke - Larsen(BL)模型中使用的平衡分布函数。本附录将概述基于表征气体体积、穿过平面的气体通量、离开固体表面的气体通量的平衡分布生成粒子的算法,并概述通常适用于任何分布函数的接受-拒绝算法。

所有算法都需要连续随机数 R 的可用性,R 在 $0 \leqslant R \leqslant 1$ 的范围内均匀分布。此外,必须指定正则化分布函数(f_x),即

$$\int_a^b f_x \mathrm{d}x = 1, \quad a \leqslant x \leqslant b \tag{A.1}$$

$f_x \mathrm{d}x$ 表示 x 的值在 x 和 $x+\mathrm{d}x$ 之间的概率。

A.1 累积分布函数

在某些情况下,累积分布函数可用于获得从分布函数直接生成样本(粒子特性)的表达式。累积分布函数(F_x)定义为

$$F_x = \int_a^x f_x \mathrm{d}x = 1, \text{因而 } 0 \leqslant F_x \leqslant 1 \tag{A.2}$$

如果分布函数 f_x 具有某种确定形式,就可以反演式(A.2)并求解 x。在这种情况下,对函数 F_x 进行取样提供了满足分布 f_x 的 x 取样值的平均量。

A.1.1　生成随机粒子位置

例如,考虑在 x 方向生成粒子随机位置的简单问题,其中 $a \leqslant x \leqslant b$。这个范围内的所有 x 位置都有相同的可能性,因此 f_x = 常数。根据式(A.1),有

$$f_x = \frac{1}{b - a} \tag{A.3}$$

因而,

$$F_x \equiv \int_a^x f_x \mathrm{d}x = \int_a^x \frac{1}{b - a} \mathrm{d}x = \frac{x - a}{b - a} \tag{A.4}$$

由于 $0 \leqslant F_x \leqslant 1$,可以通过提取一个随机数 $R\ (0 \leqslant R \leqslant 1)$ 来取样 F_x 的随机值,并选择 $F_x = R$。利用式(A.4),对应 R 的 x 值是

$$x = a + R(b - a) \tag{A.5}$$

这是在 a 和 b 之间随机选择 x 位置的期望结果。相同的结果[式(A.5)]可用于在指定单元或域边界内生成 x、y 和 z 的随机位置。

A.1.2　生成轴对称流动的径向位置

再举个例子,考虑在均匀密度轴对称流动中生成粒子的随机径向位置(r),其中 $a \leqslant r \leqslant b$。在这种情况下,由于横截面面积与 r 成比例,所以找到具有特定值 r 的粒子的概率也与 r 成比例。此时,f_r = 常数 × r,且从式(A.1)有

$$f_r = \frac{2r}{b^2 - a^2} \tag{A.6}$$

因而,

$$F_r = \int_a^r f_r \mathrm{d}r = \frac{r^2 - a^2}{b^2 - a^2} = R \tag{A.7}$$

对于这种特殊情况,生成随机值 r 的最终表达式变成

$$r = \sqrt{a^2 + R(b^2 - a^2)} \tag{A.8}$$

A.1.3　从麦克斯韦-玻尔兹曼分布生成粒子速度

在典型的 DSMC 计算中,流入边界区域的气体处于已知的平衡状态,且速度

分布函数为麦克斯韦-玻尔兹曼分布。因此,需要一种取样麦克斯韦-玻尔兹曼分布的有效算法。

考虑粒子在 i 坐标方向上热速度的麦克斯韦-玻尔兹曼分布函数($-\infty \leqslant C_i' \leqslant +\infty$):

$$f_0(C_i') = \frac{\beta}{\sqrt{\pi}} e^{-\beta^2 C_i'^2}, 其中 \beta = \sqrt{\frac{m}{2kT_{tr}}} \tag{A.9}$$

因此,累积分布函数为

$$F(C_i') = \frac{\beta}{\sqrt{\pi}} \int_{-\infty}^{C_i'} e^{-\beta^2 C_i'^2} dC_i' = \frac{1}{2}[1 + \mathrm{erf}(\beta C_i')] = R \tag{A.10}$$

这里,$\mathrm{erf}(x)$ 表示误差函数(参见附录 E),对于 R 来说没有关于 C_i' 的解析解。在这种情况下,其相应的累积分布函数不能反演,则第 A.2 节描述的接受-拒绝程序可用于从任何分布函数中取样分子特性。

然而,对于麦克斯韦-玻尔兹曼速度分布这一特殊情况,式(A.9)在数学上能重新表示,从而可以将得到的累积分布函数进行反演。为重新表述这个问题,考虑在 i 坐标方向上确定两个热速度值(C_i' 和 Z_i')的联合概率。具体地说,除了 Z_i' 和 $Z_i'+dZ_i'$ 之间的 Z_i' 之外,还要考虑在 C_i' 和 $C_i'+dC_i'$ 之间确定 C_i' 的概率。对应于麦克斯韦-玻尔兹曼分布的联合概率为

$$\begin{aligned} f_0(C_i') dC_i' f_0(Z_i') dZ_i' &= \frac{\beta}{\sqrt{\pi}} e^{-\beta^2 C_i'^2} dC_i' \frac{\beta}{\sqrt{\pi}} e^{-\beta^2 Z_i'^2} dZ_i' \\ &= \frac{\beta^2}{\pi} e^{-\beta^2 (C_i'^2 + Z_i'^2)} dC_i' dZ_i' \end{aligned} \tag{A.11}$$

该表达式可以使用以下变换式转换为柱极坐标:

$$\begin{aligned} C_i' &= r\cos\theta \\ Z_i' &= r\sin\theta \end{aligned} \tag{A.12}$$

其中,

$$\frac{\partial(C_i', Z_i')}{\partial(r, \theta)} = \begin{vmatrix} (\partial C_i'/\partial r) & (\partial C_i'/\partial\theta) \\ (\partial Z_i'/\partial r) & (\partial Z_i'/\partial\theta) \end{vmatrix} = \begin{vmatrix} \cos\theta & -r\sin\theta \\ \sin\theta & r\cos\theta \end{vmatrix} = r \tag{A.13}$$

因而有 $dC_i' dZ_i' = r dr d\theta$。

在柱极坐标系中，式(A.11)变为

$$f_0(C_i')\mathrm{d}C_i' f_0(Z_i')\mathrm{d}Z_i' = \frac{\beta^2}{\pi}\mathrm{e}^{-\beta^2 r^2} r\mathrm{d}r\mathrm{d}\theta = \underbrace{\mathrm{e}^{-\beta^2 r^2}\mathrm{d}(\beta^2 r^2)}_{f(\beta^2 r^2)\mathrm{d}(\beta^2 r^2)} \times \underbrace{\frac{\mathrm{d}\theta}{2\pi}}_{f(\theta)\mathrm{d}\theta} \tag{A.14}$$

现在累积分布函数可以写成

$$F(C_i', Z_i') = F(\beta^2 r^2)F(\theta) \tag{A.15}$$

每个单独的累积分布可以反演如下：

$$F(\theta) = \int_0^{\theta}\frac{\mathrm{d}\theta}{2\pi} = \frac{\theta}{2\pi} = R_1 \tag{A.16}$$

由此可得

$$\theta = 2\pi R_1 \tag{A.17}$$

此外，

$$F(\beta^2 r^2) = \int_0^{\beta^2 r^2}\mathrm{e}^{-\beta^2 r^2}\mathrm{d}(\beta^2 r^2) = 1 - \mathrm{e}^{-\beta^2 r^2} = R_2 \tag{A.18}$$

由于生成随机数 $1-R_2$ 与生成随机数 R_2 相同，因此有

$$r = \frac{\sqrt{-\ln(R_2)}}{\beta} \tag{A.19}$$

以这种方式，通过引出两个独立的随机数 R_1 和 R_2，由式(A.17)和式(A.19)给出的简单表达式可用于确定 r 和 θ，因此可使用式(A.12)确定两个热速度 C_i' 和 Z_i'。

在某些 DSMC 算法中通常需要产生相对较小数量的粒子，例如，单个流动网格单元内的粒子或通过单个单元面的通量。尽管使用式(A.12)生成 C_i' 和 Z_i' 的值确实会使粒子速度遵循所需的麦克斯韦-玻尔兹曼分布，但 C_i' 和 Z_i' 值是相关的。为了避免这种相关性，通常只生成一个速度值而忽略另一个速度值。根据这种方式，粒子速度矢量(C_x, C_y, C_z)可以使用以下表达式从指定的麦克斯韦玻尔兹曼分布(对应于宏观速度分量 $\langle C_x\rangle$、$\langle C_y\rangle$、$\langle C_z\rangle$ 和平动温度 T_{tr})中取样：

$$C_i = \langle C_i\rangle + C_i' = \langle C_i\rangle + \sqrt{\frac{2kT_{\mathrm{tr}}}{m}}\sin(2\pi R_1)\sqrt{-\ln(R_2)} \tag{A.20}$$

这里，$i = x$、y 或 z，且 $R_1 \neq R_2$。因此，使用式(A.20)需要两个独立的随机数从麦

克斯韦-玻尔兹曼分布中生成粒子速度矢量的每个分量(x, y, z)。这个简单的算法比 A.2 节讨论的一般接受-拒绝算法效率高得多。

A.1.4 从玻尔兹曼分布生成粒子内能

如第 6 章[第 6.4.2 节式(6.64)]所述,平衡气体中对应 ζ_i 自由度的任何连续能量模态(ϵ_i)的能量分布函数,可以用下式表示:

$$f\left(\frac{\epsilon_i}{kT_i}, \zeta_i\right) \mathrm{d}\left(\frac{\epsilon_i}{kT_i}\right) = \frac{1}{\Gamma(\zeta_i/2)}\left(\frac{\epsilon_i}{kT_i}\right)^{\zeta_i/2-1} \mathrm{e}^{-\epsilon_i/kT_i}\mathrm{d}\left(\frac{\epsilon_i}{kT_i}\right) \tag{A.21}$$

对于 $\zeta_i = 2$ 的特殊情况,即对应于双原子组元的转动能模态,同时也对应于振动模态(如果振动被充分激发),则这个表达式约化为

$$f\left(\frac{\epsilon_i}{kT_i}\right) \mathrm{d}\left(\frac{\epsilon_i}{kT_i}\right) = \mathrm{e}^{-\epsilon_i/kT_i}\mathrm{d}\left(\frac{\epsilon_i}{kT_i}\right) \tag{A.22}$$

这与式(A.14)中的第一项形式完全相同,因此累积分布函数的形式与式(A.18)相同。这可以用内能的值来求解,即

$$\epsilon_i = -\ln(R)kT_i \tag{A.23}$$

与式(A.19)相似。其中,T_i 是内能模态(i)的平衡温度。一般来说,人们可能希望生成对应于热力学非平衡状态的粒子,其中平动、转动和振动温度不同($T_{\mathrm{tr}} \neq T_{\mathrm{rot}} \neq T_{\mathrm{vib}}$),然而每个能量模态($i$)都具有基于 T_i 的麦克斯韦-玻尔兹曼分布的特征。

量子化振动能量可以通过多种方式产生。例如,根据谐振子振动能量模型,取样振动能量的表达式类似式(A.23),但使用如下截断:

$$\begin{gathered} \epsilon_{\mathrm{vib}} = k\theta_{\mathrm{vib}} i_{\mathrm{vib}} \\ i_{\mathrm{vib}} = \mathrm{floor}\left[-\ln(R) \times \frac{T_{\mathrm{vib}}}{\theta_{\mathrm{vib}}}\right] \end{gathered} \tag{A.24}$$

其中,i_{vib}是与量子化振动能级相对应的整数;θ_{vib} 是振动特征温度。尽管式(A.24)只是简单地将能量向下舍入,但可以使用不同的组合策略。此外,该表达式可以推广到非简谐振子描述,或该物质的任何振动能量模型(使用与该模型对应的配分函数)。

总之,根据麦克斯韦-玻尔兹曼分布函数,粒子速度矢量可以使用式(A.20)

生成,粒子转动和振动能(连续)可以使用式(A.23)生成。为了生成量子化的振动能,可以使用式(A.24)。为了从一般分布函数中生成粒子特性,下面将描述接受-拒绝技术。

A.2　接受-拒绝取样

为了对任一连续分布函数 $f(x)$ 取样,可以采用接受-拒绝算法。在大多数 DSMC 实现中使用的标准不等式是 $u \leqslant f(y)/M$。这里,y 是从均匀分布中提取的,$f(y)$ 由大于或等于分布函数最大值的常数 $M \geqslant f(x)|_{\max}$ 来评估和归一化。然后从均匀分布中提取第二个值 u,如果不等式成立,则接受 y 值,并将样本值确定为 $x=y$;如果不等式不成立,则拒绝 y 值并重复该过程。以这种方式得到的一系列 x 值遵循 $f(x)$ 分布。

为完整起见,下面的内容将概述该算法。要从连续分布 $f(X)$ 中取样随机变量 X,并获得 X 的值 x,其算法如下。

(1) 为具有分布 $g(Y)$ 的随机变量 Y 生成值 y。

(2) 为独立于 Y 的随机变量 U 生成值 u。

(3) 选择常数 M,并检查:

$$u \leqslant f(y)/[Mg(y)]$$

(a) 如果上述表达式成立,通过设置 $x=y$ 接受生成的值 y。

(b) 如果上述表达式不成立,则拒绝值 y,返回到(1)并重新生成另一个 y 值。

利用上述算法生成一系列 x 值,可以对概率分布函数 $f(x)$ 进行正确取样。当在 DSMC 计算中使用接受-拒绝方法时,通常使用均匀分布 $g(Y)=1$ 来设置随机变量 Y。类似地,随机变量 U 通常使用区间(0, 1)中的另一均匀分布来设置。如前所述,M 被设置为等于或大于分布函数最大值的值,即 $M \geqslant f(x)|_{\max}$。当 DSMC 计算采用这些典型设置时,接受-拒绝算法中使用的不等式简化为 $u \leqslant f(y)/M$。

除此之外,还在第 6 章第 6.4.4 节中详细介绍了连续内能碰撞后取样的接受-拒绝算法;在第 7 章第 7.3.3 节中详细介绍了对量子化的振动能进行取样的接受-拒绝算法;A.3 节将介绍对穿过平面的粒子的特性进行取样的接受-拒绝算法。在某些情况下，最好从 Chapman - Enskog 速度分布[式(5.67)和式(5.68)]中取样，而不是麦克斯韦-玻尔兹曼分布。Garcia 和 Alder(1998)提出了一种有效的 Chapman - Enskog 分布取样算法。最后，Stephani、Goldstein 和 Varghese(2013)开发了多组元混合物的广义 Chapman - Enskog 分布取样算法。

A.3 穿过平面元的粒子通量的产生

通常，DSMC 的计算域边界由大量平面元表示，例如单元面的子集，或者有时是单独的三角形表面。对于入流曲面，可以在每个模拟时间步指定模拟粒子通过每个平面元的通量及其特性。

考虑一个面积为 A 的平面单元，其单位法向量 $\hat{n} = (n_x\bar{x},\ n_y\bar{y},\ n_z\bar{z})$ 在笛卡儿坐标中指向计算域。如图 A.1 所示，在面元法向坐标$(\bar{x}_f,\ \bar{y}_f,\ \bar{z}_f)$中可以方便地执行所有操作，其中 $\bar{x}_f$ 方向与 $\hat{n}$ 成直线，$\bar{y}_f$ 和 $\bar{z}_f$ 方向与 $\hat{n}$ 垂直。

首先，宏观速度矢量：

$$\bar{V} = (\langle C_x\rangle\bar{x},\ \langle C_y\rangle\bar{y},\ \langle C_z\rangle\bar{z}) \tag{A.25}$$

与面元单位法向量之间的点积用于定义面元法向上的速度比(S_n)，即

$$S_n \equiv \frac{\bar{V}\cdot\hat{n}}{C_m} \tag{A.26}$$

式中，$C_m = \sqrt{2kT_{tr}/m} = 1/\beta$，为平均热速度。重写穿过平面的自由分子质量通量的表达式[式(1.154)，在第 1 章中用 s_3，这里替换为 s_n]，可以将分子通量写成

$$F_n = \frac{nC_m}{2\sqrt{\pi}}\{e^{-s_n^2} + \sqrt{\pi}s_n[1 + \mathrm{erf}(s_n)]\} \tag{A.27}$$

其中 n 是数密度。因此，F_n 代表分子在 $\hat{n}$ 方向上每平方米每秒的局部通量。模拟粒子的通量由下式给出：

$$F_{\mathrm{DSMC}} = \frac{F_n A\Delta t}{W_p} \tag{A.28}$$

其中，A 为所考虑的面元的面积；Δt 为 DSMC 时间步长；W_p 为粒子权重。最后，为模拟通过面元的通量所需产生的粒子数为

$$N_{\text{gen}} = \text{floor}[F_{\text{DSMC}} + R],\ 0 \leqslant R \leqslant 1, \text{为随机数} \tag{A.29}$$

这里取整是因为每个时间步只能生成整数个粒子。

然后，从平衡分布函数中对这 N_{gen} 个粒子中的每个粒子的性质进行取样。$\bar{y}_{\text{f}}$ 和 $\bar{z}_{\text{f}}$ 方向（垂直于 $\hat{n}$）的热速度分量是从麦克斯韦-玻尔兹曼分布函数中使用第 A.1.3 节推导的式（A.20）进行取样，即

$$\begin{aligned} C'_{y_{\text{f}}} &= C_{\text{m}}\sin(2\pi R_1)\sqrt{-\ln(R_2)} \\ C'_{z_{\text{f}}} &= C_{\text{m}}\sin(2\pi R_3)\sqrt{-\ln(R_4)} \end{aligned} \tag{A.30}$$

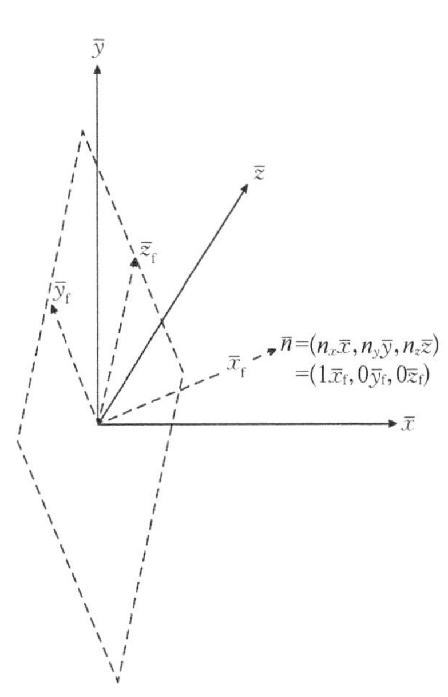

图 A.1　面元法向坐标系，用于确定通过平面元的粒子通量和粒子特性

注意，这里的 $\langle C_{y_{\text{f}}}\rangle$ 和 $\langle C_{z_{\text{f}}}\rangle$ 设为零，因此只计算了热速度分量（$C'_{y_{\text{f}}}$ 和 $C'_{z_{\text{f}}}$）。在切换回笛卡儿坐标系后，在后面的步骤中将宏观速度添加到热速度中。

$\bar{x}_{\text{f}}$ 方向（即 $\hat{n}$ 方向）的粒子速度分量需要特别注意。具体来说，只有该速度分量的正值需要取样。这涉及从不完全的、有偏向的麦克斯韦-玻尔兹曼分布取样。相关的分布函数在第 1 章中已推导，以确定自由分子流中粒子特性对平面表面元的入射通量，并在式（1.147）中给出。参考式（1.147）和相关讨论，适于 $\hat{n}$ 方向（$C'_{x_{\text{f}}}$）热速度分量的分布函数与式（1.147）相同，其中 $s_3 = s_n$，$C'_3 = C'_{x_{\text{f}}}$，$Q = 1$，即

$$\int_{C'_{x_{\text{f}}}=-s_n/\beta}^{\infty} f(C'_{x_{\text{f}}})\,\mathrm{d}C'_{x_{\text{f}}} = \int_{C'_{x_{\text{f}}}=-s_n/\beta}^{\infty} \frac{1}{\sqrt{\pi}}(\beta C'_{x_{\text{f}}} + s_n)\,\mathrm{e}^{-\beta C'^2_{x_{\text{f}}}}\,\mathrm{d}C'_{x_{\text{f}}} \tag{A.31}$$

这样，在 $\hat{n}$ 方向上热速度小于 $-s_n/\beta$ 的粒子将不会通过平面流入模拟域。

为了从这个分布函数中取样 $C'_{x_{\text{f}}}$ 的值，使用了接受-拒绝算法（见第 A.2 节）。这个过程需要分布函数的最大值，$M = f(C'_{x_{\text{f}}})\mid_{\max}$，然后确定比例 $f(C'_{x_{\text{f}}})/M$。$f(C'_{x_{\text{f}}})$ 取最大值时，

$$\beta C'_{x_{\text{f}}} = \left(\sqrt{s_n^2 + 2} - s_n\right)/2 \tag{A.32}$$

因而有

$$\frac{f(y)}{M}=\frac{f(y)}{f(y)\mid_{\max}}=K(y+s_n)\mathrm{e}^{-y^2} \tag{A.33}$$

其中，

$$K=\frac{2}{s_n+h}\exp\left[\frac{1}{2}+s_n(s_n-h)/2\right]$$

$$h=\sqrt{s_n^2+2} \tag{A.34}$$

这里，$y=\beta C'_{x_f}$是表示$\beta C'_{x_f}$的实验值的随机变量。为确保对分布截尾进行取样，可以在 $-3C_m \leqslant C'_{x_f} \leqslant +3C_m$ 范围内或等效范围 $-3 \leqslant y \leqslant 3$ 内为 C'_{x_f}计算随机值。对于这个范围之外的速度，概率密度很低（即$<e^{-3^2}$），因此这种速度非常罕见，可以忽略不计。在这种情况下，接受−拒绝算法将包括以下步骤。

（1）计算值 $y=-3+6R_1$，其中 $0 \leqslant R_1 \leqslant 1$ 为随机数。

（2）生成第二个随机数，$0 \leqslant R_2 \leqslant 1$。

（3）使用式（A.33）计算$f(y)/M$，并检查：

$$R_2 \leqslant f(y)/M$$

（a）如果上述表达式成立，则通过设置 $C'_{x_f}=y/\beta$ 接受生成的值 y。

（b）如果上述表达式不成立，则拒绝值 y，返回到（1），并生成另一个值 y。

总之，对于 N_{gen} 个粒子［式（A.29）］中的每一个，使用式（A.30）生成热速度分量 C'_{y_f}和 C'_{z_f}，并且使用式（A.33）结合前面描述的接受−拒绝算法生成分量 C'_{x_f}。这些值表示参考坐标系（$\bar{x}_f$，$\bar{y}_f$，$\bar{z}_f$）中的热速度分量。使用面元法向量 $\hat{n}=(n_x\bar{x}, n_y\bar{y}, n_z\bar{z})$，这些速度分量可以转换回笛卡儿参考坐标系，产生热速度 C'_x、C'_y 和 C'_z。最后，通过与指定的宏观流动速度相加，得到所有粒子速度矢量，表示为

$$C_x=\langle C_x\rangle+C'_x$$

$$C_y=\langle C_y\rangle+C'_y$$

$$C_z=\langle C_z\rangle+C'_z \tag{A.35}$$

在这一阶段，所有 N_{gen} 个粒子的速度矢量都被分配到笛卡儿坐标系中。N_{gen} 个粒子中的每个粒子的内能通过对适当的麦克斯韦−玻尔兹曼能量分布函数取样获得，对于连续能量分布使用式（A.23），或使用式（A.24）表示量子化振动能分布。

A.4　生成表面碰撞引起的粒子特性

在 DSMC 模拟中，当粒子与固体表面边界碰撞时，必须更新碰撞后粒子的特性，以获得所需的气-面边界条件。DSMC 中用于固体表面碰撞的标准边界条件是漫反射和完全热适应。这意味着粒子离开表面时遵循与零宏观速度和表面温度(T_{surface})相对应的麦克斯韦-玻尔兹曼分布。

对于大多数材料来说，在表面元的尺度之下(在 DSMC 中通常大于或等于局部平均自由程)，存在着微米到纳米尺度的复杂表面结构。在离开微观结构并返回气流之前，气体粒子可能经历多次表面碰撞。因此，指定相对于平面表面元的漫反射和对表面温度的完全热适应是很好的假设。

当产生表面碰撞引起的粒子速度和内能时，在面法向坐标系下操作是很方便的(图 A.1)。事实上，该过程与第 A.3 节所述的过程类似，只是 $\hat{n}$ 方向上的宏观速度现在为零(即 $s_n = 0$)。由此可知，$\hat{n}$ 方向上热速度分量的分布函数从式(A.31)($s_n = 0$)中获得，并且由于 $0 \leqslant C'_{x_f} \leqslant \infty$ 的限制而得到不同的归一化因子：

$$f(C'_{x_f})\,\mathrm{d}C'_{x_f} = 2\beta^2 C'_{x_f}\mathrm{e}^{-\beta^2 C'^2_{x_f}}\,\mathrm{d}C'_{x_f} \tag{A.36}$$

因此，$\beta^2 C'_{x_f}$的分布可以写成

$$f(\beta^2 C'_{x_f})\,\mathrm{d}(\beta^2 C'_{x_f}) = \mathrm{e}^{-\beta^2 C'^2_{x_f}}\,\mathrm{d}(\beta^2 C'_{x_f}) \tag{A.37}$$

这种形式的分布函数与在式(A.18)中分析的累积分布函数相同，因此可以使用单个随机数($0 \leqslant R \leqslant 1$)获得 C'_{x_f}，即

$$C'_{x_f} = \frac{\sqrt{-\ln(R)}}{\beta} = C_{\mathrm{m}}\sqrt{-\ln(R)} \tag{A.38}$$

其他的热速度分量，C'_{y_f}和 C'_{z_f}(垂直于 $\hat{n}$)，按照第 A.3 节中的式(A.30)计算。最后，必须将这些速度分量从面法向坐标系转换回笛卡儿坐标系(使用面法向矢量 $\hat{n}$)，以获得最终的热速度分量 C'_x、C'_y和 C'_z。粒子的内能通过取样适当的麦克斯韦-玻尔兹曼能量分布函数获得，对于连续能量分布，使用式(A.23)；对于量子化的振动能分布，使用式(A.24)。对于完全热适应，所有温度应与表面温度相对应($T_{\text{tr}} = T_{\text{rot}} = T_{\text{vib}} = T_{\text{surface}}$)。

需要注意的是，有了这些假设，DSMC 计算能自然地预测“速度滑移”和“温

度跳跃”现象。这些都是气体分子在表面的平均速度不为零、平均热能与对应于表面温度的热能不同导致的非平衡现象。这是低密度和/或气-面相互作用的小尺度组合导致的气-面碰撞次数不足造成的。例如,在流过尖前缘时可能会显著发生“速度滑移”和“温度跃变”。在这种情况下,只有一小部分靠近表面的分子与表面发生了碰撞(并与之相适应),而其余的分子则没有。这样会出现具有非零平均速度及温度不等于表面温度的局部非麦克斯韦-玻尔兹曼速度分布。

由于 DSMC 方法模拟了大量碰撞基础上的气-面相互作用,因此在吸收先进的物理模型方面有相当大的灵活性。许多气-面碰撞模型,包括用于气-面化学反应的模型,已经在文献中被提出并得到了广泛的应用。

A.5 亚声速和涨落边界条件

亚声速 DSMC 边界条件涉及在边界处生成粒子(或更新其特性),通常涉及本附录中概述的相同算法。然而,亚声速边界处的气体精确状态不是先验的,而是当前解的一部分。在 DSMC 中有许多可用于实现亚声速边界条件的策略,其中一些策略在 Farbar 和 Boyd(2014)最近的研究中进行了分析。亚声速边界条件最适合的实现通常是针对特定问题的。无论选择何种策略,都应注意适当验证亚声速流动结果对相关问题的物理精度。

在模拟微尺度方面的非平衡流时,不仅涉及亚声速流,而且还可能涉及真实涨落(图 6.1)。对于此类流动,本节中介绍的算法需要修改。一般来说,如果气体中存在真实的涨落,那么也应该在模拟边界处规定这种涨落。由于流体参量之间的相关性,在计算均值和方差时必须小心,生成粒子特性(边界条件)也必须以相同的方式进行。Tysanner 和 Garcia(2004,2005)及 Garcia(2007)的一系列文章描述了涨落和相关性的影响,以及以物理上准确的方式对这些影响进行建模的数值策略。

附录 B

碰 撞 参 量

本附录将导出一些特定于平衡态气体分子对的有用表达式。一般来说,平衡态气体中碰撞分子对的相对速度、碰撞能量和内能的分布与气体系统作为整体时其中的分子对的分布不同。最明显的例子是,在碰撞对中发现的相对速度分布函数不同于气体中的所有对,因为碰撞概率受相对速度的影响。碰撞参量与气体整体参量之间的这种差异对于许多 DSMC 算法来说是非常重要的。由于 DSMC 主要通过碰撞改变气体的状态,因此碰撞分布函数通常是 DSMC 松弛模型中最相关的。

B.1 分子对的分布

由于碰撞截面(碰撞概率)是相对速度的强相关函数,考虑从平衡气体中随机选择的分子对的平均相对速度。这里作进一步推广,并写出平均相对速度(g)具有幂次(j)的表达式,即

$$\langle g^j \rangle = \int_{-\infty}^{\infty}\int_{-\infty}^{\infty} g^j f_0(\bar{C}) f_0(\bar{Z})\, \mathrm{d}\bar{C}\mathrm{d}\bar{Z} \tag{B.1}$$

其中,f_0 表示麦克斯韦-玻尔兹曼平衡速度分布函数。如后面 B.2 节所述,由于碰撞概率也与相对速度某个幂次的量成比例(即 VHS 型模型),因而式(B.1)中的量也与平衡气体中的碰撞次数成比例。

类似第 1.3.5 节中硬球碰撞率的推导,可以用伽马函数来计算上述表达式。具体来说,类似式(1.123)~式(1.133),通过重新计算速度矢量 $\bar{C}$ 和 $\bar{Z}$,并根据相对速度 $\bar{g} \equiv \bar{C} - \bar{Z}$ 和质心速度 $\bar{W} \equiv (m_A\bar{C} + m_B\bar{Z})/(m_A + m_B)$,可以将式(B.1)改写为

$$\langle g^j \rangle = \frac{(m_A m_B)^{3/2}}{(2\pi kT)^3}\int_{-\infty}^{\infty}\int_{-\infty}^{\infty} g^j \exp\left\{-\frac{1}{2kT}\left[(m_A + m_B)W^2 + m_r g^2\right]\right\} d\bar{W} d\bar{g} \tag{B.2}$$

用球面极坐标书写,即

$$d\bar{W} = W^2 \sin\phi_W d\phi_W d\theta_W dW$$
$$d\bar{g} = g^2 \sin\phi_g d\phi_g d\theta_g dg \tag{B.3}$$

其中,

$$W = |\bar{W}|$$
$$g = |\bar{g}| \tag{B.4}$$

可以在两组角度上积分,$[0 < \phi < \pi]$, $[0 < \theta < 2\pi]$,得到

$$d\bar{W} = 4\pi W^2 dW$$
$$d\bar{g} = 4\pi g^2 dg \tag{B.5}$$

利用上述表达式,可以用两个独立的积分重写式(B.2):

$$\langle g^j \rangle = \int_0^{\infty} f_0(W) dW \int_0^{\infty} g^j f_0(g) dg \tag{B.6}$$

式中,$f_0(W)$是平衡时气体中粒子对的质心速度大小的分布,即

$$f_0(W) = \frac{4(m_A + m_B)^{3/2}}{\sqrt{\pi}(2kT)^{3/2}} W^2 \exp\left[-\frac{(m_A + m_B)W^2}{2kT}\right] \tag{B.7}$$

$f_0(g)$是平衡时气体中粒子对相对速度大小的分布,即

$$f_0(g) = \frac{4m_r^{3/2}}{\sqrt{\pi}(2kT)^{3/2}} g^2 \exp\left(-\frac{m_r g^2}{2kT}\right) \tag{B.8}$$

由于$f_0(W)$是一个标准分布函数,式(B.6)中的第一个积分是单位1,因此,正如所料,

$$\langle g^j \rangle = \int_0^{\infty} g^j f_0(g) dg \tag{B.9}$$

表达式:

$$\langle g^j \rangle = \int_0^\infty \frac{4m_r^{3/2}}{\sqrt{\pi}(2kT)^{3/2}} g^{j+2} \exp\left(-\frac{m_r g^2}{2kT}\right) dg \tag{B.10}$$

可以使用如下变换进行简化:

$$x \equiv \frac{m_r g^2}{2kT}$$

$$g^{j+2} = \left(\frac{2kT}{m_r}\right)^{1+j/2} x^{1+j/2}$$

$$dg = \sqrt{\frac{kT}{2m_r x}} dx \tag{B.11}$$

得出以下表达式:

$$\langle g^j \rangle = \frac{2}{\sqrt{\pi}} \left(\frac{2kT}{m_r}\right)^{j/2} \int_0^\infty x^{t-1} e^{-x} dx \tag{B.12}$$

式中,$t = (3 + j)/2$。该积分是伽马函数,$\Gamma(t)$,因此,

$$\langle g^j \rangle = \frac{2}{\sqrt{\pi}} \left(\frac{2kT}{m_r}\right)^{j/2} \Gamma\left(\frac{3+j}{2}\right) \tag{B.13}$$

因此,平衡气体中随机选择的分子对的平均相对速度大小($j = 1$ 的情况)是

$$\langle g \rangle = \sqrt{\frac{8kT}{\pi m_r}} \tag{B.14}$$

对于简单气体($m_A = m_B = m = 2m_r$),分子对的平均相对速度为

$$\langle g \rangle = 4\sqrt{\frac{kT}{\pi m}} = \sqrt{2} \langle | \bar{C} | \rangle \tag{B.15}$$

式中,$\langle |\bar{C}| \rangle$是在第 1 章式(1.119)中导出的平衡单组分气体中分子的平均速率。此外,值得注意的是,在第 6 章中使用了式(B.15)来推导由式(6.5)给出的无时间计数器(NTC)DSMC 算法得到的平衡碰撞率。

B.2 碰撞中分子对的分布

既然已经导出了气体平衡时分子对的分布函数,就只寻求那些参与碰撞的

分子对的分布函数。由于碰撞截面和碰撞概率都受到相对速度的影响,所以这些分布通常是不一样的。

考虑在平衡气体中的碰撞过程涉及的某个量 Q 的平均值。与式(1.133)中推导的硬球气体的表达式类似,单位体积、单位时间内 A 和 B 粒子(在质心框架内的速度为 $\bar{W}$ 和 $\bar{g}$)碰撞次数的微分表达式为

$$dZ_{AB} = n_A n_B \frac{(m_A m_B)^{3/2}}{(2\pi kT)^3}(\sigma_T g)\exp\left\{-\frac{1}{2kT}[(m_A + m_B)W^2 + m_r g^2]\right\}d\bar{W}d\bar{g} \tag{B.16}$$

感兴趣的某个量 Q 是分子对相对速度的函数,即 $Q = Q(g)$。 在这种情况下,可以写出平衡气体碰撞中 Q 的平均值的表达式,即

$$\langle Q \rangle_{\text{collisions}} = \frac{\int_0^\infty \int_0^\infty Q(g)\,dZ_{AB}}{\int_0^\infty \int_0^\infty dZ_{AB}} \tag{B.17}$$

其中,表达式的分子是所有碰撞中 $Q(g)$ 的总和,其分母是碰撞的总数。如果碰撞截面(σ_T)是 g 的幂律函数,可以用 Dg^j代替($\sigma_T g$),其中 D 是比例常数。最后,使用式(B.2)~式(B.9)中的相同转换关系,注意到分子和分母中的系数相互抵消,得到碰撞中 $Q(g)$平均值的如下表达式

$$\langle Q \rangle_{\text{collisions}} = \frac{\int_0^\infty Q(g)g^j f_0(g)\,dg}{\langle g^j \rangle} \tag{B.18}$$

式中,$f_0(g)$在式(B.8)中给出,$\langle g^j \rangle$在式(B.13)中给出。

对于 VHS 碰撞截面模型[式(6.17)],有 $\sigma_T \propto g^{-2\nu}$,因此有 $(\sigma_T g) \propto g^{1-2\nu}$。在这种情况下,$j = 1 - 2\nu$,或等效于黏性-温度指数参数,$j = 2 - 2\omega$ [式(6.24)]。对于 VHS 碰撞模型,在平衡气体的碰撞过程中 Q 的平均值变为

$$\langle Q \rangle_{\text{collisions}}^{\text{VHS}} = \frac{2}{\Gamma(5/2 - \omega)}\left(\frac{m_r}{2kT}\right)^{5/2-\omega}\int_0^\infty Q(g)g^{2(2-\omega)}\exp\left(-\frac{m_r g^2}{2kT}\right)dg \tag{B.19}$$

这可以写成

$$\langle Q \rangle_{\text{collisions}}^{\text{VHS}} = \int_0^\infty Q(g) f_{\text{collisions}}^{\text{VHS}}(g)\,dg \tag{B.20}$$

其中,在平衡气体的碰撞过程(使用 VHS 模型)中相对速度(g)的分布函数为

$$f_{\text{collisions}}^{\text{VHS}}(g)=\frac{2}{\Gamma(5/2-\omega)}\left(\frac{m_{\mathrm{r}}}{2kT}\right)^{5/2-\omega}g^{2(2-\omega)}\exp\left(-\frac{m_{\mathrm{r}}g^{2}}{2kT}\right) \tag{B.21}$$

显然,由于碰撞截面(碰撞概率)对相对速度的依赖性,$f_{\text{collisions}}^{\text{VHS}}(g)$不等于$f_0(g)$。

例如,VHS 碰撞截面模型[式(6.17)]需要参考截面值。为方便起见,此参考截面是根据$\langle g^{2v}\rangle_{\text{collisions}}^{\text{VHS}}$的值定义的。通过设置 $Q(g)=g^{2v}=g^{2\omega-1}$,式(B.20)中的积分成为标准积分,从而有

$$\langle g^{2\omega-1}\rangle_{\text{collisions}}^{\text{VHS}}=\frac{(2kT/m_{\mathrm{r}})^{\omega-1/2}}{\Gamma(5/2-\omega)} \tag{B.22}$$

其结果与第 6 章中未经式(6.21)推导而给出的结果相同。

上述表达式可用于确定碰撞过程中平动能的分布函数。相对于碰撞对的质心运动,碰撞对的相对平动能为

$$\epsilon_{\mathrm{tr}}\equiv\frac{1}{2}m_{\mathrm{r}}g^{2} \tag{B.23}$$

可以针对 ϵ_{tr}简单地重写式(B.20)和式(B.21),即

$$\langle Q\rangle_{\text{collisions}}^{\text{VHS}}=\int_{0}^{\infty}Q(\epsilon_{\mathrm{tr}})f_{\text{collisions}}^{\text{VHS}}(\epsilon_{\mathrm{tr}})\,\mathrm{d}(\epsilon_{\mathrm{tr}}) \tag{B.24}$$

其中,平衡气体中碰撞过程(使用 VHS 模型)的平动能分布函数为

$$f_{\text{collisions}}^{\text{VHS}}(\epsilon_{\mathrm{tr}})=\frac{\sqrt{2/m_{\mathrm{r}}}}{\Gamma(5/2-\omega)}\left(\frac{1}{kT}\right)^{5/2-\omega}\epsilon_{\mathrm{tr}}^{3/2-\omega}\exp\left(-\frac{\epsilon_{\mathrm{tr}}}{kT}\right) \tag{B.25}$$

这是一个有用的表达式,通常用于确定 DSMC 中碰撞后的特性。例如,参考第 6 章(第 6.4.2 节和第 6.4.4 节),其中详细讨论了平动能和内能(转动和振动)模态之间的能量转移模型。

如第 6.4.2 节所述,平衡气体中具有相应 ζ_i 自由度的任何连续能量模态(ϵ_i)的能量分布函数可以表示为

$$f\left(\frac{\epsilon_i}{kT},\zeta_i\right)\mathrm{d}\left(\frac{\epsilon_i}{kT}\right)=\frac{1}{\Gamma(\zeta_i/2)}\left(\frac{\epsilon_i}{kT}\right)^{\zeta_i/2-1}\mathrm{e}^{-\epsilon_i/kT}\mathrm{d}\left(\frac{\epsilon_i}{kT}\right) \tag{B.26}$$

此表达式适用于气体中分子的能量分布,但也适用于气体中参与碰撞的分子的

能量分布，只要自由度(ζ_i)是参与碰撞的自由度(即对 ϵ_i 有贡献的自由度)。例如，ϵ_{rot}可以仅指碰撞中一个分子的转动能，在这种情况下，$\zeta_{rot}=2$。然而，如果 $\epsilon_{rot}=\epsilon_{rot,1}+\epsilon_{rot,2}$ 是碰撞对中两个分子的总转动能，则 $\zeta_{rot}=4$ 是两个分子的总自由度[参见式(6.68)]。

这样，式(B.26)和式(B.25)的对比揭示了参与碰撞的有效平动自由度(使用 VHS 模型)为 $\zeta_{tr}=5-2\omega$。对于 $0.5<\omega<1.0$ 的典型范围，这意味着碰撞中分子的可用平动自由度高于气体中分子的可用平动自由度(即 $\zeta_{tr}>3$)。这是因为碰撞概率受相对速度的影响，因此也受碰撞所涉及的平动能的影响。

最后，上述表达式可用于确定与总碰撞能量相对应的分布函数。分布再次由式(B.26)给出，式中 $\epsilon_i=\epsilon_{coll}$[参见式(7.25)]，对应于碰撞对中两个分子的所有能量模态，$\zeta_i=\zeta_T$[参见式(7.26)]。如第 7 章第 7.4.1 节所述，总碰撞能量的分布函数用于 TCE 化学模型。此外，将大于指定能量阈值的能量包含在内的碰撞分数可以很容易地使用式(B.26)来确定。具体而言，即

$$\frac{\mathrm{d}N[\epsilon_{coll}>\epsilon_a]}{N}=\int_{\epsilon_a/kT}^{\infty}f\left(\frac{\epsilon_{coll}}{kT},\zeta_T\right)\mathrm{d}\left(\frac{\epsilon_{coll}}{kT}\right)=\frac{\Gamma_I(\zeta_T,\epsilon_a/kT)}{\Gamma(\zeta_T)} \tag{B.27}$$

这个表达式包括不完全伽马函数，即

$$\Gamma_I(t,\alpha)\equiv\int_{\alpha}^{\infty}x^{t-1}e^{-x}\mathrm{d}x \tag{B.28}$$

如式(B.27)所示，碰撞能量大于某一阈值的碰撞分数是分子分析和建模的有用量。

附录 C

确定碰撞后速度

本附录将概述确定 DSMC 粒子碰撞后速度的基本步骤。这通常是整个碰撞算法的最后一步,在处理化学反应和分配碰撞后内能之后执行。在这些过程之后,剩余的碰撞能量被分配到碰撞后粒子的平动模态中,并最终将碰撞后的速度矢量分配给每个粒子。本附录将介绍硬球散射(硬球[HS]、可变硬球[VHS]和广义硬球[GHS]模型)、软球散射(可变软球[VSS]和广义软球[GSS])的碰撞后粒子速度分配算法,同时也提出针对离解、交换和复合反应产物的算法。

C.1 弹性碰撞和非弹性碰撞

在质心参考系中进行粒子间的碰撞分析最为方便。与碰撞相关的相应平动能先前在第 6 章的式(6.62)中引入,如 $\epsilon_{tr}=m_r g^2/2$。对于弹性碰撞,平动模态和内能模态之间没有能量传递。在这种情况下,相对速度 g(即 ϵ_{tr})在碰撞过程中保持恒定[见第 1 章中的式(1.68)]。注意,g 的值与用于确定碰撞概率的值相同[见第 6 章中的式(6.13)]。

对于非弹性碰撞,如第 6.4 节所述,能量在平动和内能模态之间传递。能量再分配完成后,将剩余一定量的平动能(ϵ_{tr})[参见式(6.77)和相关讨论,或式(6.104)及其以下相关算法]。在这种情况下,碰撞后的相对速度为

$$g=\sqrt{\frac{2\epsilon_{tr}}{m_r}} \tag{C.1}$$

其中,m_r 是碰撞对的折合质量。无论是弹性的还是非弹性的,碰撞后的相对速度 g 是已知的,以下继续确定散射角并计算最终的速度矢量。

C.1.1 硬球散射

对于 HS、VHS 和 GHS 碰撞模型使用的硬球散射，选择随机散射角。具体地说，碰撞对的质心速度(W_i)可以用式(1.58)计算，其中碰撞前的速度用 $C_{i,1}^{pre}$ 和 $C_{i,2}^{pre}$ 表示，两个粒子用下标 1 和 2 表示，即

$$W_i = \frac{m_1}{m_1 + m_2}C_{i,1}^{pre} + \frac{m_2}{m_1 + m_2}C_{i,2}^{pre} \tag{C.2}$$

其中，$i = x, y, z$。由于线性动量守恒，W_i 在碰撞过程中保持不变。相对于质心速度的速度矢量现在是随机化的，因此相对速度大小是 g。首先，根据第 5 章式(5.111)确定散射角为

$$\cos\chi = 2\left(\frac{b}{d}\right)^2 - 1 \tag{C.3}$$

式中，b 为最近距离；d 为定义总碰撞截面的直径[式(6.16)]。如第 6.2.1 节所述，最近距离在稀疏气体中是随机的，事实上，$(b/d)^2$ 的数值在[0, 1]范围内随机分布。因此，可以通过下式计算散射角 χ 和 θ：

$$\cos\chi = 2R_1 - 1$$

$$\sin\chi = \sqrt{1 - \cos^2\chi}$$

$$\theta = 2\pi R_2 \tag{C.4}$$

其中，R_1 和 R_2 是[0, 1]范围内的随机数。这样新的相对速度分量可以确定为

$$g_x' = g\cos\chi$$

$$g_y' = g\sin\chi\cos\theta$$

$$g_z' = g\sin\chi\sin\theta \tag{C.5}$$

最后，由此确定粒子的碰撞后速度矢量类似式(1.63)和式(1.64)，即

$$C_{i,1} = W_i + \frac{m_2}{m_1 + m_2}g_i'$$

$$C_{i,2} = W_i - \frac{m_1}{m_1 + m_2}g_i' \tag{C.6}$$

其中，$i = x, y, z$。这样就完成了碰撞，且所有的粒子组元、内能和最终速度矢量都已经确定。现在，粒子准备进入 DSMC 算法的下一个运动步骤。

C.1.2　软球散射

对于 VSS 和 GSS 模型所使用的软球散射，散射角χ是有倾向性的。具体来说，从式(6.33)可以写出

$$\cos\chi = 2\left(\frac{b}{d}\right)^{(2/\alpha_{1-2})} - 1 \tag{C.7}$$

其中，α_{1-2}是特定于组元对(1-2)的 VSS 指数参数。这里，d 的定义与硬球散射的定义相同(式(6.16))，因此数量$(b/d)^2$再次随机分布在范围[0, 1]内。软球散射的角度由下式确定：

$$\cos\chi = 2R_1^{(1/\alpha_{1-2})} - 1$$
$$\sin\chi = \sqrt{1 - \cos^2\chi}$$
$$\theta = 2\pi R_2 \tag{C.8}$$

对于弹性碰撞，由于平动和内能模态之间不存在能量交换，因此可以保持原始的相对速度矢量，并可以将软球散射角直接应用于该矢量。原始相对速度矢量可由碰撞对的碰撞前速度得到，即

$$g_i = C_{i,1}^{\text{pre}} - C_{i,2}^{\text{pre}} \tag{C.9}$$

其中，$i = x, y, z$。在这种情况下，可以证明最终的相对速度分量由下式给出：

$$g_x' = g_x\cos\chi + \left(\sqrt{g_y^2 + g_z^2}\sin\theta\right)\sin\chi$$
$$g_y' = g_y\cos\chi + \left(\frac{gg_z\cos\theta - g_xg_y\sin\theta}{\sqrt{g_y^2 + g_z^2}}\right)\sin\chi$$
$$g_z' = g_z\cos\chi - \left(\frac{gg_y\cos\theta + g_xg_z\sin\theta}{\sqrt{g_y^2 + g_z^2}}\right)\sin\chi \tag{C.10}$$

质心速度仍然由式(C.2)给出，并且与硬球散射情况一样，保持恒定。因此，两个粒子的最终碰撞后速度矢量也由式(C.6)确定，其中的g_x'、g_y'和g_z'使用式(C.10)中的软球表达式得到。

需要注意的是，可能不需要保持碰撞前的相对速度矢量，也不必将散射角表达式直接应用于该矢量。由于相对速度矢量在稀疏气体中可能具有足够的随机性，式(C.9)可替换为g_i的随机表达式。这样，通过式(C.7)和式(C.10)，角度χ和θ仍然有倾向性。然而，这种倾向性现在将应用于随机相对速度矢量。对于

非弹性碰撞,当能量在平动和内能模态之间交换时,相对速度大小的变化和碰撞前构型相对速度矢量的维持可能不再使能量守恒。对于非弹性碰撞,以及接下来讨论的反应碰撞,在应用软球散射角之前,最好随机化相对速度矢量。

因此,对于非弹性碰撞(包括反应碰撞)的软球散射,g 的碰撞后值由剩余平动能(ϵ_{tr})根据式(C.1)确定。因此使用标量值 g 创建随机向量来替换式(C.9)的原始相对速度矢量 g_i。这可以通过将式(C.4)与以下表达式一起使用来实现:

$$g_x = g\sin\chi\cos\theta$$

$$g_y = g\sin\chi\sin\theta$$

$$g_z = g\cos\chi \tag{C.11}$$

因此,对于非弹性碰撞的软球散射,式(C.11)代替了式(C.9)。其余的软球表达式是相同的,也就是说,最终的相对速度分量由式(C.10)获得,并且这些量在式(C.6)中用于确定最终的碰撞后速度矢量。

这样就完成了一个碰撞过程,所有粒子组元、内能和最终速度矢量都是基于软球散射确定的。现在,粒子准备进入 DSMC 算法的下一个运动步骤。

C.2 离解反应碰撞

发生离解反应的两个模拟粒子之间的碰撞涉及三个产物粒子。在示意图 C.1 中,这些产物粒子标记为可以是原子或分子的粒了 P 及原子 A1 和 A2。需要特别考虑的是如何正确分配这些产物粒子的速度矢量。

如第 7 章第 7.4 节所述,总碰撞能量(ϵ_{coll})是根据参与碰撞的两个粒子(在图 C.1 中标记为 P 和 M)的碰撞前平动能和内能计算的。如果发生离解反应,则从碰撞能中减去相应的键能(ϵ_a)。剩余的碰撞能量随后被重新分配给产物组元。首先,把产物分成两个粒子:M 是已经离解的分子(由两个原子组成),P 是参与碰撞的另一个粒子。如同第 7.4.2 节中所详细描述的那样,如果 P 是一个分子,则首先分配其内能(ϵ_{rot},ϵ_{vib})。从剩余的碰撞能中分配给 M 和 P 的相对平动能的部分为 ϵ_{tr-MP},另一部分是组成 M 的两个原子的相对平动能,为 ϵ_{tr-AA}。

在第一步中,M 被视为单个粒子,并使用相对能量 ϵ_{tr-MP} 来确定粒子 P 和 M 的碰撞后速度。将 P 和 M 分别对应于粒子 1 和 2,执行上述硬球或软球散射过

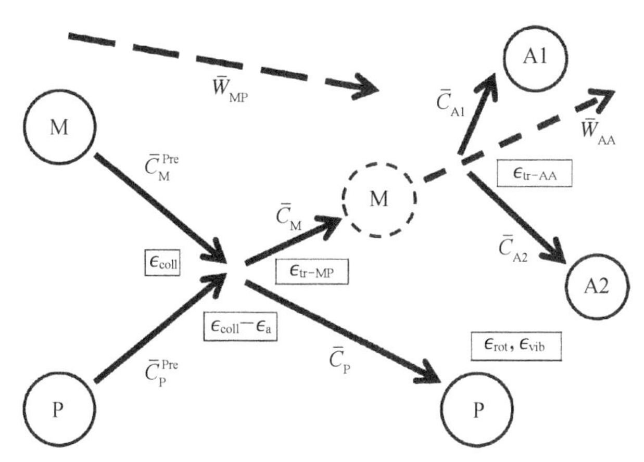

图 C.1　离解反应中确定碰撞后速度矢量的过程示意图

程。因此,第 C.1 节中的表达式确定了速度矢量 $C_{i,P}$和 $C_{i,M}$。现在已经确定了粒子 P 的性质,还需要恰当地离解粒子 M。

利用剩余的碰撞能量 ϵ_{tr-AA}确定组成 M 的两个原子的速度矢量,以便恰当地离解粒子 M。在这种情况下,如图 C.1 所示,两个原子的质心速度设置为 $W_{i,AA}=C_{i,M}$,该值已在上一步骤中确定。执行上述硬球或软球散射过程,其中两个原子(A1 和 A2)现在分别对应于粒子 1 和 2。因此,第 C.1 节中的表达式确定了速度矢量 $C_{i,A1}$和 $C_{i,A2}$。现在这三种产物粒子 P、A1 和 A2 的性质都已确定,离解碰撞完成。

原则上,硬球或软球散射都可以用来确定 M 和 P 以及 A1 和 A2 的速度。然而,如第 C.1.2 节中讨论的软球散射,碰撞前的相对速度矢量不能在反应碰撞中得到维持,因此应使用特定于非弹性碰撞的软球表达式[即用式(C.11)代替式(C.9)]。然而,由于软球碰撞模型通常是基于黏性和扩散数据或非反应截面数据进行典型参数化的,因此这些模型不能准确描述反应产物的碰撞后偏转角度。如果这些反应碰撞的软球模型的精度未知,为谨慎起见,对反应碰撞可以简单地使用硬球散射定律。

C.3　交换反应碰撞

两个模拟粒子之间发生交换反应的碰撞只涉及两个产物粒子,但是,仍然需要特别考虑正确分配这些产物粒子的速度矢量。如第 7.5.4 节所述和图 C.2 所示，总碰撞能量（ϵ_{coll}）是根据参与碰撞的两个粒子的相对平动能和内能计算的。根据反应的方向，它可能是放热反应或吸热反应，因此相关的键能（ϵ_a）可以加到总碰撞能或从总碰撞能中减去。剩余的碰撞能量随后被重新分配给产物组元。首先，内能（ϵ_{rot}，ϵ_{vib}）在两个产物粒子之间如第 7.5.4 节（以及第 7.4.2 节）所述进行重新分配；然后，剩余的碰撞能量 ϵ_{tr} 用于确定两个产物粒子的碰撞后速度矢量。

确定碰撞后速度矢量的步骤与第 C.1 节中描述的过程相似，但是，由于产物分子的质量可能不同于碰撞前粒子的质量，因此需要进一步考虑质心速度和约化质量。如图 C.2 所示，最方便的办法是用具体的质量（m_1、m_2、m_3 和 m_4）标记四个单独的粒子。

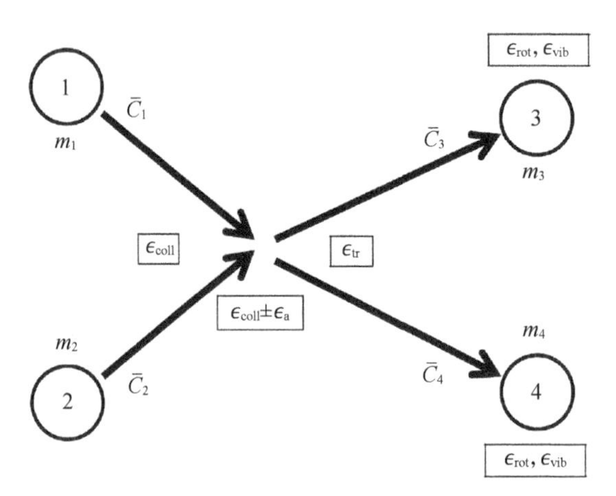

图 C.2 交换反应中确定碰撞后速度矢量的过程示意图

与非弹性无反应碰撞（第 C.1 节）和离解碰撞（第 C.2 节）的步骤类似，所需的信息包括剩余的平动能 ϵ_{tr} 和碰撞的质心速度，以便使动量守恒。在交换反应的情况下，根据反应物粒子速度（图 C.2 中的 $C_{i,1}$ 和 $C_{i,2}$）使用式（C.2）计算质心速度（W_i）。但是，除此之外，还需要碰撞后质心速度和碰撞前质心速度之间的下述比率，即

$$W_{ratio} = \frac{m_1 + m_2}{m_3 + m_4} \tag{C.12}$$

并将在以后的步骤中使用。

产物粒子的相对速度（g）由 ϵ_{tr} 根据式（C.1）计算，但应使用产物粒子的折合质量，即

$$m_r = \frac{m_3 m_4}{m_3 + m_4} \tag{C.13}$$

这是因为在碰撞中 ϵ_{tr} 是守恒的。

给定 g 的值后，碰撞后的相对速度分量（g_x'，g_y' 和 g_z'）使用第 C.1 节中给出的硬球或软球（非弹性）散射表达式计算。两个产物粒子的最终碰撞后速度矢量计算如下：

$$C_{i,3} = W_i W_{\text{ratio}} + \frac{m_4}{m_3 + m_4} g_i'$$

$$C_{i,4} = W_i W_{\text{ratio}} - \frac{m_3}{m_3 + m_4} g_i' \tag{C.14}$$

产物粒子 3 和 4 的性质现在已经确定，交换反应碰撞完成。

C.4　复合反应碰撞

复合反应碰撞涉及两个初始粒子在第三体粒子存在下的碰撞。如图 C.3 所示，考虑两个初始粒子是原子（标记为 A1 和 A2），它们与第三体粒子（标记为 P 的原子或分子）碰撞。注意，复合示意图（图 C.3）实质上与离解示意图（图 C.1）相反。最终，粒子 A1 和 A2 复合为一个新的分子组元（标记为 M），其可能与粒子 P 发生能量交换。两个产物粒子 M 和 P 的速度矢量有待确定。

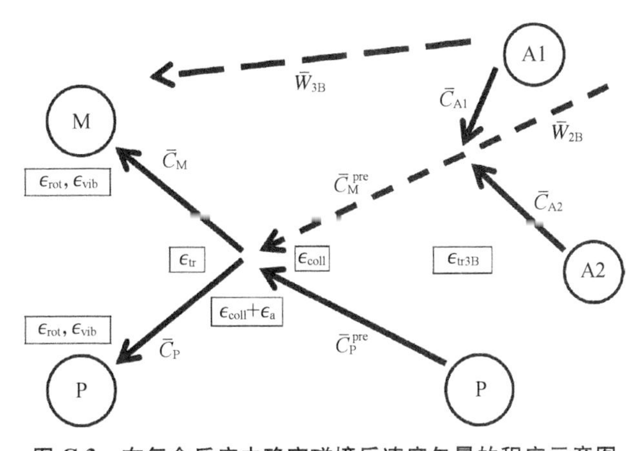

图 C.3　在复合反应中确定碰撞后速度矢量的程序示意图

首先,如第 7.5.4 节(步骤 4a)所述,计算总碰撞能量(ϵ_{coll})涉及计算三粒子系统的相对平动能(ϵ_{tr3B})。为了计算这个能量,两个初始粒子 A1 和 A2 的质心速度计算如下:

$$W_{i,\,2B}=\frac{m_{A1}}{m_{A1}+m_{A2}}C_{i,\,A1}+\frac{m_{A2}}{m_{A1}+m_{A2}}C_{i,\,A2} \tag{C.15}$$

另外,粒子 A1 和 A2 的相对速度的平方计算如下:

$$g_{2B}^{2}=(C_{x,\,A1}-C_{x,\,A2})^{2}+(C_{y,\,A1}-C_{y,\,A2})^{2}+(C_{z,\,A1}-C_{z,\,A2})^{2} \tag{C.16}$$

接下来,初始粒子对和第三体(P)之间的相对速度矢量计算如下:

$$g_{i,\,3B}=W_{i,\,2B}-C_{i,\,P} \tag{C.17}$$

因此可以计算:

$$g_{3B}^{2}=g_{x,\,3B}^{2}+g_{y,\,3B}^{2}+g_{z,\,3B}^{2} \tag{C.18}$$

此外,对应于初始粒子对的折合质量为

$$m_{r2B}=\frac{m_{A1}m_{A2}}{m_{A1}+m_{A2}} \tag{C.19}$$

与第三体关联的折合质量定义为

$$m_{r3B}=\frac{m_{r2B}m_{P}}{m_{r2B}+m_{P}} \tag{C.20}$$

最后,三粒子系统的相对平动能为

$$\epsilon_{tr3B}=\frac{1}{2}(m_{r2B}g_{2B}^{2}+m_{r3B}g_{3B}^{2}) \tag{C.21}$$

接下来使用该平动能(ϵ_{tr3B})计算总碰撞能量(ϵ_{coll})。然后,总碰撞能量在复合反应产物的能量模态之间重新分配,如下所述。

由于复合反应是吸热的,所以相应的键能(ϵ_{a})被加到总碰撞能中。如第 7.5.4 节(以及第 7.4.2 节)所述,碰撞能量首先被重新分配到两个产物粒子 M 和 P 的内能模态(M 无疑是一个分子,而 P 可能是一个原子或分子)。剩余的碰撞能量 ϵ_{tr} 用于确定 M 和 P 的最终速度矢量。

在这种情况下,使用式(C.1)由 ϵ_{tr} 确定相对速度 g,其中 m_r 是产物粒子 M 和 P 的折合质量。根据前文可知,这是正确的选择,因为守恒的是碰撞能量,而

非相对速度。接下来,参考图 C.3,质心速度计算为

$$W_i = \frac{m_\mathrm{M}}{m_\mathrm{M} + m_\mathrm{P}} C_{i,\mathrm{M}}^{\mathrm{pre}} + \frac{m_\mathrm{P}}{m_\mathrm{M} + m_\mathrm{P}} C_{i,\mathrm{P}}^{\mathrm{pre}} \tag{C.22}$$

式中,$C_{i,\mathrm{M}}^{\mathrm{pre}} = W_{i,2\mathrm{B}}$,参见式(C.15)(即参与复合反应的两个初始原子的碰撞前质心速度)。

使用 g 和 W_i 的这些值,可以根据第 C.1 节中给出的硬球或软球(非弹性)散射表达式计算碰撞后的相对速度分量(g_x'、g_y' 和 g_z'),然后使用式(C.6)计算两个产物粒子的最终碰撞后速度矢量。现在,可以确定产物粒子 M 和 P 的性质,完成复合反应碰撞。

附录 D

宏 观 特 性

本附录中将总结一些最常见的感兴趣的宏观量,并给出从 DSMC 粒子的性质计算这些量的方程,这些量包括单个组元和气体混合物的平均速度、密度、温度、压力、平均自由程和平均碰撞时间,另外还将讨论表面性质,如表面压力、热流和剪切应力。

D.1 气体属性

为计算宏观量,必须在足够数量的样本(即粒子及其分子性质)上取平均值。对于定常状态的模拟,在稳定过程中,每个网格单元内的样本在多个时间步内累积。对于非定常状态的模拟,在取样信息被舍弃并替换为新的取样信息之前,样本可能只在单个时间步上累积,或者可能在少量时间步上累积。在这两种情况下,样本都是在感兴趣的流体体积内经过一定数量的时间步累积的。然后取这些样本的平均值而得到宏观量。感兴趣的流体体积通常是碰撞单元,它是 0.5 至 1 立方平均自由程(λ);如果需要的话,取样体积可以更大。

在每个取样体积中,应储存若干个量。这些量在第 6 章第 6.2.4 节中进行了讨论,并建议在每个碰撞单元中为它们分配内存。在这里,我们关注为每个组元(s)存储的 9 个变量。这些变量表示特定粒子特性的累积和,对取样体积(取样单元内)内的所有粒子求和,并在多个取样时间步上求和。9 个变量用方括号表示,下标(s)表示特定组元,包括:

$$\left[\sum N_{\mathrm{p}}\right]_s$$

$$\left[\sum C_x\right]_s,\ \left[\sum C_y\right]_s,\ \left[\sum C_z\right]_s$$

$$[\sum C_x^2]_s,\ [\sum C_y^2]_s,\ [\sum C_z^2]_s$$

$$[\sum \epsilon_{\mathrm{rot}}]_s,\ [\sum \epsilon_{\mathrm{vib}}]_s$$

所有感兴趣的标准宏观气体属性都可以从这 9 个变量(对每种组元)计算出来。

D.1.1　单组元特性

一般来说,首先计算混合物中每种气体组元的性质,然后对这些性质进行平均以获得气体混合物的属性。

每个组元的数密度由下式确定:

$$n_s = \frac{[\sum N_p]_s W_{\mathrm{p}}}{N_{\Delta t\text{-samp}} V} \tag{D.1}$$

其中,$[\sum N_{\mathrm{p}}]_s$ 是取样单元内粒子数(N_{p})的累积和;$N_{\Delta t\text{-samp}}$ 是累积总和的取样时间步数;V 是取样单元体积;W_{p} 是粒子权重。本附录中的表达式假定同一单元格中的所有粒子具有相同的粒子权重。如果情况并非如此,例如,如果不同组元具有不同的权重,则应使用正确的粒子权重,并相应地修改表达式。

质量密度为

$$\rho_s = n_s m_s \tag{D.2}$$

其中,m_s 是组元 s 一个粒子的质量。

每个组元的宏观速度分量由下式计算:

$$\langle C_x \rangle_s = [\sum C_x]_s / [\sum N_{\mathrm{p}}]_s$$

$$\langle C_y \rangle_s = [\sum C_y]_s / [\sum N_{\mathrm{p}}]_s$$

$$\langle C_z \rangle_s = [\sum C_z]_s / [\sum N_{\mathrm{p}}]_s \tag{D.3}$$

其中,$[\sum C_i]_s$ 是取样单元内粒子速度分量的累积和。

每个坐标方向的平动温度可以定义为

$$T_{x,s} = \frac{m_s}{k}\left\{[\sum C_x^2]_s / [\sum N_{\mathrm{p}}]_s - \langle C_x \rangle_s \langle C_x \rangle_s\right\}$$

$$T_{y,s} = \frac{m_s}{k}\left\{[\sum C_y^2]_s / [\sum N_{\mathrm{p}}]_s - \langle C_y \rangle_s \langle C_y \rangle_s\right\}$$

$$T_{z,s} = \frac{m_s}{k}\left\{\left[\sum C_z^2\right]_s / \left[\sum N_{\mathrm{p}}\right]_s - \langle C_z\rangle_s \langle C_z\rangle_s\right\} \tag{D.4}$$

其中,$[\sum C_i^2]_s$ 是取样单元内粒子速度分量平方的累积和。可以通过对这些温度进行平均得到气体中每个组元的整体平动温度,即

$$T_{\mathrm{tr},s} = (T_{x,s} + T_{y,s} + T_{z,s})/3 \tag{D.5}$$

每个组元的分压为

$$p_s = n_s k T_{\mathrm{tr},s} \tag{D.6}$$

每个组元的转动温度由下式计算:

$$T_{\mathrm{rot},s} = \frac{2}{\zeta_{\mathrm{rot},s} k}\left\{\left[\sum \epsilon_{\mathrm{rot}}\right]_s / \left[\sum N_{\mathrm{p}}\right]_s\right\} \tag{D.7}$$

式中,$[\sum \epsilon_{\mathrm{rot}}]_s$ 是取样单元内粒子转动能的累积和;$\zeta_{\mathrm{rot},s}$是对应于组元 s 的转动自由度。

每个组元的振动温度可以用类似的表达式计算出来,即

$$T_{\mathrm{vib},s} = \frac{2}{\zeta_{\mathrm{vib},s} k}\left\{\left[\sum \epsilon_{\mathrm{vib}}\right]_s / \left[\sum N_{\mathrm{p}}\right]_s\right\} \tag{D.8}$$

式中,$[\sum \epsilon_{\mathrm{vib}}]_s$ 是取样单元中粒子振动能的累积和;$\zeta_{\mathrm{vib},s}$是组元 s 的振动自由度。然而,与 DSMC 碰撞算法和边界条件算法中使用的振动能模型保持一致是非常重要的。例如,在第 6 章和第 7 章中经常使用的简谐振子(SHO)模型,振动温度由下式确定:

$$T_{\mathrm{vib},s} = \theta_{\mathrm{vib},s} / \ln\left\{1 + \frac{k\theta_{\mathrm{vib},s}}{\left[\sum \epsilon_{\mathrm{vib}}\right]_s / \left[\sum N_{\mathrm{p}}\right]_s}\right\} \tag{D.9}$$

其中,$\theta_{\mathrm{vib},s}$是振动特征温度,是 SHO 模型所需的输入参数。

每个组元对应于所有能量模态的平均温度可以计算为

$$T_{\mathrm{avg},s} = \frac{\zeta_{\mathrm{tr},s} T_{\mathrm{tr},s} + \zeta_{\mathrm{rot},s} T_{\mathrm{rot},s} + \zeta_{\mathrm{vib},s} T_{\mathrm{vib},s}}{\zeta_{\mathrm{tr},s} + \zeta_{\mathrm{rot},s} + \zeta_{\mathrm{vib},s}} \tag{D.10}$$

这里,所有组元的 $\zeta_{\mathrm{tr},s} = 3$,原子组元的 $\zeta_{\mathrm{rot},s} = \zeta_{\mathrm{vib},s} = 0$。对于双原子组元,$\zeta_{\mathrm{rot},s} = 2$,且有效振动自由度($\zeta_{\mathrm{vib},s}$)的计算应与使用的振动能模型一致。例如,对于 SHO 模型,有

$$\zeta_{\mathrm{vib},s} = \frac{2\theta_{\mathrm{vib},s}/T_{\mathrm{vib}}}{e^{\theta_{\mathrm{vib},s}/T_{\mathrm{vib}}} - 1} \tag{D.11}$$

如式(D.11)所示,可用振动自由度最好是使用混合气体的振动温度(T_{vib})计算。该量在式(D.19)中定义,因此可能需要在计算平均组元温度[式(D.10)]之前进行计算。对于振动能含量很小的流动,T_{vib}的计算可能有问题。具体而言,由于缺少能量高于振动基态能级的粒子,可能得到 $T_{\mathrm{vib}} = 0$ K。在这种情况下,可在式(D.11)中使用混合气体的平动温度 T_{tr}[在式(D.15)中定义]计算有效振动自由度。对于多原子组元,这些方程中的自由度需要适当的修正。

D.1.2　混合气体属性

既然已经计算了每种气体组元(s)的宏观性质,那么可以通过对总组元数(N_s)进行平均来计算混合气体的整体属性。

混合气体数密度和质量密度由如下两式给出:

$$n = \sum_{s=1}^{N_s} n_s \tag{D.12}$$

和

$$\rho = \sum_{s=1}^{N_s} \rho_s \tag{D.13}$$

混合气体质量速度[按式(5.72)中定义的质量分数加权]计算为

$$C_{0x} = \left\{ \sum_{s=1}^{N_s} (\rho_s \langle C_x \rangle_s) \right\} / \rho$$

$$C_{0y} = \left\{ \sum_{s=1}^{N_s} (\rho_s \langle C_y \rangle_s) \right\} / \rho$$

$$C_{0z} = \left\{ \sum_{s=1}^{N_s} (\rho_s \langle C_z \rangle_s) \right\} / \rho \tag{D.14}$$

除了混合气体的总平动温度外,每个坐标方向上的混合气体平动温度也由质量分数加权[参考式(5.80)],即

$$T_x = \left\{ \sum_{s=1}^{N_s} (\rho_s T_{x,s}) \right\} / \rho$$

$$T_y = \left\{ \sum_{s=1}^{N_s} (\rho_s T_{y,s}) \right\} / \rho$$

$$T_z = \left\{ \sum_{s=1}^{N_s} (\rho_s T_{z,s}) \right\} / \rho$$

$$T_{\mathrm{tr}} = \left\{ \sum_{s=1}^{N_s} (\rho_s T_{\mathrm{tr},s}) \right\} / \rho \tag{D.15}$$

混合气体的压力[参见式(5.81)]为

$$p = \sum_{s=1}^{N_s} p_s = nkT_{\mathrm{tr}} \tag{D.16}$$

混合气体的转动和振动温度只是每个组元确定的温度的平均值。具体来说,混合气体的转动温度由下式给出:

$$T_{\mathrm{rot}} = \left\{ \sum_{s=1}^{N_s} (\rho_s T_{\mathrm{rot},s}) \right\} / \rho_{\mathrm{polyatomic}} \tag{D.17}$$

其中,质量分数权重仅包括多原子组元(即包含内能的组元):

$$\rho_{\mathrm{polyatomic}} = \sum_{s \neq s_{\mathrm{atomic}}}^{N_s} \rho_s \tag{D.18}$$

同样,混合气体的振动温度通过下式计算:

$$T_{\mathrm{vib}} = \left\{ \sum_{s=1}^{N_s} (\rho_s T_{\mathrm{vib},s}) \right\} / \rho_{\mathrm{polyatomic}} \tag{D.19}$$

最后,混合气体的总平均温度可以通过下式计算:

$$T_{\mathrm{avg}} = \left\{ \sum_{s=1}^{N_s} (\rho_s T_{\mathrm{avg},s}) \right\} / \rho \tag{D.20}$$

通常情况下,计算流动中所有点的局部平均自由程(λ)和平均碰撞时间(τ_{coll})是有实用意义的,这些值可用于评估 DSMC 仿真是否具备足够的分辨率。也就是说,这些值可用于确定局部网格单元尺寸是否小于 λ,以及模拟时间步长是否小于 τ_{coll}。此外,如果使用可变时间步进算法,则可能需要 λ 的局部值来执行自适应网格细化(AMR),并且可能使用 τ_{coll}的局部值来设置局部时间步长。

对于 VHS 型气体,在与混合气体中任何其他粒子碰撞之前,组元 s 粒子的平均自由程为

$$\frac{1}{\lambda_s}=\sum_{q=1}^{N_s}\left[\left(\frac{T_{\mathrm{ref},\,s-q}}{T_{\mathrm{tr}}}\right)^{\nu_{s-q}} n_q \pi d_{\mathrm{ref},\,s-q}^2 \sqrt{1+\frac{m_s}{m_q}}\right] \tag{D.21}$$

组元 s 粒子与混合物中任何其他粒子碰撞前的平均碰撞时间为

$$\frac{1}{\tau_{\mathrm{coll},\,s}}=\sum_{q=1}^{N_s}\left[\left(\frac{T_{\mathrm{tr}}}{T_{\mathrm{ref},\,s-q}}\right)^{1/2-\nu_{s-q}} 2n_q \pi d_{\mathrm{ref},\,s-q}^2 \sqrt{\frac{2\pi k T_{\mathrm{ref},\,s-q}}{m_{\mathrm{r},\,s-q}}}\right] \tag{D.22}$$

这里，$T_{\mathrm{ref},\,s-q}$、$d_{\mathrm{ref},\,s-q}$和 v_{s-q}是组元对 $s-q$ 特有的 VHS 模型参数。

最后，混合气体中所有粒子的平均自由程的平均值为

$$\lambda=\sum_{s=1}^{N_s}\left(\lambda_s \frac{n_s}{n}\right) \tag{D.23}$$

平均碰撞时间的平均值为

$$\tau_{\mathrm{coll}}=\sum_{s=1}^{N_s}\left(\tau_{\mathrm{coll},\,s} \frac{n_s}{n}\right) \tag{D.24}$$

碰撞率也可以直接从 DSMC 模拟中计算出来，只需计算给定单元中执行的碰撞次数（参见第 6 章中的示例 6.1）。利用网格单元内计算的平均热速度，该碰撞率可用于计算气体的平均碰撞时间和平均自由程。

D.2　表面特性

与连续流模拟相比，DSMC 中的表面特性不是由宏观特性的梯度计算的，而是直接由粒子-表面碰撞过程中传递到表面/从表面传递的动量和能量计算的。具体来说，还应为每个表面面元存储以下取样参量，即

$$\left[\sum W_{\mathrm{p}} N_{ps}\right]$$

$$\left[\sum mW_{\mathrm{p}}(C_x^{\mathrm{post}}-C_x^{\mathrm{pre}})\right]$$

$$\left[\sum mW_{\mathrm{p}}(C_y^{\mathrm{post}}-C_y^{\mathrm{pre}})\right]$$

$$\left[\sum mW_{\mathrm{p}}(C_z^{\mathrm{post}} - C_z^{\mathrm{pre}})\right]$$

$$\left[\sum \frac{mW_{\mathrm{p}}}{2}(C_x^{2\mathrm{post}} + C_y^{2\mathrm{post}} + C_z^{2\mathrm{post}} - C_x^{2\mathrm{pre}} - C_y^{2\mathrm{pre}} - C_z^{2\mathrm{pre}})\right]$$

$$\left[\sum W_{\mathrm{p}}(\epsilon_{\mathrm{rot}}^{\mathrm{post}} - \epsilon_{\mathrm{rot}}^{\mathrm{pre}})\right]$$

$$\left[\sum W_{\mathrm{p}}(\epsilon_{\mathrm{vib}}^{\mathrm{post}} - \epsilon_{\mathrm{vib}}^{\mathrm{pre}})\right]$$

如果需要的话,可以为每个组元储存这些参量。然而,人们通常只关心混合气体整体的总热流和阻力。如前所列,方括号中的每个项表示在多个取样时间步内与特定表面面元碰撞的所有组元所有粒子的累积总和。具体而言,粒子特性(动量和平动能,以及内能)在每次表面碰撞前后的差额被记录下来,并对所有碰撞进行求和。然后,这七个存储在每个表面面元的累积总和变量,可以用来计算每个面元的局部宏观表面特性。

定义为单位时间和单位面积内撞击表面的粒子数的数量通量计算如下:

$$n_{\mathrm{f}} = \frac{\left[\sum W_{\mathrm{p}} N_{\mathrm{ps}}\right]}{N_{\Delta t\text{-samp}} \Delta t A} \tag{D.25}$$

其中,$N_{\Delta t\text{-samp}}$是累积总和的取样时间步数;Δt 是模拟时间步长;A 是表面面元的面积。

在 x、y 和 z 坐标方向上,单位面积的表面面元净动量通量计算如下:

$$F_{M_x} = \frac{-\left[\sum mW_{\mathrm{p}}(C_x^{\mathrm{post}} - C_x^{\mathrm{pre}})\right]}{N_{\Delta t\text{-samp}} \Delta t A}$$

$$F_{M_y} = \frac{-\left[\sum mW_{\mathrm{p}}(C_y^{\mathrm{post}} - C_y^{\mathrm{pre}})\right]}{N_{\Delta t\text{-samp}} \Delta t A}$$

$$F_{M_z} = \frac{-\left[\sum mW_{\mathrm{p}}(C_z^{\mathrm{post}} - C_z^{\mathrm{pre}})\right]}{N_{\Delta t\text{-samp}} \Delta t A} \tag{D.26}$$

这些表达式可以对所有表面面元(N_{e})求和,以便确定每个坐标方向上作用在整个表面上的净作用力,即

$$F_x^{\text{total}} = \sum_{e=1}^{N_e} (F_{M_x} A)_e$$

$$F_y^{\text{total}} = \sum_{e=1}^{N_e} (F_{M_y} A)_e$$

$$F_z^{\text{total}} = \sum_{e=1}^{N_e} (F_{M_z} A)_e \tag{D.27}$$

这些净作用力表达式可以转换到表面法向坐标系(图 A.1),以获得表面压力和切应力张量的表达式。例如,表面压力计算如下:

$$p = -(F_{M_x} n_x + F_{M_y} n_y + F_{M_z} n_z) \tag{D.28}$$

最后,单位面积的净能量通量(表面热流)由下式给出:

$$q = \frac{E_{\text{net}}}{N_{\Delta t\text{-samp}} \Delta t A} \tag{D.29}$$

其中,

$$E_{\text{net}} = \left[\sum W_{\text{p}} (\epsilon_{\text{rot}}^{\text{post}} - \epsilon_{\text{rot}}^{\text{pre}})\right] + \left[\sum W_{\text{p}} (\epsilon_{\text{vib}}^{\text{post}} - \epsilon_{\text{vib}}^{\text{pre}})\right] + \left[\sum \frac{m W_{\text{p}}}{2} (C_x^{2\text{post}} + C_y^{2\text{post}} + C_z^{2\text{post}} - C_x^{2\text{pre}} - C_y^{2\text{pre}} - C_z^{2\text{pre}})\right] \tag{D.30}$$

整个表面的总热流为

$$q^{\text{total}} = \sum_{e=1}^{N_e} (qA)_e \tag{D.31}$$

这些表达式确定了最常见的感兴趣的表面特性。然而,DSMC 的分子属性使我们能够研究气-面相互作用的许多有趣的方面。例如,如果模拟表面化学反应,会生成或分解某些组元,那么通过简单修改上述表达式即可包括这样的影响。

附录 E

通 用 积 分

E.1 标准积分

在动理学理论和统计力学中经常出现的一个定积分是

$$I_n(a) \equiv \int_0^\infty x^n e^{-ax^2} dx \tag{E.1}$$

其中, $a > 0$ 且 n 是非负整数。对于特定的 n,积分值为

$$
\begin{aligned}
I_0(a) &= \frac{1}{2}\left(\frac{\pi}{a}\right)^{\frac{1}{2}} \\
I_1(a) &= \frac{1}{2a} \\
I_2(a) &= \frac{1}{4}\left(\frac{\pi}{a^3}\right)^{\frac{1}{2}} \\
I_3(a) &= \frac{1}{2a^2} \\
I_4(a) &= \frac{3}{8}\left(\frac{\pi}{a^5}\right)^{\frac{1}{2}} \\
I_5(a) &= \frac{1}{a^3}
\end{aligned}
\tag{E.2}
$$

从式(E.2)中确定的 I_0 和 I_1 开始,每个积分都可以通过以下关系从该积分系列的低一级积分中得到:

$$I_{n+2} = -\frac{\mathrm{d}I_n}{\mathrm{d}a} \tag{E.3}$$

这显然是从定义公式[式(E.1)]得出的。如果 n 为偶数,则从$-\infty$到$+\infty$的积分是上述值的 2 倍;如果 n 为奇数,则从$-\infty$到$+\infty$的积分为零。

E.2 误差函数

另一个经常出现在动理学理论和统计力学中的定积分是误差函数,即

$$\mathrm{erf}(a) \equiv \frac{2}{\sqrt{\pi}}\int_0^a \mathrm{e}^{-x^2}\mathrm{d}x \tag{E.4}$$

反误差函数为

$$\mathrm{erfc}(a) = 1 - \mathrm{erf}(a) \tag{E.5}$$

注意

$$\mathrm{erf}(-a) = -\mathrm{erf}(a) \tag{E.6}$$

$$\mathrm{erf}(0) = 0 \tag{E.7}$$

及

$$\mathrm{erf}(\infty) = 1 \tag{E.8}$$

对于参数 a 的一般值,数学文献中提供了各种级数展开、表格和曲线拟合。

E.3 伽马函数

另一个经常出现在动理学理论和统计力学中的定积分是伽马函数,即

$$\Gamma(t) \equiv \int_0^\infty x^{t-1}\mathrm{e}^{-x}\mathrm{d}x \tag{E.9}$$

对于伽马函数,下面的约化公式成立

$$\Gamma(t+1) = t\Gamma(t) \tag{E.10}$$

如果 t 等于零或正整数,有

$$\Gamma(t+1)=t! \tag{E.11}$$

不完全伽马函数也经常出现,即

$$\Gamma_{\mathrm{I}}(t,\ \alpha)\equiv\int_{\alpha}^{\infty}x^{t-1}\mathrm{e}^{-x}\mathrm{d}x \tag{E.12}$$

其约化公式为

$$\Gamma_{\mathrm{I}}(t,\ \alpha)=(t-1)\Gamma_{\mathrm{I}}(t-1,\ \alpha)+\alpha^{t-1}\mathrm{e}^{-\alpha} \tag{E.13}$$

最后,注意

$$\Gamma_{\mathrm{I}}(1/2,\ \alpha)=\sqrt{\pi}\,\mathrm{erfc}(\sqrt{\alpha}) \tag{E.14}$$

其中,erfc(　)是式(E.5)中给出的反误差函数。

参 考 文 献

Abe T, 1994. Direct simulation Monte Carlo method for internaltranslational energy exchange in nonequilibrium flow. Rarefied Gas Dynamics: Theory and Simulations. In Proceedings of the 18th International Symposium on Rarified Gas Dynamics, University of British Columbia, Vancouver, BC, Canada, 1994: 103 – 113.

Alsmeyer H, 1976. Density profiles in argon and nitrogen shock waves measured by the absorption of an electron beam. Journal of Fluid Mechanics, 74(3): 497 – 513.

Annis B, Malinauskas A, 1971. Temperature dependence of rotational collision numbers from thermal transpiration. The Journal of Chemical Physics, 54(11): 4763 – 4768.

Applcton J, Steinberg M, Liquornik D, 1968. Shock-tube study of nitrogen dissociation using vacuum-ultraviolet light absorption. The Journal of Chemical Physics, 48(2): 599 – 608.

Baker L L, Hadjiconstantinou N G, 2005. Variance reduction for Monte Carlo solutions of the Boltzmann equation. Physics of Fluids, 17: 051703.

Bender J D, Valentini P, Nompelis I, Paukku Y, Varga Z, Truhlar D G, Schwartzentruber T, Candler G V, 2015. An improved potential energy surface and multi-temperature quasiclassical trajectory calculations of N_2 + N_2 dissociation reactions. The Journal of Chemical Physics, 143(5): 054304.

Bergemann F, Boyd I D, 1994. New discrete vibrational energy model for the direct simulation Monte Carlo Method. Progress in Astronautics and Aeronautics, 158: 174 – 183.

Bertin J, 1994. Hypersonic Aerothermodynamics. AIAA, Washington.

Bhathnagor P, Gross E G, Krook M, 1954. A model for collision processes in gases. I. Small amplitude processes in charged and neutral one-component systems. Physical Review, 94(3): 511 – 525.

Billing G D, Wang L, 1992. Semiclassical calculations of transport coefficients and rotational relaxation of nitrogen at high temperatures. The Journal of Physical Chemistry, 96(6): 2572 – 2575.

Bird G, 1963. Approach to translational equilibrium in a rigid sphere gas. Physics of Fluids (1958 – 1988), 6(10): 1518 – 1519.

Bird G, 1994. Molecular Gas Dynamics and the Direct Simulation of Gas Flows. Oxford University Press, New York.

Bird G, 2013. The DSMC method. CreateSpace Independent Publishing Platform.

Borgnakke C, Larsen P S, 1975. Statistical collision model for monte carlo simulation of polyatomic gas mixture. Journal of Computational Physics, 18(4): 405 - 420.

Bose D, Candler G V, 1996. Thermal rate constants of the N_2 + O → NO + N reaction using ab initio 3A and 3A potential energy surfaces. The Journal of Chemical Physics, 104(8): 2825 - 2833.

Bourgat J-F, Desvillettes L, Le Tallec P, Perthame B, 1994. Microreversible collisions for polyatomic gases and Boltzmann's theorem. European Journal of Mechanics B: Fluids, 13(2): 237 - 254.

Boyd I D, 1990a. Analysis of rotational nonequilibrium in standing shock waves of nitrogen. AIAA Journal, 28(11): 1997 - 1999.

Boyd I D, 1990b. Rotational-translational energy transfer in rarefied nonequilibrium flows. Physics of Fluids A: Fluid Dynamics (1989 - 1993), 2(3): 447 - 452.

Boyd I D, 2007. Modeling backward chemical rate processes in the direct simulation Monte Carlo Method. Physics of Fluids (1994-present), 19(12): 126103.

Boyd I D, Chen G, Candler G V, 1995. Predicting failure of the continuum fluid equations in transitional hypersonic flows. Physics of Fluids (1994-present), 7(1): 210 - 219.

Boyd I D, Gokcen T, 1994. Computation of axisymmetric and ionized hypersonic flows using particle and continuum methods. AIAA Journal, 32(9): 1828 - 1835.

Burt J M, Josyula E, 2014. Efficient direct simulation Monte Carlo modeling of very low Knudsen number gas flows. In 52nd Aerospace Sciences Meeting.

Burt J M, Josyula E, Boyd I D, 2011. Techniques for reducing collision separation in direct simulation Monte Carlo calculations. In 42nd AOAA Thermophysics Conference, Honolulu.

Burt J M, Josyula E, Boyd I D, 2012. Novel Cartesian implementation of the direct simulation Monte Carlo method. Journal of Thermophysics and Heat Transfer, 262: 258 - 270.

Carnevale E, Carey C, Larson G, 1967. Ultrasonic determination of rotational collision numbers and vibrational relaxation times of polyatomic gases at high temperatures. The Journal of Chemical Physics, 47(8): 2829 - 2835.

Chapman S, Cowling T G, 1952. The Mathematical Theory of Nonuniform Gases: An Account of the Kinetic Theory of Viscosity, Thermal Conduction and Diffusion of Gases. Cambridge University Press, Cambridge.

Choquet I, 1994. Thermal nonequilibrium modeling using the direct simulation monte carlo method: Application to rotational energy. Physics of Fluids (1994-present), 6(12): 4042 - 4053.

Deschenes T R, Boyd I D, 2011. Extension of a modular particlecontinuum method to vibrationally excited, hypersonic flows. AIAA Journal, 49(9): 1951 - 1959.

Dietrich S, Boyd I D, 1996. Scalar and parallel optimized implementation of the direct simulation Monte Carlo Method. Journal of Computational Physics, 126(2): 328 - 342.

Donev A, Bell J B, Garcia A L, Alder B J, 2010. A hybrid particlecontinuum method for hydrodynamics of complex fluids. Multiscale Modeling and Simulation, 8(3): 871 - 911.

Donev A, Garcia A L, Alder B J, 2008. Stochastic event-driven molecular dynamics. Journal of Computational Physics, 227(4): 2644 - 2665.

Fan J, 2002. A generalized soft-sphere model for Monte Carlo Simulation. Physics of Fluids (1994-present), 14(12): 4399-4405.

Farbar E, Boyd I D, 2014. Subsonic flow boundary conditions for the direct simulation Monte Carlo method. Computers and Fluids, 102: 99-110.

Galitzine C, Boyd I D, 2015. An adaptive procedure for the numerical parameters of a particle simulation. Journal of Computational Physics, 281: 449-472.

Ganzi G, Sandler S I, 1971. Determination of thermal transport properties from thermal transpiration measurements. The Journal of Chemical Physics, 55(1): 132-140.

Gao D, Zhang C, Schwartzentruber T E, 2011. Particle simulations of planetary probe flows employing automated mesh refinement. Journal of Spacecraft and Rockets, 48(3): 397-405.

Garcia A L, 2000. Numerical Methods for Physics. Prentice Hall, Englewood Cliffs, NJ.

Garcia A L, 2007. Estimating hydrodynamic quantities in the presence of microscopic fluctuations. Communications in Applied Mathematics and Computational Science, 1(1): 53-78.

Garcia A L, Alder B J, 1998. Generation of the Chapman-Enskog distribution. Journal of Computational Physics, 140(1): 66-70.

Gimelshein N, Gimelshein S, Levin D, 2002. Vibrational relaxation rates in the direct simulation Monte Carlo method. Physics of Fluids, 14: 4452-4455.

Gmurczyk A S, Tarczynski M, Walenta Z A, 1979. Shock Wave Structure in the Binary Mixtures of Gases with Disparate Molecular Masses. 11th International symposium on rarefied gas dynamics, edited by Campargue, R., Commissariat a l'Energie Atomique, Paris, 1: 333-341.

Gombosi T, 1994. Gaskinetic Theory. Cambridge University Press, New York.

Grad H, 1963. Asymptotic theory of the Boltzmann equation. Physics of Fluids (1958-1988), 6(2): 147-181.

Gross E P, Jackson E A, 1959. Kinetic models and the linearized boltzmann equation. Physics of Fluids (1958-1988), 2(4): 432-441.

Haas B L, Boyd I D, 1993. Models for direct Monte Carlo simulation of coupled vibration-dissociation. Physics of Fluids A: Fluid Dynamics (1989-1993), 5(2): 478-489.

Haas B L, Hash D B, Bird G A, Lumpkin III F E, Hassan H, 1994. Rates of thermal relaxation in direct simulation Monte Carlo methods. Physics of Fluids (1994-present), 6(6): 2191-2201.

Hanson R, Baganoff D, 1972. Shock tube study of nitrogen dissociation rates using pressure measurements. AIAA Journal, 10: 211-215.

Hassan H, Hash D B, 1993. A generalized hard-sphere model for monte carlo simulation. Physics of Fluids A: Fluid Dynamics (1989-1993), 5(3): 738-744.

Healy R, Storvick T, 1969. Rotational collision number and eucken factors from thermal transpiration measurements. The Journal of Chemical Physics, 50(3): 1419-1427.

Hirschfelder J O, Curtiss C F, Bird R B, Mayer M G, 1954. Molecular Theory of Gases and Liquids. Wiley, New York.

Homolle T M M, Hadjiconstantinou N G, 2007. A low-variance deviational simulation Monte Carlo for the Boltzmann equation. Journal of Computational Physics, 226: 2341-2358.

Hornung H, 1972. Induction time for nitrogen dissociation, The Journal of Chemical Physics,

56(6): 3172 - 3173.

Kannenberg K C, Boyd I D, 2000. Strategies for efficient particle resolution in the direct simulation Monte Carlo method. Journal of Computational Physics, 157(2): 727 - 745.

Kennard E, 1938. Kinetic Theory of Gases. McGraw-Hill, New York.

Kewley D, Hornung H, 1974. Free-piston shock-tube study of nitrogen dissociation. Chemical Physics Letters, 25(4): 531 - 536.

Kim J G, Boyd I D, 2013. State-resolved master equation analysis of thermochemical nonequilibrium of nitrogen. Chemical Physics, 415: 237 - 246.

Kistemaker P, Tom A, De Vries A, 1970. Rotational relaxation numbers for the isotopic molecules of N_2 and CO. Physica, 48(3): 414 - 424.

Koshi M, B S S M, Asaba T, 1978. Dissociation of nitric oxide in shock waves. In Proceedings of the 17th Symposium (International) on Combustion Leeds, UK, 1: 553 - 562.

Koura K, 1997. Monte Carlo direct simulation of rotational relaxation of diatomic molecules using classical trajectory calculations: Nitrogen shock wave. Physics of Fluids (1994-present), 9(11): 3543 - 3549.

Koura K, 1998. Monte carlo direct simulation of rotational relaxation of nitrogen through high total temperature shock waves using classical trajectory calculations. Physics of Fluids (1994-present), 10(10): 2689 - 2691.

Koura K, Matsumoto H, 1991. Variable soft sphere molecular model for inverse-power-law or Lennard-Jones potential. Physics of Fluids A: Fluid Dynamics (1989 - 1993), 3(10): 2459 - 2465.

Koura K, Matsumoto H, 1992. Variable soft sphere molecular model for air species. Physics of Fluids A: Fluid Dynamics (1989 - 1993), 4(5): 1083 - 1085.

Kunc J, Hash D, Hassan H, 1995. The GHS interaction model for strong attractive potentials. Physics of Fluids (1994-present), 7(5): 1173 - 1175.

Landau L, Teller E, 1936. Theory of sound dispersion. Physikalische Zeitschrift der Sowjet-Union, 10: 34.

Lin W, Varga Z, Song G, Paukku Y, Truhlar D G, 2016. Global triplet potential energy surfaces for the $N_2(x1\sigma)$ + O (3p) no ($x2\pi$) + N (4s) reaction. The Journal of Chemical Physics, 144(2): 024309.

Lordi J A, Mates R E, 1970. Rotational relaxation in nonpolar diatomic gases. Physics of Fluids (1958 - 1988), 13(2): 291 - 308.

Lumpkin III F E, Haas B L, Boyd I D, 1991. Resolution of differences between collision number definitions in particle and continuum simulations. Physics of Fluids A: Fluid Dynamics (1989 - 1993), 3(9): 2282 - 2284.

Magin T E, Degrez G, 2004a. Transport algorithms for partially ionized and unmagnetized plasmas. Journal of Computational Physics, 198(2): 424 - 449.

Magin T E, Degrez G, 2004b. Transport properties of partially ionized and unmagnetized plasmas. Physical Review E, 70(4): 046412.

Matsumoto H, Koura K, 1991. Comparison of velocity distribution functions in an argon shock wave between experiments and Monte Carlo calculations for Lennard-Jones Potential. Physics of Fluids A: Fluid Dynamics (1989 - 1993), 3(12): 3038 - 3045.

Millikan R, White D, 1963. Systematics of vibrational relaxation. Journal of Chemical Physics, 39: 3209 - 3213.

Nompelis I, Schwartzentruber T, 2013. Strategies for parallelization of the dsmc method. In '51st AIAA Aerospace Sciences Meeting. Vol. AIAA, Paper 2013 - 1204, Grapevine, TX.

Norman P, Valentini P, Schwartzentruber T, 2013. Gpu-accelerated classical trajectory calculation direct simulation Monte Carlo applied to shock waves. Journal of Computational Physics, 247: 153 - 167.

Nyeland C, Billing G D, 1988. Transport coefficients of diatomic gases: Internal-state analysis for rotational and vibrational degrees of freedom. The Journal of Physical Chemistry, 92(7): 1752 - 1755.

Panesi M, Jaffe R L, Schwenke D W, Magin T E, 2013. Rovibrational internal energy transfer and dissociation of N_2 (1σ g+)-N (4su) system in hypersonic flows. The Journal of Chemical Physics, 138(4): 044312.

Park C, 1990. Nonequilibrium Hypersonic Aerothermodynamics. Wiley, New York.

Park C, 1993. Review of chemical-kinetic problems of future NASA missions. I. Earth entries. Journal of Thermophysics and Heat Transfer, 7(3): 385 - 398.

Parker J, 1959. Rotational and vibrational relaxation in diatomic gases. Physics of Fluids, 2: 449 - 462.

Paukku Y, Yang K R, Varga Z, Truhlar D G, 2013. Global ab initio ground-state potential energy surface of N_4. The Journal of Chemical Physics, 139(4): 044309.

Pfeiffer M, Nizenkov P, Mirza A, Fasoulas S, 2016. Direct simulation Monte Carlo modeling of relaxation processes in polyatomic gases. Physics of Fluids (1994-present), 28(2): 027103.

Poovathingal S, Schwartzentruber T E, Murray V, Minton T K, 2015. Molecular simulations of surface ablation using reaction probabilities from molecular beam experiments and realistic microstructure. AIAA Paper 1449.

Poovathingal S, Schwartzentruber T E, Murray V J, Minton T K, 2016. Molecular simulation of carbon ablation using beam experiments and resolved microstructure. AIAA Journal, 54 (1): 1 - 12.

Present R, 1958. Kinetic Theory of Gases. McGraw-Hill, New York.

Ramshaw J D, Chang C, 1996. Friction-weighted self-consistent effective binary diffusion approximation. Journal of Non-Equilibrium Thermodynamics, 21(3): 223 - 232.

Schwartzentruber T E, Boyd I D, 2006. A hybrid particlecontinuum method applied to shock waves. Journal of Computational Physics, 215(2): 402 - 416.

Schwartzentruber T E, Scalabrin L C, Boyd I D, 2007. A modular particle-continuum numerical method for hypersonic non-equilibrium gas flows. Journal of Computational Physics, 225 (1): 1159 - 1174.

Schwartzentruber T E, Scalabrin L C, Boyd I D, 2008a. Hybrid particle-continuum simulations of hypersonic flow over a hollow-cylinder-flare geometry. AIAA Journal, 46(8): 2086 - 2095.

Schwartzentruber T E, Scalabrin L C, Boyd I D, 2008b. Hybrid particle-continuum simulations of nonequilibrium hypersonic blunt-body flowfields. Journal of Thermophysics and Heat Transfer, 22(1): 29-37.

Schwartzentruber T E, Scalabrin L C, Boyd I D, 2008c. Multiscale particle-continuum simulations of hypersonic flow over a planetary probe. Journal of Spacecraft and Rockets, 45(6): 1196-1206.

Stephani K, Goldstein D, Varghese P, 2013. A non-equilibrium surface reservoir approach for hybrid DSMC/Navier-Stokes particle generation. Journal of Computational Physics, 232(1): 468-481.

Tysanner M W, Garcia A L, 2004. Measurement bias of fluid velocity in molecular simulations. Journal of Computational Physics, 196(1): 173-183.

Tysanner M W, Garcia A L, 2005. Non-equilibrium behaviour of equilibrium reservoirs in molecular simulations. International Journal for Numerical Methods in Fluids, 48(12): 1337-1349.

Valentini P, Schwartzentruber T E, 2009a. A combined eventdriven/time-driven molecular dynamics algorithm for the simulation of shock waves in rarefied gases. Journal of Computational Physics, 228(23): 8766-8778.

Valentini P, Schwartzentruber T E, 2009b. Large-scale molecular dynamics simulations of normal shock waves in dilute argon. Physics of Fluids (1994-present), 21(6): 066101.

Valentini P, Schwartzentruber T E, Bender J D, Candler G V, 2016. Dynamics of nitrogen dissociation from direct molecular simulation, Physical Review Fluids, 1: 043402.

Valentini P, Schwartzentruber T E, Bender J D, Nompelis I, Candler G V, 2015. Direct molecular simulation of nitrogen dissociation based on an ab initio potential energy surface. Physics of Fluids (1994-present), 27(8): 086102.

Valentini P, Tump P A, Zhang C, Schwartzentruber T E, 2013. Molecular dynamics simulations of shock waves in mixtures of noble gases. Journal of Thermophysics and Heat Transfer, 27(2): 226-234.

Valentini P, Zhang C, Schwartzentruber T E, 2012. Molecular dynamics simulation of rotational relaxation in nitrogen: Implications for rotational collision number models. Physics of Fluids (1994-present), 24(10): 106101.

Varga Z, Meana-Pañeda R, Song G, Paukku Y, Truhlar D G, 2016. Potential energy surface of triplet N_2O_2. The Journal of Chemical Physics, 144(2): 024310.

Venkattraman A, Alexeenko A A, 2012. Binary scattering model for Lennard-Jones potential: Transport coefficients and collision integrals for non-equilibrium gas flow simulations. Physics of Fluids (1994-present), 24(2): 027101.

Vincenti W, Kruger C, 1967. Introduction to Physical Gas Dynamics. Wiley, New York.

Wadsworth D C, Wysong I J, 1997. Vibrational favoring effect in DSMC dissociation models. Physics of Fluids (1994-present), 9(12): 3873-3884.

Wagner W, 1992. A convergence proof for bird's direct simulation Monte Carlo method for the Boltzmann equation. Journal of Statistical Physics, 66(3-4): 1011-1044.

Wang W-L, Boyd I D, 2003. Predicting continuum breakdown in hypersonic viscous flows. Physics of Fluids (1994-present), 15(1): 91 - 100.

Wray K L, 1962. Shock-tube study of the coupling of the O_2 - Ar rates of dissociation and vibrational relaxation. The Journal of Chemical Physics, 37(6): 1254 - 1263.

Wright M J, Bose D, Palmer G E, Levin E, 2005. Recommended collision integrals for transport property computations. Part 1: Air species. AIAA Journal, 43(12): 2558 - 2564.

Wright M J, Hwang H H, Schwenke D W, 2007. Recommended collision integrals for transport property computations, Part ii: Mars and Venus entries. AIAA Journal, 45(1): 281 - 288.

Wysong I J, Wadsworth D C, 1998. Assessment of direct simulation Monte Carlo phenomenological rotational relaxation models. Physics of Fluids (1994-present), 10(11): 2983 - 2994.

Zhang C, Schwartzentruber T E, 2012. Robust cut-cell algorithms for DSMC implementations employing multi-level Cartesian grids. Computers and Fluids, 69: 122 - 135.

Zhang C, Schwartzentruber T E, 2013. Inelastic collision selection procedures for direct simulation Monte Carlo calculations of gas mixtures. Physics of Fluids (1994-present), 25(10): 106105.

Zhang C, Valentini P, Schwartzentruber T E, 2014. Nonequilibriumdirection-dependent rotational energy model for use in continuum and stochastic molecular simulation. AIAA Journal, 52(3): 604 - 617.